ZBG 中博考研 SMART LEARNING

考研直通车系列丛书

U0958346

管理类联考
历年逻辑真题精析

同时适用于经济类联考(396科目)

★ 梳理历年真题，归纳核心考点

★ 精准解析题目，把握命题规律

★ 开阔解题思路，轻取逻辑高分

中博考研教研组

主编：杨 洋 付可欣

立信会计出版社
LIXIN ACCOUNTING PUBLISHING HOUSE

图书在版编目(CIP)数据

管理类联考历年逻辑真题精析 / 杨洋，付可欣主编.
—上海：立信会计出版社，2021.2
ISBN 978 - 7 - 5429 - 6708 - 4

Ⅰ.①管… Ⅱ.①杨… ②付… Ⅲ.①逻辑—研究生—入学考试—题解 Ⅳ.①B81-44

中国版本图书馆 CIP 数据核字(2021)第 023766 号

策划编辑　郭　光
责任编辑　郭　光
封面设计　南房间

管理类联考历年逻辑真题精析
Guanlilei Liankao Linian Luoji Zhenti Jingxi

出版发行	立信会计出版社		
地　　址	上海市中山西路 2230 号	邮政编码	200235
电　　话	(021)64411389	传　　真	(021)64411325
网　　址	www.lixinaph.com	电子邮箱	lixinaph2019@126.com
网上书店	http://lixin.jd.com		http://lxkjcbs.tmall.com
经　　销	各地新华书店		

印　　刷	浙江临安曙光印务有限公司		
开　　本	787 毫米×1092 毫米	1/16	
印　　张	21.25		
字　　数	504 千字		
版　　次	2021 年 2 月第 1 版		
印　　次	2021 年 2 月第 1 次		
印　　数	1—2600		
书　　号	ISBN 978 - 7 - 5429 - 6708 - 4/B		
定　　价	60.00 元		

如有印订差错，请与本社联系调换

前　言

针对市面上管理类联考逻辑真题解析良莠不齐的现状，本书编者以严谨的态度对历年考题进行了研究和解读，旨在为考研学子提供更加准确、明晰、易理解的真题解析。除了传统的真题套卷模式，本书按照题型对近12年共360道真题进行了分类，填补了市面上逻辑真题分类练习的空白，为考生进行针对性训练提供了空间。

本书的第一章收录了2010年至2021年共12套逻辑真题，在完成逻辑基础知识的学习之后，考生可使用本章习题进行限时套卷训练，感受真题的难度和出题形式，培养成套做题的手感。

本书的第二章为2010年至2021年逻辑真题的详细解析，在完成匹配的真题训练以后，考生可对照解析分析自身问题。本书解析既给出了正向的解题方法和技巧，也有对易错点和易错项的提示，以帮助学生避开考题中的陷阱。另外，解析也对所考知识点进行了归纳，以便在解决题目的同时帮助学生回顾和加深对理论知识的把握。

本书的第三章是题型分类精练，将2010年至2021年共12年的逻辑真题分门别类，总结为十大题型。在完成逻辑真题套卷训练后，考生可通过本章来进行重点题型的训练，查漏补缺，强化各类题型的解题方法和技巧。

本书的附录对2010年至2021年逻辑真题的特征进行了总结。附录一对历年逻辑真题中不同类型的题目数量进行了统计和标示，清楚地展示了各类题型的分布状况。附录二对高频考点进行了总结和标注，突出了学习重点。通过简单的图表示例，最大限度地帮助学生高效地把握逻辑真题的命题规律和重点。

本书以求真务实为本，既能为广大考研学子提供可靠的参考标准，也能满足大家在不同学习阶段对逻辑真题的使用需求。回归逻辑真题、掌握解题技巧、把握命题规律，本书带你“三步”实现目标。

如果考生在使用本书中有问题需要作进一步探讨，可以通过邮箱 yangyang@zbzhixue.com 联系，也可以关注微信公众号“MPAcc 会计专硕助手”给编者留言。

由于编者水平有限，书中难免存在疏漏，如有不当之处，恳请各位考生批评指正，以便我们及时对本书进行修订和完善。

编　者

2021 年 1 月

目　　录

第一章

历年逻辑真题套卷训练

2010 年管理类联考综合能力逻辑真题
2011 年管理类联考综合能力逻辑真题
2012 年管理类联考综合能力逻辑真题
2013 年管理类联考综合能力逻辑真题
2014 年管理类联考综合能力逻辑真题
2015 年管理类联考综合能力逻辑真题
2016 年管理类联考综合能力逻辑真题
2017 年管理类联考综合能力逻辑真题
2018 年管理类联考综合能力逻辑真题
2019 年管理类联考综合能力逻辑真题
2020 年管理类联考综合能力逻辑真题
2021 年管理类联考综合能力逻辑真题

2010年管理类联考综合能力逻辑真题

1. 针对威胁人类健康的甲型H1N1流感，研究人员研制出了相应的疫苗。尽管这些疫苗是有效的，但某大学研究人员发现，阿司匹林、羟苯基乙酰胺等抑制某些酶的药物会影响疫苗的效果。这位研究人员指出："如果你服用了阿司匹林或者对乙酰氨基酚，那么你注射疫苗后就必然不会产生良好的抗体反应。"

如果小张注射疫苗后产生了良好的抗体反应，那么根据上述研究结果可以得出以下哪项结论？

A. 小张服用了阿司匹林，但没有服用对乙酰氨基酚。

B. 小张没有服用阿司匹林，但感染了H1N1流感病毒。

C. 小张服用了阿司匹林，但没有感染H1N1流感病毒。

D. 小张没有服用阿司匹林，也没有服用对乙酰氨基酚。

E. 小张服用了对乙酰氨基酚，但没有服用羟苯基乙酰胺。

2. 为了调查当前人们的识字水平，某实验者列举了20个词语，请30位文化人士识读。这些人的文化程度都在大专以上，识读结果显示，多数人只读对3到5个词语，极少人数读对15个以上，甚至有人全部读错。其中，"蹒跚"的辨识率最高，30人中有19人读对；"呱呱坠地"所有人都读错。20个词语的整体误读率接近80%。该实验者由此得出，当前人们的识字水平并没有提高，甚至有所下降。

以下哪项如果为真，最能对该实验者的结论构成质疑？

A. 实验者选取的20个词语不具有代表性。

B. 实验者选取的30位识读者均没有博士学位。

C. 实验者选取的20个词语在网络流行语中不常用。

D. "呱呱坠地"这个词的读音有些大学老师也经常读错。

E. 实验者选取的30位识读者中约有50%的人学习成绩不佳。

3. 域控制器储存了域内的账户、密码和属于这个域的计算机三项信息。当计算机接入网络时，域控制器首先要鉴别这台计算机是否属于这个域，用户使用的账号是否存在，密码是否正确。如果三项信息均正确，则允许登录；如果以上信息有一项不正确，那么域控制器就会拒绝这个用户从这台计算机登录。小张的登录账号是正确的，但是域控制器拒绝小张的计算机登录。

基于以上陈述能得出以下哪项结论？

A. 小张输入的密码是错误的。

B. 小张的计算机不属于这个域。

C. 如果小张的计算机属于这个域，那么他输入的密码是错误的。

D. 只有小张输入的密码是正确的，他的计算机才属于这个域。

E. 如果小张输入的密码是正确的，那么他的计算机属于这个域。

4. 现在越来越多的人拥有了自己的轿车，但他们明显缺乏汽车保养的基本知识。这些人会按照维修保养手册或4S店售后服务人员的提示做定期保养。可是，某位有经验的司机会告诉你，每行驶5 000千米做一次定期检查，只能检查出汽车可能存在问题的一小部分，这样的检查是没有意义的，是浪费时间和金钱。

以下哪项不能削弱该司机的结论？

A. 每行驶5 000千米做一次定期检查是保障车主安全所需要的。

B. 每行驶5 000千米做一次定期检查能发现引擎的某些主要故障。

C. 在定期检查中所做的常规维护是保证汽车正常运行所必需的。

D. 赵先生的新车未做定期检查，行驶到5 100千米时出了问题。

E. 某公司新购的一批汽车未做定期检查，均安全行驶了7 000千米以上。

5. 化学课上，张老师演示了两个同时进行的教学实验：一个实验是$KClO_3$加热后，有O_2缓慢产生；另一个实验是$KClO_3$加热后迅速撒入少量的MnO_2，这时立即有大量的O_2产生。张老师由此指出：MnO_2是O_2快速产生的原因。

以下哪项与张老师得出结论的方法类似？

A. 同一品牌的化妆品价格越高卖得越火。由此可见，消费者喜欢价格高的化妆品。

B. 居里夫人在沥青矿物中提取放射性元素时发现，从一定量的沥青矿物中提取的全部纯铀的放射性强度比同等数量的沥青矿物中放射性强度低数倍。她据此推断，沥青矿物中还存在其他放射性更强的元素。

C. 统计分析发现，30岁至60岁之间，年纪越大胆子越小，有理由相信：岁月是勇敢的腐蚀剂。

D. 将闹钟放在玻璃罩里，使它打铃，可以听到铃声；然后把玻璃罩里的空气抽空，再使闹钟打铃，就听不到铃声了。由此可见，空气是声音传播的介质。

E. 人们通过对绿藻、蓝藻、红藻的大量观察，发现结构简单、无根叶是藻类植物的主要特征。

6. 湖队是不可能进入决赛的。如果湖队进入决赛，那么太阳就从西边出来了。

以下哪项与上述论证方式最相似？

A. 今天天气不冷。如果冷，湖面怎么不结冰？

B. 语言是不能创造财富的。若语言能创造财富，则夸夸其谈的人就是世界上最富有的了。

C. 草木之生也柔脆，其死也枯槁。故坚强者也死之徒，柔弱者生之徒。

D. 天上是不会掉馅饼的。如果你不相信这一点，那上当受骗是迟早的事。

E. 古典音乐不流行。如果流行，那就说明大众的音乐欣赏水平大大提高了。

7. 在某次课程教学改革的研讨会上，负责工程类教学的程老师说，在工程设计中，用于解决数学问题的计算机程序越来越多了，这样就不必要求工程技术类大学生对基础数学有深刻的理解。因此，在未来的教学体系中，基础数学课程可以用其他重要的工程类课程替代。

以下哪项如果为真，能削弱程老师的上述论证？

Ⅰ. 工程类基础课程中已经包含了相关的基础数学内容。

Ⅱ. 在工程设计中，设计计算机程序需要对基础数学有全面的理解。

Ⅲ. 基础数学课程的一个重要目标是培养学生的思维能力，这种能力对工程设计来说很关键。

A. 只有Ⅱ　　B. 只有Ⅰ和Ⅱ　　C. 只有Ⅰ和Ⅲ

D. 只有Ⅱ和Ⅲ　　E. Ⅰ、Ⅱ和Ⅲ

8. 蟋蟀是一种非常有趣的小动物。宁静的夏夜，草丛中传来阵阵清脆悦耳的鸣叫声，那是蟋蟀在唱歌。蟋蟀优美动听的歌声并不是出自它的好嗓子，而是来自它的翅膀。左右两翅一张一合，相互摩擦，就可以发出悦耳的声响了。蟋蟀还是建筑专家，与它那柔软的挖掘工具相比，蟋蟀的住宅真可以算得上是伟大的工程了。在其住宅门口，有一个收拾得非常舒适的平台。夏夜，除非下雨或者刮风，否则蟋蟀肯定会在这个平台上唱歌。

根据以上陈述，以下哪项是蟋蟀在无雨的夏夜所做的？

A. 修建住宅。

B. 收拾平台。

C. 在平台上唱歌。

D. 如果没有刮风，它就在抢修工程。

E. 如果没有刮风，它就在平台上唱歌。

9. 一般认为，出生地间隔较远的夫妻所生子女的智商较高。有资料显示，夫妻均是本地人，其所生子女的平均智商为102.45；夫妻是省内异地的，其所生子女的智商为106.17；而隔省婚配的，其所生子女的智商则高达109.35。因此，异地通婚可提高下一代智商水平。

以下哪项如果为真，最能削弱上述结论？

A. 统计孩子平均智商的样本数量不够多。

B. 不难发现，一些天才儿童的父母均是本地人。

C. 不难发现，一些低智商儿童的父母的出生地间隔较远。

D. 能够异地通婚者是智商比较高的，他们自身的高智商促成了异地通婚。

E. 一些情况下，夫妻双方出生地间隔很远，但他们的基因可能接近。

10. 成品油生产商的利润很大程度上受国际市场原油价格的影响，因为大部分原油是按国际市场价购进的。近年来，随着国际原油市场价格的不断提高，成品油生产商的运营成本大幅度增加，但某国成品油生产商的利润并没有减少，反而增加了。

以下哪项如果为真，最有助于解释上述看似矛盾的现象？

A. 原油成本只占成品油生产商运营成本的一半。

B. 该国成品油价格根据市场供需确定。随着国际原油市场价格的上涨，该国政府为成品油生产商提供相应的补贴。

C. 在国际原油市场价格不断上涨期间，该国成品油生产商降低了个别高薪雇员的工资。

D. 在国际原油市场价格上涨后，除进口成本增加外，成品油生产的其他运营成本也有所提高。

E. 该国成品油生产商的原油有一部分来自国内，这部分受国际市场价格波动影响较小。

11. 太阳风中有一部分带电粒子可以达到 M 星表面，将足够的能量传递给 M 星表面粒子，使后者脱离 M 星表面，逃逸到 M 星大气中。为了判断这些逃逸的粒子，科学家们通过三个实验获得了如下信息：

实验一：或者是 x 粒子，或者是 y 粒子；

实验二：或者不是 y 粒子，或者不是 z 粒子；

实验三：如果不是 z 粒子，就不是 y 粒子。

根据以上三个实验，以下哪项一定为真？

A. 这种粒子是 x 粒子。　　B. 这种粒子是 y 粒子。

C. 这种粒子是 z 粒子。　　D. 这种粒子不是 x 粒子。

E. 这种粒子不是 z 粒子。

12. 美国某大学医学院的研究人员在《小儿科杂志》上发表论文指出，在对 2 702 个家庭的孩子进行跟踪调查后发现，如果孩子在 5 岁前每天看电视超过 2 小时，他们长大后出现行为问题的风险将会增加 1 倍多。所谓行为问题是指性格孤僻、言行粗鲁、侵犯他人、难与他人合作等。

以下哪项最好地解释了以上论述？

A. 电视节目会使孩子产生好奇心，容易导致孩子出现暴力倾向。

B. 电视节目有不少内容容易使孩子长时间处于紧张、恐惧的状态。

C. 看电视时间过长，会影响儿童与他人的交往，久而久之，孩子便会缺乏与他人打交道的经验。

D. 儿童模仿力强，如果只对电视节目感兴趣，长此以往，会阻碍他们分析能力的发展。

E. 每天长时间看电视，容易使孩子神经系统产生疲劳，影响身心健康发展。

13. 有一种常见的现象是，从国外引进的一些畅销科普读物在国内并不畅销，有人对此解释说，这与我们多年来沿袭的文理分科有关。文理分科人为地造成了自然科学与人文社会科学的割裂，导致科普类图书的读者市场还没有真正形成。

以下哪项如果为真，最能加强上述观点？

A. 有些自然科学工作者对科普读物也不感兴趣。

B. 科普读物不是没有需求，而是有效供给不足。

C. 由于缺乏理科背景，非自然科学工作者对科学敬而远之。

D. 许多科普电视节目都拥有固定的收视群，相应的科普读物也大受欢迎。

E. 国内大部分科普读物只是介绍科学常识，很少真正关注科学精神的传播。

14. 奥尔特星云浮在太阳系边缘，极易受附近星体引力作用的影响。据研究人员计算，有时这些力量会将彗星从奥尔特星云拖出。这样，它们更有可能靠近太阳。两位研究人员据此分别作出了以下两种有所不同的断定：一、木星的引力作用要么将它们推至更小的轨道，要么将它们逐出太阳系；二、木星的引力作用或者将它们推至更小的轨道，或者将它们逐出太阳系。

如果上述两种断定只有一种为真，可以推出以下哪项结论？

A. 木星的引力作用将它们推至更小的轨道，并且将它们逐出太阳系。

B. 木星的引力作用没有将它们推至更小的轨道，但是将它们逐出太阳系。

C. 木星的引力作用将它们推至更小的轨道，但是没有将它们逐出太阳系。

D. 木星的引力作用既没有将它们推至更小的轨道，也没有将它们逐出太阳系。

E. 木星的引力作用如果将它们推至更小的轨道，就不会将它们逐出太阳系。

15. 鸽子走路时，头部并不是有规律地前后移动，而是一直往前伸。行走时，鸽子脖子往前一探，然后头部保持静止，等待身体和爪子跟进。有学者曾就鸽子走路时伸脖子的现象作出假设：在等待身体跟进的时候，暂时静止的头部有利于鸽子获得稳定的视野，看清周围的食物。

以下哪项如果为真，最能支持上述假设？

A. 鸽子行走时如果不伸脖子，很难发现远处的食物。

B. 步伐大的鸟类，伸缩脖子的幅度远比步伐小的要大。

C. 鸽子行走速度的变化刺激内耳控制平衡的器官，导致伸脖子。

D. 鸽子行走时一举翅一投足，都可能出现脖子和头部肌肉的自然发射，所以头部不断运动。

E. 如果雏鸽步态受到限制，功能发育不够完善，那么，成年后鸽子的步伐变小，脖子伸缩幅度则会随之降低。

16. S市环保监测中心的统计分析表明，2009年空气质量为优的天数达到150天，比2008年多出22天；二氧化硫、一氧化碳、二氧化氮、可吸出颗粒物四项污染物浓度平均值，与2008年相比分别下降了约21.3%、25.6%、26.2%、15.4%。S市环保负责人指出，这得益于近年来本市政府持续采取的控制大气污染的相关措施。

以下除哪项外，均能支持上述S市环保负责人的看法？

A. S市广泛开展环保宣传，加强了市民的生态理念和环保意识。

B. S市启动了内部控制污染方案：凡是排放不达标的燃煤锅炉停止运行。

C. S市执行了机动车排放国Ⅳ标准，单车排放比执行国Ⅲ标准时降低了49%。

D. S市的市长办公室最近研究了焚烧秸秆的问题，并着手制定相关条例。

E. S市制定了“绿色企业”标准，继续加快污染重、能耗高企业的退出。

17. 在某次思维训练课上，张老师提出“尚左数”这一概念的定义：在连续排列的一组数字中，如果一个数字左边的数字都比其大(或无数字)，且右边的数字都比其小(或无数字)，则称这个数字为尚左数。

根据张老师的定义，在8、9、7、6、4、5、3、2这列数字中，以下哪项包含了该列数字中所有的尚左数？

A. 4、5、7和9　　B. 2、3、6和7　　C. 3、6、7和8

D. 5、6、7和8　　E. 2、3、6和8

18. 一般认为，剑乳齿象是从北美洲迁入南美洲的。剑乳齿象的显著特征是具有较直的长剑形门齿，颚骨较短，臼齿的齿冠隆起，齿板数目为7到8个，并呈乳状凸起，剑乳齿象因此得名。剑乳齿象的牙齿结构比较复杂，这表明它能吃草。在南美洲的许多地方都有证据显示史前人类捕捉过剑乳齿象。由此可以推测，剑乳齿象的灭绝可能与人类的过度捕杀有密切关系。

以下哪项如果为真，最能反驳上述论证？

A. 史前动物之间经常发生大规模相互捕杀的现象。

B. 剑乳齿象在遇到人类攻击时缺乏自我保护能力。

C. 剑乳齿象也存在由南美洲进入北美洲的回迁现象。

D. 由于人类活动范围的扩大，大型食草动物难以生存。

E. 幼年剑乳齿象的牙齿结构比较简单，自我生存能力弱。

19. 小东在玩“勇士大战”游戏，进入第二关时，界面出现了四个选项。

第一个选项是“选择任意选项都需要支付游戏币”；

第二个选项是“选择本项后可以得到额外游戏奖励”；

第三个选项是“选择本项后游戏不会进行下去”；

第四个选项是“选择某个选项不需要支付游戏币”。

如果四个选项中的陈述只有一句为真，则以下哪项一定为真？

A. 选择任意选项都需支付游戏币。

B. 选择任意选项都无需支付游戏币。

C. 选择任意选项都不能得到额外游戏奖励。

D. 选择第二个选项后可以得到额外游戏奖励。

E. 选择第三个选项后游戏能继续进行下去。

20. 有位美国学者做了一个实验，给被试儿童看三幅图画：鸡、牛和青草，然后让儿童将其分为两类。结果大部分中国儿童把牛和青草归为一类，把鸡归为另一类，大部分美国儿童则把牛和鸡归为一类，把青草归为另一类。这位美国学者由此得出：中国儿童习惯于按照事物之间的关系来分类，美国儿童则习惯于把事物按照各自所属的“实体”范畴进行分类。

以下哪项是这位学者得出结论所必须假设的？

A. 马和青草是按照事物之间的关系被列为一类。

B. 鸭和鸡是按照各自所属的“实体”范畴被归为一类的。

C. 美国儿童只要把牛和鸡归为一类，就是习惯于按照各自所属的“实体”范畴进行分类。

D. 美国儿童只要把牛和鸡归为一类，就不是习惯于按照事物之间的关系来分类。

E. 中国儿童只要把牛和青草归为一类，就不是习惯于按照各自所属的“实体”范畴进行分类。

21. 相互尊重是相互理解的基础，相互理解是相互信任的前提；在人与人的相互交往中，自重、自信也是非常重要的，没有一个人尊重不自重的人，没有一个人信任他所不尊重的人。

以上陈述可以推出以下哪项结论？

A. 不自重的人也不被任何人信任。

B. 相互信任才能相互尊重。

C. 不自信的人也不自重。

D. 不自信的人也不被任何人信任。

E. 不自信的人也不受任何人尊重。

22. 学生：IQ 和 EQ 哪个更重要？您能否给我指点一下？

学长：你去书店问问工作人员，关于 IQ、EQ 的书哪类销得快，哪类就更重要。

以下哪项与上述题干中的问答方式最为相似？

A. 员工：我们正在制订一个度假方案，你说是在本市好，还是去外地好？
经理：现在年终了，各公司都在安排出去旅游，你去问问其他公司的同行，他们计划去哪里，我们就不去哪里，不凑热闹。

B. 平平：母亲节那天我准备给妈妈送一样礼物，你说是送花好还是送巧克力好？
佳佳：你在母亲节前一天去花店看一下，看看买花的人多不多就行了嘛。

C. 顾客：我准备买一件毛衣，你看颜色是鲜艳一点好，还是素一点好？
店员：这个需要结合自己的性格与穿衣习惯，各人可以有自己的选择与喜好。

D. 游客：我们前面有两条山路，走哪一条更好？
导游：你仔细看看，哪一条山路上车马的痕迹深，我们就走哪一条。

E. 学生：我正在准备期末复习，是做教材上的练习重要还是理解教材内容更重要？
老师：你去问问高年级得分高的同学，他们是否经常背书做练习。

23. 李赫、张岚、林宏、何柏、邱辉五位是同事，近日他们各自买了一辆不同品牌的小轿车，分别为雪铁龙、奥迪、宝马、奔驰、桑塔纳。这五辆车的颜色分别与五人名字最后一个字谐音的颜色不同。已知李赫买的是蓝色的雪铁龙。

以下哪项排列可能依次对应张岚、林宏、何柏、邱辉所买的车？

A. 灰色的奥迪、白色的宝马、黑色的奔驰、红色的桑塔纳

B. 黑色的奥迪、红色的宝马、灰色的奔驰、白色的桑塔纳

C. 红色的奥迪、灰色的宝马、白色的奔驰、黑色的桑塔纳

D. 白色的奥迪、黑色的宝马、红色的奔驰、灰色的桑塔纳

E. 黑色的奥迪、灰色的宝马、白色的奔驰、红色的桑塔纳

24. 克鲁特是德国家喻户晓的“明星”北极熊，北极熊是名副其实的北极霸主。因此，克鲁特是名副其实的北极霸主。

以下除哪项外，均与上述论证中出现的谬误相似？

A. 儿童是祖国的花朵，小雅是儿童。因此，小雅是祖国的花朵。

B. 鲁迅的作品不是一天能读完的，《祝福》是鲁迅的作品。因此《祝福》不是一天能读完的。

C. 中国人是不怕困难的，我是中国人。因此，我是不怕困难的。

D. 康怡花园坐落在清水街，清水街的建筑属于违章建筑。因此，康怡花园的建筑属于违章建筑。

E. 西班牙语是外语，外语是普通高等学校招生的必考科目。因此，西班牙语是普通高等学校招生的必考科目。

25. 在本年度篮球联赛中，长江队主教练发现，黄河队五名主力队员之间的上场配置有如下规律：

(1) 若甲上场，则乙也要上场；

(2) 只有甲不上场，丙才不上场；

(3) 要么丙不上场，要么乙和戊中有人不上场；

(4) 或者丁上场，或者乙上场。

若乙不上场,则以下哪项配置合乎上述规律?

A. 甲、丙、丁同时上场。

B. 丙不上场,丁、戊同时上场。

C. 甲不上场,丙、丁都上场。

D. 甲、丁都上场,戊不上场。

E. 甲、丁、戊都不上场。

26. 陈先生:未经许可进入别人的电脑,就像开偷来的汽车撞伤了人,这些都是犯罪行为。但后者性质更严重,因为它既侵占了有形财产,又造成了人身伤害;而前者只是在虚拟世界中捣乱。

林女士:我不同意。例如,非法侵入医院的电脑,有可能扰乱医疗数据,甚至危及病人的生命。因此,非法侵入电脑同样会造成人身伤害。

以下哪项最为准确地概括了两人争论的焦点?

A. 非法侵入别人的电脑和开偷来的汽车是否会同样危及人的生命?

B. 非法侵入别人的电脑和开偷来的汽车伤人是否都构成犯罪?

C. 非法侵入别人的电脑和开偷来的汽车伤人是否是同样性质的犯罪?

D. 非法侵入别人电脑的犯罪性质是否和开偷来的汽车伤人一样严重?

E. 是否只有侵占有形财产才构成犯罪?

27. 小明、小红、小丽、小强、小梅五人去听音乐会。他们五人在同一排且座位相连,其中只有一个座位最靠近走廊。小强想坐在最靠近走廊的座位上,小丽想跟小明紧挨着,小红不想跟小丽紧挨着,小梅想跟小丽紧挨着,但不想跟小强或小明紧挨着。

以下哪项的排序符合上述五人的意愿?

A. 小明、小梅、小丽、小红、小强

B. 小强、小红、小梅、小丽、小明

C. 小明、小梅、小红、小丽、小强

D. 小明、小红、小梅、小丽、小强

E. 小强、小丽、小梅、小明、小红

28. 参加某国际学术研讨会的 60 名学者中,亚裔学者 31 人,博士 33 人,非亚裔学者中无博士学位的 4 人。

根据上述陈述,参加此次国际研讨会的亚裔博士有几人?

A. 1 人　　B. 2 人　　C. 4 人　　D. 7 人　　E. 8 人

29. 对某高校本科生的某项调查统计发现:在因成绩优异被推荐免试攻读硕士研究生的文科专业学生中,女生占 70%。由此可见,该校本科生专业的女生比男生优秀。

以下哪项如果为真,能最有力地削弱上述结论?

A. 在该校本科文科专业学生中,女生占 30%以上。

B. 在该校本科文科专业学生中,女生占 30%以下。

C. 在该校本科文科专业学生中,男生占 30%以下。

D. 在该校本科文科专业学生中,女生占 70%以下。

E. 在该校本科文科专业学生中,男生占 70%以上。

30. 某中药配方有如下要求:

(1) 如果有甲药材,那么也要有乙药材;

(2) 如果没有丙药材,那么必须有丁药材;

(3) 人参和天麻不能都有;

(4) 如果没有甲药材而有丙药材，则需要有人参。

如果含有天麻，则关于该配方的断定哪项为真？

A. 含有甲药材。

B. 含有丙药材。

C. 没有丙药材。

D. 没有乙药材和丁药材。

E. 含有乙药材或丁药材。

2011年管理类联考综合能力逻辑真题

1. 巴斯德认为，空气中的微生物浓度与环境状况、气流运动和海拔高度有关。他在山上的不同高度分别打开装着煮过的培养液的瓶子，发现海拔越高，培养液被微生物污染的可能性越小。在山顶上，20个装了培养液的瓶子，只有1个长出了微生物。普歇另用干草浸液做材料重复了巴斯德的实验，却得出不同的结果：即使在海拔很高的地方，所有装了培养液的瓶子都很快长出了微生物。

以下哪项如果为真，最能解释普歇和巴斯德实验所得到的不同结果？

A. 只要有氧气的刺激，微生物就会从培养液中自发地生长出来。

B. 培养液在加热消毒、密封、冷却的过程中会被外界细菌污染。

C. 普歇和巴斯德的实验设计都不够严密。

D. 干草浸液中含有一种耐高温的枯草杆菌，培养液一旦冷却，枯草杆菌的孢子就会复活，迅速繁殖。

E. 普歇和巴斯德都认为，虽然他们用的实验材料不同，但是经过煮沸，细菌都能被有效地杀灭。

2. 张教授的所有初中同学都不是博士，通过张教授而认识其哲学研究所同事的都是博士，张教授的一个初中同学通过张教授认识了王研究员。

以下哪项能作为结论从上述断定中推出？

A. 王研究员是张教授的哲学研究所同事。

B. 王研究员不是张教授的哲学研究所同事。

C. 王研究员是博士。

D. 王研究员不是博士。

E. 王研究员不是张教授的初中同学。

3. 一般将缅甸所产的经过风化或经河水搬运至河谷、河床中的翡翠大砾石，称为“老坑玉”。老坑玉的特点是“水头好、质坚、透明度高”，其上品透明如玻璃，故称“玻璃种”或“冰种”。同为老坑玉，其质量相对也有高低之分，有的透明度高一些，有的透明度稍差些，所以价值也有差别。在其他条件都相同的情况下，透明度高的“老坑玉”比透明度较低的单位价值高，但是开采的实践告诉人们，没有单位价值最高的“老坑玉”。

以上陈述如果为真，可以得出以下哪项结论？

A. 没有透明度最高的“老坑玉”。

B. 透明度高的“老坑玉”未必“水头好”。

C. “老坑玉”中也有质量很好的翡翠。

D. “老坑玉”的单位价值还决定于其加工的质量。

E. 随着年代的增加，“老坑玉”的单位价值会越来越高。

4. 某教育专家认为:"男孩危机"是指男孩调皮捣蛋、胆小怕事、学习成绩不如女孩好等现象。近些年,这种现象已经成为儿童教育专家关注的一个重要问题。这位专家在列出一系列统计数据后,提出了"今日男孩为什么从小学、中学到大学全面落后于同年龄段的女孩"的疑问,这无疑加剧了无数男生家长的焦虑。该专家通过分析指出,恰恰是家庭和学校不适当的教育方法导致了"男孩危机"现象。

以下哪项如果为真,最能对该专家的观点提出质疑?

A. 家庭对独生子女的过度呵护,在很大程度上限制了男孩发散思维的拓展和冒险性格的养成。

B. 现在的男孩比以前的男孩在女孩面前更喜欢表现出"绅士"的一面。

C. 男孩在发展潜能方面要优于女孩,大学毕业后他们更容易在事业上有所成就。

D. 在家庭、学校教育中,女性充当了主要角色。

E. 现代社会游戏泛滥,男孩天性比女孩更喜欢游戏,这耗去了他们大量的精力。

5. 抚仙湖虫是泥盆纪澄江动物群中特有的一种,属于真节肢动物中比较原始的类型,成虫体长 10 厘米,有 31 个体节,外骨骼分为头、胸、腹三部分,它的背、腹分节数目不一致。泥盆纪直虾是现代昆虫的祖先,抚仙湖虫化石与直虾类化石类似,这间接表明了抚仙湖虫是昆虫的远祖。研究者还发现,抚仙湖虫的消化道充满泥沙,这表明它是食泥的动物。

以下除哪项外,均能支持上述论证?

A. 昆虫的远祖也有不食泥的生物。

B. 泥盆纪直虾的外骨骼分为头、胸、腹三部分。

C. 凡是与泥盆纪直虾类似的生物都是昆虫的远祖。

D. 昆虫是由真节肢动物中比较原始的生物进化而来的。

E. 抚仙湖虫消化道中的泥沙不是在化石形成过程中由外界渗透进去的。

6. 2010 年某省物价总水平仅上涨 2.4%,涨势比较温和,涨幅甚至比 2009 年回落了 0.6 个百分点。可是,普通民众觉得物价涨幅较高,一些统计数据也表明,民众的感觉有据可依。2010 年某月的统计报告显示,该月禽蛋类商品价格涨幅达 12.3%,某些反季节蔬菜涨幅甚至超过 20%。

以下哪项如果为真,最能解释上述看似矛盾的现象?

A. 人们对数据的认识存在偏差,不同来源的统计数据会产生不同的结果。

B. 影响居民消费品价格总水平变动的各种因素互相交织。

C. 虽然部分日常消费品涨幅很小,但居民感觉很明显。

D. 在物价指数体系中占相当权重的工业消费品价格持续走低。

E. 不同的家庭,其收入水平、消费偏好、消费结构都有很大的差异。

7. 随着互联网的发展,人们的购物方式有了新的选择。很多年轻人喜欢在网络上选择自己满意的商品,通过快递送上门,购物足不出户,非常便捷。刘教授据此认为,那些实体商场的竞争力会受到互联网的冲击,在不远的将来,会有更多的网络商店取代实体商店。

以下哪项如果为真,最能削弱刘教授的观点?

A. 网络购物虽然有某些便利，但容易导致个人信息被不法分子利用。
B. 有些高档品牌的专卖店，只愿意采取街面实体商店的销售方式。
C. 网络商店与快递公司在货物丢失或损坏的赔偿方面经常互相推诿。
D. 购买黄金珠宝等贵重物品，往往需要现场挑选，且不适宜网络支付。
E. 通常情况下，网络商店只有在其实体商店的支持下才能生存。

8. 受多元文化和价值观的冲击，甲国居民的离婚率明显上升。最近一项调查表明，甲国的平均婚姻存续时间为 8 年。张先生为此感慨，现在像钻石婚、金婚、白头偕老这样的美丽故事已经很难得，人们淳朴的爱情婚姻观一去不复返了。
以下哪项如果为真，最可能表明张先生的理解不确切？
A. 现在有不少闪婚一族，他们经常在很短的时间里结婚又离婚。
B. 婚姻存续时间长并不意味着婚姻的质量高。
C. 过去的婚姻主要由父母包办，现在主要是自由恋爱。
D. 尽管婚姻存续时间短，但年轻人谈恋爱的时间比以前增加很多。
E. 婚姻是爱情的坟墓，美丽感人的故事更多体现在恋爱中。

9. 某集团公司有四个部门，分别生产冰箱、彩电、电脑和手机。根据前三个季度的数据统计，四个部门经理对 2010 年全年的赢利情况作了如下预测：
冰箱部门经理：今年手机部门会赢利。
彩电部门经理：如果冰箱部门今年赢利，那么彩电部门就不会赢利。
电脑部门经理：如果手机部门今年没赢利，那么电脑部门也没赢利。
手机部门经理：今年冰箱和彩电部门都会赢利。
全年数据统计完成后，发现上述四个预测只有一个符合事实。
关于该公司各部门的全年赢利情况，以下除哪项外，均可能为真？
A. 彩电部门赢利，冰箱部门没赢利。
B. 冰箱部门赢利，电脑部门没赢利。
C. 电脑部门赢利，彩电部门没赢利。
D. 冰箱部门和彩电部门都没赢利。
E. 冰箱部门和电脑部门都赢利。

10. 随着数字技术的发展，音频、视频的播放形式出现了革命性转变。人们很快接受了一些新形式，比如 MP3、CD、DVD 等。但是对于电子图书的接受并没有达到专家所预期的程度，现在仍有很大一部分读者喜欢捧着纸质出版物。纸质书籍在出版业中依然占据重要地位。因此有人说，书籍可能是数字技术需要攻破的最后一个堡垒。
以下哪项最不能对上述现象提供解释？
A. 人们固执地迷恋着阅读纸质书籍时的舒适体验，喜欢纸张的质感。
B. 在显示器上阅读，无论是笨重的阴极射线管还是轻薄的液晶显示器，都会让人无端地心浮气躁。
C. 现在仍有一些怀旧爱好者喜欢收藏经典图书。
D. 电子书显示设备技术不够完善，图像显示速度较慢。
E. 电子书和纸质书籍的柔软沉静相比，显得面目可憎。

11. 在一次围棋比赛中，参赛选手陈华不时地挤捏指关节，发出的声音干扰了对手的思考。在比赛封盘间歇时，裁判警告陈华：如果再次在比赛中挤捏指关节并发出声音，将判其违规。对此,陈华反驳说,他挤捏指关节是习惯性动作,并不是故意的,因此,不应被判违规。

以下哪项如果成立,最能支持陈华对裁判的反驳?

A. 在此次比赛中,对手不时打开、合拢折扇,发出的声响干扰了陈华的思考。

B. 在围棋比赛中,只有选手的故意行为,才能成为判罚的根据。

C. 在此次比赛中,对手本人并没有对陈华的干扰提出抗议。

D. 陈华一向恃才傲物,该裁判对其早有不满。

E. 如果陈华为人诚实、从不说谎,那么他就不应该被判违规。

12. 3D 立体技术代表了当前电影技术的尖端水平,由于使电影实现了高度可信的空间感,它可能成为未来电影的主流。3D 立体电影中的荧幕角色虽然由计算机生成,但是那些包括动作和表情的电脑角色的"表演",都以真实演员的"表演"为基础,就像数码时代的化妆技术一样。这也引起了某些演员的担心:随着计算机技术的发展,未来计算机生成的图像和动画会替代真人表演。

以下哪项如果为真,最能减弱上述演员的担心?

A. 所有电影的导演只能和真人交流,而不是和电脑交流。

B. 任何电影的拍摄都取决于制片人的选择,演员可以跟上时代的发展。

C. 3D 立体电影目前的高票房只是人们一时图新鲜的结果,未来尚不可知。

D. 掌握 3D 立体技术的动画专业人员不喜欢去电影院看 3D 电影。

E. 电影故事只能用演员的心灵、情感来表现,其表现形式与导演的喜好无关。

13. 公达律师事务所以为刑事案件的被告进行有效辩护而著称,成功率达 90%以上,老余是一位以专门为离婚案件的当事人成功辩护而著称的律师。因此,老余不可能是公达律师事务所的成员。

以下哪项最为确切地指出了上述论证的漏洞?

A. 公达律师事务所具有的特征,其成员不一定具有。

B. 没有确切指出老余为离婚案件的当事人辩护的成功率。

C. 没有确切指出老余为刑事案件的当事人辩护的成功率。

D. 没有提供公达律师事务所统计数据的来源。

E. 老余具有的特征,其所在工作单位不一定具有。

14. 科学研究中使用的形式语言和日常生活中使用的自然语言有很大的不同。形式语言看起来像天书,远离大众,只有一些专业人士才能理解和运用。但其实这是一种误解,自然语言和形式语言的关系就像肉眼与显微镜的关系。肉眼的视域广阔,可以从整体上把握事物的信息;显微镜可以帮助人们看到事物的细节和精微之处,尽管用它看到的范围小。所以形式语言和自然语言都是人们交流和理解信息的重要工具,把它们结合起来使用,具有强大的力量。

以下哪项如果为真,最能支持上述结论?

A. 通过显微镜看到的内容可能成为暂时的"风景",说明形式语言可以丰富自然语言的表达,我们应重视形式语言。

B. 正如显微镜下显示的信息最终还是要通过肉眼观察一样,形式语言表达的内容最终也要通过自然语言来实现，说明自然语言更基础。

C. 科学理论如果仅用形式语言表达，很难被普通民众理解；同样，如果仅用自然语言表达，有可能变得冗长且很难表达准确。

D. 科学的发展很大程度上改善了普通民众的日常生活，但人们并没有意识到科学表达的基础——形式语言的重要性。

E. 采用哪种语言其实不重要，关键在于是否表达了真正想表达的思想内容。

15. 一艘远洋帆船载着5位中国人和几位外国人由中国开往欧洲。途中，除5位中国人外，全患上了败血症。同乘一艘船，同样是风餐露宿，漂洋过海，为什么中国人和外国人如此不同呢？原来这5位中国人都有喝茶的习惯，而外国人却没有。于是得出结论：喝茶是这5位中国人未得败血症的原因。

以下哪项和题干中得出结论的方法最为相似？

A. 警察锁定了犯罪嫌疑人，但是从目前掌握的事实看，都不足以证明他犯罪。专案组由此得出结论，必有一种未知的因素潜藏在犯罪嫌疑人身后。

B. 在两块土壤情况基本相同的麦地上，对其中一块施氮肥和钾肥，另一块只施钾肥。结果施氮肥和钾肥的那块麦地的产量高于另一块，可见，施氮肥是麦地产量较高的原因。

C. 孙悟空："如果打白骨精，师父会念紧箍咒；如果不打，师父就会被妖精吃掉。"孙悟空无奈得出结论："我还是回花果山算了。"

D. 天文学家观测到天王星的运行轨道有特征a、b和c，已知特征a、b分别是由两颗行星甲、乙的吸引造成的，于是猜想还有一颗未知行星造成天王星的轨道特征c。

E. 一定压力下的一定量气体，温度升高，体积增大；温度降低，体积缩小。气体体积与温度之间存在一定的相关性，说明气体温度的改变是其体积改变的原因。

16. 所有重点大学的学生都是聪明的学生，有些聪明的学生喜欢数学，小杨不喜欢数学。所以，小杨不是重点大学的学生。

以下除哪项外，均与上述推理的形式类似？

A. 所有经济学家都懂经济学，有些懂经济学的爱投资企业，你不爱投资企业。所以，你不是经济学家。

B. 所有鹅都吃青菜，有些吃青菜的也吃鱼，兔子不吃鱼。所以，兔子不是鹅。

C. 所有人都是爱美的，有些爱美的还研究科学，亚里士多德不是普通人。所以，亚里士多德不研究科学。

D. 所有被高校录取的学生都是超过录取分数线的，有些超过录取分数线的是大龄考生，小张不是大龄考生。所以，小张没有被高校录取。

E. 所有想当外交官的都需要学外语，有些学外语的重视人际交往，小王不重视人际交往。所以，小王不想当外交官。

17. 按照联合国开发计划署2007年的统计，挪威是世界上居民生活质量最高的国家，欧美和日本等发达国家也名列前茅。如果统计1990年以来生活质量改善最快的国家，发达国家则落后了。至少在联合国开发计划署统计的116个国家中，17年来，非洲东南部国家莫桑比克的生活质量提高最快，2007年其生活质量指数比1990年提高了50%，很多非洲国家取得了和莫桑比克类似的成就。作为世界上最受瞩目的发展中国家，中国的生活质量指数在过去 17 年中也提高了 27%。

以下哪项可以从联合国开发计划署的统计中得出？

A. 2007 年，发展中国家的生活质量指数都低于西方国家。

B. 2007 年，莫桑比克的生活质量指数不高于中国。

C. 2006 年，日本的生活质量指数不高于中国。

D. 2006 年，莫桑比克的生活质量的改善快于非洲其他各国。

E. 2007 年，挪威的生活质量指数高于非洲各国。

18. 某次认知能力测试，刘强得了 118 分，蒋明的得分比王丽高，张华和刘强得分之和大于蒋明和王丽的得分之和，刘强的得分比周梅高；此次测试 120 分以上为优秀，五人之中有两人没有达到优秀。

根据以上信息，以下哪项是上述五人在此次测试中得分由高到低的排列？

A. 张华、王丽、周梅、蒋明、刘强

B. 张华、蒋明、王丽、刘强、周梅

C. 张华、蒋明、刘强、王丽、周梅

D. 蒋明、张华、王丽、刘强、周梅

E. 蒋明、王丽、张华、刘强、周梅

19. 近日，某集团高层领导研究了发展方向问题。王总经理认为：既要发展纳米技术，也要发展生物医药技术；赵副总经理认为：只有发展智能技术，才能发展生物医药技术；李副总经理认为：如果发展纳米技术和生物医药技术，那么也要发展智能技术。最后经过董事会研究，只有其中一位的意见被采纳。

根据以上陈述，以下哪项符合董事会的研究决定？

A. 发展纳米技术和智能技术，但是不发展生物医药技术。

B. 发展生物医药技术和纳米技术，但是不发展智能技术。

C. 发展智能技术和生物医药技术，但是不发展纳米技术。

D. 发展智能技术，但是不发展纳米技术和生物医药技术。

E. 发展生物医药技术，智能技术和纳米技术。

20. 国外某教授最近指出，长着一张娃娃脸的人意味着他将享有更长的寿命，因为人们的生活状况很容易反映在脸上。从 1990 年春季开始，该教授领导的研究小组对 1 826 对 70 岁以上的双胞胎进行了体能和认知测试，并拍了他们的面部照片。在不知道他们确切年龄的情况下，三名研究助手先对不同年龄组的双胞胎进行年龄评估，结果发现，即使是双胞胎，被猜出的年龄也相差很大。然后研究小组用若干年时间对这些双胞胎的晚年生活进行了跟踪调查，直至他们去世。调查表明：双胞胎中，外表年龄差异越大，看起来老的那个就越可能先去世。

以下哪项如果为真，最能形成对该教授调查结论的反驳？

A. 如果把调查对象扩大到 40 岁以上的双胞胎，结果可能会有所不同。

B. 三名研究助手比较年轻，从事该项研究的时间不长。

C. 外表年龄是每个人生活环境、生活状况和心态的集中体现，与老化关系不大。

D. 生命老化的原因在于细胞分裂导致染色体末端不断损耗。

E. 看起来越老的人，在心理上一般较为成熟，对于生命有更深刻的理解。

21. 由于含糖饮料的卡路里含量高，容易导致肥胖，因此无糖饮料开始流行。经过一段时期的调查，李教授认为无糖饮料尽管卡路里含量低，但并不意味它不会导致体重增加，因为无糖饮料可能导致人们对于甜食的高度偏爱，这意味着可能食用更多的含糖类食物。而且无糖饮料几乎没什么营养，喝得过多就限制了其他健康饮品的摄入，比如茶和果汁等。

以下哪项如果为真，最能支持李教授的观点？

A. 茶是中国的传统饮料，长期饮用有益健康。

B. 有些瘦子也爱喝无糖饮料。

C. 有些胖子爱吃甜食。

D. 不少胖子向医生报告他们常喝无糖饮料。

E. 喝无糖饮料的人很少进行健身运动。

22. 只有公司相关部门的所有员工都考评合格了，该部门的员工才能得到年终奖金。财务部有些员工考评合格了，综合部所有员工都得到了年终奖金，行政部的赵强考评合格了。

如果以上陈述为真，则以下哪项可能为真？

Ⅰ. 财务部员工都考评合格了；

Ⅱ. 赵强得到了年终奖金；

Ⅲ. 综合部有些员工没有考评合格；

Ⅳ. 财务部员工没有得到年终奖金。

A. 仅Ⅰ、Ⅱ　　B. 仅Ⅱ、Ⅲ　　C. 仅Ⅰ、Ⅱ、Ⅳ

D. 仅Ⅰ、Ⅱ、Ⅲ　　E. 仅Ⅱ、Ⅲ、Ⅳ

23. 随着文化知识越来越重要，人们花在读书上的时间越来越多，文人学子中近视的比例也越来越高。即便在城里工人、乡镇农民中，也能看到不少人戴近视眼镜。然而，在中国古代很少发现患有近视的文人学子，更别说普通老百姓了。

以下除哪项外，均可以解释上述现象？

A. 古时候，只有家庭条件好或者有地位的人才读得起书；即便读书，用在读书上的时间也很少，那种头悬梁、锥刺股的读书人更是凤毛麟角。

B. 古时交通工具不发达，出行主要靠步行、骑马，足量的运动对于预防近视有一定的作用。

C. 古人生活节奏慢，不用担心交通安全，所以即使患了近视，其危害也非常小。

D. 古代自然科学不发达，那时学生读的书很少，主要是四书五经，一本《论语》要读好几年。

E. 古人书写用的是毛笔，眼睛和字的距离比较远，写的字也相对大些。

24～25 题基于以下共同题干：

某家长认为，有想象力才能进行创造性劳动，但想象力和知识是天敌。人在获得知识的过程中，想象力会消失。因为知识符合逻辑，而想象力无章可循。换句话说，知识的本质是科学，想象力的特征是荒诞。人的大脑一山不容二虎：学龄前，想象力独占鳌头，脑子被想象力占据；上学后，大多数人的想象力被知识驱逐出境，他们成为知识渊博但丧失了想象力、终身只能重复前人发现的人。

24. 以下哪项是该家长的论述所依赖的假设?

Ⅰ. 科学是不可能荒诞的,荒诞的就不是科学;

Ⅱ. 想象力和逻辑水火不容;

Ⅲ. 大脑被知识占据后很难恢复想象力。

A. 仅Ⅰ　　B. 仅Ⅱ　　C. 仅Ⅰ、Ⅱ

D. 仅Ⅱ、Ⅲ　　E. Ⅰ、Ⅱ、Ⅲ

25. 以下哪项与该家长的上述观点矛盾?

A. 如果希望孩子能够进行创造性劳动,就不要送他们上学。

B. 如果获得了足够知识,就不能进行创造性劳动。

C. 发现知识的人是有一定想象力的。

D. 有些人没有想象力,但能进行创造性劳动。

E. 想象力被知识驱逐出境是一个逐渐的过程。

26. 某公司总裁曾经说过:"当前任总裁批评我时,我不喜欢那感觉,因此,我不会批评我的继任者。"

以下哪项最可能是该总裁上述言论的假设?

A. 当遇到该总裁的批评时,他的继任者和他的感觉不完全一致。

B. 只有该总裁的继任者喜欢被批评的感觉,他才会批评继任者。

C. 如果该总裁喜欢被批评,那么前任总裁的批评也不例外。

D. 该总裁不喜欢批评他的继任者,但喜欢批评其他人。

E. 该总裁不喜欢被前任总裁批评,但喜欢被其他人批评。

27. 在恐龙灭绝 6 500 万年后的今天,地球正面临着又一次物种大规模灭绝的危机。截至 20 世纪末,全球大概有 20%的物种灭绝。现在,大熊猫、西伯利亚虎、北美玳瑁、巴西红木等许多珍稀物种面临着灭绝的危险。有三位学者对此作了预测:

学者一:如果大熊猫灭绝,则西伯利亚虎也将灭绝;

学者二:如果北美玳瑁灭绝,则巴西红木不会灭绝;

学者三:或者北美玳瑁灭绝,或者西伯利亚虎不会灭绝。

如果三位学者的预测都为真,则以下哪项一定为假?

A. 大熊猫和北美玳瑁都将灭绝。

B. 巴西红木将灭绝,西伯利亚虎不会灭绝。

C. 大熊猫和巴西红木都将灭绝。

D. 大熊猫将灭绝,巴西红木不会灭绝。

E. 巴西红木将灭绝,大熊猫不会灭绝。

28. 一些城市,由于作息时间比较统一,加上机动车太多,很容易造成交通早高峰和晚高峰,市民们在高峰时间上下班很不容易。为了缓解人们上下班的交通压力,某政府顾问提议采取不同时间段上下班制度,即不同单位可以在不同的时间段上下班。

以下哪项如果为真,最可能使该顾问的提议无法取得预期效果?

A. 有些上班时间段与员工的用餐时间冲突,会影响他们的生活规律,从而影响他们的工作积极性。

B. 许多上班时间段与员工的作息时间不协调，他们需要较长一段时间来调整适应，这段时间的工作效率难以保证。

C. 许多单位的大部分工作通常需要员工在一起讨论，集体合作才能完成。

D. 该城市机动车数量持续增加，即使不在早晚高峰期，交通拥堵现象也时有发生。

E. 有些单位员工的住处与单位非常近，步行即可上下班。

29. 统计数据表明，近年来，民用航空飞机的安全性有很大提高。例如，某国 2008 年每飞行 100 万次发生恶性事故的次数为 0.2 次，而 1989 年为 1.4 次。从这些年的统计数字看，民用航空恶性事故发生率总体呈下降趋势。由此看出，乘飞机出行越来越安全。

以下哪项不能加强上述结论？

A. 近年来，飞机事故中"死里逃生"的概率比以前提高了。

B. 各大航空公司越来越注意对机组人员的安全培训。

C. 民用航空的空中交通控制系统更加完善。

D. 避免"机鸟互撞"的技术与措施日臻完善。

E. 虽然飞机坠毁很可怕，但从统计数据上讲，驾车仍然要危险得多。

30. 有医学研究显示，行为痴呆症患者大脑组织中往往含有过量的铝。同时有化学研究表明，一种硅化合物可以吸收铝。陈医生据此认为，可以用这种硅化合物治疗行为痴呆症。

以下哪项是陈医生最可能依赖的假设？

A. 行为痴呆症患者大脑组织的含铝量通常过高，但具体数量不会变化。

B. 该硅化合物在吸收铝的过程中不会产生副作用。

C. 用来吸收铝的硅化合物的具体数量与行为痴呆症患者的年龄有关。

D. 过量的铝是导致行为痴呆症的原因，患者脑组织中的铝不是痴呆症引起的结果。

E. 行为痴呆症患者脑组织中的铝含量与病情的严重程度有关。

2012 年管理类联考综合能力逻辑真题

1. 1991 年 6 月 15 日，菲律宾吕宋岛上的皮纳图博火山突然大喷发，2 000 万吨二氧化硫气体冲入平流层，形成的霾像毯子一样盖在地球上空，把部分要照射到地球的阳光反射回太空。几年之后，气象学家发现这层霾使得当时地球表面的温度累计下降了 0.5℃。而皮纳图博火山喷发前的一个世纪，因人类活动而造成的温室效应已经使地球表面温度升高了 1℃。某位持"人工气候改造论"的科学家据此认为，可以用火箭弹等方式将二氧化硫充入大气层，阻挡部分阳光，达到给地球表面降温的目的。

以下哪项如果为真，最能对该科学家提议的有效性构成质疑?

A. 如果利用火箭弹将二氧化硫充入大气层，会导致航空乘客呼吸不适。

B. 如果在大气层上空放置反光物，就可以避免地球表面受到强烈阳光的照射。

C. 可以把大气中的碳提取出来存储到地下，减少大气层中的碳含量。

D. 不论何种方式，"人工气候改造"都将破坏地球的大气层结构。

E. 火山喷发形成的降温效应只是暂时的，经过一段时间温度将再次回升。

2. 只有具有一定文学造诣且具有生物学专业背景的人，才能读懂这篇文章。

如果上述命题为真，以下哪项不可能为真?

A. 小张没有读懂这篇文章，但他的文学造诣是大家所公认的。

B. 计算机专业的小王没有读懂这篇文章。

C. 从未接触过生物学知识的小李读懂了这篇文章。

D. 小周具有生物学专业背景，但他没有读懂这篇文章。

E. 生物学博士小赵读懂了这篇文章。

3. 经过反复核查，质检员小李向厂长汇报说："726 车间生产的产品都是合格的，所以不合格的产品都不是 726 车间生产的。"

以下哪项和小李的推理结构最为相似?

A. 所有入场的考生都经过了体温测试，所以没能入场的考生都没有经过体温测试。

B. 所有出厂设备都是检测合格的，所以检测合格的设备都已出厂。

C. 所有已发表的文章都是认真校对过的，所以认真校对过的文章都已发表。

D. 所有真理都是不怕批评的，所以怕批评的都不是真理。

E. 所有不及格的学生都没有好好复习，所以没有好好复习的学生都不及格。

4. 王涛和周波是理科(1)班同学，他们是无话不说的好朋友。他们发现班里每一个人或者喜欢物理，或者喜欢化学。王涛喜欢物理，周波不喜欢化学。

根据以上陈述，以下哪项必定为真?

Ⅰ. 周波喜欢物理；

Ⅱ. 王涛不喜欢化学；

Ⅲ. 理科(1)班不喜欢物理的人喜欢化学;

Ⅳ. 理科(1)班一半喜欢物理,一半喜欢化学。

A. 仅Ⅰ　　B. 仅Ⅲ　　C. 仅Ⅰ、Ⅱ

D. 仅Ⅰ、Ⅲ　　E. 仅Ⅱ、Ⅲ、Ⅳ

5. 李明、王兵、马云三位股民对股票 A 和股票 B 分别作了如下预测:

李明:只有股票 A 不上涨,股票 B 才不上涨;

王兵:股票 A 和股票 B 至少有一个不上涨;

马云:股票 A 上涨当且仅当股票 B 上涨。

若三人的预测都为真,则以下哪项符合他们的预测?

A. 股票 A 上涨,股票 B 不上涨。

B. 股票 A 不上涨,股票 B 上涨。

C. 股票 A 和股票 B 均上涨。

D. 股票 A 和股票 B 均不上涨。

E. 只有股票 A 上涨,股票 B 才不上涨。

6. 临江市地处东部沿海,下辖临东、临西、江南、江北四个区。近年来,文化旅游产业成为该市的经济增长点。2010 年,该市一共吸引全国数十万人次游客前来参观旅游。12 月底,关于该市四个区吸引游客人数多少的排名,各位旅游局局长作了如下预测:

临东区旅游局局长:如果临西区第三,那么江北区第四;

临西区旅游局局长:只有临西区不是第一,江南区才是第二;

江南区旅游局局长:江南区不是第二;

江北区旅游局局长:江北区第四。

最终的统计表明,只有一位局长的预测符合事实,则临东区当年吸引游客人次的排名是?

A. 第一　　B. 第二　　C. 第三

D. 第四　　E. 在江北区之前

7. 小张是某公司营销部的员工。公司经理对他说:“如果你争取到这个项目,我就奖励你一台笔记本电脑或者给你项目提成。”

以下哪项如果为真,说明该经理没有兑现承诺?

A. 小张没有争取到这个项目,该经理没有给他项目提成,但送了他一台笔记本电脑。

B. 小张没有争取到这个项目,该经理没奖励他笔记本电脑,也没给他项目提成。

C. 小张争取到了这个项目,该经理给他项目提成,但并未奖励他笔记本电脑。

D. 小张争取到了这个项目,该经理奖励他一台笔记本电脑并且给他三天假期。

E. 小张争取到了这个项目,该经理未给他项目提成,但奖励了他一台台式电脑。

8. 《文化新报》记者小白周四去某市采访陈教授与王研究员。次日,其同事小李问小白:“昨天你采访到那两位学者了吗?”小白说:“不,没那么顺利。”小李又问:“那么,你一个都没采访到?”小白说:“也不是。”

以下哪项最有可能是小白周四采访所发生的真实情况?

A. 小白采访到了两位学者。

B. 小白采访了李教授，但没有采访王研究员。

C. 小白根本没有去采访两位学者。

D. 两位采访对象都没有接受采访。

E. 小白采访到了其中一位，但是没有采访到另一位。

9. 只有通过身份认证的人才允许上公司内网，如果没有良好的业绩就不可能通过身份认证，张辉有良好的业绩而王纬没有良好的业绩。

如果上述断定为真，则以下哪项一定为真？

A. 允许张辉上公司内网。　　B. 不允许王纬上公司内网。

C. 张辉通过身份认证。　　D. 有良好的业绩，就允许上公司内网。

E. 没有通过身份认证，就说明没有良好的业绩。

10. 比较文字学者张教授认为，在不同的民族语言中，字形与字义的关系有不同的表现。他提出，汉字是象形文字，其中大部分的是形声字，这些字的字形与字义相互关联；而英语是拼音文字，其字形与字义往往关联度不大，需要某种抽象的理解。

以下哪项如果为真，最不符合张教授的观点？

A. 汉语中的"日""月"是象形字，从字形可以看出其所指的对象；而英语中的 sun 与 moon 则感觉不到这种形义结合。

B. 汉语中的"日"与"木"结合，可以组成"東""杲""杳"等不同的字，并可以猜测其语义；而英语中则不存在与此类似的 sun 与 wood 的结合。

C. 英语中，也有与汉语类似的象形文字，如 eye 是人的眼睛的象形，两个 e 代表眼睛，y 代表中间的鼻子；bed 是床的象形，b 和 d 代表床的两端。

D. 英语中的 sunlight 与汉语中的"阳光"相对应，而英语的 sun 与 light 和汉语中的"阳"与"光"相对应。

E. 汉语的"星期三"与英语中的 Wednesday 和德语中的 Mittwoch 意思相同。

11. 乘客使用手机及便携式电子设备会通过电磁波谱频繁传输信号，机场的无线电话和导航网络等也会使用电磁波谱，但电信委员会已根据不同用途把电磁波谱分成了几大块。因此，用手机打电话不会对专供飞机通信系统或全球定位系统使用的波段造成干扰。尽管如此，各大航空公司仍然规定，禁止机上乘客使用手机等电子设备。

以下哪项如果为真，能解释上述现象？

Ⅰ. 乘客在空中使用手机等电子设备可能对地面导航网络造成干扰；

Ⅱ. 乘客在起飞和降落时使用手机等电子设备，可能影响机组人员工作；

Ⅲ. 便携式电脑或者游戏设备可能导致自动驾驶仪出现断路或仪器显示发生故障。

A. 仅Ⅰ　　B. 仅Ⅱ　　C. 仅Ⅰ、Ⅱ

D. 仅Ⅱ、Ⅲ　　E. Ⅰ、Ⅱ和Ⅲ

12. 2010 年上海世博会盛况空前，200 多个国家场馆和企业主题场馆让人目不暇接。大学生王刚决定在学校放暑假的第二天前往世博会参观。前一天晚上，他特别上网查看了各位网友对相关热门场馆选择的建议，其中最吸引王刚的有三条：

(1) 如果参观沙特馆，就不参观石油馆；

(2) 石油馆和中国国家馆择一参观；

(3) 中国国家馆和石油馆不都参观。

实际上,第二天王刚的世博会行程非常紧凑,他没有接受上述三条建议中的任何一条。关于王刚所参观的热门场馆,以下哪项描述正确?

A. 参观沙特馆、石油馆,没有参观中国国家馆。

B. 沙特馆、石油馆、中国国家馆都参观了。

C. 沙特馆、石油馆、中国国家馆都没有参观。

D. 没有参观沙特馆,参观石油馆和中国国家馆。

E. 没有参观石油馆,参加沙特馆、中国国家馆。

13. 经理说:“有了自信不一定赢”。董事长回应说:“但是没有自信一定会输。”

以下哪项与董事长的意思最为接近?

A. 不输即赢,不赢即输。

B. 如果自信,则一定会赢。

C. 只有自信,才可能不输。

D. 除非自信,否则不可能输。

E. 只有赢了,才可能更自信。

14. 在家电产品“三下乡”活动中,某销售公司的产品受到了农村居民的广泛欢迎。该公司总经理在介绍经验时表示:只有用最流行畅销的明星产品面对农村居民,才能获得他们的青睐。

以下哪项如果为真,最能质疑总经理的论述?

A. 某品牌电视由于其较强的防潮能力,尽管不是明星产品,仍然获得了农村居民的青睐。

B. 流行畅销的明星产品由于价格偏高,没有赢得农村居民的青睐。

C. 流行畅销的明星产品只有质量过硬,才能获得农村居民的青睐。

D. 有少数娱乐明星为某些流行畅销的产品做虚假广告。

E. 流行畅销的明星产品最适合城市中的白领使用。

15. 居民苏女士在菜市场看到某摊位出售的鹌鹑蛋色泽新鲜、形态圆润,且价格便宜,于是买了一箱。回家后发现有些鹌鹑蛋打不破,甚至丢在地上也摔不坏,再细闻已经打破的鹌鹑蛋,有一股刺鼻的消毒液味道。她投诉至菜市场管理部门,结果一位工作人员声称鹌鹑蛋目前还没有国家质量标准,无法判定它有质量问题,所以他坚持这箱鹌鹑蛋没有质量问题。

以下哪项与该工作人员做出结论的方式最为相似?

A. 不能证明宇宙是没有边际的,所以宇宙是有边际的。

B. “驴友论坛”还没有论坛规范,所以管理人员没有权利删除帖子。

C. 小偷在逃跑途中跳入2米深的河中,失主认为没有责任,因此不予施救。

D. 并非外星人不存在,所以外星人存在。

E. 慈善晚会上的假唱行为不属于商业管理范围,因此相关部门无法对此进行处罚。

16. 概念A与概念B之间有交叉关系,当且仅当:(1)存在对象x,x既属于A又属于B;(2)存在对象y,y属于A但不属于B;(3)存在对象z,z属于B但是不属于A。

根据上述定义,以下哪项中加下划线的两个概念之间有交叉关系?

A. 国画按题材分主要有<u>人物画</u>、花鸟画、山水画等;按技法分主要有<u>工笔画</u>和写意画等。

B.《盗梦空间》除了是最佳影片的有力争夺者外，它在技术类奖项的争夺中也将有所斩获。

C. 洛邑小学 30 岁的食堂总经理为了改善伙食，在食堂放了几个意见本，征求学生们的意见。

D. 在微波炉清洁剂中加入漂白剂，就会释放出氯气。

E. 高校教师包括教授、副教授、讲师和助教等。

17. 小李将自家护栏边的绿地毁坏，种上了黄瓜。小区物业管理人员发现后，提醒小李：护栏边的绿地是公共绿地，属于小区的所有人。物业为此下发了整改通知书，要求小李限期恢复绿地。小李对此辩称："我难道不是小区的人吗？护栏边的绿地既然属于小区的所有人，当然也属于我。因此，我有权在自己的土地上种黄瓜。"

以下哪项论证，和小李的错误最为相似？

A. 所有人都要为他的错误行为负责，小梁没有对他的这次行为负责，所以小梁的这次行为没有错误。

B. 所有参展的兰花在这次博览会上被订购一空，李阳花大价钱买了一盆花，由此可见，李阳买的必定是兰花。

C. 没有人能够一天读完大仲马的所有作品，没有人能够一天读完《三个火枪手》，因此，《三个火枪手》是大仲马的作品之一。

D. 所有莫尔碧骑士组成的军队在当时的欧洲是不可战胜的，翼雅王是莫尔碧骑士之一，所以翼雅王在当时的欧洲是不可战胜的。

E. 任何一个人都不可能掌握当今世界的所有知识，地心说不是当今世界的知识，因此，有些人可以掌握地心说。

18. 我国著名的地质学家李四光，在对东北的地质结构进行了长期、深入的调查研究后发现，松辽平原的地质结构与中亚细亚极其相似。他推断，既然中亚细亚蕴藏大量的石油，那么松辽平原很可能也蕴藏着大量的石油。后来，大庆油田的开发证明了李四光的推断是正确的。

以下哪项与李四光的推理方式最为相似？

A. 他山之石，可以攻玉。

B. 邻居买彩票中了大奖，小张受此启发，也去买了体育彩票，结果没有中奖。

C. 某乡镇领导在考察了荷兰等国的花卉市场后认为要大力发展规模经济，回来后组织全乡镇种大葱，结果导致大葱严重滞销。

D. 每到炎热的夏季，许多商店腾出一大块地方卖羊毛衫、长袖衬衣、冬靴等冬令商品，进行反季节销售，结果都很有市场。小王受此启发，决定在冬季种植西瓜。

E. 乌兹别克地区盛产长绒棉。新疆塔里木河流域与乌兹别克地区在日照情况、霜期长短、气温高低、降雨量等方面均相似，科研人员受此启发，将长绒棉移植到塔里木河流域，果然获得了成功。

19. 如果他勇于承担责任，那么他就一定会直面媒体，而不是选择逃避；如果他没有责任，那么他就一定会聘请律师，捍卫自己的尊严。可是事实上，他不仅没有聘请律师，现在逃得连人影都不见了。

根据以上陈述，可以得出以下哪项结论？

A. 即使他没有责任，也不应该选择逃避。

B. 虽然选择了逃避，但是他可能没有责任。

C. 如果他有责任，那么他应该勇于承担责任。

D. 如果他不敢承担责任，那么说明他责任很大。

E. 他不仅有责任，而且他没有勇气承担责任。

20. 有些通信网络维护涉及个人信息安全，因而，不是所有通信网络的维护都可以外包。

以下哪项可以使上论证成立？

A. 所有涉及个人信息安全的都不可以外包。

B. 有些涉及个人信息安全的不可以外包。

C. 有些涉及个人信息安全的可以外包。

D. 所有涉及国家信息安全的都不可以外包。

E. 有些通信网络维护涉及国家信息安全。

21. 葡萄酒中含有白藜芦醇和类黄酮等对心脏有益的抗氧化剂。一项新研究表明，白藜芦醇能防止骨质疏松和肌肉萎缩。由此，有关研究人员推断，那些长时间在国际空间站或宇宙飞船上的宇航员或许可以补充一下白藜芦醇。

以下哪项如果为真，最能支持上述研究人员的推断？

A. 研究人员发现由于残疾或者其他因素而很少活动的人会比经常活动的人更容易出现骨质疏松和肌肉萎缩等这症状，如果能喝点葡萄酒，则可以获益。

B. 研究人员模拟失重状态，对老鼠进行试验，一个对照组未接受任何特殊处理，另一组则每天服用白藜芦醇。结果对照组的老鼠骨头和肌肉的密度都降低了，而服用白藜芦醇的一组则没有出现这些症状。

C. 研究人员发现由于残疾或者其他因素而很少活动的人，如果每天服用一定量的白藜芦醇，则可以改善骨质疏松和肌肉萎缩等症状。

D. 研究人员发现，葡萄酒能对抗失重所造成的负面影响。

E. 某医学博士认为，白藜芦醇或许不能代替锻炼，但它能减缓人体某些机能的退化。

22. 一般商品只有在多次流通过程中才能不断增值，但艺术品作为一种特殊商品却体现出了与一般商品不同的特性。在拍卖市场上，有些古玩、字画的成交价有很大的随机性，往往会直接受到拍卖现场气氛、竞争激烈程度、买家心理变化等偶然因素的影响，成交价有时会高于底价几十倍乃至数百倍，使得艺术品在一次“流通”中实现大幅度增值。

以下哪项最无助于解释上述现象？

A. 艺术品的不可再造性决定了其交换价格有可能超过其自身价值。

B. 不少买家喜好收藏，抬高了艺术品的交易价格。

C. 有些买家就是为了炒作艺术品，以期获得高额利润。

D. 虽然大量赝品充斥市场，但是对艺术品的交易价格没有什么影响。

E. 国外资金进入艺术品拍卖市场，对价格攀升起到了拉动作用。

23. 近期国际金融危机对毕业生的就业影响非常大，某高校就业中心的陈老师希望广大同学能够调整自己的心态和预期。他在一次就业指导会上提到，有些同学对自己的职业定位还不够准确。

如果陈老师的陈述为真，则以下哪项不一定为真？

Ⅰ. 不是所有人对自己的职业定位都准确；

Ⅱ. 不是所有人对自己的职业定位都不够准确；

Ⅲ. 有些人对自己的职业定位准确；

Ⅳ. 所有人对自己的职业定位都不够准确。

A. 仅Ⅱ和Ⅳ　B. 仅Ⅲ和Ⅳ　C. 仅Ⅱ和Ⅲ

D. 仅Ⅰ、Ⅱ和Ⅲ　E. 仅Ⅱ、Ⅲ和Ⅳ

24. 一位房地产信息员通过对某地的调查发现：护城河两岸房屋的租金都比较廉价；廉租房都坐落在凤凰山北麓；东向的房屋都是别墅；非廉租房不可能具有廉价的租金；有些单室套的两限房建在凤凰山北麓；别墅也都建筑在凤凰山南麓。

根据该房地产信息员的调查，以下哪项不可能存在？

A. 东向的护城河两岸的房屋　B. 凤凰山北麓的两限房

C. 单室套的廉租房　D. 护城河两岸的单室套

E. 南向的廉租房

25. 探望病人通常会送上一束鲜花。但某国曾有报道说，医院花瓶养花的水可能含有很多细菌，鲜花会在夜间与病人争夺氧气，还可能影响病房里电子设备的工作。这引起了人们对鲜花的恐慌，该国一些医院甚至禁止在病房内摆放鲜花。尽管后来证实鲜花并未导致更多的病人受感染，并且权威部门也澄清，未见任何感染病例与病房里的植物有关，但这并未减轻医院对鲜花的反感。

以下除哪项外，都能减轻医院对鲜花的担心？

A. 鲜花并不比病人身边的餐具、饮料和食物带有更多可能危害病人健康的细菌。

B. 在病房里放置鲜花让病人感到心情愉悦、精神舒畅，有助于病人康复。

C. 给鲜花换水、修剪需要一定的人工，如果花瓶倒了还会导致危险产生。

D. 已有研究证明，鲜花对病房空气的影响微乎其微，可以忽略不计。

E. 探望病人所送的鲜花大都花束小、需水量少、花粉少，不会影响电子设备工作。

26. 某公司规定，在一个月内，除非每个工作日都出勤，否则任何员工都不可能既获得当月绩效工资，又获得奖励工资。

以下哪项与上述规定的意思最为接近？

A. 在一个月内，任何员工如果所有工作日不缺勤，必然既获得当月绩效工资，又获得奖励工资。

B. 在一个月内，任何员工如果所有工作日不缺勤，都有可能既获得当月绩效工资，又获得奖励工资。

C. 在一个月内，任何员工如果有某个工作日缺勤，仍有可能获得当月绩效工资，或者获得奖励工资。

D. 在一个月内，任何员工如果有某个工作日缺勤，必然或者得不了当月绩效工资，或者得不了奖励工资。

E. 在一个月内，任何员工如果所有工作日缺勤，必然既得不了当月绩效工资，又得不了奖励工资。

27. 近期流感肆虐，一般流感患者可采用抗病毒药物治疗。虽然并不是所有的流感患者均需接受达菲等抗病毒药物的治疗，但不少医生仍强烈建议老人、儿童等易出现严重症状的患者用药。

如果以上陈述为真，则以下哪项一定为假？

Ⅰ. 有些流感患者需接受达菲等抗病毒药物的治疗；

Ⅱ. 并非有的流感患者不需接受抗病毒药物的治疗；

Ⅲ. 老人、儿童等易出现严重症状的患者不需要用药。

A. 仅Ⅰ　　B. 仅Ⅱ　　C. 仅Ⅲ

D. 仅Ⅰ、Ⅱ　　E. 仅Ⅱ、Ⅲ

28～30 题基于以下共同题干：

东宇大学公开招聘 3 个教师职位，哲学学院、管理学院和经济学院各一个。每个职位都有分别来自南山大学、西京大学、北清大学的候选人。有位“聪明”人士李先生对招聘结果作出了如下预测：

（1）如果哲学学院录用北清大学的候选人，那么管理学院录用西京大学的候选人；

（2）如果管理学院录用南山大学的候选人，那么哲学学院也录用南山大学的候选人；

（3）如果经济学院录用北清大学或者西京大学的候选人，那么管理学院录用北清大学的候选人。

28. 如果哲学学院、管理学院和经济学院最终录用的候选人的大学归属信息依次如下，则哪项符合李先生的预测？

A. 南山大学、南山大学、西京大学　　B. 北清大学、南山大学、南山大学

C. 北清大学、北清大学、南山大学　　D. 西京大学、北清大学、南山大学

E. 西京大学、西京大学、西京大学

29. 若哲学学院最终录用西京大学的候选人，则以下哪项表明李先生的预测错误？

A. 管理学院录用北清大学候选人。　　B. 管理学院录用南山大学候选人。

C. 经济学院录用南山大学候选人。　　D. 经济学院录用北清大学候选人。

E. 经济学院录用西京大学候选人。

30. 如果三个学院最终录用的候选人分别来自不同的大学，则以下哪项符合李先生的预测？

A. 哲学学院录用西京大学候选人，经济学院录用北清大学候选人。

B. 哲学学院录用南山大学候选人，管理学院录用北清大学候选人。

C. 哲学学院录用北清大学候选人，经济学院录用西京大学候选人。

D. 哲学学院录用西京大学候选人，管理学院录用南山大学候选人。

E. 哲学学院录用南山大学候选人，管理学院录用西京大学候选人。

2013年管理类联考综合能力逻辑真题

1. 某公司去年年初开始实施一项“办公用品节俭计划”，每位员工每月只能免费领用限量的纸笔等各类办公用品。年末统计时发现，公司用于各类办公用品的支出较上年度下降了30%。在未实施该计划的过去5年间，公司年平均消耗办公用品10万元。公司总经理由此得出：该计划去年已经为公司节约了不少经费。

以下哪项如果为真，最能构成对总经理推论的质疑?

A. 另一家与该公司规模及其他基本情况均类似的公司，未实施类似的节俭计划，在过去的5年间办公用品消耗额年平均也为10万元。

B. 在过去的5年间，该公司大力推广无纸化办公，并且取得很大成就。

C. “办公用品节俭计划”是控制支出的重要手段，但说该计划为公司“一年内节约不少经费”，没有严谨的数据分析。

D. 另一家与该公司规模及其基本情况均类似的公司，未实施类似的节俭计划，但是在过去的5年间办公用品人均消耗额越来越低。

E. 去年，该公司在员工困难补助、交通津贴等方面开支增加了3万元。

2. 公司经理：我们招聘人才时最看重的是综合素质和能力，而不是分数。人才招聘中，高分低能者并不鲜见，我们显然不希望招到这样的“人才”，从你的成绩单可以看出，你的学业分数很高，因此我们有点怀疑你的能力和综合素质。

以下哪项和经理得出结论的方式最为类似?

A. 公司管理者并非都是聪明人，陈然不是公司管理者，所以陈然可能是聪明人。

B. 猫都爱吃鱼，没有猫患近视，所以吃鱼可以预防近视。

C. 人的一生中健康开心最重要，名利都是浮云，张立名利双收，所以可能张立并不开心。

D. 有些歌手是演员，所有的演员都很富有，所以有些歌手可能不富有。

E. 闪光的物体并非都是金子，考古队挖到了闪闪发光的物体，所以考古队挖到的可能不是金子。

3. 某省大力发展旅游产业，目前已经形成东湖、西岛、南山三处著名景点，每处景点都有二日游、三日游、四日游三种路线。李明、王刚、张波拟赴上述三地进行九日游，每个人都设计了各自的旅游计划。后来发现，每处景点他们三人都选择了不同的路线：李明赴东湖的计划天数与王刚赴西岛的计划天数相同，李明赴南山的计划是三日游，王刚赴南山的计划是四日游。

根据以上陈述，可以得出以下哪项?

A. 李明计划东湖二日游，王刚计划西岛二日游。

B. 王刚计划东湖三日游，张波计划西岛四日游。

C. 张波计划东湖四日游，王刚计划西岛三日游。

D. 张波计划东湖三日游，李明计划西岛四日游。

E. 李明计划东湖二日游，王刚计划西岛三日游。

4. 国际足联一直坚称，世界杯冠军队所获得的“大力神”杯是实心的纯金奖杯。某教授经过精密测量和计算认为，世界杯冠军奖杯——实心的“大力神”杯不可能是纯金制成的，否则球员根本不可能将它举过头顶并随意挥舞。

以下哪项与这位教授的意思最为接近？

A. 若球员能够将“大力神”杯举过头顶并自由挥舞，则它很可能是空心的纯金杯。

B. 只有“大力神”杯是实心的，它才可能是纯金的。

C. 若“大力神”杯是实心的纯金杯，则球员不可能把它举过头顶并随意挥舞。

D. 只有球员能够将“大力神”杯举过头顶并自由挥舞，它才由纯金制成，并且不是实心的。

E. 若“大力神”杯是由纯金制成，则它肯定是空心的。

5. 根据学习在动机形成和发展中所起的作用，人的动机可分为原始动机和习得动机两种。原始动机是与生俱来的动机，它们是以人的本能需要为基础的；习得动机是指后天获得的各种动机，即经过学习产生和发展起来的各种动机。

根据以上陈述，以下哪项最可能属于原始动机？

A. 尊敬老人，孝敬父母。　　B. 尊师重教，崇文尚武。

C. 不入虎穴，焉得虎子。　　D. 窈窕淑女，君子好逑。

E. 宁可食无肉，不可居无竹。

6～7 题基于以下共同题干：

互联网好比一个复杂多样的虚拟世界，每台联网主机上的信息又构成了一个微观虚拟世界。若在某主机上可以访问本主机的信息，则称该主机相通于自身；若主机 x 能通过互联网访问主机 y 的信息，则称 x 相通于 y。已知代号分别为甲、乙、丙、丁的四台联网主机有如下信息：

（1）甲主机相通于任一不相通于丙的主机；

（2）丁主机不相通于丙；

（3）丙主机相通于任一相通于甲的主机。

6. 若丙主机不相通于自身，则以下哪项一定为真？

A. 若丁主机相通于乙，则乙主机相通于甲。

B. 甲主机相通于丁，也相通于丙。

C. 甲主机相通于乙，乙主机相通于丙。

D. 只有甲主机不相通于丙，丁主机才相通于乙。

E. 丙主机不相通于丁，但相通于乙。

7. 若丙主机不相通于任何主机，则以下哪项一定为假？

A. 乙主机相通于自身。

B. 丁主机不相通于甲。

C. 若丁主机不相通于甲，则乙主机相通于甲。

D. 甲主机相通于乙。

E. 若丁主机相通于甲，则乙主机相通于甲。

8. 某科研机构对市民所反映的一种奇异现象进行研究，该现象无法用已有的科学理论进行解释。助理研究员小王由此断言：该现象是错觉。

以下哪项如果为真，最可能使小王的断言不成立？

A. 错觉都可以用已有的科学理论进行解释。

B. 所有错觉都不能用已有的科学理论进行解释。

C. 已有的科学理论尚不能完全解释错觉是如何形成的。

D. 有些错觉不能用已有的科学理论进行解释。

E. 有些错觉可以用已有的科学理论进行解释。

9. 人们知道鸟类能感觉到地球磁场，并利用它们导航。最近某国科学家发现，鸟类其实是利用右眼“查看”地球磁场的。为检验该理论，当鸟类开始迁徙的时候，该国科学家把若干知更鸟放进一个漏斗形状的庞大的笼子里，并给其中部分知更鸟的一只眼睛戴上一种可屏蔽地球磁场的特殊金属眼罩。笼壁上涂着标记性物质，鸟要通过笼子口才能飞出去。如果鸟碰到笼壁，就会黏上标记性物质，以此判断鸟能否找到方向。

以下哪项如果为真，最能支持研究人员的上述发现？

A. 没戴眼罩的鸟顺利从笼中飞了出去；戴眼罩的鸟，不论左眼还是右眼，朝哪个方向飞的都有。

B. 没戴眼罩的鸟和左眼戴眼罩的鸟顺利从笼中飞了出去，右眼戴眼罩的鸟朝哪个方向飞的都有。

C. 没戴眼罩的鸟和左眼戴眼罩的鸟朝哪个方向飞的都有，右眼戴眼罩的鸟顺利从笼中飞了出去。

D. 没戴眼罩的鸟和右眼戴眼罩的鸟顺利从笼中飞了出去，左眼戴眼罩的鸟朝哪个方向飞的都有。

E. 戴眼罩的鸟，不论左眼还是右眼，顺利从笼中飞了出去，没戴眼罩的鸟朝哪个方向飞的都有。

10～11 题基于以下共同题干：

年初，为激励员工努力工作，某公司决定根据每月的工作绩效评选“月度之星”，王某在当年前 10 个月恰好只在连续的 4 个月中当选“月度之星”，他的另三位同事郑某、吴某、周某也做到了这一点。关于这四人当选“月度之星”的月份，已知：

（1）王某和郑某仅有三个月同时当选；

（2）郑某和吴某仅有三个月同时当选；

（3）王某和周某不曾在同一个月当选；

（4）仅有 2 人在 7 月同时当选；

（5）至少有 1 人在 1 月当选。

10. 根据以上信息，有 3 人同时当选“月度之星”的月份是？

A. 1～3 月　　B. 2～4 月　　C. 3～5 月

D. 4～6 月　　E. 5～7 月

11. 根据以上信息，王某当选“月度之星”的月份是？

A. 1～4 月　　B. 3～6 月　　C. 4～7 月
D. 5～8 月　　E. 7～10 月

12. 若成为白领的可能性无性别差异，按正常男女出生率 102∶100 计算，当这批人中的白领谈婚论嫁时，女性与男性数量应当大致相等。但实际上，某市妇联近几年举办的历次大型白领相亲活动中，报名的男女比例约为 3∶7，有时甚至达到 2∶8，这说明，文化越高的女性越难嫁，文化低的反而好嫁；男性则正好相反。

以下除哪项外，都有助于解释上述分析与实际情况的不一致？

A. 男性因长相身高、家庭条件等被女性淘汰者多于女性因长相身高、家庭条件等被男性淘汰者。

B. 与男性白领不同，女性白领要求高，往往只找比自己更优秀的男性。

C. 大学毕业后出国的精英分子中，男性多于女性。

D. 与本地女性竞争的外地优秀女性多于与本地男性竞争的外地优秀男性。

E. 一般来说，男性参加大型相亲会的积极性不如女性。

13. 张霞、李丽、陈露、邓强和王硕一起坐火车去旅游，他们正好在同一车厢相对两排的五个座位上，每人各坐一个位置。第一排的座位按顺序分别记作 1 号和 2 号。第 2 排的座位按序号记为 3、4、5 号。座位 1 和座位 3 直接相对，座位 2 和座位 4 直接相对，座位 5 不和上述任何座位直接相对。李丽坐在 4 号位置；陈露所坐的位置不与李丽相邻，也不与邓强相邻（相邻是指同一排上紧挨着）；张霞不坐在与陈露直接相对的位置上。

根据以上信息，张霞所坐位置有多少种可能的选择？

A. 1 种　　B. 2 种　　C. 3 种　　D. 4 种　　E. 5 种

14. 某大学的哲学学院和管理学院今年招聘新教师，招聘结束后受到了女权主义代表的批评，因为他们在 12 名女性应聘者中录用了 6 名，但在 12 名男性应聘者中却录用了 7 名。该大学对此解释说，今年招聘新教师的两个学院中，女性应聘者的录用率都高于男性的录用率。具体的情况是：哲学学院在 8 名女性应聘者中录用了 3 名，而在 3 名男性应聘者中录用了 1 名；管理学院在 4 名女性应聘者中录用了 3 名，而在 9 名男性应聘者中录用了 6 名。

以下哪项最有助于解释女权主义代表和大学之间的分歧？

A. 整体并不是局部的简单相加。

B. 有些数学规则不能解释社会现象。

C. 人们往往从整体角度考虑问题，不管局部。

D. 现代社会提倡男女平等，但实际执行中还是有一定难度。

E. 各个局部都具有的性质在整体上未必具有。

15. 教育专家李教授指出，每个人在自己的一生中，都要不断地努力，否则就会像龟兔赛跑的故事一样，一时跑得快并不能保证一直领先。如果你本来基础好又能不断努力，那你肯定能比别人更早取得成功。

如果李教授的陈述为真，以下哪项一定为假？

A. 小王本来基础好并且能不断努力，但也可能比别人更晚取得成功。

B. 不论是谁，只有不断努力，才可能取得成功。

C. 只要不断努力，任何人都可能取得成功。

D. 一时不成功并不意味着一直不成功。

E. 人的成功是有衡量标准的。

16. 新近一项研究发现，海水颜色能够让飓风改变方向，也就是说，如果海水变色，飓风的移动路径也会变向。这也就意味着科学家可以根据海水的"脸色"判断哪些地区将被飓风袭击，哪些地区会幸免于难。值得关注的是，全球气候变暖可能已经让海水变色。

以下哪项最可能是科学家作出判断所依赖的前提？

A. 海水温度升高会导致生成的飓风数量增加。

B. 海水温度变化会导致海水改变颜色。

C. 海水颜色与飓风移动路径之间存在某种相对确定的联系。

D. 全球气候变暖是最近几年飓风频发的重要原因之一。

E. 海水温度变化与海水颜色变化之间的联系尚不明朗。

17. 某金库发生了失窃案。公安机关侦查确定，这是一起典型的内盗案，可以断定金库管理员甲、乙、丙、丁中至少有一人是作案者。办案人员对四人进行了询问，四人的回答如下：

甲："如果乙不是窃贼，我也不是窃贼。"

乙："我不是窃贼，丙是窃贼。"

丙："甲或者乙是窃贼。"

丁："乙或者丙是窃贼。"

后来事实表明，他们四人中只有一人说了真话。

根据以上陈述，以下哪项一定为假？

A. 丙说的是假话。　　B. 丙不是窃贼。　　C. 乙不是窃贼。

D. 丁说的是真话。　　E. 甲说的是真话。

18. 所有参加此次运动会的选手都是身体强壮的运动员，所有身体强壮的运动员都是极少生病的，但是有一些身体不适的选手参加了此次运动会。

以下哪项不能从上述前提中得出？

A. 有些身体不适的选手是极少生病的。

B. 极少生病的选手都参加了此次运动会。

C. 有些极少生病的选手感到身体不适。

D. 有些身体强壮的运动员感到身体不适。

E. 参加此次运动会的选手都是极少生病的。

19. 足球是一项集体运动，若想不断取得胜利，每个强队都必须有一位核心队员，他总能在关键场次带领全队赢得比赛。友南是某国甲级联赛强队西海队队员。据某记者统计，在上赛季参加的所有比赛中，有友南参赛的场次，西海队胜率高达75.5%，只有16.3%的平局，8.2%的场次输球；而在友南缺阵的情况下，西海队胜率只有58.9%，输球的比率高达23.5%。该记者由此得出结论，友南是上赛季西海队的核心队员。

以下哪项如果为真，最能质疑该记者的结论？

A. 上赛季友南上场且西海队输球的比赛，都是西海队与传统强队对阵的关键场次。

B. 西海队队长表示："没有友南我们将失去很多东西，但我们会找到解决办法。"

C. 本赛季开始以来，在友南上阵的情况下，西海队胜率暴跌 20%。

D. 上赛季友南缺席且西海队输球的比赛，都是小组赛中西海队已经确定出线后的比赛。

E. 西海队教练表示："球队是一个整体，不存在有友南的西海队和没有友南的西海队。"

20. 只要每个司法环节都能坚守程序正义，切实履行监督制的职能，结案率就会大幅度提高。去年某国结案率比上一年提高了 70%，所以，该国去年每个司法环节都能坚守程序正义，切实履行监督制的职能。

以下哪项与上述论证方式最为相似？

A. 在校期间品学兼优，就可以获得奖学金。李明在校期间不是品学兼优，所以他不可能获得奖学金。

B. 李明在校期间品学兼优，但是没有获得奖学金。所以，在校期间品学兼优，不一定可以获得奖学金。

C. 在校期间品学兼优，就可以获得奖学金。李明获得了奖学金，所以他在校期间一定品学兼优。

D. 在校期间品学兼优，就可以获得奖学金。李明没有获得奖学金，所以他在校期间一定不是品学兼优。

E. 只有在校期间品学兼优，才可以获得奖学金。李明获得了奖学金，所以他在校期间一定品学兼优。

21. 在东海大学研究生会举办的一次中国象棋比赛中，来自经济学院，管理学院，哲学学院，数学学院和化学学院的 5 名研究生(每个学院 1 名)相遇在一起。有关甲、乙、丙、丁、戊 5 名研究生之间的比赛信息满足以下条件：

(1) 甲仅与 2 名选手比赛过；

(2) 化学学院的选手和 3 名选手比赛过；

(3) 乙不是管理学院的，也没有和管理学院的选手对阵过；

(4) 哲学学院的选手和丙比赛过；

(5) 管理学院、哲学学院、数学学院的选手相互都交过手；

(6) 丁仅与 1 名选手比赛过。

根据以上条件，请问丙来自哪个学院？

A. 经济学院　　B. 管理学院　　C. 哲学学院

D. 化学学院　　E. 数学学院

22. 据统计，去年在某校参加高考的 385 名文、理科考生中，女生 189 人，文科男生 41 人，非应届男生 28 人，应届理科考生 256 人。

由此可见，去年在该校参加高考的考生中：

A. 非应届文科男生多于 20 人。　　B. 应届理科女生少于 130 人。

C. 应届理科男生多于 129 人。　　D. 应届理科女生多于 130 人。

E. 非应届文科男生少于 20 人。

23. 某公司人力资源管理部人士指出：由于本公司招聘职位有限，在本次招聘考试中，不可能所有的应聘者都被录用。

基于以下哪项可以得出该人士的上述结论?

A. 在本次招聘考试中,可能有应聘者被录用。

B. 在本次招聘考试中,可能有应聘者不被录用。

C. 在本次招聘考试中,必然有应聘者不被录用。

D. 在本次招聘考试中,必然有应聘者被录用。

E. 在本次招聘考试中,可能有应聘者被录用,也可能有应聘者不被录用。

24. 在某次综合性学术年会上,物理学会作学术报告的人都来自高校;化学学会作学术报告的人有些来自高校,但是大部分来自中学;其他作学术报告者均来自科学院。来自高校的学术报告者都具有副教授以上职称,来自中学的学术报告者都具有中教高级以上职称。李默、张嘉参加了这次综合性学术年会,李默并非来自中学,张嘉并非来自高校。

以上陈述如果为真,可以得出以下哪项结论?

A. 张嘉如果作了学术报告,那么他不是物理学会的。

B. 李默不是化学学会的。

C. 李默如果作了学术报告,那么他不是化学学会的。

D. 张嘉不具有副教授以上职称。

E. 张嘉不是物理学会的。

25. 根据某位国际问题专家的调查统计可知:有的国家希望与某些国家结盟,有三个以上的国家不希望与某些国家结盟;至少有两个国家希望与每个国家建交,有的国家不希望与任一国家结盟。

根据上述统计可以得出以下哪项?

A. 有些国家之间希望建交但是不希望结盟。

B. 至少有一个国家,既有国家希望与之结盟,也有国家不希望与之结盟。

C. 每个国家都有一些国家希望与之结盟。

D. 至少有一个国家,既有国家希望与之建交,也有国家不希望与之建交。

E. 每个国家都有一些国家希望与之建交。

26. 翠竹的大学同学都在某德资企业工作,溪兰是翠竹的大学同学,洞松是该德资企业的部门经理。该德资企业的员工有些来自淮安。该德资企业的员工都曾到德国研修,他们都会说德语。

以下哪项可以从以上陈述中得出?

A. 洞松与溪兰是大学同学。

B. 翠竹的大学同学有些是部门经理。

C. 翠竹与洞松是大学同学。

D. 溪兰会说德语。

E. 洞松来自淮安。

27. 某国研究人员报告说,与心跳速度每分钟低于 58 次的人相比,心跳速度每分钟超过 78 次者心脏病发作或者发生其他心血管问题的概率高出 39%,死于这类疾病的风险高出 77%,其整体死亡率高出 65%。研究人员指出,长期心跳速度过快导致了心血管疾病。

以下哪项如果为真,最能对该研究人员的观点提出质疑?

A. 各种心血管疾病影响身体的血液循环机能,导致心跳速度过快。

B. 在老年人中,长期心跳速度过快的不到 39%。

C. 在老年人中，长期心跳速度过快的超过 39%。

D. 野外奔跑的兔子心跳速度很快，但是很少发现它们患心血管疾病。

E. 相对老年人，年轻人生命力旺盛，心跳速度较快。

28. 专业人士预测：如果粮食价格保持稳定，那么蔬菜价格也保持稳定；如果食用油价格不稳定，那么蔬菜价格也将出现波动。老李由此断定：粮食价格保持稳定，但是肉类食品价格将上涨。

根据上述专业人士的预测，以下哪项为真，最能对老李的观点提出质疑？

A. 如果食用油价格稳定，那么肉类食品价格会上涨。

B. 如果食用油价格稳定，那么肉类食品价格不会上涨。

C. 如果肉类食品价格不上涨，那么食用油价格将会上涨。

D. 如果食用油价格出现波动，那么肉类食品价格不会上涨。

E. 只有食用油价格稳定，肉类食品价格才不会上涨。

29～30 题基于以下共同题干：

晨曦公园拟在园内东、南、西、北四个区域种植四种不同的特色树木，每个区域只种植一种。选定的特色树种为：水杉、银杏、乌桕和龙柏。布局和基本要求是：

（1）如果在东区或者南区种植银杏，那么在北区不能种植龙柏或乌桕；

（2）北区或东区要种植水杉或者银杏。

29. 根据上述种植要求，如果北区种植龙柏，以下哪项一定为真？

A. 西区种植水杉。　B. 南区种植乌桕。　C. 南区种植水杉。

D. 西区种植乌桕。　E. 东区种植乌桕。

30. 根据上述种植要求，如果水杉必须种植于西区或南区，以下哪项一定为真？

A. 南区种植水杉。　B. 西区种植水杉。　C. 东区种植银杏。

D. 北区种植银杏。　E. 南区种植乌桕。

2014 年管理类联考综合能力逻辑真题

1. 随着光纤网络带来的网速大幅度提高，高速下载电影、在线看大片等都不再是困扰我们的问题。即使在社会生产力发展水平较低的国家，人们也可以通过网络随时随地获得最快的信息、最贴心的服务和最佳体验。有专家据此认为：光纤网络将大幅提高人们的生活质量。

以下哪项如果为真，最能质疑该专家的观点？

A. 随着高速网络的普及，相关上网费用也随之增加。

B. 人们生活质量的提高仅决定于社会生产力的发展水平。

C. 快捷的网络服务可能使人们将大量时间消耗在娱乐上。

D. 即使没有光纤网络，同样可以创造高品质的生活。

E. 网络上所获得的贴心服务和美妙体验有时是虚幻的。

2. 李栋善于辩论，也喜欢诡辩。有一次他论证道："郑强知道数字 87654321，陈梅家的电话号码正好是 87654321，所以郑强知道陈梅家的电话号码。"

以下哪一项与李栋论证中所犯的错误最为类似？

A. 所有蚂蚁是动物，所以所有大蚂蚁是大动物。

B. 中国人是勤劳勇敢的，李岚是中国人，所以李岚是勤劳勇敢的。

C. 张冉知道如果 1∶0 的比分保持到终场，他们的队伍就出线，现在张冉听到了比赛结束的哨声，所以张冉知道他们的队伍出线了。

D. 黄兵相信晨星在早晨出现，而晨星其实就是暮星，所以黄兵相信暮星在早晨出现。

E. 金砖是由原子构成的，原子不是肉眼可以见的，所以，金砖不是肉眼可见的。

3. 陈先生在鼓励他的孩子时说道："不要害怕暂时的困难与挫折，不经历风雨怎么见彩虹？"他的孩子不服气地说："您说的不对。我经历了那么多风雨，怎么就没见到彩虹呢？"

陈先生孩子的回答最适宜用来反驳以下哪项？

A. 只要经历了风雨，就可以见到彩虹。

B. 如果想见到彩虹，就必须经历风雨。

C. 只有经历风雨，才能见到彩虹。

D. 即使经历了风雨，也可能见不到彩虹。

E. 即使见到了彩虹，也不是因为经历了风雨。

4. 在某次考试中，有 3 个关于北京旅游景点的问题，要求考生每题选择某个景点的名称作为唯一答案。其中 6 位考生关于上述 3 个问题的答案依次如下：

第一位考生：天坛、天坛、天安门；

第二位考生：天安门、天安门、天坛；

第三位考生:故宫、故宫、天坛;
第四位考生:天坛、天安门、故宫;
第五位考生:天安门、故宫、天安门;
第六位考生:故宫、天安门、故宫。
考试结果表明,每位考生都至少答对其中1道题。
根据以上陈述,可知这3个问题的正确答案依次是:

A. 天安门、故宫、天坛
B. 故宫、天安门、天安门
C. 天坛、故宫、天坛
D. 天坛、天坛、故宫
E. 故宫、故宫、天坛

5. 最新研究发现,恐龙腿骨化石都有一定的弯曲度,这意味着恐龙其实没有人们想象的那么重。以前根据其腿骨为圆柱形的假定计算动物体重时,会使得计算结果比实际体重高出1.42倍。科学家由此认为,过去那种计算方式高估了恐龙腿部所能承受的最大身体重量。

以下哪项如果为真,最能支持上述科学家的观点?

A. 圆柱形腿骨能够承受的重量比弯曲的腿骨大。
B. 恐龙腿骨所能承受的重量比之前所认为的要大。
C. 恐龙腿部的肌肉对于支撑其体重作用不大。
D. 与陆地上的恐龙相比,翼龙的腿骨更接近圆柱形。
E. 恐龙身体越重,其腿部骨骼也越粗壮。

6. 人们普遍认为适量的体育运动能够有效降低中风的发生率,但科学家还注意到有些化学物质也有降低中风风险的效用。番茄红素是一种让番茄、辣椒、西瓜和番木瓜等果蔬呈现红色的化学物质。研究人员选取一千余名年龄在46至55岁之间的人,进行了长达12年的跟踪调查,发现其中番茄红素水平最高的四分之一的人中有11人中风,番茄红素水平最低的四分之一的人中有25人中风。他们由此得出结论:番茄红素能降低中风的发生率。

以下哪项如果为真,最能对上述研究结论提出质疑?

A. 被跟踪的另一半人中有50人中风。
B. 番茄红素水平较低的中风者中有三分之一的人病情较轻。
C. 如果调查56至65岁之间的人,情况也许不同。
D. 番茄红素水平高的人约有四分之一喜爱进行适量的体育运动。
E. 吸烟、高血压和糖尿病等会诱发中风。

7. 已知某班共有25位同学,女生中身高最高者与最低者相差10厘米,男生中身高最高者与最矮者相差15厘米。小明认为,根据已知信息,只要再知道男生、女生最高者的具体身高,或者再知道男生、女生的平均身高,均可确定全班同学中身高最高者与最低者之间的差距。

以下哪项如果为真,最能构成对小明观点的反驳?

A. 根据已知信息,如果不能确定全班同学中身高最高者与最低者之间的差距,则既不能确定男生、女生最高者的具体身高,也不能确定男生、女生的平均身高。

B. 根据已知信息，尽管再知道男生、女生的平均身高，也不能确定全班同学中身高最高者与最低者之间的差距。

C. 根据已知信息，即使确定了全班同学中身高最高者与最低者之间的差距，也不能确定男生、女生的平均身高。

D. 根据已知信息，如果不能确定全班同学中身高最高者与最低者之间的差距，则也不能确定男生、女生最高者的具体身高。

E. 根据已知信息，仅仅再知道男生、女生最高者的具体身高，就能确定全班同学中身高最高者与最低者之间的差距。

8. 近 10 年来，某电脑公司的个人笔记本电脑的销量持续增长，但其增长率低于该公司所有产品总销量的增长率。

以下哪项关于该公司的陈述与上述信息相冲突？

A. 近 10 年来，该公司个人笔记本电脑的销量每年略有增长。

B. 个人笔记本电脑的销量占该公司产品总销量的比例近 10 年来由 68%上升到 72%。

C. 近 10 年来，该公司产品总销量增长率与个人笔记本电脑的销量增长率每年同时增长。

D. 近 10 年来，该公司个人笔记本电脑的销量占该公司产品总销量的比例逐年下降。

E. 个人笔记本电脑的销量占该公司产品总销量的比例近 10 年来由 64%下降到 49%。

9. 学者张某说："问题本身并不神秘，因与果不仅是哲学家的事。每个凡夫俗子一生中都将面临许多问题，但分析问题的方法与技巧却很少有人掌握，无怪乎华尔街的分析大师们趾高气扬、身价百倍。"

以下哪项如果为真，最能反驳张某的观点？

A. 有些凡夫俗子可能不需要掌握问题的方法和技巧。

B. 有些凡夫俗子将要面临的问题并不多。

C. 凡夫俗子中很少有人掌握分析问题的方法和技巧。

D. 掌握问题的方法和技巧对多数人来说很重要。

E. 华尔街的大师们大都掌握分析问题的方法与技巧。

10. 实验发现，孕妇适当补充维生素 D 可以降低新生儿感染呼吸道合胞病毒的风险。科研人员检测了 156 名新生儿脐带血中维生素 D 的含量，其中 54%的新生儿被诊断为维生素 D 缺失，这当中有 12%的孩子在出生后一年内感染了呼吸道合胞病毒，这一比例远高于维生素 D 正常的孩子。

以下哪项如果为真，最能对科研人员的上述发现提供支持？

A. 上述实验中，54%的新生儿维生素 D 缺失是由于他们的母亲在妊娠期间没有补充足够的维生素 D 造成的。

B. 孕妇适当补充维生素 D 可降低新生儿感染流感病毒的风险，特别是在妊娠后期补充维生素 D，预防效果会更好。

C. 上述实验中，46%补充维生素 D 的孕妇所生的新生儿也有一些在出生一年内感染呼吸道合胞病毒。

D. 科研人员实验时所选的新生儿在其他方面跟一般新生儿的相似性没有得到明确

验证。

E. 维生素 D 具有多种防病健体功能，其中包括提高免疫系统功能、促进新生儿呼吸系统发育、预防新生儿呼吸道病毒感染等。

11. 英国有家小酒馆采取客人吃饭付费“随便给”的做法，即让顾客享用葡萄酒、蟹柳及三文鱼等美食后，自己决定付账金额。大多数顾客均以公平或慷慨的态度结账，实际金额比那些酒水菜肴本来的价格高出 20%。该酒馆老板另有四家酒馆，而这四家酒馆每周的利润与付账“随便给”的酒馆相比少 5%。这位老板因此认为，“随便给”的营销策略很成功。

以下哪项为真，最能解释老板营销策略的成功？

A. 部分顾客希望自己看上去有教养，愿意掏足够甚至更多的钱。

B. 如顾客所付低于成本价，就会受到提醒而补足差价。

C. 对于过分吝啬的顾客，酒馆老板常常也无可奈何。

D. 另外四家酒馆位置不如这家“随便给”酒馆。

E. 客人常常不知道酒水菜肴的实际价格，不知道该付多少钱。

12～13 基于以下共同题干：

某公司年度审计期间，审计人员发现一张发票，上面有赵义、钱仁礼、孙智、李信 4 个签名，签名者身份各不相同，是经办人、复核人、出纳或审批领导之中的一个，且每个签名都是本人所签。询问 4 位相关人员，得出如下回答：

赵义：“审批领导的签名不是钱仁礼。”

钱仁礼：“复核的签名不是李信。”

孙智：“出纳的签名不是赵义。”

李信：“复核的签名不是钱仁礼。”

已知上述每个回答中，如果提到的人是经办人，则该回答为假；如果提到的人不是经办人，则为真。

12. 根据以上信息，可以得出经办人是？

A. 赵义　　B. 李信　　C. 孙智

D. 钱仁礼　　E. 无法确定

13. 根据以上信息，则公司复核与出纳分别是？

A. 钱仁礼、李信　　B. 赵义、钱仁礼　　C. 李信、赵义

D. 孙智、赵义　　E. 孙智、李信

14. 长期以来，人们认为地球是已知唯一能支持生命存在的星球，不过这一情况开始出现改观。科学家近期指出，在其他恒星周围，可能还存在着更加宜居的行星。他们尝试用崭新的方法开展地外生命搜索，即搜集放射性元素钍和铀。行星内部含有这些元素越多，其内部温度就会越高，在一定程度上有助于行星的板块运动，而板块运动有助于维系行星表面的水体，因此板块运动可被视为行星存在宜居环境的标志之一。

以下哪项最可能是科学家的假设？

A. 虽尚未证实，但地外生命一定存在。

B. 没有水的行星也可能存在生命。

C. 行星内部温度越高，越有助于它的板块运动。

D. 行星板块运动都是由放射性元素钍和铀驱动的。

E. 行星如能维系水体，就可能存在生命。

15. 为了加强学习型机关建设，某机关党委开展了菜单式学习活动，拟开设课程有“行政学”“管理学”“科学前沿”“逻辑”和“国际政治”等 5 门课程，要求其下属的 4 个支部各选择其中两门课程进行学习。已知：第一支部没有选择“管理学”“逻辑”，第二支部没有选择“行政学”“国际政治”，只有第三支部选择了“科学前沿”。任意两个支部所选课程均不完全相同。

根据上述信息，关于第四支部的选课情况可以得出以下哪项？

A. 如果没有选择“行政学”，那么选择了“逻辑”。

B. 如果没有选择“管理学”，那么选择了“逻辑”。

C. 如果没有选择“国际政治”，那么选择了“逻辑”。

D. 如果没有选择“管理学”，那么选择了“国际政治”。

E. 如果没有选择“行政学”，那么选择了“管理学”。

16. 有气象专家指出，全球变暖已经成为人类发展最严重的问题之一，南北极地区的冰川由于全球变暖而加速融化，已导致海平面上升；如果这一趋势不变，今后势必淹没很多地区。但近几年来，北半球许多地区的民众在冬季感到相当寒冷，一些地区甚至出现了超强降雪和超低气温，人们觉得对近期气候的确切描述似乎更应该是“全球变冷”。

以下哪项如果为真，最能解释上述现象？

A. 除了南极洲，南半球近几年冬季的平均温度接近常年。

B. 近几年来，全球夏季的平均气温比常年偏高。

C. 近几年来，由于两极附近海水温度升高导致原来洋流中断或者减弱，而北半球经历严寒冬季的地区正是原来暖流影响的主要区域。

D. 近几年来，由于赤道附近海水温度升高导致了原来洋流增强，而北半球经历严寒冬季的地区不是原来寒流影响的主要区域。

E. 北半球主要是大陆性气候，冬季和夏季的温差通常比较大，近年来冬季极地寒流南侵比较频繁。

17. 这两个《通知》或者属于规章或者属于规范性文件，任何人均无权依据这两个《通知》将本来属于当事人选择公证的事项规定为强制公证的事项。

根据以上信息，可以得出以下哪项？

A. 将本来属于当事人选择公证的事情规定为强制公证的事项属于违法行为。

B. 这两个《通知》如果一个属于规章，那么另一个属于规范性文件。

C. 规章或规范性文件或者不是法律，或者不是行政法规。

D. 这两个《通知》如果都不属于规范性文件，那么就属于规章。

E. 规章或者规范性文件既不是法律，也不是行政法规。

18. 若一个管理者是某领域优秀的专家学者，则他一定会管理好公司的基本事务；一位品行端正的管理者可以得到下属的尊重；但是对所有领域都一知半解的人一定不会得到下属的尊重。浩瀚公司董事会只会解除那些没有管理好公司基本事务者的职务。

根据以上信息,可以得出以下哪项?

A. 浩瀚公司董事会不可能解除受下属尊重的管理者的职务。

B. 作为某领域优秀专家学者的管理者,不可能被浩瀚公司董事会解除职务。

C. 对所有领域都一知半解的管理者,一定会被浩瀚公司董事会解除职务。

D. 浩瀚公司董事会不可能解除品行端正的管理者的职务。

E. 浩瀚公司董事会解除了某些管理者的职务。

19. 某国大选在即,国际政治专家陈研究员预测:选举结果或者是甲党控制政府,或者是乙党控制政府。如果甲党赢得对政府的控制权,该国将出现经济问题;如果乙党赢得对政府的控制权,该国将陷入军事危机。

根据陈研究员上述预测,可以得出以下哪项?

A. 该国将出现经济问题,或者将陷入军事危机。

B. 如果该国陷入了军事危机,那么乙党赢得了对政府的控制权。

C. 如果该国出现经济问题,那么甲党赢得了对政府的控制权。

D. 该国可能不会出现经济问题,也不会陷入军事危机。

E. 如果该国出现了经济问题并且陷入了军事危机,那么甲党与乙党均赢得了对政府的控制权。

20. 某大学顾老师在回答有关招生问题时强调:"我们学校招收一部分免费师范生,也招收一部分一般师范生。一般师范生不同于免费师范生。没有免费师范生毕业时可以留在大城市工作,而一般师范生毕业时都可以选择留在大城市工作,任何非免费师范生毕业时都需要自谋职业,没有免费师范生毕业时需要自谋职业。"

根据顾老师的陈述,可以得出以下哪项?

A. 该校需要自谋职业的大学生都可以选择留在大城市工作。

B. 该校可以选择留在大城市工作的唯一一类毕业生是一般师范生。

C. 不是一般师范生的该校大学生都是免费师范生。

D. 该校所有一般师范生都需要自谋职业。

E. 该校需要自谋职业的大学生都是一般师范生。

21. 某单位负责网络、文秘以及后勤的三名办公人员:文珊、孔瑞和姚薇。为了培养年轻干部,领导决定她们三人在这三个岗位之间实行轮岗,并将她们原来的工作间 110 室、111 室和 112 室也进行了轮换。结果,原来负责后勤的文珊接替了孔瑞的文秘工作,由 110 室调到了 111 室。

根据以上信息,可以得出以下哪项?

A. 姚薇被调到了 112 室。

B. 姚薇接替孔瑞的工作。

C. 孔瑞接替文珊的工作。

D. 孔瑞被调到了 112 室。

E. 孔瑞被调到了 110 室。

22. 某小区业主委员会的 4 名成员晨桦、建国、向明和嘉媛围坐在一张方桌前(每边各坐一人)讨论小区大门旁的绿化方案。4 人的职业各不相同,每个人的职业是高校教师、软件工程师、园艺师或邮递员之中的一种。已知:晨桦是软件工程师,他坐在建国的左手边;向明坐在高校教师的右手边;坐在建国对面的嘉媛不是邮递员。

根据以上信息，可以得出以下哪项？

A. 嘉媛是高校教师，向明是园艺师。　　B. 建国是邮递员，嘉媛是园艺师。

C. 建国是高校教师，向明是园艺师。　　D. 嘉媛是园艺师，向明是高校教师。

E. 向明是邮递员，嘉媛是园艺师。

23. 兰教授认为，不善于思考的人不可能成为一名优秀的管理者，没有一个谦逊的智者学习占星术，占星家均学习占星术，但是有些占星家却是优秀的管理者。

以下哪项如果为真，最能反驳兰教授的上述观点？

A. 有些占星家不是优秀的管理者。　　B. 有些善于思考的人不是谦逊的智者。

C. 所有谦逊的智者都是善于思考的人。　　D. 谦逊的智者都不是善于思考的人。

E. 善于思考的人都是谦逊的智者。

24. 不仅人上了年纪会难以集中注意力，就连蜘蛛也有类似的情况。年轻蜘蛛结的网整齐均匀，角度完美。年老蜘蛛结的网可能出现缺口，形状怪异。蜘蛛越老，结的网就越没有章法。科学家由此认为，随着时间的流逝，这种动物的大脑也会像人类一样退化。

以下哪项如果为真，最能质疑科学家的上述论证？

A. 优美的蜘蛛网更能受到异性蜘蛛的青睐。

B. 年老蜘蛛的大脑较之年轻蜘蛛，其脑容量明显偏小。

C. 运动器官的老化会导致年老蜘蛛结网能力下降。

D. 蜘蛛结网行为是一种本能的行为，并不受大脑的控制。

E. 形状怪异的蛛网较之整齐均匀的蛛网，其功能没有大的差别。

25. 某研究中心通过实验对健康男性和女性听觉的空间定位能力进行了研究。起初，每次只发出一种声音，要求被试者说出声源的准确位置，男性和女性都非常轻松地完成了任务；后来，多种声音同时发出，要求被试者只关注一种声音并对声源进行定位，与男性相比，女性完成这项任务要困难得多，有时她们甚至认为声音是从声源相反方向传来的。研究人员由此得出：在嘈杂环境中准确找出声音来源的能力，男性要胜过女性。

以下哪项如果为真，最能支持研究者的结论？

A. 在实验使用的嘈杂环境中，有些声音是女性熟悉的声音。

B. 在实验使用的嘈杂环境中，有些声音是男性不熟悉的声音。

C. 在安静的环境中，女性注意力更易集中。

D. 在嘈杂的环境中，男性注意力更易集中。

E. 在安静的环境中，人的注意力容易分散；在嘈杂的环境中，人的注意力容易集中。

26. 孙先生的所有朋友都声称，他们知道某人每天抽烟至少两盒，而且持续了40年，但身体一直不错。不过可以确信的是，孙先生并不知道有这样的人，在他的朋友中也有像孙先生这样不知情的。

根据以上信息，最可能得出以下哪项？

A. 抽烟的多少和身体健康与否无直接关系。

B. 朋友之间的交流可能会夸张，但没有人想故意说谎。

C. 孙先生的每位朋友知道的烟民一定不是同一个人。

D. 孙先生的朋友中有人没有说真话。

E. 孙先生的大多数朋友没有说真话。

27. 现有甲、乙两所学校，根据上年度的教育经费实际投入统计，若仅仅比较在校本科生的学生人均投入经费，甲校等于乙校的86%；但若比较所有学生（本科生加上研究生）的人均经费投入，甲校是乙校的118%。各校研究生的人均经费投入均高于本科生。

根据以上信息，最可能得出以下哪项？

A. 上年度，甲校学生总数多于乙校。

B. 上年度，甲校研究生人数少于乙校。

C. 上年度，甲校研究生占该校学生的比例高于乙校。

D. 上年度，甲校研究生人均经费投入高于乙校。

E. 上年度，甲校研究生占该校学生的比例高于乙校，或者甲校研究生人均经费投入高于乙校。

28～30 题基于以下共同题干：

孔智、孟睿、荀慧、庄聪、墨灵、韩敏等6人组成一个代表队参加某次棋类大赛，其中两人参加围棋比赛，两人参加中国象棋比赛，还有两人参加国际象棋比赛。有关他们具体参加比赛项目的情况还需满足以下条件：

（1）每位选手只能参加一个比赛项目；

（2）孔智参加围棋比赛，当且仅当，庄聪和孟睿都参加中国象棋比赛；

（3）如果韩敏不参加国际象棋比赛，那么墨灵参加中国象棋比赛；

（4）如果荀慧参加中国象棋比赛，那么庄聪不参加中国象棋比赛；

（5）荀慧和墨灵至少有一人不参加中国象棋比赛。

28. 如果荀慧参加中国象棋比赛，那么可以得出以下哪项？

A. 庄聪和墨灵都参加围棋比赛。

B. 孟睿参加围棋比赛。

C. 孟睿参加国际象棋比赛。

D. 墨灵参加国际象棋比赛。

E. 韩敏参加国际象棋比赛。

29. 如果庄聪和孔智参加相同的比赛项目，且孟睿参加了中国象棋比赛，那么可以得出以下哪项？

A. 墨灵参加国际象棋比赛。

B. 庄聪参加中国象棋比赛。

C. 孔智参加围棋比赛。

D. 荀慧参加围棋比赛。

E. 韩敏参加中国象棋比赛。

30. 根据题干信息，以下哪项可能为真？

A. 庄聪和韩敏参加中国象棋比赛。

B. 韩敏和荀慧参加中国象棋比赛。

C. 孔智和孟睿参加围棋比赛。

D. 墨灵和孟睿参加围棋比赛。

E. 韩敏和孔智参加围棋比赛。

2015 年管理类联考综合能力逻辑真题

1. 晴朗的夜晚可以看到满天星斗,其中有些是自身发光的恒星,有些是自身不发光但可以反射附近恒星光的行星。恒星尽管遥远,但是有些可以被现有的光学望远镜“看到”。和恒星不同,行星本身不发光,而且体积远小于恒星,所以,太阳系外的行星大多无法用现有的光学望远镜“看到”。

以下哪项如果为真,最能解释上述现象?

A. 如果行星的体积够大,现有的光学望远镜就能“看到”。

B. 太阳系外的行星因距离遥远,很少能将恒星光反射到地球上。

C. 现有的光学望远镜只能“看到”自身发光或者反射光的天体。

D. 有些恒星没有被现有光学望远镜“看到”。

E. 太阳系内的行星大多可用现有光学望远镜“看到”。

2. 长期以来,手机产生的电磁辐射是否威胁人体健康一直是极具争议的话题。一项长达 10 年的研究显示,每天使用移动电话通话 30 分钟以上的人患神经胶质癌的风险比从未使用者要高出 40%。由此某专家建议,在取得进一步证据之前,人们应该采取更加安全的措施,如尽量使用固定电话通话或使用短信进行沟通。

以下哪项如果是真,最能表明该专家的建议不切实际?

A. 大多数手机产生的电磁辐射强度符合国家规定的安全标准。

B. 现在人类生活空间中的电磁辐射强度已经超过手机通话产生的电磁辐射强度。

C. 经过较长一段时间,人们的体质会逐渐适应强电磁辐射的环境。

D. 在上述实验期间,有些人每天使用移动电话通话超过 40 分钟,但他们很健康。

E. 即使以手机短信进行沟通,发送和接收信息的瞬间也会产生较强的电磁辐射。

3. 甲、乙、丙、丁、戊和己等 6 人围坐在一张正六边形的小桌前,每边各坐一人。已知:

(1) 甲与乙正面相对;

(2) 丙与丁不相邻,也不正面相对。

如果乙与己不相邻,则以下哪项一定为真?

A. 戊与乙相邻。　　　　B. 甲与丁相邻。

C. 己与乙正面相对。　　D. 如果甲与戊相邻,则丁与己正面相对。

E. 如果丙与戊不相邻,则丙与己相邻。

4. 人类经历了上百年的自然进化,产生了直觉、多层次抽象等独特智能。尽管现代计算机已经具备了一定的学习能力,但这种能力还需要人类的指导,完全的自我学习能力还有待进一步发展。因此,计算机要达到甚至超过人类的智能水平是不可能的。

以下哪项最可能是上述论证的预设?

A. 计算机很难真正懂得人类的语言,更不可能理解人类的感情。

B. 理解人类复杂的社会关系需要自我学习能力。

C. 计算机如果具备完全的自我学习能力，就能形成直觉、多层次抽象等智能。

D. 计算机可以形成自然进化能力。

E. 直觉、多层次抽象等这些人类的独特智能无法通过学习获得。

5. 为进一步加强对不遵守交通信号等违法行为的执法管理，规范执法程序，确保执法公正，某市交警支队要求：凡属交通信号不一致、有证据证明救助危难等情形，一律不得录入道路交通违法信息系统；对已录入信息系统的违法记录，必须完善异议受理、核查、处理等工作规范，最大限度减少执法争议。

根据上述交警支队要求，可以得出以下哪项？

A. 有些因救助危难而违法的情形，如果仅有当事人说辞但缺乏当时现场的录音录像证明，就应录入道路交通违法信息系统。

B. 因信号灯相位设置和配时不合理等造成交通信号不一致而引发的交通违法情形，可以不录入道路交通违法信息系统。

C. 如果汽车使用了行车记录仪，就可以提供现场实时证据，大大减少被录入道路交通违法信息系统的可能性。

D. 只要对已录入系统的交通违法记录进行异议受理、核查和处理，就能最大限度减少执法争议。

E. 对已录入系统的交通违法记录，只有倾听群众异议，加强群众监督，才能最大限度减少执法争议。

6～7 是基于以下共同题干：

某次讨论会共有 18 名参与者。已知：

（1）至少有 5 名青年教师是女性；

（2）至少有 6 名女教师已过中年；

（3）至少有 7 名女青年是教师。

6. 根据上述信息，关于参与人员可以得出以下哪项？

A. 有些女青年不是教师。

B. 有些青年教师不是女性。

C. 青年教师至少有 11 名。

D. 女教师至少有 13 名。

E. 女青年至多有 11 名。

7. 如果上述三句话有两真一假，那么关于参与人员可以得出以下哪项？

A. 女青年都是教师。

B. 青年教师都是女性。

C. 青年教师至少有 5 名。

D. 男教师至多有 10 名。

E. 女青年至少有 7 名。

8. 当企业处于蓬勃上升时期，往往紧张而忙碌，没有时间和精力去设计和修建“琼楼玉宇”；当企业所有重要工作都已经完成，其时间和精力就开始集中在修建办公大楼上。所以，如果一个企业的办公大楼设计得越完美，装饰越豪华，则该企业离解体时间就越近；当某个企业的大楼设计和建造趋于完美之际，它的存在就逐渐失去意义，这就是所谓的“办公大楼法则”。

以下哪项为真，最能质疑上述观点？

A. 一个企业如果将时间和精力都耗在修建办公大楼上，则对其他重要工作就投入不足了。

B. 某企业办公大楼修建的美轮美奂，入住后该企业的事业蒸蒸日上。

C. 建造豪华的办公大楼，往往会加大企业的运营成本，损害其实际收益。

D. 企业的办公大楼越破旧，该企业就越有活力和生机。

E. 建造豪华办公大楼并不需要企业投入太多时间和精力。

9. 张云、李华、王涛都收到了明年二月初赴北京开会的通知，他们可以选择乘坐飞机、高铁与大巴等交通工具进京，他们对这次进京方式有如下考虑：

(1) 张云不喜欢坐飞机，如果有李华同行，他就选择乘坐大巴；

(2) 李华不计较方式，如果高铁票价比飞机更便宜，他就选择乘坐高铁；

(3) 王涛不在乎价格，除非预报二月初北京有雨雪天气，否则他就选择乘坐飞机；

(4) 李华和王涛家相隔很近，如果航班时间合适，他们将同行乘坐飞机。

如果上述 3 人愿望得到满足，则可以得出以下哪项？

A. 如果李华没有选择乘坐高铁或飞机，则他肯定选择和张云一起乘坐大巴进京。

B. 如果王涛和李华乘坐飞机进京，则二月初北京没有雨雪天气。

C. 如果张云和王涛乘坐高铁进京，则二月初北京有雨雪天气。

D. 如果三人都乘坐飞机进京，则飞机票价比高铁便宜。

E. 如果三人都乘坐大巴进京，则预报二月初北京有雨雪天气。

10. 某市推出一项月度社会公益活动，市民报名踊跃。由于活动规模有限，主办方决定通过摇号抽签方式选择参与者。第一个月中签率为 1∶20，随后连创新低，到下半年的 10 月份已达 1∶70。大多数市民屡摇不中，但从今年 7 月到 10 月，“李祥”这个名字连续 4 个月中签。不少市民据此认为有人在抽签过程中作弊，并对主办方提出质疑。

以下哪项如果为真，最能消除市民的质疑？

A. 已经中签的申请者中，叫“张磊”的有 7 人。

B. 曾有一段时间，家长给孩子取名不回避重名。

C. 在报名市民中，名叫“李祥”的近 300 人。

D. 摇号抽签全过程是在有关部门监督下进行的。

E. 在摇号系统中，每一位申请人都被随机赋予了一个不重复的编码。

11. 美国扁桃仁于 20 世纪 70 年代出口到我国，当时被误译为“美国大杏仁”。这种误译导致大多数消费者根本不知道扁桃仁、杏仁是两种完全不同的产品。对此，尽管我国林果专家一再努力澄清，但学界的声音很难传达到相关企业和普通大众。因此，必须制定林果的统一行业标准，这样才能还相关产品以本来面目。

以下哪项是上述论证的假设？

A. 美国扁桃仁和中国大杏仁的外形很相似。

B. 我国相关企业和普通大众并不认可我国林果专家的意见。

C. 进口商品名称的误译会扰乱我国企业正常的对外贸易活动。

D. 长期以来，我国没有林果的统一行业标准。

E. “美国大杏仁”在中国市场上销量超过中国杏仁。

12. 10月6日晚上，张强要么去电影院看电影，要么去拜访他的朋友秦玲。如果那天晚上张强开车回家，他就没去电影院看电影。只有张强事先与秦玲约定，张强才能去拜访她。事实上，张强不可能事先与秦玲约定。

根据上述陈述，可以得出以下哪项？

A. 那天晚上张强没有开车回家。

B. 那天晚上张强拜访了他的朋友秦玲。

C. 那天晚上张强没有去电影院看电影。

D. 那天晚上张强与秦玲一起去电影院看电影了。

E. 那天晚上张强开车去电影院看电影。

13～14 基于以下共同题干：

天南大学准备派两名研究生、三名本科生到山村小学支教。经过个人报名和民主决议，最终人选将在研究生赵婷、唐玲和殷倩等3人和本科生周艳、李环、文琴、徐昂、朱敏等5人中产生。按规定同一学院或者同一社团至多选派一人。已知：

(1) 唐玲和朱敏均来自数学学院；

(2) 周艳和徐昂均来自文学院；

(3) 李环和朱敏均来自辩论协会。

13. 根据上述条件，以下必定入选的是？

A. 文琴　　B. 唐玲　　C. 殷倩　　D. 周艳　　E. 赵婷

14. 如果唐玲入选，下面必定入选的是？

A. 赵婷　　B. 殷倩　　C. 周艳　　D. 李环　　E. 徐昂

15. 有些阔叶树是常绿植物，因此，阔叶树都不生长在寒带地区。

以下哪项如果为真，最能反驳上述结论？

A. 有些阔叶树不生长在寒带地区。

B. 常绿植物都生长在寒带地区。

C. 寒带某些地区不生长常绿植物。

D. 常绿植物都不生长在寒带地区。

E. 常绿植物不都是阔叶树。

16～17 基于以下共同题干：

某大学运动会即将召开，经管学院拟组建一支12人的代表队参赛，参赛队员将从该院4个年级学生中选拔。学校规定：每个年级须在长跑、短跑、跳高、跳远、铅球等5个项目中选1～2项比赛，其余项目可任意选择；一个年级如果选择长跑，就不能选短跑或跳高；一个年级如果选跳远，就不能选长跑或铅球；每名队员只参加一项比赛。已知该院：

(1) 每个年级均有队员被选拔进入代表队；

(2) 每个年级被选拔进入代表队的人数各不相同；

(3) 有两个年级的队员人数相乘等于另一个年级的队员人数。

16. 根据以上信息，一个年级最多可选拔？

A. 8人　　B. 7人　　C. 6人　　D. 5人　　E. 4人

17. 如果某年级队员人数不是最少的，且选择长跑，那么对于该年级来说，以下哪项不可能？

A. 选择铅球或跳远。

B. 选择短跑或铅球。

C. 选择短跑或跳远。

D. 选择长跑或跳高。

E. 选择铅球或跳高。

18. 为防御电脑受病毒侵袭，研究人员开发了防御病毒、查杀病毒的程序，前者启动后能使程序运行免受病毒侵袭，后者启动后能迅速查杀电脑中可能存在的病毒。某台电脑上现装有甲、乙、丙三种程序。已知：

(1) 甲程序能查杀目前已知所有病毒；

(2) 若乙程序不能防御已知的一号病毒，则丙程序也不能查杀该病毒；

(3) 只有丙程序能防御已知的一号病毒，电脑才能查杀目前已知的所有病毒；

(4) 只有启动甲程序，才能启动丙程序。

根据上述信息，可以得出以下哪项？

A. 只有启动丙程序，才能防御并查杀一号病毒。

B. 只有启动乙程序，才能防御并查杀一号病毒。

C. 如果启动丙程序，就能防御并查杀一号病毒。

D. 如果启动了乙程序，那么不必启动丙程序也能查杀一号病毒。

E. 如果启动了甲程序，那么不必启动乙程序也能查杀所有病毒。

19. 研究人员将角膜感觉神经断裂的兔子分为两组：实验组和对照组。他们给实验组兔子注射了一种从土壤霉菌中提取的化合物。3 周后检查发现，实验组兔子的角膜感觉神经已经复合。而对照组兔子未注射这种化合物，其角膜感觉神经都没有复合。研究人员由此得出结论：该化合物可以使兔子断裂的角膜感觉神经复合。

以下哪项与上述研究人员得出结论的方式最为类似？

A. 一个整数或者是偶数，或者是奇数。0 不是奇数，所以，0 是偶数。

B. 绿色植物在光照充足的环境下能茁壮成长，而在光照不足的环境下只能缓慢生长。所以，光照有助于绿色植物生长。

C. 年逾花甲的老王戴上老花镜可以读书看报，不戴则视力模糊。所以年龄大的人都要戴老花镜。

D. 科学家在北极冰川地区的黄雪中发现了细菌，而该地区的寒冷气候与木卫二的冰冷环境有着惊人的相似。所以木卫二可能存在生命。

E. 昆虫都有三对足，蜘蛛并非三对足。所以蜘蛛不是昆虫。

20. 张教授指出，明清时期科举考试分为四级，即院试、乡试、会试、殿试。院试在县府举行，考中者称为“生员”；乡试每三年在各省省城举行一次，生员才有资格参加，考中者称为“举人”，举人第一名称“解元”；会试于乡试后第二年在京城礼部举行，举人才有资格参加，考中者称为“贡士”，贡士第一名称“会元”；殿试在会试当年举行，由皇帝主持，贡士才有资格参加，录取分为三甲，一甲三名，二甲、三甲各若干名，统称为“进士”，一甲第一名称“状元”。

根据张教授的陈述，以下哪项是不可能的？

A. 中举者，不曾中进士。

B. 中状元者曾为生员和举人。

C. 中会元者，不曾中举。

D. 可有连中三元者(解元、会元、状元)。

E. 未中解元者，不曾中会元。

21. 有人认为，任何一个机构都包括不同的职位等级或层级，每个人都隶属于其中一个层次。如果某人在原来级别岗位上干得出色，就会被提拔，而被提拔者得到重用后却碌碌无为，这会造成机构效率低下、人浮于事。

以下哪项为真，最能质疑上述观点？

A. 个人晋升常常会在一定程度上影响所在机构的发展。

B. 不同岗位的工作方式是不同的，对新的岗位要有一个适应过程。

C. 王副教授教学科研能力都很强，而晋升为正教授后却表现平平。

D. 李明的体育运动成绩并不理想，但他进入管理层后却干得得心应手。

E. 部门经理王先生业绩出众，被提拔为公司总经理后工作依然出色。

22. 如果把一杯酒倒入一桶污水中，你得到的是一桶污水；如果把一杯污水倒入一桶酒中，你得到的依然是一桶污水。在任何组织中，都可能存在几个难缠人物，他们存在的目的似乎就是把事情搞糟。如果一个组织不加强内部管理，一个正直能干的人进入某低效的部门就会被吞没，而一个无德无才者就能将一个高效的部门变成一盘散沙。

根据上述信息，可以得出以下哪项？

A. 如果不将一杯污水倒进一桶酒中，你就不会得到一桶污水。

B. 如果一个正直能干的人进入组织，就会使组织变得更为高效。

C. 如果组织中存在几个难缠人物，很快就会把组织变成一盘散沙。

D. 如果一个正直能干的人在低效部门没有被吞没，则该部门加强了内部管理。

E. 如果一个无德无才的人把组织变成一盘散沙，则该组织没有加强内部管理。

23. 自闭症会影响社会交往、语言交流和兴趣爱好等方面的行为。研究人员发现，实验鼠体内神经连接蛋白的蛋白质如果合成过多，会导致自闭症。由此他们认为，自闭症与神经连接蛋白的蛋白质合成量具有重要关联。

以下哪项如果为真，最能支持上述观点？

A. 生活在群体之中的实验鼠较之独处的实验鼠患自闭症的比例要小。

B. 雄性实验鼠患自闭症的比例是雌性实验鼠的 5 倍。

C. 抑制神经连接蛋白的蛋白质合成可缓解实验鼠的自闭症状。

D. 如果将实验鼠控制蛋白合成的关键基因去除，其体内的神经连接蛋白就会增加。

E. 神经连接蛋白正常的老年实验鼠患自闭症的比例很低。

24. 张教授指出，生物燃料是指利用生物资源生产的燃料乙醇或生物柴油，它们可以替代由石油制取的汽油和柴油，是可再生能源开发利用的重要方向。受世界石油资源短缺、环保和全球气候变化的影响，20 世纪 70 年代以来，许多国家日益重视生物燃料的发展，并取得显著成效。所以，应该大力开发和利用生物燃料。

以下哪项最可能是张教授论证的预设？

A. 发展生物燃料可有效降低人类对石油等化石燃料的消耗。

B. 发展生物燃料会减少粮食供应，而当今世界有数以百万计的人食不果腹。

C. 生物柴油和燃料乙醇是现代社会能源供给体系的适当补充。

D. 生物燃料在生产与运输的过程中需要消耗大量的水、电和石油等。

E. 目前我国生物燃料的开发和利用已经取得很大成绩。

25. 有关数据显示，2011 年全球新增 870 万结核病患者，同时有 140 万患者死亡。因为结核病对抗生素有耐药性，所以对结核病的治疗一直都进展缓慢。如果不能在近几年消除结核病，那么还会有数百万人死于结核病。如果要控制这种流行病，就要有安全、廉价的疫苗。目前有 12 种新疫苗正在测试之中。

根据以上信息，可以得出以下哪项？

A. 2011 年结核病患者死亡率已达 16.1%。

B. 有了安全、廉价的疫苗，我们就能控制结核病。

C. 如果解决了抗生素的耐药性问题，结核病治疗将会获得突破性进展。

D. 只有在近几年消除结核病，才能避免数百万人死于这种疾病。

E. 新疫苗一旦应用于临床，将有效控制结核病的传播。

26. 一个人如果没有崇高的信仰，就不可能守住道德的底线；而一个人只有不断加强理论学习，才能始终保持崇高的信仰。

根据以上信息，可以得出以下哪项？

A. 一个人只有不断加强理论学习，才能守住道德的底线。

B. 一个人如果不能守住道德的底线，就不可能保持崇高的信仰。

C. 一个人只要有崇高的信仰，就能守住道德的底线。

D. 一个人只要不断加强理论学习，就能守住道德底线。

E. 一个人没能守住道德的底线，是因为他首先丧失了崇高的信仰。

27. 研究人员安排了一次实验，将 100 名受试者分为两组：喝一小杯红酒的实验组和不喝酒的对照组。随后，让两组受试者计算某段视频中篮球队员相互传球的次数。结果发现，对照组的受试者都计算准确，而实验组中只有 18%的人计算准确。经测试，实验组受试者的血液中酒精浓度只有酒驾法定值的一半。由此专家指出，这项研究结果或许应该让立法者重新界定酒驾法定值。

以下哪项如果为真，最能支持上述专家的观点？

A. 酒驾法定值设置过低，可能会把许多未饮酒者界定为酒驾。

B. 即使血液中酒精浓度只有酒驾法定值的一半，也会影响视力和反应速度。

C. 只要血液中酒精浓度不超过酒驾法定值，就可以驾车上路。

D. 即使酒驾法定值设置较高，也不会将少量饮酒的驾车者排除在酒驾范围之外。

E. 饮酒过量不仅损害身体健康，而且影响驾车安全。

28. 某研究人员在 2004 年对一些 12～16 岁的学生进行了智商测试，测试得分为 77～135 分，4 年之后再次测试，这些学生的智商得分为 87～143 分。仪器扫描显示，那些得分提高了的学生，其脑部比此前呈现更多的灰质（灰质是一种神经组织，是中枢神经的重要组成部分）。这一测试表明，个体的智商变化确实存在，那些早期在学校表现并不突出的学生仍有可能成为佼佼者。

以下除哪项外，都能支持上述实验结论？

A. 有些天才少年长大后智力并不出众。

B. 言语智商的提高伴随着大脑左半球运动皮层灰质的增多。

C. 学生的非言语智力表现与他们的大脑结构的变化明显相关。

D. 部分学生早期在学校表现不突出与其智商有关。

E. 随着年龄的增长，青少年脑部区域的灰质通常也会增加。

29～30 题基于以下共同题干：

某高校数学、物理、化学、管理、文秘、法学等 6 个专业毕业生需要就业，现有风云、怡和、宏宇三家公司前来学校招聘。已知，每家公司只招聘该校 2 至 3 个专业若干毕业生，且需要满足以下条件：

（1）招聘化学专业的公司也招聘数学专业；

（2）怡和公司招聘的专业，风云公司也招聘；

（3）只有一家公司招聘文秘专业，且该公司没有招聘物理专业；

（4）如果怡和公司招聘管理专业，那么也招聘文秘专业；

（5）如果宏宇公司没有招聘文秘专业，那么怡和公司招聘文秘专业。

29. 如果只有一家公司招聘物理专业，那么可以得出以下哪项？

A. 风云公司招聘化学专业。
B. 怡和公司招聘管理专业。
C. 宏宇公司招聘数学专业。
D. 风云公司招聘物理专业。
E. 怡和公司招聘物理专业。

30. 如果三家公司都招聘了 3 个专业若干毕业生，那么可以得出以下哪项？

A. 风云公司招聘化学专业。
B. 怡和公司招聘法学专业。
C. 宏宇公司招聘化学专业。
D. 风云公司招聘数学专业。
E. 怡和公司招聘物理专业。

2016 年管理类联考综合能力逻辑真题

1. 企业要建设科技创新中心，就要推进与高校、科技院所的合作，这样才能激发自主创新的活力。一个企业只有搭建服务科技创新发展战略的平台、科技创新与经济发展对接的平台以及聚集创新人才的平台，才能催生重大科技成果。

根据上述信息，可以得出以下哪项？

A. 如果企业搭建科技创新与经济发展对接的平台，就能激发其自主创新的活力。

B. 如果企业搭建了服务科技创新发展战略的平台，就能催生重大科技成果。

C. 能够推进与高校、科研院所的合作决定企业是否具有自主创新的活力。

D. 如果企业没有搭建聚集创新人才的平台，就无法催生重大科技成果。

E. 如果企业推进与高校、科研院所的合作，就能激发其自主创新的活力。

2. 生态文明建设事关社会发展方式和人民福祉。只有实行最严格的制度，最严密的法治，才能为生态文明建设提供可靠保障；如果要实行最严格的制度、最严密的法治，就要建立责任追究制度，对那些不顾生态环境盲目决策并造成严重后果者，追究其相应的责任。

根据上述信息，可以得出以下哪项？

A. 如果对那些不顾生态环境盲目决策并造成严重后果者追究其相应责任，就能为生态文明建设提供可靠保障。

B. 实行最严格的制度和最严密的法治是生态文明建设的重要目标。

C. 如果不建立责任追究制度，就不能为生态文明建设提供可靠保障。

D. 只有筑牢生态环境的制度防护墙，才能造福于民。

E. 如果要建立责任追究制度，就要实行最严格的制度，最严密的法治。

3. 注重对孩子的自然教育，让孩子亲身感受大自然的神奇和美妙，可促进孩子释放天性，激发自身潜能；而缺乏这方面教育的孩子容易变得孤独，道德、情感和认知能力的发展都会受到一定的影响。

以下哪项与以上陈述方式最为类似？

A. 脱离环境保护搞经济发展是“涸泽而渔”，离开经济发展抓环境保护是“缘木求鱼”。

B. 只说一种语言的人，首次被诊断出患阿尔兹海默症的平均年龄为 76 岁；说三种语言的人首次被诊断出患阿尔兹海默症的平均年龄约在 78 岁。

C. 老百姓过去“盼温饱”，现在“盼环保”，过去“求生存”，现在“求生态”。

D. 注重调查研究可以让我们掌握第一手资料；闭门造车只能让我们脱离实际。

E. 如果孩子完全依赖电子设备来进行学习和生活，将会对环境越来越漠视。

4. 古人以干支纪年：甲乙丙丁戊己庚辛壬癸为十干，也称天干。子丑寅卯辰巳午未申酉戌亥为十二支，也称地支。顺次以天干配地支，如甲子、乙丑、丙寅……癸酉、甲戌、丙子等，六十年重复一次，俗称六十花甲子。根据干支纪年，公元 2014 年为甲午年，公元 2015 年为乙未年。

根据上述所述，可以得出以下哪项？

A. 现代人已不用干支纪年。
B. 21 世纪会有甲丑年。
C. 干支纪年有利于农事。
D. 根据干支纪年，公元 2024 年为甲寅年。
E. 根据干支纪年，公元 2087 年为丁未年。

5. 赵明与王洪都是某高校辩论协会成员，在为今年华语辩论赛招募新队员问题上，两人发生了争执：

赵明：我们一定要选拔喜欢辩论的人，因为一个人只有喜爱辩论，才能投入精力和时间研究辩论并参加辩论赛。

王洪：我们招募的不是辩论爱好者，而是能打硬仗的辩手，无论是谁，只要能在辩论赛中发挥应有的作用，他就是我们理想的人选。

以下哪项最可能是两人争论的焦点？

A. 招募的标准是从现实出发还是理想出发。
B. 招募的目的是研究辩论规律还是培养实战能力。
C. 招募的目的是为了培养新人还是赢得比赛。
D. 招募的标准是对辩论的爱好还是辩论的能力。
E. 招募的目的是为了集体荣誉还是满足个人爱好。

6. 在某届洲际杯足球大赛中，第一阶段某小组单循环赛共有 4 支队伍参加，每支队伍需要在这一阶段比赛三场。甲国足球队在该小组的前两轮比赛中一平一负，在第三轮比赛之前，甲国队主教练在新闻发布会上表示："只有我们在下一场比赛中取得胜利并且本组的另外一场比赛打成平局，我们才有可能从这个小组出线。"

如果甲国队主教练的陈述为真，以下哪项是不可能的？

A. 第三轮比赛该小组两场比赛都分出了胜负，甲国队从小组出线。
B. 甲国队第三轮比赛取得了胜利，但他们未能从小组出线。
C. 第三轮比赛甲国队取得了胜利，该小组另一场比赛打成平局，甲国队未能从小组出线。
D. 第三轮比赛该小组另外一场比赛打成平局，甲国队从小组出线。
E. 第三轮比赛该小组两场比赛都打成了平局，甲国队未能从小组出线。

7. 考古学家发现，那件仰韶文化晚期的土坯砖边缘整齐，而且没有切割痕迹，由此他们推测，这件土坯砖应当是使用木质模具压制成型的。而其他 5 件由土坯砖经过烧制而成的烧结砖，经检测其当时的烧制温度为 850℃～900℃。由此考古学家进一步推测，当时的砖是先使用模具将黏土做成土坯，然后再经过高温烧制而成的。

以下哪项如果为真，最能支持上述考古学家的推测？

A. 仰韶文化晚期的年代约为公元前 3500 年～公元前 3000 年。
B. 仰韶文化晚期，人们已经掌握了高温冶炼技术。
C. 出土的 5 件烧结砖距今已有 5 000 年，确实属于仰韶文化晚期的物品。
D. 没有采用模具而成型的土坯砖，其边缘或者不整齐，或者有切割痕迹。

E. 早在西周时期，中原地区的人们就可以烧制铺地砖和空心砖。

8. 研究人员发现，人类存在 3 种核苷酸基因类型：AA 型、AG 型以及 GG 型。一个人有 36%的概率是 AA 型，有 48%的概率是 AG 型，有 16%的概率是 GG 型。在 1 200 名参与实验的老年人中，拥有 AA 型和 AG 型基因类型的人都在上午 11 时之前去世，而拥有 GG 型基因类型的人几乎都在下午 6 时左右去世。研究人员据此认为：GG 型基因类型的人比其他人平均晚死 7 个小时。

以下哪项如果为真，最能质疑上述研究人员的观点？

A. 平均寿命的计算依据应是实验对象的生命存续长度，而不是实验对象的死亡时间。

B. 当死亡临近的时候，人体会还原到一种更加自然的生理节律感应阶段。

C. 有些人是因为疾病或者意外事故等其他因素而死亡的。

D. 对人死亡时间的比较，比一天中的哪一时刻更重要的是哪一年、哪一天。

E. 拥有 GG 型基因类型的实验对象容易患上心血管疾病。

9. 某市消费者权益保护条例明确规定，消费者对其所购商品可以“7 天内无理由退货”。但这项规定出台后并未得到顺利执行，众多消费者在“7 天内无理由退货”时，常常遭遇商家的阻挠，他们以商品已作特价处理、商品已经开封或使用等理由拒绝退货。

以下哪项如果为真，最能质疑商家阻挠的理由？

A. 开封验货后，如果商品规格、质量等问题来自消费者本人，他们应该为此承担责任。

B. 那些作特价处理的商品，本来质量就没有保证。

C. 如果不开封验货，就不能知道商品是否存在质量问题。

D. 政府总偏向消费者，这对商家来说是不公平的。

E. 商品一旦开封或者使用，即使不存在问题，消费者也可以选择退货。

10. 某县县委关于下周一几位领导的工作安排如下：

（1）如果李副书记在县城值班，那么他就要参加宣传工作例会；

（2）如果张副书记在县城值班，那么他就要做信访接待工作；

（3）如果王书记下乡调研，那么张副书记或者李副书记就需要在县城值班；

（4）只有参加宣传工作会或信访接待工作，王书记才不下乡调研；

（5）宣传工作例会只需分管宣传的副书记参加，信访接待工作也只需一名副书记参加。

根据上述工作安排，可以得出以下哪项？

A. 张副书记做信访接待工作。

B. 王书记下乡调研。

C. 李副书记参加宣传工作例会。

D. 李副书记做信访接待工作。

E. 张副书记参加宣传工作例会。

11. 近年来，越来越多的机器人被用于在战场上执行侦察、运输、拆弹等任务，甚至将来冲锋陷阵的都不再是人，而是形形色色的机器人。人类战争正在经历自核武器诞生以来最深刻的革命。有专家据此分析指出，机器人战争技术的出现可以使人类远离危险，更安全、更有效地实现战争目标。

以下哪些选项如果为真，最能质疑上述专家的观点？

A. 现在人类掌控机器人，但未来机器人可能会掌控人类。

B. 因不同国家军事科技实力的差距，机器人战争技术只会让部分国家远离危险。

C. 机器人战争技术有助于摆脱以往大规模杀戮的血腥模式，从而让现代战争变得更为人道。

D. 掌握机器人战争技术的国家为数不多，将来战争的发生更为频繁也更为血腥。

E. 全球化时代的机器人战争技术要消耗更多资源，破坏生态环境。

12. 郝大爷过马路时不幸摔倒昏迷，所幸有小伙子及时将他送往医院救治。郝大爷病情稳定后，有 4 位陌生小伙陈安、李康、张幸、汪福来医院看望他。郝大爷问他们究竟是谁送他来医院，他们回答如下：

陈安：我们 4 人都没有送您来医院。

李康：我们 4 人中有人送您来医院。

张幸：李康和汪福至少有一人没有送您来医院。

汪福：送您来医院的人不是我。

后来证实上述 4 人中有两人说真话，有两人说假话。

根据上述信息，可以得出以下哪项？

A. 说真话的是李康和张幸。

B. 说真话的是陈安和张幸。

C. 说真话的是李康和汪福。

D. 说真话的是张幸和汪福。

E. 说真话的是陈安和汪福。

13. 开车上路，一个人不仅需要有良好的守法意识，也需要有特别的“理性计算”：在拥堵的车流中，只要有“加塞”的，你开的车就一定要让着它；你开着车在路上正常直行，有车不打方向灯在你近旁突然横过来要撞上你，原来它想要变道，这时你也得让着它。

以下除哪项外，均能质疑上述“理性计算”的观点？

A. 有理的让着没理的，只会助长歪风邪气，有悖于社会的法律与道德。

B. “理性计算”其实就是胆小怕事，总觉得凡事能躲则躲，但有的事很难躲过。

C. 一味退让也会给行车带来极大的危险，不但可能伤及自己，而且也可能伤及无辜。

D. 即使碰上也不可怕，碰上之后如果立即报警，警方一般会有公正的裁决。

E. 如果不让，就会碰上；碰上之后，即使自己有理，也会有许多麻烦。

14. 有专家指出，我国城市规划缺少必要的气象论证，城市的高楼建得高耸而密集，阻碍了城市的通风循环。有关资料显示，近几年国内许多城市的平均风速已下降 10%，风速下降，意味着大气扩散能力减弱，导致大气污染物滞留时间延长，易形成雾霾和热岛效应。为此，有专家提出建立“城市风道”的设想，即在城市里制造几条畅通的通风走廊，让风在城市中更加自由地进出，促进城市空气的更新循环。

以下哪项如果为真，最能支持上述建立“城市风道”的设想？

A. 城市风道形成的“穿街风”，对建筑的安全影响不大。

B. 风从八方来，“城市风道”的设想过于主观和随意。

C. 有风道但没有风，就会让城市风道成为无用的摆设。

D. 有些城市已拥有建立“城市风道”的天然基础。

E. 城市风道不仅有利于“驱霾”，还是有利散热。

15. 2014 年，为迎接 APEC 会议的召开，北京、天津、河北等地实施“APEC 治理模式”，采取了有史以来最严格的减排措施。果然，令人心醉的“APEC 蓝”出现了。然而，随着会议的结束，“APEC 蓝”也渐渐消失了。对此，有些人士表示困惑，既然政府能在短期内实施“APEC 治理模式”取得良好效果，为什么不将这一模式长期坚持下去呢？

以下除哪项外，均能解释人们的困惑？

A. 最严格的减排措施在落实过程中已产生很多难以解决的实际困难。

B. 如果近期将“APEC 治理模式”常态化，将会严重影响地方经济和社会的发展。

C. 任何环境治理都需要付出代价，关键在于付出的代价是否超出收益。

D. 短期严格的减排措施只能是权宜之计，大气污染治理仍需从长计议。

E. 如果 APEC 会议期间北京雾霾频发，就会影响我们国家的形象。

16. 根据现有物理学定律，任何物质的运动速度都不可能超过光速，但最近一次天文观测结果向这条定律发起了挑战。距离地球遥远的 IC310 星系拥有一个活跃的黑洞，掉入黑洞的物质产生了伽马射线冲击波。有些天文学家发现，这束伽马射线的速度超过了光速，因为它只用了 4.8 分钟就穿越了黑洞边界，而光需要 25 分钟才能走完这段距离。由此，这些天文学家提出，光速不变定律需要修改了。

以下哪项如果为真，最能质疑上述天文学家所做的结论？

A. 或者光速不变定律已经过时，或者天文学家的观测有误。

B. 如果天文学家的观测没有问题，光速不变定律就需要修改。

C. 要么天文学家的观测有误，要么有人篡改了天文观测数据。

D. 天文观测数据可能存在偏差，毕竟 IC310 星系离地球很远。

E. 光速不变定律已经历过多次实践检验，没有出现反例。

17. 某公司办公室茶水间提供自助式收费饮料，职员拿完饮料后，自己把钱放到特设的收款箱中，研究者为了判断职员在无人监督时，其自律水平会受哪些因素的影响，特地在收款箱上方贴了一张装饰图片，每周一换。装饰图片有时是一些花朵，有时是一双眼睛。一个有趣的现象出现了：贴着“眼睛”的那一周，收款箱里的钱远远超过贴其他图片的情形。

以下哪项如果为真，最能解释上述实验现象？

A. 该公司职员看到“眼睛”图片时，就能联想到背后可能有人看着他们。

B. 在该公司工作的职员，其自律能力超过社会中的其他人。

C. 该公司职员看着“花朵”图片时，心情容易变得愉快。

D. 眼睛是心灵的窗口，该公司职员看到“眼睛”图片时会有一种莫名的感动。

E. 在无人监督的情况下，大部分人缺乏自律能力。

18～19 题基于以下共同题干：

某皇家园林依中轴线布局，从前到后依次排列着七个庭院。这七个庭院分别以汉字“日”“月”“金”“木”“水”“火”“土”来命名。已知：

（1）“日”字庭院不是最前面的那个庭院；

（2）“火”字庭院和“土”字庭院相邻；

（3）“金”“月”两庭院间隔的庭院数与“木”“水”两庭院间隔的庭院数相同。

18. 根据上述信息，下列哪个庭院可能是“日”字庭院？

A. 第一个庭院　　　　B. 第二个庭院　　　　C. 第四个庭院

D. 第五个庭院　　E. 第六个庭院

19. 如果第二个庭院是“土”字庭院，可以得出以下哪项？

A. 第七个庭院是“水”字庭院　　B. 第五个庭院是“木”字庭院

C. 第四个庭院是“金”字庭院　　D. 第三个庭院是“月”字庭院

E. 第一个庭院是“火”字庭院

20. 在一项关于“社会关系如何影响人的死亡率”的课题研究中，研究人员惊奇地发现：不论种族、收入、体育锻炼等因素，一个乐于助人、和他人相处融洽的人，其平均寿命长于一般人，在男性中尤其如此；相反，心怀恶意、损人利己、和他人相处不融洽的人 70 岁之前的死亡率比正常人高出 1.5 至 2 倍。

以下哪项如果为真，最能解释上述发现？

A. 身心健康的人容易和他人相处融洽，而心理有问题的人与他人很难相处。

B. 男性通常比同年龄段的女性对他人有更强的“敌视情绪”，多数国家男性的平均寿命也因此低于女性。

C. 与人为善带来轻松愉悦的情绪，有益身体健康；损人利己则带来紧张的情绪，有损身体健康。

D. 心存善念、思想豁达的人大多精神愉悦、身体健康。

E. 那些自我优越感比较强的人通常“敌视情绪”也比较强，他们长时间处于紧张状态。

21. 超市中销售的苹果常常留有一定的油脂痕迹，表面显得油光滑亮。牛师傅认为，这是残留在苹果上的农药所致，水果在收摘之前都喷洒了农药。因此，消费者在超市购买水果后，一定要清洗干净方能食用。

以下哪项最可能是牛师傅看法所依赖的假设？

A. 除了苹果，其他许多水果运至超市时也留有一定的油脂痕迹。

B. 超市里销售的水果并未得到彻底清洗。

C. 只有那些在水果上能留下油脂痕迹的农药才可能被清洗掉。

D. 许多消费者并不在意超市销售的水果是否清洗过。

E. 在水果收摘之前喷洒的农药大多数会在水果上留下油脂痕迹。

22. 许多人不仅不理解别人，而且也不理解自己，尽管他们可能曾经试图理解别人，但这样的努力注定会失败，因为不理解自己的人是不可能理解别人的。可见，那些缺乏自我理解的人是不会理解别人的。

以下哪项最能说明上述论证的缺陷？

A. 使用了“自我理解”概念，但并未给出定义。

B. 没有考虑“有些人不愿意理解自己”这样的可能性。

C. 没有正确把握理解别人和理解自己之间的关系。

D. 结论仅仅是对其论证前提的简单重复。

E. 间接指责人们不能换位思考，不能相互理解。

23. 在编号 1，2，3，4 的 4 个盒子中装有绿茶、红茶、花茶和白茶四种茶；每只盒子只装一种茶，每种茶只装一个盒子，已知：

(1) 装绿茶和红茶的盒子在 1，2，3 号范围之内；

(2) 装红茶和花茶的盒子在 2,3,4 号范围之内;
(3) 装白茶的盒子在 1,2,3 号范围之内。
根据上述已知条件,可以得出以下哪项?
A. 绿茶在 3 号　B. 花茶在 4 号　C. 白茶在 3 号
D. 红茶在 2 号　E. 绿茶在 1 号

24. 在某项目招标过程中,赵嘉、钱宜、孙斌、李汀、周武、吴纪 6 人作为各自公司代表参与投标,有且只有一个人中标。关于究竟谁是中标者,招标小组中有 3 位成员各自谈了自己的看法:
(1) 中标者不是赵嘉就是钱宜;
(2) 中标者不是孙斌;
(3) 周武和吴纪都没有中标。
经过深入调查,发现上述 3 人中只有一人的看法是正确的。
根据以上信息,以下哪项中的 3 人都可以确定没有中标?
A. 赵嘉、孙斌、李汀　B. 赵嘉、钱宜、李汀
C. 孙斌、周武、吴纪　D. 赵嘉、周武、吴纪
E. 钱宜、孙斌、周武

25. 如今,电子学习机已全面进入儿童的生活。电子学习机将文字与图像、声音结合起来,既生动形象,又富有趣味性,使儿童独立阅读成为可能。但是,一些儿童教育专家却对此发出警告,电子学习机可能不利于儿童成长。他们认为,父母应该抽时间陪孩子一起阅读纸质图书。陪孩子一起阅读纸质图书,并不是简单的让孩子读书识字,而是在交流中促进其心灵的成长。
以下哪项如果为真,最能支持上述专家的观点?
A. 电子学习机最大的问题是让父母从孩子的阅读行为中走开,减少了父母与孩子的日常交流。
B. 接触电子产品越早,就越容易上瘾,长期使用电子学习机会形成“电子瘾”。
C. 在使用电子学习机时,孩子往往更多关注其使用功能而非学习内容。
D. 纸质图书有利于保护儿童视力,有利于父母引导儿童形成良好的阅读习惯。
E. 现代生活中年轻父母工作压力较大,很少有时间能与孩子一起共同阅读。

26. 田先生认为,绝大部分笔记本电脑运行速度慢的原因不是 CPU 性能太差,也不是内存容量太小,而是硬盘速度太慢,给老旧的笔记本电脑换装固态硬盘可以大幅度提升使用者的游戏体验。
以下哪项如果为真,最可能质疑田先生的观点?
A. 一些笔记本电脑使用者的使用习惯不好,使得许多运行程序占据大量内存,导致电脑运行速度缓慢。
B. 销售固态硬盘的利润远高于销售传统笔记本电脑硬盘。
C. 固态硬盘很贵,给老旧笔记本换装硬盘费用不低。
D. 使用者的游戏体验很大程度上取决于笔记本的显卡,而老旧笔记本电脑显卡较差。
E. 少部分老旧笔记本电脑的 CPU 性能很差,内存也小。

27～28 题基于以下共同题干：

钟医生："通常，医学研究的重要成果在杂志发表之前需要经过匿名评审，这需要耗费不少时间。如果研究者能放弃这段等待时间而事先公开其成果，我们的公共卫生水平就可以伴随着医学发现更快获得提高。因为新医学信息的及时公布将允许人们利用这些信息提高他们的健康水平。"

27. 下哪项最可能是钟医生论证所依赖的假设？

A. 即使医学论文还没有在杂志发表，人们还是会使用已公开的相关新信息。

B. 因为工作繁忙，许多医学研究者不愿成为论文评审者。

C. 首次发表于匿名评审杂志的新医学信息一般无法引起公众的注意。

D. 许多医学杂志的论文评审者本身并不是医学研究专家。

E. 部分医学研究者愿意放弃在杂志上发表，而选择事先公开其成果。

28. 以下哪项如果为真，最能削弱钟医生的论证？

A. 人们常常根据新发表的医学信息来调整他们的生活方式。

B. 大部分医学杂志不愿意放弃匿名评审制度。

C. 有些媒体常常会提前报道那些匿名评审杂志准备发表的医学研究成果。

D. 社会公共卫生水平的提高还取决于其他因素，并不完全依赖于医学新发现。

E. 匿名评审常常能阻止那些含有错误结论的文章发表。

29～30 题基于以下共同题干：

江海大学的校园美食节开幕了，某女生宿舍有 5 人积极报名参加此次活动，她们的姓名分别为金粲、木心、水仙、火珊、土润。举办方要求，每位报名者只做一道菜品参加评比，但需自备食材。限于条件，该宿舍所备食材仅有 5 种：金针菇、木耳、水蜜桃、火腿和土豆，要求每种食材只能有 2 人选用，每人只能选用 2 种食材，并且每人所选食材名称的第一个字与自己的姓氏均不相同。已知：

（1）如果金粲选水蜜桃，则水仙不选金针菇；

（2）如果木心选金针菇或土豆，则她也必须选木耳；

（3）如果火珊选水蜜桃，则她也必须选木耳和土豆；

（4）如果木心选火腿，则火珊不选金针菇。

29. 根据上述信息，可以得出以下哪项？

A. 木心选用水蜜桃、土豆。

B. 水仙选用金针菇、火腿。

C. 土润选用金针菇、水蜜桃。

D. 火珊选用木耳、水蜜桃。

E. 金粲选用木耳、土豆。

30. 如果水仙选用土豆，则可以得出以下哪项？

A. 木心选用金针菇、水蜜桃。

B. 金粲选用木耳、火腿。

C. 火珊选用金针菇、土豆。

D. 水仙选用木耳、土豆。

E. 土润选用水蜜桃、火腿。

2017 年管理类联考综合能力逻辑真题

1. 倪教授认为，我国工程技术领域可以考虑与国外先进技术合作，但任何涉及核心技术的项目决不能受制于人；我国许多网络安全建设项目涉及信息核心技术，如果全盘引进国外先进技术，而不努力自主创新，我国的网络安全将受到严重威胁。

根据倪教授的陈述，可以得出以下哪项？

A. 我国有些网络建设项目不能受制于人。

B. 我国许多网络安全建设项目，不能与国外先进技术合作。

C. 我国工程技术领域的所有项目都不能受制于人。

D. 只要不是全盘引进国外先进技术，我国网络安全就不会受到严重威胁。

E. 如果能做到自主创新，我国的网络安全就不会受到严重威胁。

2. 任何结果都不可能凭空出现，它们的背后都是有原因的；任何背后有原因的事物均可以被认识，而可以被人认识的事物必然不是毫无规律的。

根据以上陈述，以下哪项为假？

A. 人可能认识所有事物。

B. 有些结果的出现可能毫无规律。

C. 那些可以被人认识的事物，必然有规律。

D. 任何结果出现的背后都是有原因的。

E. 任何结果都可以被人认识。

3. 近年来，我国海外代购业务量快速增长，代购者们通常从海外购买产品，通过各种渠道避开关税，再卖给内地顾客从中牟利，却让政府损失了税收收入。某专家由此指出，政府应该严厉打击海外代购的行为。

以下哪项支持了专家的观点？

A. 近期，有位前空乘服务员因在网上开设海外代购店而被我国地方法院判定有走私罪。

B. 国内一些企业生产的同类产品与海外代购产品相比，无论质量还是价格都缺乏竞争优势。

C. 海外代购提升了人民的生活水平，满足了国内部分民众对于品质生活的追求。

D. 去年，我国奢侈品海外代购规模几乎是全球奢侈品国内门店销售额的一半，这些交易大多避开关税。

E. 国内民众的消费需求提升是伴随着我国经济发展而产生的经济现象，应以此为契机促进国内同类消费品产业的升级。

4. 某剧组招募群众演员，为了配合剧情，招 4 类角色：外国游客 1～2 名，购物者 2～3 名，商贩 2 名，路人若干。现有甲、乙、丙、丁、戊、己 6 人，且每人在同一个场景中只能出演一个角色。已知：

(1) 只有甲、乙才能出演外国游客;

(2) 上述 4 类角色在每个场景中至少有 3 类同时出现;

(3) 每个场景中,若乙或丁出演商贩,则甲和丙出演购物者;

(4) 购物者、路人数量之和在每个场景中不超过 2。

根据上述信息,可以得出以下哪项?

A. 在同一场景中,若戊和己出演路人,则甲只可能出演外国游客。

B. 在同一场景中,若乙出演外国游客,则甲只可能出演商贩。

C. 至少有 2 人需要在不同场景出演不同角色。

D. 甲、乙、丙、丁不会在同一场景中同时出现。

E. 在同一场景中,若丁和戊出演购物者,则乙只可能出演外国游客。

5. 离家 300 米的学校不能上,却被安排到 2 000 米以外的学校就读,某市一位适龄儿童在上小学时就遇到了所在区教育局这样的安排,而这一安排是区教育局根据儿童户籍所在施教区做出的。根据该市教育局规定的“就近入学原则”,儿童家长将区教育局告上法院,要求撤销原来安排,让其孩子就近入学。法院对此作出一审判决,驳回原告请求。下列哪项最可能是法院判决的合理依据?

A. “就近入学”不是“最近入学”,不能将入学儿童户籍地和学校的直线距离作为划分施教区的唯一依据。

B. 按照特定的地理要素划分,施教区中的每所小学不一定就处于该施教区的中心位置。

C. 儿童入学究竟应上哪一所学校不是让适龄儿童或其家长自主选择,而是要听从政府主管部门的行政安排。

D. “就近入学”仅仅是一个需要遵循的总体原则,儿童具体入学安排还要根据特定的情况加以变通。

E. 该区教育局划分施教区的行政行为符合法律规定,而原告孩子户籍所在施教区的确需要去离家 2 000 米外的学校就读。

6. 张立是一位单身白领,工作 5 年积累了一笔存款,由于该笔存款金额尚不足以购房,他考虑将其暂时分散投资到股票、黄金、基金、国债和外汇等 5 个方面。

该笔存款的投资需要满足如下条件:

(1) 如果黄金投资比例高于 1/2,则剩余部分投入国债和股票;

(2) 如果股票投资比例低于 1/3,则剩余部分不能投入外汇或国债;

(3) 如果外汇投资比例低于 1/4,则剩余部分投入基金或黄金;

(4) 国债投资比例不能低于 1/6。

根据上述信息,可以得出以下哪项?

A. 国债投资比例高于 1/2。

B. 外汇投资比例不低于 1/3。

C. 股票投资比例不低于 1/4。

D. 黄金投资比例不低于 1/5。

E. 基金投资比例低于 1/6。

7. 通识教育重在帮助学生掌握尽可能全面的基础知识,即帮助学生了解各个学科领域的基本常识;而人文教育则重在培育学生了解生活世界的意义,并对自己及他人行为的价值和意义做出合理的判断,形成“智识”。因此有专家指出,相比较而言,人文教育对个人未来生活的影响会更大一些。

以下哪项如果为真，最能支持上述专家所言？

A. 当今我国有些大学开设的通识教育课程要远远多于人文教育课程。

B. “知识”是事实判断，“智识”是价值判断，两者不能相互替代。

C. 没有知识就会失去应对未来生活挑战的勇气，而错误的价值观可能会误导人的生活。

D. 关于价值和意义的判断事关个人的幸福和尊严，值得探究和思考。

E. 没有知识，人依然可以活下去；但如果没有价值和意义的追求，人只能成为没有灵魂的躯壳。

8～9 题基于以下共同题干：

丰收公司邢经理需要在下个月赴湖北、湖南、安徽、江西、江苏、浙江、福建 7 省进行市场需求调研，各省均调研一次，他的行程需满足如下条件：

（1）第一个或最后一个调研江西省；

（2）调研安徽省的时间早于浙江省，在这两省的调研之间，调研除了福建省的另外两省；

（3）调研福建省的时间安排在调研浙江省之前或刚好调研完浙江省之后；

（4）第三个调研江苏省。

8. 如果邢经理首先赴安徽省调研，则关于他的行程，可以确定以下哪项？

A. 第二个调研湖北省　　B. 第二个调研湖南省

C. 第五个调研福建省　　D. 第五个调研湖北省

E. 第五个调研浙江省

9. 如果安徽省是邢经理第二个调研的省份，则关于他的行程，可以确定以下哪项？

A. 第一个调研江西省　　B. 第四个调研湖北省

C. 第五个调研浙江省　　D. 第五个调研湖南省

E. 第六个调研福建省

10. 王研究员：我国政府提出的“大众创业、万众创新”激励着每一个创业者。对于创业者来说，最重要的是需要一种坚持精神。不管在创业中遇到什么困难，都要坚持下去。

李教授：对于创业者来说，最重要的是要敢于尝试新技术。因为有些新技术一些大公司不敢轻易尝试，这就为创业者带来了成功的契机。

根据以上信息，以下哪项最准确地指出了王研究员与李教授的分歧所在？

A. 最重要的是敢于迎接各种创业难题的挑战，还是敢于尝试那些大公司不轻易尝试的新技术。

B. 最重要的是坚持创业，有毅力有恒心把事业一直做下去，还是坚持创新，做出更多的科学发现和技术发明。

C. 最重要的是坚持把创业这件事做好，成为创业大众的一员，还是努力发明新技术，成为创新万众的一员。

D. 最重要的是需要一种坚持精神，不畏艰难，还是敢于尝试新技术，把握事业成功的契机。

E. 最重要的是坚持创业，敢于成立小公司，还是尝试新技术，敢于挑战大公司。

11. 进入冬季以来，内含大量有毒颗粒物的雾霾频繁袭击我国部分地区。有关调查显示，持续接触高浓度污染物会直接导致10%至15%的人患有眼睛慢性炎症或干眼症。有专家由此认为，如果不采取紧急措施改善空气质量，这些疾病的发病率和相关的并发症将会增加。

以下哪项如果为真，最能支持上述专家的观点？

A. 有毒颗粒物会刺激并损害人的眼睛，长期接触会影响泪腺细胞。

B. 空气质量的改善不是短期内能做到的，许多人不得不在污染环境中工作。

C. 眼睛慢性炎症或干眼症等病例通常集中出现于花粉季。

D. 上述被调查的眼疾患者中有65%是年龄在20～40岁之间的男性。

E. 在重污染环境中采取戴护目镜、定期洗眼等措施有助于预防干眼症等眼疾。

12. 很多成年人对于儿时熟悉的《唐诗三百首》中的许多名诗，常常仅记得几句名句，而不知诗作者或诗名。甲校中文系硕士生只有三个年级，每个年级人数相等。统计发现，一年级学生都能把该书中的名句与诗名及其作者对应起来；二年级2/3的学生能把该书中的名句和作者对应起来；三年级1/3的学生不能把该书中的名句与诗名对应起来。

根据上述信息，关于该校中文系硕士生，可以得出以下哪项？

A. 1/3以上的一、二年级学生不能把该书中的名句和作者对应起来。

B. 1/3以上的硕士生不能将该书中的名句与诗名或作者对应起来。

C. 大部分硕士生能将该书中的名句与诗名及其作者对应起来。

D. 2/3以上的一、三年级学生能把该书中的名句与诗名对应起来。

E. 2/3以上的一、二年级学生不能把该书中的名句与诗名对应起来。

13. 婴儿通过触碰物体、四处玩耍和观察成人的行为等方式来学习，但机器人通常只能按照编订的程序进行学习。于是，有些科学家试图研制学习方式更接近于婴儿的机器人。他们认为，既然婴儿是地球上最有效率的学习者，为什么不设计出能像婴儿那样不费力气就能学习的机器人呢？

以下哪项最可能是上述科学家观点的假设？

A. 婴儿的学习能力是天生的，他们的大脑与其他动物幼崽不同。

B. 通过触碰、玩耍和观察等方式来学习是地球上最有效率的学习方式。

C. 即使是最好的机器人，它们的学习能力也无法超过最差的婴儿学习者。

D. 如果机器人能像婴儿那样学习，它们的智能就有可能超过人类。

E. 成年人和现有的机器人都不能像婴儿那样毫不费力地学习。

14. 针对癌症患者，医生常采用化疗手段将药物直接注入人体杀伤癌细胞，但这也可能将正常细胞和免疫细胞一同杀灭，产生较强的副作用。近来，有科学家发现，黄金纳米粒子很容易被人体癌细胞吸收，如果将其包上一层化疗药物，就可作为“运输工具”，将化疗药物准确地投放到癌细胞中。他们由此断言，微小的黄金纳米粒子能提升癌症化疗的效果，并降低化疗的副作用。

以下哪项如果为真，最能支持上述科学家所做出的论断？

A. 黄金纳米粒子用于癌症化疗的疗效有待大量临床检验。

B. 在体外用红外线加热已进入癌细胞的黄金纳米粒子，可以从内部杀灭癌细胞。

C. 因为黄金所具有的特殊化学性质，黄金纳米粒子不会与人体细胞发生反应。

D. 现代医学手段已能实现黄金纳米粒子的精准投送，让其所携带的化疗药物只作用于癌细胞，并不伤及其他细胞。

E. 利用常规计算机断层扫描，医生容易判定黄金纳米粒子是否已投放到癌细胞中。

15. 甲：己所不欲，勿施于人。

乙：我反对。己所欲，则施于人。

以下哪项与上述对话方式最为相似？

A. 甲：人非草木，孰能无情？
乙：我反对。草木无情，但人有情。

B. 甲：人不犯我，我不犯人。
乙：我反对。人若犯我，我就犯人。

C. 甲：人无远虑，必有近忧。
乙：我反对。人有远虑，亦有近忧。

D. 甲：不在其位，不谋其政。
乙：我反对。在其位，则行其政。

E. 甲：不入虎穴，焉得虎子？
乙：我反对。如得虎子，必入虎穴。

16. 颜子、曾寅、孟申、荀辰申请一个中国传统文化建设项目。根据规定，该项目的主持人只能有一位，且在上述 4 位申请者中产生；包括主持人在内，项目组成员不能超过两位。另外，各位申请者在申请答辩时作出如下陈述：

(1) 颜子：如果我成为主持人，将邀请曾寅或荀辰作为项目组成员；

(2) 曾寅：如果我成为主持人，将邀请颜子或孟申作为项目组成员；

(3) 荀辰：只有颜子成为项目组成员，我才能成为主持人；

(4) 孟申：只有荀辰或颜子成为项目组成员，我才能成为主持人。

假定四人陈述都为真，关于项目组成员的组合，以下哪项是不可能的？

A. 孟申、曾寅　　B. 荀辰、孟申　　C. 曾寅、荀辰

D. 颜子、孟申　　E. 颜子、荀辰

17. 研究者调查了一组大学生毕业即从事有规律的工作正好满 8 年的白领，发现他们的体重比刚毕业时平均增加了 8 千克。研究者由此得出结论，有规律的工作会增加人们的体重。

关于上述结论的正确性，需要询问的关键问题是以下哪项？

A. 和该组调查对象其他情况相仿且经常进行体育锻炼的人，在同样的 8 年中体重有怎样的变化？

B. 该组调查对象的体重在 8 年后是否会继续增加？

C. 为什么调查关注的时间段是毕业工作后 8 年，而不是 7 年或者 9 年？

D. 该组调查对象中男性和女性的体重增加是否有较大的差异？

E. 和该组调查对象其他情况相仿但没有从事有规律工作的人，在同样的 8 年中体重有怎样的变化？

18. 赵默是一位优秀的企业家。因为如果一个人既拥有在国内外知名学府和研究机构工作的经历，又有担任项目负责人的管理经验，那么他就能成为一名优秀的企业家。

以下哪项与上述论证最为相似？

A. 人力资源是企业的核心资源。因为如果不开展各类文化活动，就不能提升员工岗位

技能，也不能增强团队的凝聚力和战斗力。

B. 袁清是一位好作家。因为好作家都具有较强的观察能力、想象能力及表达能力。

C. 青年是企业发展的未来。因此，企业只有激发青年的青春力量，才能促其早日成才。

D. 李然是信息技术领域的杰出人才。因为如果一个人不具有其前瞻性目光、国际化视野和创新思维，就不能成为技术信息领域的杰出人才。

E. 风云企业具有凝聚力。因为如果一个企业能够能引导和帮助员工树立目标、提升能力，就能使企业具有凝聚力。

19. 爱书成痴注定会藏书。大多数藏书家也会读一些自己收藏的书；但是有些藏书家却因喜爱书的价值和精致装帧而购书收藏，至于阅读则放到了自己以后闲暇的时间，而一旦他们这样想，这些新购的书就很可能不被阅读了。但是，这些受到“冷遇”的书只要被友人借去一本，藏书家就会失魂落魄，整日心神不安。

根据上述信息，可以得出以下哪项？

A. 有些藏书家将自己的藏书当作友人。

B. 有些藏书家喜欢闲暇时读自己的藏书。

C. 有些藏书家会读遍自己的藏书。

D. 有些藏书家不会立即阅读自己新购的书。

E. 有些藏书家从不读自己收藏的书。

20. 人们通常认为，幸福能够增进健康、有利于长寿，而不幸福则是健康状况不佳的直接原因。但最近有研究人员对 3 000 多人的生活状况调查后发现，幸福或不幸福并不意味着死亡的风险会相应地变得更低或更高。他们由此指出，疾病可能会导致不幸福，但不幸福本身并不会对健康状况造成损害。

以下哪项如果为真，最能质疑上述研究人员的论证？

A. 幸福是个体的一种心理体验，要求被调查对象准确断定其幸福程度有一定的难度。

B. 有些高寿老人的人生经历较为坎坷，他们有时过得并不幸福。

C. 有些患有重大疾病的人乐观向上，积极与疾病抗争，他们的幸福感比较高。

D. 人的死亡风险低并不意味着健康状况好，死亡风险高也并不意味着健康状况差。

E. 少数个体死亡风险的高低难以进行准确评估。

21. 甲：只有加强知识产权保护，才能推动科技创新。

乙：我不同意。过分强化知识产权保护，肯定不能推动科技创新。

以下哪项与上述反驳方式最为类似？

A. 妻子：孩子只有刻苦学习才能取得好成绩。

丈夫：也不尽然。学习光知道刻苦而不能思考，也不一定会取得好成绩。

B. 母亲：只有从小事做起，将来才有可能做成大事。

孩子：老妈你错了。如果我们每天只是做小事，将来肯定做不成大事。

C. 老板：只有给公司带来回报，公司才能给他带来回报。

员工：不对呀。我上个月帮公司谈成了一大笔业务，可是只得到了 1% 的奖励。

D. 老师：只有读书才能改变命运。

学生：我觉得不是这样。不读书，命运会有更大的改变。

E. 顾客：这件商品只有价格再便宜一些，才会有人来买。

商人：不可能。这件商品如果价格再便宜一些，我就要去喝西北风了。

22. 某著名风景区有"妙笔生花""猴子观海""仙人晒靴""美人梳妆""阳关三叠""禅心向天"等6个景点。为方便游人，景区提示如下：
(1) 只有先游"猴子观海"，才能游"妙笔生花"；
(2) 只有先游"阳关三叠"，才能游"仙人晒靴"；
(3) 如果游"美人梳妆"，就要先游"妙笔生花"；
(4) "禅心向天"应第4个游览，之后才可以游览"仙人晒靴"。
张先生按照上述提示，顺利游览了上述6个景点。
根据上述信息，关于张先生的游览顺序，以下哪项不可能为真？
A. 第一个游览"猴子观海"
B. 第二个游览"阳关三叠"
C. 第三个游览"美人梳妆"
D. 第五个游览"妙笔生花"
E. 第六个游览"仙人晒靴"

23. "自我陶醉人格"是以过分重视自己为主要特点的人格障碍。它有多种具体特征：过高估计自己的重要性，夸大自己的成就；对批评反应强烈，希望他人注意自己和羡慕自己；经常沉湎于幻想中，把自己看成是特殊的人；人际关系不稳定；嫉妒他人，损人利己。
以下各项自我陈述中，除了哪项均能体现上述"自我陶醉人格"的特征？
A. 我是这个团队的灵魂，一旦我离开了这个团队，他们将一事无成。
B. 他有什么资格批评我？大家看看，他的能力连我一半都不到。
C. 我的家庭条件不好，但不愿意被别人看不起，所以我借钱买了一部智能手机。
D. 这么重要的活动竟然没有邀请我参加，组织者的人品肯定有问题，不值得跟这样的人交往。
E. 我刚接手别人很多年没有做成的事情，我跟他们完全不在一个层次，相信很快就会将事情搞定。

24. 通常情况下，长期在寒冷环境中生活的居民可以有更强的抗寒能力。相比于我国的南方地区，我国北方地区冬天的平均气温要低很多。然而有趣的是，现在许多北方地区的居民并不具有我们所以为的抗寒能力，相当多的北方人到南方来过冬，竟然难以忍受南方的寒冷天气，怕冷程度甚至远超过当地人。
以下哪项如果为真，最能解释上述现象？
A. 一些北方人认为南方温暖，他们去南方过冬时往往对保暖工作做得不够充分。
B. 南方地区冬天虽然平均气温比北方高，但也存在极端低温的天气。
C. 北方地区在冬天通常启用供暖设备，其室内温度往往比南方高出很多。
D. 有些北方人是从南方迁过去的，他们没有完全适应北方的气候。
E. 南方地区湿度较大，冬天感受到的寒冷程度超出气象意义上的温度指标。

25. 译制片配音，作为一种特有的艺术形式，曾在我国广受欢迎。然而时过境迁，现在许多人已不喜欢看配过音的外国影视剧。他们还是觉得听原汁原味的声音才感觉到位。有专家由此断言，配音已失去观众，必将退出历史舞台。
以下哪项最能质疑上述专家的观点？
A. 许多上了年纪的国人仍习惯看配过音的外国影视剧，而在国内放映的外国大片有的仍然是配过音的。

B. 配音是一种艺术再创作，倾注了配音艺术家的心血，但有的人对此并不领情，反而觉得配音妨碍了他们对原剧的欣赏。

C. 许多中国人通晓外文，观赏外国原版影视剧并不存在语言的困难，即使不懂外文，边看中文字幕边听原声也不影响理解剧情。

D. 随着对外交流的加强，现在外国影视剧大量涌入国内，有的国人已经等不及慢条斯理、精工细作的配音了。

E. 现在有外国影视剧配音难以模仿剧中演员的出色嗓音，有时也与剧情不符，对此观众并不接受。

26～27 题基于以下共同题干：

六一节快到了，幼儿园老师为班上的小明、小雷、小刚、小芳、小花等 5 位小朋友准备了红、橙、黄、绿、青、蓝、紫 7 份礼物。已知所有礼物都送了出去，每份礼物只能由一人获得，每人获最多获得两份礼物。另外，礼物派送还需要满足如下要求：

（1）如果小明收到橙色礼物，则小芳会收到蓝色礼物；

（2）如果小雷没有收到红色礼物，则小芳不会收到蓝色礼物；

（3）如果小刚没有收到黄色礼物，则小花不会收到紫色礼物；

（4）没有人既能收到黄色礼物，又能收到绿色礼物；

（5）小明只收到橙色礼物，而小花只收到紫色礼物。

26. 根据上述信息，以下哪项可能为真？

A. 小明和小芳都收到两份礼物。

B. 小雷和小刚都收到两份礼物。

C. 小刚和小花都收到两份礼物。

D. 小芳和小花都收到两份礼物。

E. 小明和小雷都收到两份礼物。

27. 根据上述信息，如果小刚收到两份礼物，则可以得出以下哪项？

A. 小雷收到红色和绿色两份礼物。

B. 小刚收到黄色和蓝色两份礼物。

C. 小芳收到绿色和蓝色两份礼物。

D. 小刚收到黄色和青色两份礼物。

E. 小芳收到青色和蓝色两份礼物。

28. 某民乐小组拟购买几种乐器，购买要求如下：

（1）二胡、箫至多购买一种；

（2）笛子、二胡和古筝至少购买一种；

（3）箫、古筝、唢呐至少购买两种；

（4）如果购买箫，则不购买笛子。

根据以上要求，可以得出以下哪项？

A. 至多购买了 3 种乐器。

B. 箫、笛子至少购买了一种。

C. 至少要购买 3 种乐器。

D. 古筝、二胡至少购买一种。

E. 一定要购买唢呐。

29～30 题基于以下共同题干：

某影城将在“十一”黄金周 7 天（周一至周日）放映 14 部电影，其中有 5 部科幻片、3 部警匪片、3 部武侠片、2 部战争片、1 部爱情片。限于条件，影城每天放映两部电影，已知：

（1）除两部科幻片安排在周四外，其余 6 天每天放映的两部电影都属于不同的类型；

（2）爱情片安排在周日；

（3）科幻片和武侠片没有安排在同一天；

（4）警匪片和战争片没有安排在同一天。

29. 根据以上信息，以下哪项中的两部电影不可能安排在同一天放映？

A. 警匪片和爱情片
B. 科幻片和警匪片
C. 武侠片和战争片
D. 武侠片和警匪片
E. 科幻片和战争片

30. 根据以上信息，如果同类影片放映日期连续，则周六可以放映的电影是哪两部？

A. 科幻片和警匪片
B. 武侠片和警匪片
C. 科幻片和战争片
D. 科幻片和武侠片
E. 警匪片和战争片

2018 年管理类联考综合能力逻辑真题

1. 人民既是历史的创造者，也是历史的见证者；既是历史的“剧中人”，又是历史的“剧作者”。离开人民，文艺就会变成无根的浮萍、无病的呻吟、无魂的躯壳。观照人民的生活、命运、情感，表达人民的心愿、心情、心声，我们的作品才会在人民中传之久远。

根据以上陈述，可以得出以下哪项？

A. 只有不离开人民，文艺才不会变成无根的浮萍、无病的呻吟、无魂的躯壳。

B. 历史的创造者都不是历史的“剧中人”。

C. 历史的创造者都是历史的见证者。

D. 历史的“剧中人”都是历史的“剧作者”。

E. 我们的作品只要表达人民的心愿、心情、心真，就会在人民中传之久远。

2. 盛夏时节的某一天，某市早报刊载了由该市专业气象台提供的全国部分城市当天的天气预报，择其内容列表如下：

天津	阴	上海	雷阵雨	昆明	小雨
呼和浩特	阵雨	哈尔滨	少云	乌鲁木齐	晴
西安	中雨	南昌	大雨	香港	多云
南京	雷阵雨	拉萨	阵雨	福州	阴

根据上述信息，以下哪项作出的论断最为准确？

A. 由于所列城市盛夏天气变化频繁，所以上面所列的 9 类天气一定就是所有的天气类型。

B. 由于所列城市并非我国的所有城市，所以上面所列的 9 类天气一定不是所有的天气类型。

C. 由于所列城市在同一天不一定展示所有的天气类型，所以上面所列的 9 类天气可能不是所有的天气类型。

D. 由于所列城市在同一天可能展示所有的天气类型，所以上面所列的 9 类天气一定是所有的天气类型。

E. 由于所列城市分处我国的东南西北中，所以上面所列的 9 类天气一定就是所有的天气类型。

3. 现在许多人很少在深夜 11 点以前安然入睡，他们未必都在熬夜用功，大多是在玩手机或看电视，其结果就是晚睡，第二天就会头昏脑涨、哈欠连天。不少人常常对此感到后悔，但一到晚上他们多半还会这么做。有专家就此指出，人们似乎从晚睡中得到了快乐，但这种快乐其实隐藏着某种烦恼。

以下哪项如果为真，最能支持上述专家的结论？

A. 晨昏交替，生活周而复始，安然入睡是对当天生活的满足和对明天生活的期待，而晚睡者只想活在当下，活出精彩。

B. 晚睡者具有积极的人生态度。他们认为，当天的事须当天完成，哪怕晚睡也在所不惜。

C. 大多数习惯晚睡的人白天无精打采，但一到深夜就感觉自己精力充沛，不做点有意义的事情就觉得十分可惜。

D. 晚睡其实是一种表面难以察觉的、对“正常生活”的抵抗，它提醒人们现在的“正常生活”存在着某种令人不满的问题。

E. 晚睡者内心并不愿意睡得晚，也不觉得手机或电视有趣，甚至都不记得玩过或看过什么，但他们总是要在睡觉前花较长时间磨蹭。

4. 分心驾驶是指驾驶人为满足自己的身体舒适、心情愉悦等需求而没有将注意力全都集中于驾驶过程的驾驶行为，常见的分心行为有抽烟、饮水、进食、聊天、刮胡子、使用手机、照顾小孩等。某专家指出，分心驾驶已成为我国道路交通事故的罪魁祸首。

以下哪项如果为真，最能支持上述专家的观点？

A. 一项统计研究表明，相对于酒驾、药驾、超速驾驶、疲劳驾驶等情形，我国由分心驾驶导致的交通事故占比最高。

B. 驾驶人正常驾驶时反应时间为 0.3～1.0 秒，使用手机时反应时间则延迟 3 倍左右。

C. 开车使用手机会导致驾驶人注意力下降 20%；如果驾驶人边开车边发短信，则发生车祸的概率是其正常驾驶时的 23 倍。

D. 近来使用手机已成为我国驾驶人分心驾驶的主要表现形式，50%人开车过程中看微信，31%的人玩自拍，36%的人刷微博、微信朋友圈。

E. 一项研究显示，在美国超过 1/4 的车祸是由驾驶人使用手机引起的。

5～6 题基于以下共同题干：

某工厂有一员工宿舍住了甲、乙、丙、丁、戊、己、庚 7 人，每人每周需轮流值日一天，且每天仅安排一人值日。他们值日的安排还需满足以下条件：

（1）乙周二或周六值日；

（2）如果甲周一值日，那么丙周三值日且戊周五值日；

（3）如果甲周一不值日，那么己周四值日且庚周五值日；

（4）如果乙周二值日，那么己周六值日。

5. 根据以上条件，如果丙周日值日，则可以得出以下哪项？

A. 甲周日值日。　　B. 乙周六值日。

C. 丁周二值日。　　D. 戊周二值日。

E. 己周五值日。

6. 如果庚周四值日，那么以下哪项一定为假？

A. 甲周一值日。　　B. 乙周六值日。

C. 丙周三值日。　　D. 戊周日值日。

E. 己周二值日。

7. 唐代韩愈在《师说》中指出:“孔子曰:三人行,则必有我师。是故弟子不必不如师,师不必贤于弟子,闻道有先后,术业有专攻,如是而已。”

根据上述韩愈的观点,可以得出以下哪项?

A. 有的弟子必然不如师。
B. 有的弟子可能不如师。
C. 有的师不可能贤于弟子。
D. 有的弟子可能不贤于师。
E. 有的师可能不贤于弟子。

8. “二十四节气”是我国在农耕社会生产生活的时间活动指南,反映了从春到冬一年四季的气温、降水、物候的周期性变化规律。已知各节气的名称具有如下特点:

(1) 凡含“春”“夏”“秋”“冬”字的节气各属春、夏、秋、冬季;

(2) 凡含“雨”“露”“雪”字的节气各属春、秋、冬季;

(3) 如果“清明”不在春季,则“霜降”不在秋季;

(4) 如果“雨水”在春季,则“霜降”在秋季。

根据以上信息,如果从春至冬每季仅列两个节气,则以下哪项是不可能的?

A. 雨水、惊蛰、夏至、小暑、白露、霜降、大雪、冬至
B. 惊蛰、春分、立夏、小满、白露、寒露、立冬、小雪
C. 清明、谷雨、芒种、夏至、立秋、寒露、小雪、大寒
D. 立春、清明、立夏、夏至、立秋、寒露、小雪、大寒
E. 立春、谷雨、清明、夏至、处暑、白露、立冬、小雪

9. 刀不磨要生锈,人不学要落后。所以,如果不想落后,就应该多磨刀。

以下哪项与上述论证方式最为相似?

A. 妆未梳成不见客,不到火候不揭锅。所以,如果揭了锅,就应该是到了火候。
B. 兵在精而不在多,将在谋而不在勇。所以,如果想获胜,就应该兵精将勇。
C. 马无夜草不肥,人无横财不富。所以,如果你想富,就应该让马多吃夜草。
D. 金无足赤,人无完人。所以,如果你想做完人,就应该有真金。
E. 有志不在年高,无志空活百岁。所以,如果你不想空活百岁,就应该立志。

10. 某市已开通运营一、二、三、四号地铁线路,各条地铁线每一站运行加停靠所需时间均彼此相同。小张、小王、小李三人是同一单位的职工,单位附近有北口地铁站。某天早晨,3 人同时都在常青站乘一号线上班,但 3 人关于乘车路线的想法不尽相同。已知:

(1) 如果一号线拥挤,小张就坐 2 站后转三号线,再坐 3 站到北口站;如果一号线不拥挤,小张就坐 3 站后转二号线,再坐 4 站到北口站;

(2) 只有一号线拥挤,小王才坐 2 站后转三号线,再坐 3 站到北口站;

(3) 如果一号线不拥挤,小李就坐 4 站后转四号线,坐 3 站之后再转三号线,坐 1 站到达北口站;

(4) 该天早晨地铁一号线不拥挤。

假定三人换乘及步行总时间相同,则以下哪项最可能与上述信息不一致?

A. 小王和小李同时到达单位。
B. 小张和小王同时到达单位。
C. 小王比小李先到达单位。
D. 小李比小张先到达单位。
E. 小张比小王先到达单位。

11. 最近一项研究发现，某国 30 岁至 45 岁人群中，去医院治疗冠心病、骨质疏松等病症的人越来越多，而原来患有这些病症的大多是老年人。调研者由此认为，该国年轻人中“老年病”发病率有不断增加的趋势。

以下哪项如果为真，最能质疑上述调研结论？

A. 由于国家医疗保障水平的提高，相比以往，该国民众更有条件关注自己的身体健康。

B. “老年人”的最低年龄比以前提高了，“老年病”的患者范围也有所变化。

C. 近年来，由于大量移民涌入，该国 45 岁以下年轻人的数量急剧增加。

D. 尽管冠心病、骨质疏松等病症是常见的“老年病”，老年人患的病未必都是“老年病”。

E. 近几十年来，该国人口老龄化严重，但健康老龄人口的比重在不断增大。

12. 张教授：利益并非只是物质利益，应该把信用、声誉、情感甚至某种喜好等都归入利益的范畴。根据这种“利益”的广义理解，如果每一个体在不损害他人利益的前提下，尽可能满足其自身的利益需求，那么由这些个体组成的社会就是一个良善的社会。

根据张教授的观点，可以得出以下哪项？

A. 如果一个社会不是良善的，那么其中肯定存在个体损害他人利益或自身利益需求没有尽可能得到满足的情况。

B. 尽可能满足每一个体的利益需求，就会损害社会的整体利益。

C. 只有尽可能满足每一个体的利益需求，社会才可能是良善的。

D. 如果有些个体通过损害他人利益来满足自身的利益需求，那么社会就不是良善的。

E. 如果某些个体的利益需求没有尽可能得到满足，那么社会就不是良善的。

13. 某学期学校新开设 4 门课程：“《诗经》鉴赏”“老子研究”“唐诗鉴赏”“宋词选读”。李晓明、陈文静、赵珊珊和庄志达 4 人各选修了其中一门课程。已知：

(1) 他们 4 人选修的课程各不相同；

(2) 喜爱诗词的赵珊珊选修的是诗词类课程；

(3) 李晓明选修的不是“《诗经》鉴赏”就是“唐诗鉴赏”。

以下哪项如果为真，就能确定赵珊珊选修的是“宋词选读”？

A. 庄志达选修的不是“宋词选读”。

B. 庄志达选修的是“老子研究”。

C. 庄志达选修的不是“老子研究”。

D. 庄志达选修的是“《诗经》鉴赏”。

E. 庄志达选修的不是“《诗经》鉴赏”。

14. 我国中原地区如果降水量比往年偏低，该地区的河流水位会下降，流速会减缓。这有利于河流中的水草生长，河流中的水草总量通常也会随之而增加。不过，去年该地区在经历了一次极端干旱之后，尽管该地区某河流的流速十分缓慢，但其中的水草总量并未随之而增加，只是处于一个很低的水平。

以下哪项如果为真，最能解释上述看似矛盾的现象？

A. 经过极端干旱之后，该河流中以水草为食物的水生动物数量大量减少。

B. 河水流速越慢，其水温变化就越小，这有利于水草的生长和繁殖。

C. 如果河中水草数量达到一定的程度，就会对周边其他物种的生存产生危害。

D. 该河流在经历了去年极端干旱之后干涸了一段时间，导致大量水生物死亡。

E. 我国中原地区多平原，海拔差异小，其地表水流速比较缓慢。

15～16 题基于以下共同题干：

某海军部队有甲、乙、丙、丁、戊、己、庚 7 艘舰艇，拟组成两个编队出航，第一编队编列 3 艘舰艇，第二编队编列 4 艘舰艇，编列需满足以下条件：

(1) 航母己必须编列在第二编队；

(2) 戊和丙至多有一艘编列在第一编队；

(3) 甲和丙不在同一编队；

(4) 如果乙编列在第一编队，则丁也必须编列在第一编队。

15. 如果甲在第二编队，则下列哪项中的舰艇一定也在第二编队？

A. 乙　　B. 丙　　C. 丁　　D. 戊　　E. 庚

16. 如果丁和庚在同一编队，则可以得出以下哪项？

A. 甲在第一编队　　B. 乙在第一编队　　C. 丙在第一编队

D. 戊在第二编队　　E. 庚在第二编队

17. 甲：读书最重要的目的是增长知识、开拓视野。

乙：你只见其一，不见其二。读书最重要的是陶冶性情、提升境界。没有陶冶性情、提升境界，就不能达到读书的真正目的。

以下哪项与上述反驳方式最为相似？

A. 甲：文学创作最重要的是阅读优秀文学作品。

乙：你只见现象，不见本质。文学创作最重要的是观察生活、体验生活。任何优秀的文学作品都来源于火热的社会生活。

B. 甲：做人最重要的是要讲信用。

乙：你说的不全面。做人最重要的是要遵纪守法。如果不遵纪守法，就没法讲信用。

C. 甲：作为一部优秀的电视剧，最重要的是能得到广大观众的喜爱。

乙：你只见其表，不见其里。作为一部优秀的电视剧最重要的是具有深刻寓意与艺术魅力。没有深刻寓意与艺术魅力，就不能成为优秀的电视剧。

D. 甲：科学研究最重要的是研究内容的创新。

乙：你只见内容，不见方法。科学研究最重要的是研究方法的创新。只有实现研究方法的创新，才能真正实现研究内容的创新。

E. 甲：一年中是重要的季节是收获的秋天。

乙：你只看结果，不看原因。一年中最重要的季节是播种的春天。没有春天的播种，哪来秋天的收获？

18. 若要人不知，除非己莫为；若要人不闻，除非己莫言。为之而欲人不知，言之而欲人不闻，此犹捕雀而掩目，盗钟而掩耳者。

根据以上陈述，可以得出以下哪项？

A. 若己不为，则人不知。

B. 若己不言，则人不闻。

C. 若己为，则人会知；若己言，则人会闻。

D. 若能做到捕雀而掩目，则可为之而人不知。

E. 若能做到盗钟而掩耳，则可言之而人不闻。

19. 中国是全球最大的卷烟生产国和消费国，但近年来政府通过出台禁烟令、提高卷烟消费税等一系列公共政策努力改变这一形象。一项权威调查数据显示，在2014年同比上升了2.4%之后，中国卷烟消费量在2015年同比下降了2.4%，这是1995年来首次下降。尽管如此，2015年中国卷烟消费量仍占全球的45%，但这一下降对全球卷烟点消费量产生巨大影响，使其同比下降了2.1%。

根据以上信息，可以得出以下哪项？

A. 2015年中国卷烟消费量恰好等于2013年。

B. 2015年中国卷烟消费量大于2013年。

C. 2015年世界其他国家卷烟消费量同比下降比率高于中国。

D. 2015年世界其他国家卷烟消费量同比下降比率低于中国。

E. 2015年发达国家卷烟消费量同比下降比率高于发展中国家。

20. 某校图书馆新购一批文科图书。为方便读者查阅，管理人员对这批图书在文科新书阅览室中的摆放位置作出如下提示：

(1) 前3排书橱均放有哲学类新书；

(2) 法学类新书都放在第5排书橱，这排书橱的左侧也放有经济类新书；

(3) 管理类新书放在最后一排书橱。

事实上，所有的图书都按照上述提示放置。根据提示，徐莉顺利找到了她想查阅的新书。

根据上述信息，以下哪项是不可能的？

A. 徐莉在第2排书橱中找到哲学类新书。

B. 徐莉在第3排书橱中找到经济类新书。

C. 徐莉在第4排书橱中找到哲学类新书。

D. 徐莉在第6排书橱中找到法学类新书。

E. 徐莉在第7排书橱中找到管理类新书。

21. 某次学术会议的主办方发出会议通知：只有论文通过审核才能收到会议主办方发出的邀请函，本次会议只欢迎持有主办方邀请函的科研院所的学者参加。

根据以上通知，可以得出以下哪项？

A. 本次学术会议不欢迎论文没有通过审核的学者参加。

B. 论文通过审核的学者都可以参加本次学术会议。

C. 论文通过审核并持有主办方邀请函的学者，本次学术会议都欢迎其参加。

D. 有些论文通过审核但未持有主办方邀请函的学者，本次学术会议欢迎其参加。

E. 论文通过审核的学者有些不能参加本次学术会议。

22～23题基于以下共同题干：

一江南园林拟建松、竹、梅、兰、菊5个园子。该园林拟设东、南、北3个门，分别位于其中的3个园子。这5个园子的布局满足如下条件：

(1) 如果东门位于松园或菊园，那么南门不位于竹园；

(2) 如果南门不位于竹园，那么北门不位于兰园；

(3) 如果菊园在园林的中心，那么它与兰园不相邻；

(4) 兰园与菊园相邻,中间连着一座美好美丽的廊桥。

22. 根据以上信息,可以得出以下哪项?

A. 兰园不在园林的中心。　B. 菊园不在园林的中心。　C. 兰园在园林的中心。

D. 菊园在园林的中心。　E. 梅园不在园林的中心。

23. 如果北门位于兰园,则可以得出以下哪项?

A. 南门位于菊园。　B. 东门位于竹园。　C. 东门位于梅园。

D. 东门位于松园。　E. 南门位于梅园。

24. 有研究发现,冬季在公路上撒盐除冰,会让本来要成为雌性的青蛙变成雄性,这是因为这些路盐中的钠元素会影响青蛙受体细胞并改变原可能成为雌性青蛙的性别。有专家据此认为,这会导致相关区域青蛙数量的下降。

以下哪项如果为真,最能支持上述专家的观点?

A. 大量的路盐流入池塘可能会给其他水生物造成危害,破坏青蛙的食物链。

B. 如果一个物种以雌性为主,该物种的个体数量就可能受到影响。

C. 在多个盐含量不同的水池中饲养青蛙,随着水池中盐含量的增加,雌性青蛙的数量不断减少。

D. 如果每年冬季在公路上撒很多盐,盐水流入池塘,就会影响青蛙的生长发育过程。

E. 雌雄比例会影响一个动物种群的规模,雌性数量的充足对物种的繁衍生息至关重要。

25. 最终审定的项目或者意义重大或者关注度高,凡意义重大的项目均涉及民生问题。但是有些最终审定的项目并不涉及民生问题。

根据以上陈述,可以得出以下哪项?

A. 意义重大的项目可以引起关注。

B. 有些项目意义重大但是关注度不高。

C. 涉及民生问题的项目有些没有引起关注。

D. 有些项目尽管关注度高但并非意义重大。

E. 有些不涉及民生问题的项目意义也非常重大。

26. 甲:知难行易,知然后行。

乙:不对。知易行难,行然后知。

以下哪项与上述对话方式最为相似?

A. 甲:知人者智,自知者明。

乙:不对。知人者易,知己者难。

B. 甲:不破不立,先破后立。

乙:不对。不立不破,先立后破。

C. 甲:想想容易做起来难,做比想要更重要。

乙:不对。想到就能做到,想比做更重要。

D. 甲:批评他人易,批评自己难;先批评他人后批评自己。

乙:不对。批评自己易,批评他人难;先批评自己后批评他人。

E. 甲:做人难做事易,先做人再做事。

乙:不对。做人易做事难,先做事再做人。

27. 所有值得拥有专利的产品或设计方案都是创新，但并不是每一项创新都值得拥有专利；所有的模仿都不是创新，但并非每一个模仿者都应该受到惩罚。

根据以上陈述，以下哪项是不可能的？

A. 有些值得拥有专利的创新产品并没有申请专利。

B. 有些创新者可能受到惩罚。

C. 有些值得拥有专利的产品是模仿。

D. 没有模仿值得拥有专利。

E. 所有的模仿者都受到了惩罚。

28. 某国拟在甲、乙、丙、丁、戊己 6 种农作物中进口几种，用于该国庞大的动物饲料产业。考虑到一些农作物可能会有违禁成分，以及它们之间存在的互补或可替代等因素，该国对进口这些农作物有如下要求：

(1) 它们当中不含违禁成分的都进口；

(2) 如果甲或乙有违禁成分，就进口戊和己；

(3) 如果丙含有违禁成分，那么丁就不进口了；

(4) 如果进口戊，就进口乙和丁；

(5) 如果不进口丁，就进口丙；如果进口丙，就不进口丁。

根据上述要求，以下哪项所列的农作物是该国可以进口的？

A. 甲、乙、丙　　B. 乙、丙、丁　　C. 甲、戊、己

D. 甲、丁、己　　E. 丙、戊、己

29～30 题基于以下共同题干：

某校四位女生施琳、张芳、王玉、杨虹与四位男生范勇、吕伟、赵虎、李龙进行中国象棋比赛。他们被安排在四张桌上，每桌一男一女对弈，四张桌从左到右分别记为 1、2、3、4 号，每对选手需要进行四局比赛。比赛规定：选手每胜一局得 2 分，和一局得 1 分，负一局得 0 分。前三局结束时，按分差大小排列，四对选手的总积分分别是 6∶0、5∶1、4∶2、3∶3。已知：

(1) 张芳跟吕伟对弈，杨虹在 4 号桌比赛，王玉的比赛桌在李龙比赛桌的右边；

(2) 1 号桌的比赛至少有一局是和局，4 号桌双方的总积分不是 4∶2；

(3) 赵虎前三局总积分并不领先他的对手，他们也没有下成过和局；

(4) 李龙已连输三局，范勇在前三局总积分上领先他的对手。

29. 根据上述信息，前三局比赛结束时谁的总积分最高？

A. 杨虹　　B. 施琳　　C. 范勇

D. 王玉　　E. 张芳

30. 如果下列有位选手前三局均与对手下成和局，那么他(她)是谁？

A. 施琳　　B. 杨虹　　C. 张芳

D. 范勇　　E. 王玉

2019 年管理类联考综合能力逻辑真题

1. 新常态下，消费需求发生深刻变化，消费拉开档次，个性化、多样化消费渐成主流。在相当一部分消费者那里，对产品质量的追求压倒了对价格的考虑。供给侧结构性改革，说到底是满足需求。低质量的产能必然会过剩，而顺应市场需求不断更新换代的产能不会过剩。

   根据以上陈述，可以得出以下哪项？

   A. 只有质优价高的产品才能满足需求。

   B. 顺应市场需求不断更新换代的产能不是低质量的产能。

   C. 低质量的产能不能满足个性化需求。

   D. 只有不断更新换代的产品才能满足个性化、多样化消费的需求。

   E. 新常态下，必须进行供给侧结构性改革。

2. 据碳-14 检测，卡皮瓦拉山岩画的创作时间最早可追溯到 3 万年前。在文字尚未出现的时代，岩画是人类沟通交流、传递信息、记录日常生活的方式。于是今天的我们可以在这些岩画中看到：一位母亲将孩子举起嬉戏，一家人在仰望并试图碰触头上的星空……动物是岩画的另一个主角，比如巨型犰狳、马鹿、螃蟹等。在许多画面中，人们手持长矛，追逐着前方的猎物。由此可以推断，此时的人类已经居于食物链的顶端。

   以下哪项如果为真，最能支持上述推断？

   A. 岩画中出现的动物一般是当时人类捕猎的对象。

   B. 3 万年前，人类需要避免自己被虎豹等大型食肉动物猎杀。

   C. 能够使用工具使得人类可以猎杀其他动物，而不是相反。

   D. 有了岩画，人类可以将生活经验保留下来供后代学习，这极大地提高了人类的生存能力。

   E. 对星空的敬畏是人类脱离动物、产生宗教的动因之一。

3. 李诗、王悦、杜舒、刘默是唐诗宋词的爱好者，在唐朝诗人李白、杜甫、王维、刘禹锡中 4 人各喜爱其中一位，且每人喜爱的唐诗作者不与自己同姓。关于他们 4 人，已知：

   (1) 如果爱好王维的诗，那么也爱好辛弃疾的词；

   (2) 如果爱好刘禹锡的诗，那么也爱好岳飞的词；

   (3) 如果爱好杜甫的诗，那么也爱好苏轼的词。

   如果李诗不爱好苏轼和辛弃疾的词，则可以得出以下哪项？

   A. 杜舒爱好辛弃疾的词。

   B. 王悦爱好苏轼的词。

   C. 刘默爱好苏轼的词。

   D. 李诗爱好岳飞的词。

   E. 杜舒爱好岳飞的词。

4. 人们一直在争论猫与狗谁更聪明。最近，有些科学家不仅研究其动物脑容量的大小，还研究其大脑皮层神经细胞的数量，发现猫平常似乎总摆出一副智力占优的神态，但猫的大脑皮层神经细胞的数量只有普通金毛犬的一半。由此，他们得出结论：狗比猫更聪明。

以下哪项最可能是上述科学家得出结论的假设？

A. 狗善于与人类合作，可以充当导盲犬、陪护犬、搜救犬、警犬等，就对人类的贡献而言，狗能做的似乎比猫多。

B. 狗可能继承了狼结群捕猎的特点，为了互相配合，它们需要做出一些复杂行为。

C. 动物大脑皮层神经细胞的数量与动物的聪明程度呈正相关。

D. 猫的神经细胞数量比狗少，是因为猫不像狗那样“爱交际”。

E. 棕熊的脑容量是金毛犬的 3 倍，但其脑神经细胞的数量却少于金毛犬，与猫很接近，而棕熊的脑容量却是猫的 10 倍。

5～6 题基于以下共同题干：

某单位拟派遣 3 名德才兼备的干部到西部山区进行精准扶贫。报名者踊跃，经过考察，最终确定了陈甲、傅乙、赵丙、邓丁、刘戊、张己 6 名候选人。根据工作需要，派遣还需要满足以下条件：

（1）若派遣陈甲，则派遣邓丁但不派遣张己；

（2）若傅乙、赵丙至少派遣 1 人，则不派遣刘戊。

5. 以下哪项的派遣人选和上述条件不矛盾？

A. 赵丙、邓丁、刘戊

B. 陈甲、傅乙、赵丙

C. 傅乙、邓丁、刘戊

D. 邓丁、刘戊、张己

E. 陈甲、赵丙、刘戊

6. 如果陈甲、刘戊至少派遣 1 人，则可以得出以下哪项？

A. 派遣刘戊

B. 派遣赵丙

C. 派遣陈甲

D. 派遣傅乙

E. 派遣邓丁

7. 近年来，手机、电脑的使用导致工作与生活界限日益模糊，人们的平均睡眠时间一直在减少，熬夜已成为现代人生活的常态。科学研究表明，熬夜有损身体健康，睡眠不足不仅仅是多打几个哈欠那么简单。有科学家据此建议，人们应该遵守作息规律。

以下哪项如果为真，最能支持上述科学家所作的建议？

A. 长期睡眠不足会导致高血压、糖尿病、肥胖症、抑郁症等多种疾病，严重时还会造成意外伤害或死亡。

B. 缺乏睡眠会降低体内脂肪调节瘦素激素的水平，同时增加饥饿激素，容易导致暴饮暴食、体重增加。

C. 熬夜会让人的反应变慢、认知退步、思维能力下降，还会引发情绪失控，影响与他人的交流。

D. 所有的生命形式都需要休息与睡眠。在人类进化过程中，睡眠这个让人短暂失去自我意识、变得极其脆弱的过程并未被大自然淘汰。

E. 睡眠是身体的自然美容师，与那些睡眠充足的人相比，睡眠不足的人看上去面容憔悴，缺乏魅力。

8. 有一论证(相关语句用序号表示)如下：

①今天,我们仍然要提倡勤俭节约;②节约可以增加社会保障资源;③我国尚有不少地区的人民生活贫困,亟需更多社会保障资源,但也有一些人浪费严重;④节约可以减少资源消耗;⑤因为被浪费的任何粮食或者物品都是消耗一定的资源得来的。

如果用“甲→乙”表示甲支持(或证明)乙,则以下哪项对上述论证基本结构的表示最为准确?

A. 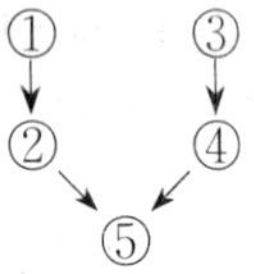

B. 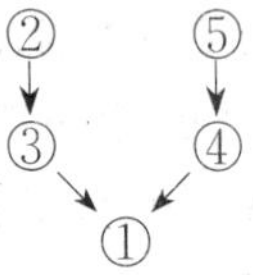

C. 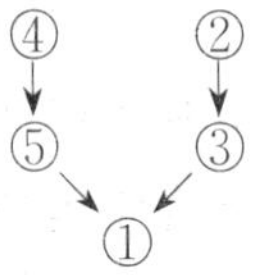

D. 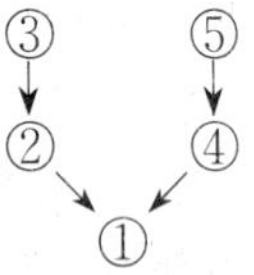

E. 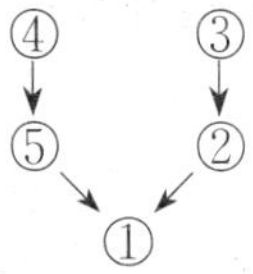

9. 研究人员使用电脑图像技术研究了母亲给婴儿唱童谣时两人的大脑活动,发现当母亲与婴儿对视时,双方的脑电波趋于同步,此时婴儿也会发出更多的声音尝试与母亲沟通。他们据此以为,母亲与婴儿对视有助于婴儿的学习和交流。

以下哪项如果为真,最能支持上述研究人员的观点?

A. 在两个成年人交流时,如果他们的脑电波同步,交流就会更流畅。

B. 当父母与孩子互动时,双方的情绪与心率可能也会同步。

C. 当部分学生对某学科感兴趣时,他们的脑电波会渐趋同步,学习效果也随之提升。

D. 当母亲和婴儿对视时,他们都在发出信号,表明自己可以且愿意与对方交流。

E. 脑电波趋于同步可优化双方对话状态,使交流更加默契,增进彼此了解。

10. 本保险柜所有密码都是 4 个阿拉伯数字和 4 个英文字母的组合。已知：

(1) 若 4 个英文字母不连续排列,则密码组合中的数字之和大于 15;

(2) 若 4 个英文字母连续排列,则密码组合中的数字之和等于 15;

(3) 密码组合中的数字之和或者等于 18,或者小于 15。

根据上述信息,以下哪项是可能的密码组合?

A. 1adbe356　　B. 37ab26dc　　C. 2acgf716

D. 58bcde32　　E. 18ac42de

11. 有一 6×6 的方阵,它所含的每个小方格中可填入一个汉字,已有部分汉字填入。现要求该方阵中的每行每列均含有礼、乐、射、御、书、数 6 个汉字,不能重复也不能遗漏。根据上述要求,以下哪项是方阵底行 5 个空格中从左至右依次应填入的汉字?

	乐		御	书	
			乐		
射	御	书		礼	
	射			数	礼
御		数			射
					书

A. 数、礼、乐、射、御　　B. 乐、数、御、射、礼

C. 数、礼、乐、御、射　　D. 乐、礼、射、数、御

E. 数、御、乐、射、礼

12. 某市音乐节设立了流行、民谣、摇滚、民族、电音、说唱、爵士这 7 大类的奖项评选。在入围提名中，已知：

(1) 至少有 6 类入围；

(2) 流行、民谣、摇滚中至多有 2 类入围；

(3) 如果摇滚和民族类都入围，则电音和说唱中至少有一类没有入围。

根据上述信息，可以得出以下哪项？

A. 流行类没有入围　　B. 民谣类没有入围

C. 摇滚类没有入围　　D. 爵士类没有入围

E. 电音类没有入围

13. 某大学有位女教师默默资助一位偏远山区的贫困家庭长达 15 年。记者多方打听，发现做好事者是该大学传媒学院甲、乙、丙、丁、戊 5 位教师中的一位。在接受采访时，5 位老师都很谦虚，他们是这么对记者说的：

甲：这件事是乙做的。

乙：我没有做，是丙做了这件事。

丙：我并没有做这件事。

丁：我也没有做这件事，是甲做的。

戊：如果甲没有做，则丁也不会做。

记者后来得知，上述 5 位老师中只有一人说的话符合真实情况。

根据以上信息，可以得出做这件好事的人是？

A. 甲　　B. 乙　　C. 丙　　D. 丁　　E. 戊

14. 作为一名环保爱好者，赵博士提倡低碳生活，积极宣传节能减排。但我不赞同他的做法，因为作为一名大学老师，他这样做，占用了大量的科研时间，到现在连副教授都没评上，他的观点怎么能令人信服呢？

以下哪项论证中的错误和上述最为相似？

A. 张某提出要同工同酬，主张在质量相同的情况下，不分年龄、级别一律按件计酬。他这样说不就是因为他年轻、级别低吗？其实他是在为自己谋利益。

B. 公司的绩效奖励制度是为了充分调动广大员工的积极性，它对所有员工都是公平的。如果有人对此有不同意见，则说明他反对公平。

C. 最近听说你对单位的管理制度提了不少意见，这真令人难以置信！单位领导对你差吗？你这样做，分明是和单位领导过不去。

D. 单位任命李某担任信息科科长，听说你对此有意见。大家都没有提意见，只有你一个人有意见，看来你的意见是有问题的。

E. 有一种观点认为，只有直接看到的事物才能确信其存在。但是没有人可以看到质子、电子，而这些都被科学证明是客观存在的。所以，该观点是错误的。

15. 下面 6 张卡片，一面印的是汉字（动物或者花卉），一面印的是数字（奇数或者偶数）。

虎	6	菊	7	鹰	8

对于上述 6 张卡片，如果要验证“每张至少有一面印的是偶数或者花卉”，至少需要翻看几张卡片？

A. 2　　B. 3　　C. 4　　D. 5　　E. 6

16. 某地人才市场招聘保洁、物业、网管、销售等 4 种岗位的从业者，有甲、乙、丙、丁 4 位年轻人前来应聘。事后得知，每人只能选择 1 种岗位应聘，且每种岗位都有其中一人应聘。另外，还知道：

(1) 如果丁应聘网管，那么甲应聘物业；

(2) 如果乙不应聘保洁，那么甲应聘保洁且丙应聘销售；

(3) 如果乙应聘保洁，那么丙应聘销售，丁也应聘保洁。

根据以上陈述，可以得出以下哪项？

A. 甲应聘网管岗位。　　B. 丙应聘保洁岗位。　　C. 甲应聘物业岗位。

D. 乙应聘网管岗位。　　E. 丁应聘销售岗位。

17. 旅游是一种独特的文化体验。游客可以跟团游，也可以自由行。自由行游客虽避免了跟团游的集体束缚，但也放弃了人工导游的全程讲解，而近年来他们了解旅游景点的文化需求却有增无减。为适应这一市场需求，基于手机平台的多款智能导游 APP 被开发出来。它们可定位用户位置，自动提供景点讲解、游览问答等功能。有专家就此指出，未来智能导游必然会取代人工导游，传统的导游职业行将消亡。

以下哪项如果为真，最能质疑上述专家的论断？

A. 至少有 95%的国外景点所配备的导游讲解器没有中文语音，中国出境游客因为语言和文化上的差异，对智能导游 APP 的需求比较强烈。

B. 旅行中才会使用的智能导游 APP，如何保持用户黏性、未来又如何取得商业价值等都是待解问题。

C. 好的人工导游可以根据游客需求进行不同类型的讲解，不仅关注景点，还可表达观点，个性化很强，这是智能导游 APP 难以企及的。

D. 目前发展较好的智能导游 APP 用户量在百万级左右，这与当前中国旅游人数总量相比还只是一个很小的比例，市场还没有培养出用户的普遍消费习惯。

E. 国内景区配备的人工导游需要收费，大部分导游讲解的内容都是事先背好的标准化内容。但是，即便人工导游没有特色，其退出市场也需要一定的时间。

18. 甲：上周去医院，给我看病的医生竟然还在抽烟。

乙：所有抽烟的医生都不关心自己的健康，而不关心自己健康的人也不会关心他人的健康。

甲：是的，不关心他人健康的医生没有医德。我今后再也不会让没有医德的医生给我看病了。

根据上述信息，以下除了哪项，其余各项均可得出？

A. 甲认为他不会再找抽烟的医生看病。

B. 乙认为上周给甲看病的医生不会关心乙的健康。

C. 甲认为上周给他看病的医生不会关心医生自己的健康。

D. 甲认为上周给他看病的医生不关心甲的健康。

E. 乙认为上周给甲看病的医生没有医德。

19. 得道者多助，失道者寡助。寡助之至，亲戚畔之；多助之至，天下顺之。以天下之所顺，攻亲戚之所畔，故君子有所不战，战必胜矣。

以下哪项是上述论证所隐含的前提？

A. 得道者多，则天下太平。　　B. 君子是得道者。

C. 得道者必胜失道者。　　D. 失道者必定得不到帮助。

E. 失道者亲戚畔之。

20. 如今，孩子写作业不仅仅是他们自己的事，大多数中小学生的家长都要面临陪孩子写作业的任务，包括给孩子听写、检查作业、签字等。据一项针对 3 000 余名家长进行的调查显示，84%的家长每天都会陪孩子写作业，而 67%的受访家长会因陪孩子写作业而烦恼。有专家对此指出，家长陪孩子写作业，相当于充当学校老师的助理，让家庭成为课堂的延伸，会对孩子的成长产生不利影响。

以下哪项如果为真，最能支持上述专家的论断？

A. 家长是最好的老师，家长辅导孩子获得各种知识本来就是家庭教育的应有之义，对于中低年级的孩子，学习过程中的父母陪伴尤为重要。

B. 家长通常有自己的本职工作，有的晚上要加班，有的即使晚上回家也需要研究工作、操持家务，一般难有精力认真完成学校老师布置的"家长作业"。

C. 家长陪孩子写作业，会使得孩子在学习中缺乏独立性和主动性，整天处于老师和家长的双重压力下，既难生发学习兴趣，更难养成独立人格。

D. 大多数家长在孩子教育上并不是行家，他们或者早已遗忘了自己曾学习过的知识，或者根本不知道如何将自己拥有的知识传授给孩子。

E. 家长辅导孩子，不应围绕老师布置的作业，而应着重激发孩子的学习兴趣，培养孩子良好的学习习惯，让孩子在成长中感到新奇、快乐。

21. 我国天山是垂直地带性的典范。已知天山的植被形态分布具有如下特点：

(1) 从低到高有荒漠、森林带、冰雪带等；

(2) 只有经过山地草原，荒漠才能演变成森林带；

(3) 如果不经过森林带，山地草原就不会过渡到山地草甸；

(4) 山地草甸的海拔不比山地草甸草原的低，也不比高寒草甸高。

根据以上信息，关于天山植被形态，按照由低到高排列，以下哪项是不可能的？

A. 荒漠、山地草原、山地草甸草原、森林带、山地草甸、高寒草甸、冰雪带

B. 荒漠、山地草原、山地草甸草原、高寒草甸、森林带、山地草甸、冰雪带

C. 荒漠、山地草甸草原、山地草原、森林带、山地草甸、高寒草甸、冰雪带

D. 荒漠、山地草原、山地草甸草原、森林带、山地草甸、冰雪带、高寒草甸

E. 荒漠、山地草原、森林带、山地草甸草原、山地草甸、高寒草甸、冰雪带

22. 某大学读书会开展"一月一书"活动。读书会成员甲、乙、丙、丁、戊 5 人在《论语》《史记》《唐诗三百首》《奥德赛》《资本论》中各选一种阅读，互不重复。已知：

(1) 甲爱读历史，会在《史记》和《奥德赛》中选一本；

(2) 乙和丁只爱中国古代经典，但现在都没有读诗的心情；

(3) 如果乙选《论语》，则戊选《史记》。

事实上，每个人都选了自己喜爱的书目。

根据以上信息，可以得出哪项？

A. 甲选《史记》。　B. 乙选《奥德赛》。　C. 丙选《唐诗三百首》。

D. 丁选《论语》。　E. 戊选《资本论》。

23. 如果一个人只为自己劳动，他也许能成为著名学者、大哲人、卓越诗人，然而他永远不能成为完美无瑕的伟大人物。如果我们选择了最能为人类福利而劳动的职位，那么，重担就不能把我们压倒，因为这是为大家而献身；那时我们所感到的就不是可怜的、有限的、自私的乐趣，我们的幸福将属于千百万人，我们的事业将默默地、但是永恒发挥作用地存在下去，而面对我们的骨灰，高尚的人们将洒下热泪。

根据以上陈述，可以得出以下哪项？

A. 如果一个人只为自己劳动，不是为大家而献身，那么重担就能将他压倒。

B. 如果我们为大家而献身，我们的幸福将属于千百万人，面对我们的骨灰，高尚的人们将洒下热泪。

C. 如果我们没有选择最能为人类福利而劳动的职业，我们所感到的就是可怜的、有限的、自私的乐趣。

D. 如果选择了最能为人类福利而劳动的职业，我们就不但能够成为著名学者、大哲人、卓越诗人，而且还能成为完美无瑕的伟大人物。

E. 如果我们只为自己劳动，我们的事业就不会默默地、但是永恒发挥作用地存在下去。

24～25 题基于以下共同题干：

某食堂采购 4 类（各种蔬菜名称的后一个字相同，即为一类）共 12 种蔬菜：芹菜、菠菜、韭菜、青椒、红椒、黄椒、黄瓜、冬瓜、丝瓜、扁豆、毛豆、豇豆，并根据若干条件将其又分成 3 组，准备在早、中、晚三餐中分别使用。已知条件如下：

(1) 同一类别的蔬菜不在一组；

(2) 芹菜不能在黄椒那一组，冬瓜不能在扁豆那一组；

(3) 毛豆必须与红椒或者韭菜同一组；

(4) 黄椒必须与豇豆同一组。

24. 根据以上信息，可以得出以下哪项？

A. 芹菜与豇豆不在同一组。　B. 芹菜与毛豆不在同一组。

C. 菠菜与扁豆不在同一组。　D. 冬瓜与青椒不在同一组。

E. 丝瓜与韭菜不在同一组。

25. 如果韭菜、青椒与黄瓜在同一组，则可以得出以下哪项？

A. 芹菜、红椒与扁豆在同一组。　B. 菠菜、黄椒与豇豆在同一组。

C. 韭菜、黄瓜与毛豆在同一组。　D. 菠菜、冬瓜与豇豆在同一组。

E. 芹菜、红椒与丝瓜在同一组。

26.《淮南子·齐俗训》中有曰：“今屠牛而烹其肉，或以为酸，或以为甘，煎熬燎炙，齐味万方，其本一牛之体。”其中的“熬”便是熬牛肉制汤的意思。这是考证牛肉汤做法的最早文献资料。某民俗专家由此推测，牛肉汤的起源不会晚于春秋战国时期。

以下哪项如果为真，最能支持上述推测？

A.《淮南子·齐俗训》完成于西汉时期。

B. 早在春秋战国时期，我国已经开始使用耕牛。

C.《淮南子》的作者中有来自齐国故地的人。

D. 春秋战国时期我国已经有熬汤的鼎器。

E.《淮南子·齐俗训》记述的是春秋战国时期齐国的风俗习惯。

27. 某研究机构以约 2 万名 65 岁以上的老人为对象，调查了笑的频率与健康状态的关系。结果显示，在不苟言笑的老人中，认为自身现在的健康状态“不怎么好”和“不好”的比例分别是几乎每天都笑的老人的 1.5 倍和 1.8 倍。爱笑的老人对自我健康状态的评价往往较高。他们由此认为，爱笑的老人更健康。

以下哪项如果为真，最能质疑上述调查者的观点？

A. 病痛的折磨使得部分老人对自我健康状态的评价不高。

B. 老年人的自我健康评价往往和他们实际的健康状况之间存在一定的差距。

C. 身体健康的老年人中，女性爱笑的比例比男性高 10 个百分点。

D. 良好的家庭氛围使得老年人生活更乐观，身体更健康。

E. 乐观的老年人比悲观的老年人更长寿。

28. 阔叶树的降尘优势明显，吸附 PM2.5 的效果最好，一棵阔叶树一年的平均滞尘量达 3.16 千克。针叶树叶面积小，吸附 PM2.5 的功能较弱。全年平均下来，阔叶林的吸尘效果要比针叶林强不少。阔叶树也比灌木和草的吸尘效果好得多。以北京常见的阔叶树国槐为例，成片的国槐林吸尘效果比同等面积的普通草地约高 30%。有些人据此认为，为了降尘，北京应大力推广阔叶林，并尽量减少针叶林面积。

以下哪项如果为真，最能削弱上述有关人员的观点？

A. 阔叶树与针叶树比例失调，不仅极易暴发病虫害、火灾等，还会影响林木的生长和健康。

B. 针叶树冬天虽然不落叶，但基本处于“休眠”状态，生物活性差。

C. 植树造林既要治理 PM2.5，也要治理其他污染物，需要合理布局。

D. 阔叶树冬天落叶，在寒冷的冬季，其养护成本远高于针叶树。

E. 建造通风走廊，能把城市和郊区的森林连接起来，让清新的空气吹入，降低城区的 PM2.5。

29～30 基于以下共同题干：

某园艺公司打算在如下形状的花圃中栽种玫瑰、兰花、菊花三个品种的花卉。该花圃的形状如下图所示：

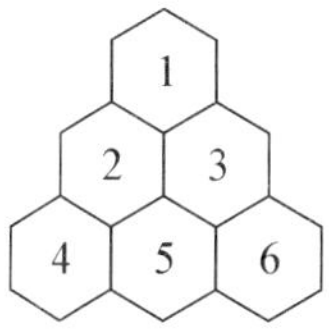

拟栽种的玫瑰有紫、红、白 3 种颜色，兰花有红、白、黄 3 种颜色，菊花有白、黄、蓝 3 种颜色。栽种需满足如下要求：

（1）每个六边形格子中仅栽种一个品种、一种颜色的花；

（2）每个品种只栽种两种颜色的花；

（3）相邻格子中的花，其品种与颜色均不相同。

29. 若格子 5 中是红色的花，则以下哪项是不可能的？

A. 格子 1 中是白色的兰花。

B. 格子 4 中是白色的兰花。

C. 格子 6 中是蓝色的菊花。

D. 格子 2 中是紫色的玫瑰。

E. 格子 1 中是白色的菊花。

30. 若格子 5 中是红色的玫瑰，且格子 3 中是黄色的花，则可以得出以下哪项？

A. 格子 4 中是白色的菊花。

B. 格子 2 中是白色的菊花。

C. 格子 6 中是蓝色的菊花。

D. 格子 4 中是白色的兰花。

E. 格子 1 中是紫色的玫瑰。

2020年管理类联考综合能力逻辑真题

1. 领导干部对于各种批评意见应采取有则改之、无则加勉的态度，营造言者无罪、闻者足戒的氛围。只有这样，人们才能知无不言、言无不尽。领导干部只有从谏如流并为说真话者撑腰，才能做到"兼听则明"或做出科学决策；只有乐于和善于听取各种不同意见，才能营造风清气正的政治生态。

根据以上信息，可以得出以下哪项？

A. 领导干部必须善待批评、从谏如流，为说真话者撑腰。

B. 大多数领导干部对于批评意见能够采取有则改之、无则加勉的态度。

C. 领导干部如果不能从谏如流，就不能做出科学决策。

D. 只有营造言者无罪、闻者足戒的氛围，才能形成风清气正的政治生态。

E. 领导干部只有乐于和善于听取各种不同意见，人们才能知无不言、言无不尽。

2. 某教授组织了120名年轻的参试者，先让他们熟悉电脑上的一个虚拟城市，然后让他们以最快速度寻找由指定地点到达关键地标的最短路线，最后再让他们识别茴香、花椒等40种芳香植物的气味。结果发现，寻路任务中得分较高者其嗅觉也比较灵敏。该教授由此推测，一个人空间记忆力好、方向感强，就会使其嗅觉更为灵敏。

以下哪项如果为真，最能质疑该教授的上述推测？

A. 大多数动物主要靠嗅觉寻找食物、躲避天敌，其嗅觉进化有助于"导航"。

B. 有些参试者是美食家，经常被邀请到城市各处的特色餐馆品尝美食。

C. 部分参试者是马拉松运动员，他们经常参加一些城市举办的马拉松比赛。

D. 在同样的测试中，该教授本人在嗅觉灵敏度和空间方向感方面都不如年轻人。

E. 有的年轻人喜欢玩方向感要求较高的电脑游戏，因过分投入而食不知味。

3. 有学校提出，将效仿免费师范生制度，提供减免学费等优惠条件以吸引成绩优秀的调剂生，提高医学人才培养质量。有专家对此提出反对意见：医生是既崇高又辛苦的职业，要有足够的爱心和兴趣才能做好。因此，宁可招不满，也不要招收调剂生。

以下哪项最可能是上述专家论断的假设？

A. 没有奉献精神，就无法学好医学。

B. 如果缺乏爱心，就不能从事医生这一崇高的职业。

C. 调剂生往往对医学缺乏兴趣。

D. 因优惠条件报考医学的学生往往缺乏奉献精神。

E. 有爱心并对医学感兴趣的学生不会在意是否收费。

4. 某公司为员工免费提供菊花、绿茶、红茶、咖啡和大麦茶5种饮品。现有甲、乙、丙、丁、戊5位员工，他们每人都只喜欢其中2种饮品，且每种饮品都只有2人喜欢。已知：

（1）甲和乙喜欢菊花，且分别喜欢绿茶和红茶中的一种；

(2) 丙和戊分别喜欢咖啡和大麦茶中的一种。

根据上述信息,可以得出以下哪项?

A. 甲喜欢菊花和绿茶。
B. 乙喜欢菊花和红茶。
C. 丙喜欢红茶和咖啡。
D. 丁喜欢咖啡和大麦茶。
E. 戊喜欢绿茶和大麦茶。

5. 考生若考试通过并且体检合格,则将被录取。因此,如果李铭考试通过,但未被录取,那么他一定体检不合格。

以下哪项与以上论证方式最为相似?

A. 若明天是节假日并且天气晴朗,则小吴将去爬山。因此,如果小吴未去爬山,那么第二天一定不是节假日或者天气不好。
B. 一个数若能被 3 整除且能被 5 整除,则这个数能被 15 整除。因此,一个数若能被 3 整除但不能被 5 整除,则这个数不能被 15 整除。
C. 甲单位员工若去广州出差并且是单人前往,则均乘坐高铁。因此,甲单位小吴如果去广州出差,但未乘坐高铁,那么他一定不是单人前往。
D. 若现在是春天并且雨水充沛,则这里野草丰美。因此,如果这里野草丰美,但雨水不充沛,那么现在一定不是春天。
E. 一壶茶若水质良好且温度适中,则一定茶香四溢。因此,如果这壶茶水质良好且茶香四溢,那么一定温度适中。

6～7 题基于以下共同题干:

“立春”“春分”“立夏”“夏至”“立秋”“秋分”“立冬”“冬至”是我国二十四节气中的八个节气,“凉风”“广莫风”“明庶风”“条风”“清明风”“景风”“阊阖风”“不周风”是八种节风。上述八个节气与八种节风之间一一对应。已知:

(1)“立秋”对应“凉风”;
(2)“冬至”对应“不周风”“广莫风”之一;
(3) 若“立夏”对应“清明风”,则“夏至”对应“条风”或者“立冬”对应“不周风”;
(4) 若“立夏”不对应“清明风”或者“立春”不对应“条风”,则“冬至”对应“明庶风”。

6. 根据上述信息,可以得出以下哪项?

A. “秋分”不对应“明庶风”。
B. “立冬”不对应“广莫风”。
C. “夏至”不对应“景风”。
D. “立夏”不对应“清明风”。
E. “春分”不对应“阊阖风”。

7. 若“春分”和“秋分”两节气对应的节风在“明庶风”和“阊阖风”之中,则可以得出以下哪项?

A. “春分”对应“阊阖风”。
B. “秋分”对应“明庶风”。
C. “立春”对应“清明风”。
D. “冬至”对应“不周风”。
E. “夏至”对应“景风”。

8. 小王:在这次年终考评中,女员工的绩效都比男员工高。

小李:这么说,新入职员工中绩效最好的还不如绩效最差的女员工。

以下哪项如果为真,最能支持小李的上述论断?

A. 男员工都是新入职的。　　　　　　B. 新入职的员工有些是女性。
C. 新入职的员工都是男性。　　　　　D. 部分新入职的女员工没有参与绩效考评。
E. 女员工更乐意加班，而加班绩效翻倍计算。

9. 某市 2018 年的人口发展报告显示，该市常住人口 1 170 万，其中常住外来人口 440 万，户籍人口 730 万。从区级人口分布情况来看，该市 G 区常住人口 240 万，居各区之首；H 区常住人口 200 万，位居第二；同时，这两个区也是吸纳外来人口较多的区域，两个区常住外来人口 200 万，占全市常住外来人口的 45%以上。
根据以上陈述，可以得出以下哪项？
A. 该市 G 区的户籍人口比 H 区的常住外来人口多。
B. 该市 H 区的户籍人口比 G 区的常住外来人口多。
C. 该市 H 区的户籍人口比 H 区的常住外来人口多。
D. 该市 G 区的户籍人口比 G 区的常住外来人口多。
E. 该市其他各区的常住外来人口都没有 G 区或 H 区的多。

10. 移动支付如今正在北京、上海等大中城市迅速普及。但是，并非所有中国人都熟悉这种新的支付方式，很多老年人仍然习惯传统的现金交易。有专家因此断言，移动支付的迅速普及会将老年人阻挡在消费经济之外，从而影响他们晚年的生活质量。
以下哪项如果为真，最能质疑上述专家的论断？
A. 到 2030 年，中国 60 岁以上人口将增至 3.2 亿，老年人的生活质量将进一步引起社会关注。
B. 有许多老年人因年事已高，基本不直接进行购物消费，所需物品一般由儿女或社会提供，他们的晚年生活很幸福。
C. 国家有关部门近年来出台多项政策指出，消费者在使用现金支付被拒时可以投诉，但仍有不少商家我行我素。
D. 许多老年人已在家中或社区活动中心学会移动支付的方法以及防范网络诈骗的技巧。
E. 有些老年人视力不好，看不清手机屏幕；有些老年人记忆力不好，记不住手机支付密码。

11. 下表显示某城市过去一周的天气情况：

星期一	星期二	星期三	星期四	星期五	星期六	星期日
东南风 1～2 级 小雨	南风 4～5 级 晴	无风 小雪	北风 1～2 级 阵雨	无风 晴	西风 3～4 级 阴	东风 2～3 级 中雨

以下哪项对该城市这一周的天气概括最为准确？
A. 每日或者刮风，或者下雨。
B. 每日或者刮风，或者晴天。
C. 每日或者无风，或者无雨。
D. 若有风且风力超过 3 级，则该日是晴天。
E. 若有风且风力不超过 3 级，则该日不是晴天。

12～13 题基于以下共同题干：

放假 3 天，小李夫妇除安排一天休息之外，其他两天准备做 6 件事：①购物（这件事编号为①其他依次类推）；②看望双方父母；③郊游；④带孩子去游乐场；⑤去市内公园；⑥去影院看电影。他们商定：

（1）每件事均做一次，且在 1 天内做完，每天至少做两件事；

（2）④和⑤安排在同一天完成；

（3）②在③之前的 1 天完成。

12. 如果③和④安排在假期的第 2 天，则以下哪项是可能的？

A. ①安排在第 2 天。

B. ②安排在第 2 天。

C. 休息安排在第 1 天。

D. ⑥安排在最后 1 天。

E. ⑤安排在第 1 天。

13. 如果假期第 2 天只做⑥等 3 件事，则可以得出以下哪项？

A. ②安排在①的前 1 天。

B. ①安排在休息一天之后。

C. ①和⑥安排在同一天。

D. ②和④安排在同一天。

E. ③和④安排在同一天。

14. 因业务需要，某公司欲将甲、乙、丙、丁、戊、己、庚 7 个部门合并到丑、寅、卯 3 个子公司。已知：

（1）一个部门只能合并到一个子公司；

（2）若丁和丙中至少有一个未合并到丑公司，则戊和甲均合并到丑公司；

（3）若甲、己、庚中至少有一个未合并到卯公司，则戊合并到寅公司且丙合并到卯公司。

报据上述信息，可以得出以下哪项？

A. 甲、丁均合并到丑公司。

B. 乙、戊均合并到寅公司。

C. 乙、丙均合并到寅公司。

D. 丁、丙均合并到丑公司。

E. 庚、戊均合并到卯公司。

15. 王研究员：吃早餐对身体有害。因为吃早餐会导致皮质醇峰值更高，进而导致体内胰岛素异常，这可能引发Ⅱ型糖尿病。

李教授：事实并非如此。因为上午皮质醇水平高只是人体生理节律的表现，而不吃早餐不仅会增加患Ⅱ型糖尿病的风险，还会增加患其他疾病的风险。

以下哪项如果为真，最能支持李教授的观点？

A. 一日之计在于晨，吃早餐可以补充人体消耗，同时为一天的工作准备能量。

B. 糖尿病患者若在 9 点至 15 点之间摄入一天所需的卡路里，血糖水平就能保持基本稳定。

C. 经常不吃早餐，上午工作处于饥饿状态，不利于血糖调节，容易患上胃溃疡、胆结石等疾病。

D. 如今，人们工作繁忙，晚睡晚起现象非常普遍，很难按时吃早餐，身体常常处于亚健康状态。

E. 不吃早餐的人通常缺乏营养和健康方面的知识，容易形成不良生活习惯。

16. 某语言学爱好者欲基于无涵义语词、有涵义语词构造合法的语句。已知：

(1) 无涵义语词有 a、b、c、d、e、f,有涵义语词有 W、Z、X;
(2) 如果两个无涵义语词通过一个有涵义语词连接,则它们构成一个有涵义语词;
(3) 如果两个有涵义语词直接连接,则它们构成一个有涵义语词;
(4) 如果两个有涵义语词通过一个无涵义语词连接,则它们构成一个合法的语句。
根据上述信息,以下哪项是合法的语句?
A. aWbcdXeZ　　B. aWbcdaZe　　C. fXaZbZWb
D. aZdacdfX　　E. XWbaZdWc

17. 某单位拟在椿树、枣树、楝树、雪松、银杏、桃树中选择 4 种栽种在庭院中。已知:
(1) 椿树、枣树至少种植一种;
(2) 如果种植椿树,则种植楝树但不种植雪松;
(3) 如果种植枣树,则种植雪松但不种植银杏。
如果庭院中种植银杏,则以下哪项是不可能的?
A. 种植椿树　　B. 种植楝树　　C. 不种植枣树
D. 不种植雪松　　E. 不种植桃树

18. 披毛犀化石多分布在欧亚大陆北部,我国东北平原、华北平原、西藏等地也偶有发现。披毛犀有一个独特的构造——鼻中隔,简单地说就是鼻子中间的骨头。研究发现,西藏披毛犀化石的鼻中隔只是一块不完全的硬骨,早先在亚洲北部、西伯利亚等地发现的披毛犀化石的鼻中隔要比西藏披毛犀的"完全",这说明西藏披毛犀具有更原始的形态。
以下哪项如果为真,最能支持以上论述?
A. 一个物种不可能有两个起源地。
B. 西藏披毛犀化石是目前已知最早的披毛犀化石。
C. 为了在冰雪环境中生存,披毛犀的鼻中隔经历了由软到硬的进化过程,并最终形成一块完整的骨头。
D. 冬季的青藏高原犹如冰期动物的"训练基地",披毛犀在这里受到耐寒训练。
E. 随着冰期的到来,有了适应寒冷能力的西藏披毛犀走出西藏,往北迁徙。

19. 黄土高原以前植被丰富,长满大树,而现在千沟万壑,不见树木,这是植被遭破坏后水流冲刷大地造成的惨痛结果。有专家进一步分析认为,现在黄土高原不长植物,是因为这里的黄土其实都是生土。
以下哪项最可能是上述专家推断的假设?
A. 生土不长庄稼,只有通过土壤改造等手段才适宜种植粮食作物。
B. 因缺少应有的投入,生土无人愿意耕种,无人耕种的土地瘠薄。
C. 生土是水土流失造成的恶果,缺乏植物生长所需要的营养成分。
D. 东北的黑土地中含有较厚的腐殖层,这种腐殖层适合植物的生长。
E. 植物的生长依赖熟土,而熟土的存续依赖人类对植被的保护。

20. 日前,科学家发明了一项技术,可以把二氧化碳等物质"电成"有营养价值的蛋白粉,这项技术不像种庄稼那样需要具备合适的气温、湿度和土壤等条件。他们由此认为,这项技术开辟了未来新型食物生产的新路,有助于解决全球饥饿问题。
以下各项如果为真,则除了哪项均能支持上述科学家的观点?

A. 让二氧化碳、水和微生物一起接受电流电击，可以产生出有营养价值的食物。

B. 粮食问题是全球性重大难题，联合国估计到2050年将有20亿人缺乏基本营养。

C. 把二氧化碳等物质“电成”蛋白粉的技术将彻底改变农业，还能避免对环境造成不利影响。

D. 由二氧化碳等物质“电成”的蛋白粉，约含50%的蛋白质、25%的碳水化合物、核酸及脂肪。

E. 未来这项技术将被引入沙漠或其他面临饥荒的地区，为解决那里的饥饿问题提供重要帮助。

21～22 基于以下共同题干：

某公司甲、乙、丙、丁、戊5人爱好出国旅游。去年，在日本、韩国、英国和法国4国中，他们每人都去了其中的两个国家旅游，且每个国家总有他们中的2～3人去旅游。已知：

(1) 如果甲去韩国，则丁不去英国；

(2) 丙与戊去年总是结伴出国旅游；

(3) 丁和乙只去欧洲国家旅游。

21. 根据以上信息，可以得出以下哪项？

A. 甲去了韩国和日本。　B. 乙去了英国和日本。　C. 丙去了韩国和英国。

D. 丁去了日本和法国。　E. 戊去了韩国和日本。

22. 如果5人去欧洲国家旅游的总人次与去亚洲国家的一样多，则可以得出以下哪项？

A. 甲去了日本。　B. 甲去了英国。　C. 甲去了法国。

D. 戊去了英国。　E. 戊去了法国。

23. 1818年前后，纽约市规定，所有买卖的鱼油都需要经过检查，同时缴纳每桶25美元的检查费。一天，一名鱼油商人买了三桶鲸鱼油，打算把鲸鱼油制成蜡烛出售。鱼油检查员发现这些鲸鱼油根本没经过检查，根据鱼油法案，该商人需要接受检查并缴费。但该商人声称鲸鱼不是鱼，拒绝缴费，遂被告上法庭。陪审团最后支持了原告，判决该商人支付75美元检查费。

以下哪项如果为真，最能支持陪审团所作的判决？

A. 纽约市相关法律已经明确规定，“鱼油”包括鲸鱼油和其他鱼类的油。

B. “鲸鱼不是鱼”和中国古代公孙龙的“白马非马”类似，两者都是违反常识的诡辩。

C. 19世纪的美国虽有许多人认为鲸鱼是鱼，但也有许多人认为鲸鱼不是鱼。

D. 当时多数从事科学研究的人都肯定鲸鱼不是鱼，而律师和政客持反对意见。

E. 古希腊有先哲早就把鲸鱼归类到胎生四足动物和卵生四足动物之下，比鱼类更高一级。

24. 尽管近年来我国引进不少人才，但真正顶尖的领军人才还是凤毛麟角。就全球而言，人才特别是高层次人才紧缺已呈常态化、长期化趋势。某专家由此认为，未来10年，美国、加拿大、德国等主要发达国家对高层次人才的争夺将进一步加剧，而发展中国家的高层次人才紧缺状况更甚于发达国家。因此，我国高层次人才引进工作急需进一步加强。

以下哪项如果为真，最能加强上述专家论证？

A. 我国理工科高层次人才紧缺程度更甚于文科。
B. 发展中国家的一般性人才不比发达国家多。
C. 我国仍然是发展中国家。
D. 人才是衡量一个国家综合国力的重要指标。
E. 我国近年来引进的领军人才数不及美国等发达国家。

25. 移动互联网时代，人们随时都可进行数字阅读。浏览网页、读电子书是数字阅读，刷微博、朋友圈也是数字阅读。长期以来，一直有人担忧数字阅读的碎片化、表面化。但近来有专家表示，数字阅读具有重要价值，是阅读的未来发展趋势。
以下哪项如果为真，最能支持上述专家的观点？
A. 长有长的用处，短有短的好处，不求甚解的数字阅读也未尝不可，说不定在未来某一时刻，当初阅读的信息就会浮现出来，对自己的生活产生影响。
B. 当前人们越来越多地通过数字阅读了解热点信息，通过网络进行相互交流，但网络交流者常常伪装或者匿名，可能会提供虚假信息。
C. 有些网络读书平台能够提供精致的读书服务，他们不仅帮你选书，而且帮你读书，你只需"听"即可，但用"听"的方式去读书，效率较低。
D. 数字阅读容易挤占纸质阅读的时间，毕竟纸质阅读具有系统、全面、健康、不依赖电子设备等优点，仍将是阅读的主要方式。
E. 数字阅读便于信息筛选，阅读者能在短时间内对相关信息进行初步了解，也可以此为基础作深入了解，相关网络阅读服务平台近几年已越来越多。

26. 某街道的综合部、建设部、平安部和民生部四个部门，需要负责街道的秩序、安全、环境、协调等四项工作。每个部门只负责其中的一项工作，且各部门负责的工作各不相同。已知：
(1) 如果建设部负责环境或秩序，则综合部负责协调或秩序；
(2) 如果平安部负责环境或协调，则民生部负责协调或秩序。
根据以上信息，以下哪项工作安排是可能的？
A. 建设部负责环境，平安部负责协调。
B. 建设部负责秩序，民生部负责协调。
C. 综合部负责安全，民生部负责协调。
D. 民生部负责安全，综合部负责秩序。
E. 平安部负责安全，建设部负责秩序。

27. 人非生而知之者，孰能无惑？惑而不从师，其为惑也，终不解矣。生乎吾前，其闻道也固先乎吾，吾从而师之；生乎吾后，其闻道也亦先乎吾，吾从而师之。吾师道也，夫庸知其年之先后生于吾乎？是故无贵无贱，无长无少，道之所存，师之所存也。
根据以上信息，可以得出以下哪项？
A. 与吾生乎同时，其闻道也必先乎吾。
B. 师之所存，道之所存也。
C. 无贵无贱，无长无少，皆为吾师。
D. 与吾生乎同时，其闻道不必先乎吾。

E. 若解惑,必从师。

28. 学问的本来意义与人的生命、生活有关。但是,如果学问成为口号或教条,就会失去其本来的意义。因此,任何学问都不应该成为口号或教条。

以下哪项与上述论证方式最为相似?

A. 椎间盘是没有血液循环的组织。但是,如果要确保其功能正常运转,就需依靠其周围流过的血液提供养分。因此,培养功能正常运转的人工椎间盘应该很困难。

B. 人工智能应该可以判断黑猫和白猫都是猫。但是,如果人工智能不预先"消化"大量照片,就无从判断黑猫和白猫都是猫。因此,人工智能必须预先"消化"大量照片。

C. 机器人没有人类的弱点和偏见。但是,只有数据得到正确采集和分析,机器人才不会"主观臆断"。因此,机器人应该也有类似的弱点和偏见。

D. 历史包含必然性。但是,如果坚信历史只包含必然性,就会阻止我们用不断积累的历史数据去证实或证伪它。因此,历史不应该只包含必然性。

E. 大脑会改编现实经历。但是,如果大脑只是储存现实经历的"文件柜",就不会对其进行改编。因此,大脑不应该只是储存现实经历的"文件柜"。

29～30 题基于以下共同题干:

某测试题共有 4 道题,每道题给出 A、B、C、D 四个选项,其中只有一项是正确答案。现有张、王、赵、李 4 人参加了测试,他们的答题情况和测试结果如下:

答题者	第一题	第二题	第三题	第四题	测试结果
张	A	B	A	B	均不正确
王	B	D	B	C	只答对 1 题
赵	D	A	A	B	均不正确
李	C	C	B	D	只答对 1 题

29. 根据以上信息,可以得出以下哪项?

A. 第二题的正确答案是 C。
B. 第二题的正确答案是 D。
C. 第三题的正确答案是 D。
D. 第四题的正确答案是 A。
E. 第四题的正确答案是 D。

30. 如果每道题的答案各不相同,则可以得出以下哪项?

A. 第一题的正确答案是 B。
B. 第一题的正确答案是 C。
C. 第二题的正确答案是 D。
D. 第二题的正确答案是 A。
E. 第三题的正确答案是 C。

2021 年管理类联考综合能力逻辑真题

1. 哲学是关于世界观、方法论的学问，哲学的基本问题是思维和存在的关系问题，它是在总结各门具体科学知识基础上形成的，并不是一门具体科学。因此，经验的个案不能反驳它。

以下哪项如果为真，最能支持以上论述？

A. 哲学并不能推演出经验的个案。

B. 任何科学都要接受经验的检验。

C. 具体科学不研究思维和存在的关系问题。

D. 经验的个案只能反驳具体科学。

E. 哲学可以对具体科学提供指导。

2. M 大学社会学学院的老师都曾经对甲县某些乡镇进行家庭收支情况调研，N 大学历史学院的老师都曾经到甲县的所有乡镇进行历史考查。赵若兮曾经对甲县所有乡镇家庭收支情况进行调研，但未曾到项郢镇进行历史考察；陈北鱼曾经到梅河乡进行历史考察，但从未对甲县家庭收支情况进行调研。

根据以上信息，可以得出以下哪项？

A. 陈北鱼是 M 大学社会学学院的老师，且梅河乡是甲县的。

B. 若赵若兮是 N 大学历史学院的老师，则项郢镇不是甲县的。

C. 对甲县的家庭收支情况调研，也会涉及相关的历史考察。

D. 陈北鱼是 N 大学的老师。

E. 赵若兮是 M 大学的老师。

3. 研究人员招募了 300 名体重超标的男性，将其分成餐前锻炼组和餐后锻炼组，进行每周三次相同强度和相同时段的晨练。餐前锻炼组晨练前摄入零卡路里安慰剂饮料，晨练后摄入 200 卡路里的奶昔；餐后锻炼组晨练前摄入 200 卡路里的奶昔，晨练后摄入零卡路里安慰剂饮料。三周后发现，餐前锻炼组燃烧的脂肪比餐后锻炼组多。该研究人员由此推断，肥胖者若持续这样的餐前锻炼，就能在不增加运动强度或时间的情况下改善代谢能力，从而达到减肥效果。

以下哪项如果为真，最能支持该研究人员的上述推断？

A. 餐前锻炼组额外的代谢与体内肌肉中的脂肪减少有关。

B. 餐前锻炼组觉得自己在锻炼中消耗的脂肪比餐后锻炼组多。

C. 餐前锻炼可以增强肌肉细胞对胰岛素的反应，促使它更有效地消耗体内的糖分和脂肪。

D. 肌肉参与运动所需要的营养，可能来自最近饮食中进入血液的葡萄糖和脂肪成分，也可能来自体内储存的糖和脂肪。

E. 有些餐前锻炼组的人知道他们摄入的是安慰剂，但这并不影响他们锻炼的积极性。

4. 某企业董事会就建立健全企业管理制度与提高企业经济效益进行研讨。在研讨中，与会者发言如下：

甲:要提高企业经济效益,就必须建立健全企业管理制度;

乙:既要建立健全企业管理制度,又要提高企业经济效益,二者缺一不可;

丙:经济效益是基础和保障,只有提高企业经济效益,才能建立健全企业管理制度;

丁:如果不建立健全企业管理制度,就不能提高企业经济效益;

戊:不提高企业经济效益,就不能建立健全企业管理制度。

根据上述讨论,董事会最终做出了合理的决定。

以下哪项是可能的?

A. 甲、乙的意见符合决定,丙的意见不符合决定。

B. 上述 5 人中只有 1 人的意见符合决定。

C. 上述 5 人中只有 2 人的意见符合决定。

D. 上述 5 人中只有 3 人的意见符合决定。

E. 上述 5 人的意见均不符合决定。

5. 气象台的实测气温与人实际的冷暖感受常常存在一定的差异。在同样的低温条件下,如果是阴雨天,人会感到特别冷,即通常说的"阴冷";如果同时赶上刮大风,人会感到寒风刺骨。

以下哪项如果为真,最能解释上述现象?

A. 人的体感温度除了受气温的影响外,还受风速与空气湿度的影响。

B. 低温情况下,如果风力不大、阳光充足,人不会感到特别寒冷。

C. 即使天气寒冷,若进行适当锻炼,人也不会感到太冷。

D. 即使室内外温度一致,但是走到有阳光的室外,人会感到温暖。

E. 炎热的夏日,电风扇转动时,尽管不改变环境温度,但人依然感到凉快。

6. 某俱乐部共有甲、乙、丙、丁、戊、己、庚、辛、壬、癸 10 名职业运动员,来自 5 个不同的国家(不存在双重国籍的情况)。已知:

(1) 该俱乐部的外援刚好占一半,他们是乙、戊、丁、庚、辛;

(2) 乙、丁、辛 3 人来自两个国家。

根据以上信息,可以得出以下哪项?

A. 甲、丙来自不同国家。

B. 乙、辛来自不同国家。

C. 乙、庚来自不同国家。

D. 丁、辛来自相同国家。

E. 戊、庚来自相同国家。

7. 某高校的李教授在网上撰文指责另一高校的张教授早年发表的一篇论文存在抄袭现象。张教授知晓后,立即在同一网站对李教授的指责作出反驳。

以下哪项作为张教授的反驳最为有力?

A. 自己投稿在先而发表在后,所谓论文抄袭其实是他人抄自己。

B. 李教授的指责纯属栽赃陷害,混淆视听,破坏了大学教授的整体形象。

C. 李教授的指责是对自己不久前批评李教授的学术观点所作的打击报复。

D. 李教授的指责可能背后有人指使,不排除受到两校不正当竞争的影响。

E. 李教授早年的两篇论文其实也存在不同程度的抄袭现象。

8. 某电影节设有"最佳故事片""最佳男主角""最佳女主角""最佳编剧""最佳导演"等多个

奖项。颁奖前，有专业人士预测如下：

(1) 若甲或乙获得“最佳导演”，则“最佳女主角”和“最佳编剧”将在丙和丁中产生；

(2) 只有影片 P 或影片 Q 获得“最佳故事片”，其片中的主角才能获得“最佳男主角”或“最佳女主角”；

(3) “最佳导演”和“最佳故事片”不会来自同一部影片。

以下哪项颁奖结果与上述预测不一致？

A. 乙没有获得“最佳导演”，“最佳男主角”来自影片 Q。

B. 丙获得“最佳女主角”，“最佳编剧”来自影片 P。

C. 丁获得“最佳编剧”，“最佳女主角”来自影片 P。

D. “最佳女主角”“最佳导演”都来自影片 P。

E. 甲获得“最佳导演”，“最佳编剧”来自影片 Q。

9. 黄瑞爱好书画收藏，他收藏的书画作品只有“真品”“精品”“名品”“稀品”“特品”“完品”，它们之间存在如下关系：

(1) 若是“完品”或“真品”，则是“稀品”；

(2) 若是“稀品”或“名品”，则是“特品”。

现知道黄瑞收藏的一幅画不是“特品”，则可以得出以下哪项？

A. 该画是“稀品”　　B. 该画是“精品”　　C. 该画是“完品”

D. 该画是“名品”　　E. 该画是“真品”

10. 王、陆、田 3 人拟到甲、乙、丙、丁、戊、己 6 个景点结伴游览。关于游览的顺序，3 人意见如下：

(1) 王：1 甲、2 丁、3 己、4 乙、5 戊、6 丙；

(2) 陆：1 丁、2 己、3 戊、4 甲、5 乙、6 丙；

(3) 田：1 己、2 乙、3 丙、4 甲、5 戊、6 丁。

实际游览时，各人意见中都恰有一半的景点序号是正确的。

根据以上信息，他们实际游览的前 3 个景点分别是？

A. 己、丁、丙　　B. 丁、乙、己　　C. 甲、乙、己

D. 乙、己、丙　　E. 丙、丁、己

11. “冈萨雷斯”“埃尔南德斯”“施米特”“墨菲”这 4 个姓氏是且仅是卢森堡、阿根廷、墨西哥、爱尔兰四国中其中一国常见姓氏。已知：

(1) “施米特”是阿根廷或卢森堡常见姓氏；

(2) 若“施米特”是阿根廷常见姓氏，则“冈萨雷斯”是爱尔兰常见姓氏；

(3) 若“埃尔南德斯”或“墨菲”是卢森堡常见姓氏，则“冈萨雷斯”是墨西哥常见姓氏。

根据以上信息，可以得出以下哪项？

A. “施米特”是卢森堡常见姓氏。　　B. “埃尔南德斯”是卢森堡常见姓氏。

C. “冈萨雷斯”是爱尔兰常见姓氏。　　D. “墨菲”是卢森堡常见姓氏。

E. “墨菲”是阿根廷常见姓氏。

12. 甲、乙、丙、丁、戊 5 人是某校美学专业 2019 级研究生。第一学期结束后，他们在张、陆、陈 3 位教授中选择导师，每人只选择 1 人作为导师，每位导师都有 1 至 2 人选择，并且

得知：

(1) 选择陆老师的研究生比选择张老师的多；

(2) 若丙、丁中至少有 1 人选择张老师，则乙选择陈老师；

(3) 若甲、丙、丁中至少有 1 人选择陆老师，则只有戊选择陈老师。

根据以上信息，可以得出以下哪项？

A. 甲选择陆老师　　B. 乙选择张老师

C. 丁、戊选择陆老师　　D. 乙、丙选择陈老师

E. 丙、丁选择陈老师

13. 艺术活动是人类标志性的创造性劳动。在艺术家的心灵世界里，审美需求和情感表达是创造性劳动不可或缺的重要引擎；而人工智能没有自我意识，人工智能艺术作品的本质是模仿。因此，人工智能永远不能取代艺术家的创造性劳动。

以下哪项最可能是以上论述的假设？

A. 人工智能可以作为艺术创作的辅助工具。

B. 只有具备自我意识，才能具有审美需求和情感表达。

C. 大多数人工智能作品缺乏创造性。

D. 没有艺术家的创作，就不可能有人工智能艺术作品。

E. 模仿的作品很少能表达情感。

14. 最近一项科学观测显示，太阳产生的带电粒子流即太阳风，含有数以千计的“滔天巨浪”，其时速会突然暴增，可能导致太阳磁场自行反转，甚至会对地球产生有害影响。但目前我们对太阳风的变化及其如何影响地球知之甚少。据此有专家指出，为了更好地保护地球免受太阳风的影响，必须更新现有的研究模式，另辟蹊径研究太阳风。

以下哪项如果为真，最能支持上述专家的观点？

A. 最新观测结果不仅改变了天文学家对太阳风的看法，而且将改变其预测太空天气事件的能力。

B. 目前，根据标准太阳模型预测太阳风变化所获得的最新结果与实际观测相比，误差约为 10～20 倍。

C. 对太阳风的深入研究，将有助于防止太阳风大爆发时对地球的卫星和通讯系统乃至地面电网造成的影响。

D. 太阳风里有许多携带能量的粒子和磁场，而这些磁场会发生意想不到的变化。

E. “高速”太阳风源于太阳南北极的大型日冕洞，而“低速”太阳风则来自太阳赤道上的较小日冕洞。

15～16 题基于以下共同题干：

冬奥组委会官网开通全球招募系统，正式招募冬奥会志愿者。张明、刘伟、庄敏、孙兰、李梅 5 人在一起讨论报名事宜。他们商量的结果如下：

(1) 如果张明报名，则刘伟也报名；

(2) 如果庄敏报名，则孙兰也报名；

(3) 只要刘伟和孙兰两人中至少有 1 人报名，则李梅也报名。

后来得知，他们 5 人中恰有 3 人报名了。

15. 根据以上信息,可以得出以下哪项?

A. 张明报名了。　　B. 刘伟报名了。　　C. 庄敏报名了。

D. 孙兰报名了。　　E. 李梅报名了。

16. 如果增加条件"若刘伟报名,则庄敏也报名",那么可以得出以下哪项?

A. 张明和刘伟都报名了。　　B. 刘伟和庄敏都报名了。

C. 庄敏和孙兰都报名了。　　D. 张明和孙兰都报名了。

E. 刘伟和李梅都报名了。

17. 酸奶作为一种健康食品,既营养丰富又美味可口,深受人们的喜爱,很多人饭后都不忘来杯酸奶。他们觉得,饭后喝杯酸奶能够解油腻、助消化。但近日有专家指出,饭后喝酸奶其实并不能帮助消化。

以下哪项如果为真,最能支持上述专家的观点?

A. 足量膳食纤维和维生素 B1 被人体摄入后可有效促进肠胃蠕动,进而促进食物消化,但酸奶不含膳食纤维,维生素 B1 的含量也不丰富。

B. 酸奶中的益生菌可以维持肠道消化系统的健康,但是这些菌群大多不耐酸,胃部的强酸环境会使其大部分失去活性。

C. 酸奶含有一定的糖分,吃饱了饭再喝酸奶会加重肠胃负担,同时也使身体增加额外的营养,容易导致肥胖。

D. 人体消化需要消化酶和有规律的肠胃运动,酸奶中没有消化酶,饮用酸奶也不能纠正无规律的肠胃运动。

E. 酸奶可以促进胃酸分泌,抑制有害菌在肠道内的繁殖,有助于维持消化系统健康,对于食物消化能起到间接帮助作用。

18. 为进一步弘扬传统文化,有专家提议将每年的 2 月 1 日、3 月 1 日、4 月 1 日、9 月 1 日、11 月 1 日、12 月 1 日 6 天中的 3 天确定为"传统文化宣传日"。根据实际需要,确定日期必须考虑以下条件:

(1) 若选择 2 月 1 日,则选择 9 月 1 日但不选 12 月 1 日;

(2) 若 3 月 1 日、4 月 1 日至少选择其一,则不选 11 月 1 日。

以下哪项选定的日期与上述条件一致?

A. 2 月 1 日、3 月 1 日、4 月 1 日　　B. 2 月 1 日、4 月 1 日、11 月 1 日

C. 3 月 1 日、9 月 1 日、11 月 1 日　　D. 4 月 1 日、9 月 1 日、11 月 1 日

E. 9 月 1 日、11 月 1 日、12 月 1 日

19. 今天的教育质量将决定明天的经济实力。PISA 是经济合作与发展组织每隔三年对 15 岁学生的阅读、数学和科学能力进行的一项测试。根据 2019 年最新测试结果,中国学生的总体表现远超其他国家学生。有专家认为,该结果意味着中国有一支优秀的后备力量以保障未来经济的发展。

以下哪项如果为真,最能支持上述专家的论证?

A. 中国学生在 15 岁时各项能力尚处于上升期,他们未来会有更出色的表现。

B. 未来经济发展的核心驱动力是创新,中国教育非常重视学生创新能力的培养。

C. 在其他国际智力测试中,亚洲学生总体成绩最好,而中国学生又是亚洲最好的。

D. 这次 PISA 测试的评估重点是阅读能力，能很好地反映学生的受教育质量。

E. 中国学生在阅读、数学和科学三项排名中均位列第一。

20. 下面有一 5×5 的方阵，它所含的每个小方格中可填入一词（已有部分词填入）。现要求该方阵中的每行、每列及每个粗线条围住的五个小方格组成的区域中均含有“道路”“制度”“理论”“文化”“自信”5 个词，不能重复也不能遗漏。

根据上述要求，以下哪项是方阵顶行①②③④空格中从左至右依次应填入的词？

A. 道路、理论、制度、文化　　B. 道路、文化、制度、理论

C. 文化、理论、制度、自信　　D. 理论、自信、文化、道路

E. 制度、理论、道路、文化

21. 水产品的脂肪含量相对较低，而且含有较多不饱和脂肪酸，对预防血脂异常和心血管疾病有一定作用；禽肉的脂肪含量也比较低，脂肪酸组成优于畜肉；畜肉中的瘦肉脂肪含量低于肥肉，瘦肉优于肥肉。因此，在肉类选择上，应该优先选择水产品，其次是禽肉，这样对身体更健康。

以下哪项如果为真，最能支持以上论述？

A. 所有人都有罹患心血管疾病的风险。

B. 肉类脂肪含量越低对人体越健康。

C. 人们认为根据自己的喜好选择肉类更益于健康。

D. 人必须摄入适量的动物脂肪才能满足身体的需要。

E. 脂肪含量越低，不饱和脂肪酸含量越高。

22～23 题基于以下共同题干：

某剧团拟将历史故事“鸿门宴”搬上舞台，该剧有项王、沛公、项伯、张良、项庄、樊哙、范增 7 个主要角色，甲、乙、丙、戊、己、庚 7 名演员每人只能扮演其中一个，且每个角色只能由其中一人扮演。根据各演员的特点，角色安排如下：

（1）如果甲不扮演沛公，则乙扮演项王；

（2）如果丙或己扮演张良，则丁扮演范增；

（3）如果乙不扮演项王，则丙扮演张良；

（4）如果丁不扮演樊哙，则庚或戊扮演沛公。

22. 根据上述信息，可以得出以下哪项？

A. 甲扮演沛公　　B. 乙扮演项王　　C. 丙扮演张良

D. 丁扮演范增　　E. 戊扮演樊哙

23. 若甲扮演沛公而庚扮演项庄，则可以得出以下哪项？

A. 丙扮演项伯　　B. 丙扮演范增　　C. 丁扮演项伯

D. 戊扮演张良　　E. 戊扮演樊哙

24. 某医学专家提出一种简单的手指自我检测法：将双手放在眼前，把两个食指的指甲那一面贴在一起，正常情况下，应该看到两个指甲床之间有一个菱形的空间；如果看不到这个空间，则说明手指出现了杵状改变，这是患有某种心脏或肺部疾病的迹象。该专家认为，人们通过手指自我检测能快速判断自己是否患有心脏或肺部疾病。

以下哪项如果为真，最能质疑上述专家的论断？

A. 杵状改变可能由多种肺部疾病引起，如肺纤维化、气管扩张等，而且这种病变需要经历较长的一段过程。

B. 杵状改变不是癌症的明确标志，仅有不足40%的肺癌患者有杵状改变。

C. 杵状改变检测只能作为一种参考，不能用来替代医生的专业判断。

D. 杵状改变有两个发展阶段，第一个阶段的畸变不是很明显，不足以判断人体是否有病变。

E. 杵状改变是手指末端软组织积液造成的，而积液是由于过量血液注入该区域导致，其内在机理仍然不明。

25. 曾几何时，快速阅读进入了我们的培训课堂。培训者告诉学员，要按“之”字形浏览文章。只要精简我们看的地方，就能整体把握文本要义，从而提高阅读速度；真正的快速阅读能将阅读速度提高至少两倍，并不影响理解。但近来有科学家指出，快速阅读实际上是不可能的。

以下哪项如果为真，最能支持上述科学家的观点？

A. 阅读是一项复杂的任务，首先需要看到一个词，然后要检索其涵义、引申义再将其与上下文相联系。

B. 科学界始终对快速阅读持怀疑态度，那些声称能帮助人们实现快速阅读的人通常是为了谋生或赚钱。

C. 人的视力只能集中于相对较小的区域，不可能同时充分感知和阅读大范围文本，识别单词的能力限制了我们的阅读理解。

D. 个体阅读速度差异很大，那些阅读速度较快的人可能拥有较强的短时记忆或信息处理能力。

E. 大多声称能快速阅读的人实际上是在浏览，他们可能相当快地捕捉到文本的主要内容，但也会错过众多细枝末节。

26. 每篇优秀的论文都必须逻辑清晰且论据翔实，每篇经典的论文都必须主题鲜明且语言准确。实际上，如果论文论据翔实但主题不鲜明，或者论文语言准确但逻辑不清晰，则它们都不是优秀的论文。

根据以上信息，可以得出以下哪项？

A. 语言准确的经典论文逻辑清晰。　　B. 论据不翔实的论文主题不鲜明。

C. 主题不鲜明的论文不是优秀的论文。　　D. 逻辑不清晰的论文不是经典的论文。

E. 语言准确的优秀论文是经典的论文。

27. 除冰剂是冬季北方用于道路去冰的产品。

除冰剂类型	融冰速度	破坏道路设施的可能风险	污染土壤的可能风险	污染水体的可能风险
Ⅰ	快	高	高	高
Ⅱ	中等	中	低	中
Ⅲ	较慢	低	低	中
Ⅳ	快	中	中	低
Ⅴ	较慢	低	低	低

以下哪项对上述五种除冰剂特征的概括最为准确？

A. 融冰速度较慢的除冰剂在污染土壤和污染水体方面的风险都低。

B. 没有一种融冰速度快的除冰剂三个方面风险都高。

C. 若某种除冰剂至少两个方面风险低，则其融冰速度一定较慢。

D. 若某种除冰剂三个方面风险都不高，则其融冰速度一定也不快。

E. 若某种除冰剂在破坏道路设施和污染土壤方面的风险都不高，则其融冰速度一定较慢。

28. 孩子在很小的时候，对接触到的东西都要摸一摸，尝一尝，甚至还会吞下去。孩子天生就对这个世界抱有强烈的好奇心，但随着孩子慢慢长大，特别是进入学校之后，他们的好奇心越来越少。对此专家认为这是由于孩子受到外在的不当激励所造成的。

以下哪项如果为真，最能支持上述专家的观点？

A. 现在许多孩子迷恋电脑、手机，对书本知识感到索然无味。

B. 野外郊游可以激发孩子的好奇心，长时间宅在家里就会产生思维惰性。

C. 老师家长只看考试成绩，导致孩子只知道死记硬背书本知识。

D. 现在孩子所做的很多事情大多迫于老师家长等的外部压力。

E. 孩子助人为乐能获得褒奖，损人利己往往受到批评。

29～30 题基于以下题干：

某高铁线路设有“东沟”“西山”“南镇”“北阳”“中丘”5 座高铁站。该线路现有甲、乙、丙、丁、戊 5 趟车运行。这 5 座高铁站中，每站均恰好有 3 趟车停靠，且甲车和乙车停靠的站均不相同。已知：

（1）若乙车或丙车至少有一车在“北阳”停靠，则它们均在“东沟”停靠；

（2）若丁车在“北阳”停靠，则丙、丁和戊车均在“中丘”停靠；

（3）若甲、乙和丙车中至少有 2 趟车在“东沟”停靠，则这 3 趟车均在“西山”停靠。

29. 根据以上信息，可以得出以下哪项？

A. 甲车不在“中丘”停靠。

B. 乙车不在“西山”停靠。

C. 丙车不在“东沟”停靠。

D. 丁车不在“北阳”停靠。

E. 戊车不在“南镇”停靠。

30. 若没有车在每个站都停靠，则可以得出以下哪项？

A. 甲车在“南镇”停靠。

B. 乙车在“东沟”停靠。

C. 丙车在“西山”停靠。

D. 丁车在“南镇”停靠。

E. 戊车在“西山”停靠。

第二章

历年逻辑真题精析

2010年管理类联考综合能力逻辑真题精析

答案速查：

1. D	2. A	3. C	4. E	5. D
6. B	7. D	8. E	9. D	10. B
11. A	12. C	13. C	14. A	15. A
16. D	17. B	18. A	19. E	20. C
21. A	22. D	23. A	24. D	25. C
26. D	27. B	28. E	29. C	30. E

1.【答案】 D

【考点】 形式-复合命题推理

【解析】 题干信息：① 阿∨*对→¬好

② (小张)好

结合①②可知：¬(阿∨对)，再去括号，可得：¬阿∧¬对。

选项D符合推理结果，故为正确答案；

选项ABCE均不符合推理结果，故排除。

2.【答案】 A

【考点】 论证-调查统计模型

【解析】 题干论据：对30个人进行识字调查。

题干论点：现在人们的识字水平没有提高甚至有所下降。

选项A指出所选的词语没有代表性，质疑了调查的可靠性，力度最强，故为正确答案；

选项B指出实验者没有博士学位，但博士学位本就较为少见，对于样本代表性的削弱力度弱，故排除；

选项C指出实验选取的词语在网络流行语中不常用，但网络流行语本身就是比较特殊、缺乏规范化的用语，即使一个词语在网络中不常用，也无法说明该词语不具代表性，对

* 为方便考生快速领会本书的相关逻辑关系，特将部分逻辑关联词列举如下：

∧ 联言命题，表示若干种情况都成立，常见标志词为“并且”等。

∨ 相容选言命题，表示若干种情况至少有一种存在，常见标志词为“或者”等。

∀ 不相容选言命题，表示若干种情况有并且只有一种存在，常见标志词为“要么，要么”等。

→ 假言命题，表示事物之间存在某种条件关系（充分条件、必要条件）。常见标志词为“如果，那么”“只有，才”等。

↔ 充分且必要条件假言命题，表示两种情况互为充分条件和必要条件。常见标志词为“当且仅当”等。

¬ 否定符号，常见标志词为“并非”“不”等。

样本代表性的削弱力度弱，故排除；

选项D仅指出“呱呱坠地”这一个词不具备代表性，削弱力度弱，故排除；

选项E说明实验者中有部分学习成绩不佳，有部分学习尚佳，表明选取的样本成绩好坏均有，说明样本具备代表性，有支持力度，故排除。

3.【答案】 C

【考点】 形式-复合命题推理

【解析】 题干信息：① 域∧账∧密↔允许

② （小张）不允许

③ （小张）账

结合①②可知：¬（域∧账∧密），去括号可得：¬域∨¬账∨¬密。再结合③可知：¬域∨¬密。

选项C“域→¬密”与上述推理结果等价，故为正确答案。

选项ABDE均不符合推理结果，故排除。

4.【答案】 E

【考点】 论证-肯定论点

【解析】 司机的结论是定期检查是没有必要的。

选项E表明不做检查也可安全行驶，无法削弱司机的结论，故为正确答案；

选项A直接提出跟题干相反的观点，可以削弱司机的结论，故排除；

选项B表明检查是有必要的，可以削弱司机的结论，故排除；

选项C直接提出跟题干相反的观点，可以削弱司机的结论，故排除；

选项D举例说明定期检查有必要，可以削弱司机的结论，故排除。

5.【答案】 D

【考点】 论证-求因果五法

【解析】 题干中张老师进行了对比实验得出氧气快速产生的原因，使用了求异法。

选项D也使用了求异法，与题干的方法一致，故为正确答案；

选项A“价格越高卖的越火”，使用了共变法，故排除；

选项B使用了剩余法，故排除；

选项C“年纪越大胆子越小”，使用了共变法，故排除；

选项E通过大量观察总结出藻类植物的特征，使用了简单枚举归纳法，故排除。

6.【答案】 B

【考点】 论证-方式相似

【解析】 题干论据：A→B

省略众所周知的前提：¬B

题干论点：¬A

选项B的论据：语言创富→夸夸最富；省略众所周知的前提：¬夸夸最富；得出论点：语言不能创富。与题干方式一致，故为正确答案；

选项A中“湖面怎么不结冰”是反问句，它表达了两层含义，一是湖面会结冰，二是事实上湖面没结冰。但第二层含义不是像“太阳从西边出来”这种能从常识上判断真假的信息，故排除；

选项 C 论据是草木，论点却说到了人，采用了类比的方法，故排除；

选项 D 论据：¬信→受骗；论点：天上不会掉馅饼，与题干方式不一致，故排除；

选项 E 大众的音乐水平是否提高未知，与题干方式不一致，故排除。

7.【答案】 D

【考点】 论证-否定论点

【解析】 题干论据：解决数学问题的计算机程序越来越多。

题干论点：基础数学课程可以被替代。

若要削弱该论证，就需要找出基础数学课程不可替代的表述。

Ⅰ项表明基础数学课程确实可以被替代，无法削弱，故排除；

Ⅱ项表明基础数学课对于设计计算机程序很重要，不可替代，可以削弱题干论证；

Ⅲ项表明基础数学课对于思维能力很重要，不可替代，可以削弱题干论证。

选项 D 符合上述分析，故为正确答案；

选项 ABCE 均不符合上述分析，故排除。

8.【答案】 E

【考点】 形式-复合命题推理

【解析】 题干信息：① ¬(雨∨风)→唱歌 =¬雨∧¬风→唱歌

② ¬雨

选项 E 将“¬风”与条件①②结合，可推出它在平台唱歌，故为正确答案。

选项 ABCD 由题干信息无法得出，故排除。

9.【答案】 D

【考点】 论证-因果模型

【解析】 题干结论：异地通婚导致智商较高。

选项 D 表明是父母的高智商导致异地通婚，父母的高智商提高了子女的智商，并非是异地通婚提高了下一代的智商，可以削弱题干的因果关系，故为正确答案；

选项 A 指出样本不够多，但统计结果未必不准确，削弱力度较弱，故排除；

选项 B 中“一些”无法构成对题干“平均”智商的反驳，故排除；

选项 C 中“一些”无法构成对题干“平均”智商的反驳，故排除；

选项 E 仅提及基因接近，但基因如何影响智商题干并未涉及，无法削弱题干结论，故排除。

10.【答案】 B

【考点】 论证-解释矛盾现象

【解析】 题干需解释的现象：成品油生产商的运营成本提高了，但是利润没有减少，反而增加了。

选项 B 指出，政府为成品油生产商提供了补助，使其收入提高，所以这些生产商可以在成本上升的情况下增加利润，故为正确答案；

选项 A 给出原油成本在总成本中仅占一半，但这并未改变运营总成本大幅增加的事实，也未提及利润问题，无法解释题干矛盾，故排除；

选项 C 中虽然降低“个别”雇员的工资，但不足以弥补运营总成本大幅增加所带来的支出，无法解释题干矛盾，故排除；

选项 D 说明除了原油，别的成本也提高了，无法解释题干矛盾，故排除；

选项 E 中虽然一部分原油成本没有上升，但总原油成本是增加的，对利润的影响是反向的，无法解释题干矛盾，故排除。

11.【答案】 A

【考点】 形式-二难推理

【解析】 题干信息：① $X \vee Y$

② $\neg Y \vee \neg Z = Z \to \neg Y$

③ $\neg Z \to \neg Y$

结合条件②③可得：$\neg Y$，再结合①可得：X。

选项 A 符合上述推理结果，故为正确答案；

选项 BCDE 均不符合推理结果，故排除。

12.【答案】 C

【考点】 论证-解释单一现象

【解析】 题干需解释的现象：5 岁前看电视超过 2 小时，长大后出现行为问题的风险会增加。

选项 C 涉及看电视时间过长对于孩子行为的影响，直接解释了题干中行为问题产生的原因，故为正确答案；

选项 A 仅提及电视节目，未提及观看时长，力度较弱，故排除；

选项 B 既没提及观看时长，也未提及行为问题，故排除；

选项 D 分析能力不属于行为问题，“长时间看电视”也不等于“只对电视节目感兴趣”，与题干要解释的现象无关，故排除；

选项 E 说的是长时间看电视对于身心健康的影响，不属于行为问题，故排除。

13.【答案】 C

【考点】 论证-给解释

【解析】 题干观点：文理分科导致科普图书读者市场没形成。

选项 C 指出缺乏理科背景的人，对科学敬而远之，从而导致他们不喜欢阅读科普类图书，而缺乏理科背景正是文理分科导致的结果，故为正确答案；

选项 A 说明学科背景与读书兴趣未必有直接关系，是削弱项，故排除；

选项 B 说明不是文理分科导致的缺乏科普图书市场，而是有效供给不足，是削弱项，故排除；

选项 D 仅给出一些书籍畅销的理由，而国内书籍为何不畅销并未提及，故排除；

选项 E 涉及科学精神的传播，与题干无关，故排除。

14.【答案】 A

【考点】 形式-复合命题推理

【解析】 题干中的两种断定是：① 小轨 $\forall$ 逐出

② 小轨 $\vee$ 逐出

题干要求两种断定只能有一种为真，而上述命题间存在充分条件关系，即①→②。若①为真，则②也为真，这样会违背题干要求，故①必须为假，②为真。

同时满足①假②真的情况只有：小轨∧逐出。

选项A符合推理结果，故为正确答案。

选项BCDE均不符合推理结果，故排除。

15.【答案】 A

【考点】 论证-因果模型

【解析】 题干的假设：鸽子在等待身体跟进的时候，暂时静止的头部有利于鸽子获得稳定的视野，看清周围的食物。

选项A与题干构成无因无果的对比，支持题干中的假设，故为正确答案；

选项B讨论的是步伐大小与伸缩脖子幅度之间的关系，与题干假设无关，故排除；

选项C仅给出了鸽子伸脖子的原因，未提及是否有利于发现食物与题干假设无关，故排除；

选项D仅解释了为什么头部会运动，未提及是否有利于发现食物与题干假设无关，故排除；

选项E给出雏鸽步态对于成年后的影响，与题干假设无关，故排除。

16.【答案】 D

【考点】 论证-肯定论点

【解析】 环保负责人的看法：S市空气质量的改善得益于控制大气污染的措施。

选项D中相关措施正在研究制定中，还未付诸实践，无法支持题干，故为正确答案；

选项A中"加强了"居民的环保意识，可以体现环保措施的效果，是支持项，故排除；

选项B中"启动了"控制污染方案，表明措施起到了作用，是支持项，故排除；

选项C中"执行了"新的排放标准，表明措施起到了作用，是支持项，故排除；

选项E中"制定了"绿色企业标准，表明措施起到了作用，是支持项，故排除。

17.【答案】 B

【考点】 形式-概念的定义

【解析】 尚左数的特征：左边的数字都比其大或无数字，右边的数字都比其小或无数字。

选项B中所有数字均符合上述特征，故为正确答案；

选项A中4、5、9均不符合上述特征，故排除；

选项C中8不符合上述特征，故排除；

选项D中5、8不符合上述特征，故排除；

选项E中8不符合上述特征，故排除。

18.【答案】 A

【考点】 论证-因果模型

【解析】 题干认为可能是人类过度捕杀导致剑乳齿象灭绝。

选项A是典型的他因削弱，说明是动物相互捕杀导致剑乳齿象灭绝，故为正确答案；

选项B指出剑乳齿象面对人类攻击无法自保，是支持项，故排除；

选项C提及剑乳齿象的回迁，与题干话题无关，故排除；

选项 D 指出人类活动使得食草动物难以生存，剑乳齿象也是食草的，有一定支持力度，故排除；

选项 E 中幼年"自我"生存能力弱，不代表就会灭绝，任何动物幼年生存能力都偏弱，在父母庇护下也能长大，削弱力度较弱，故排除。

19.【答案】 E

【考点】 形式-真假话

【解析】 题干中，第一个选项和第四个选项相互矛盾，所以必有一真一假。已知 4 个选项中只有一句为真，故第二个选项和第三个选项均为假。由第三个选项为假，可知：选择第三个选项后游戏能进行下去。

选项 E 符合推理结果，故为正确答案；

选项 ABCD 均不符合推理结果，故排除。

20.【答案】 C

【考点】 论证-搭桥

【解析】 题干由中国儿童把牛和青草归为一类，鸡为另一类，得出中国儿童习惯按照事物之间的关系分类。要想使该论证成立，需要假设：把牛和青草归为一类→习惯按照事物之间的关系分类。同理，要得出美国儿童习惯按"实体"范畴分类，同样需要假设：把牛和鸡归为一类→习惯按"实体"范畴分类。

选项 C 符合上述分析，故为正确答案；

选项 A 中"马"题干并未提及，故排除；

选项 B 中"鸭"题干并未提及，故排除；

选项 D 不是习惯于按照事物之间的关系来分类，没有建立起美国儿童与按照"实体"分类的联系，故排除；

选项 E 不是按照"实体"分类，也没有建立起中国儿童与按照事物之间关系分类的联系，故排除。

21.【答案】 A

【考点】 形式-关系命题推理

【解析】 题干信息：① 相互理解→相互尊重

② 相互信任→相互理解

③ ¬自重→¬被尊重

④ ¬被尊重→¬被信任

选项 A 由③④可推出：¬自重→¬被信任，故为正确答案；

选项 B 由①②可推出：相互信任→相互尊重，即相互尊重是相互信任的必要条件，故排除；

选项 C 中"自信"与"自重"间的关系题干并未提及，故排除；

选项 D 中"自信"与"信任"间的关系题干并未提及，故排除；

选项 E 中"自信"与"被尊重"间的关系题干并未提及，故排除。

22.【答案】 D

【考点】 论证-方式相似

【解析】题干中的问题是比较哪个最优，回答则是通过对比后选择采纳大众的观点。

选项 D 与题干的问题一致，回答也是对比后走大众选择的路，故为正确答案；

选项 A 的回答是选择大众不选的，故排除；

选项 B 的回答只涉及花店的人多不多，没有对比，故排除；

选项 C 的回答没有采纳大众的选择，而是根据个人性格、习惯选择，故排除；

选项 E 的回答只涉及高年级得分高的同学，没有对比，故排除。

23.【答案】 A

【考点】分析推理-对应

【解析】根据题干要求排除选项即可：

选项 A 与题干的要求不矛盾，可能为真，故为正确答案；

选项 B 不可能为真，因为林宏不买红色车，故排除；

选项 C 不可能为真，因为何柏不买白色车，故排除；

选项 D 不可能为真，因为邱辉不买灰色车，故排除；

选项 E 不可能为真，因为何柏不买白色车，故排除。

24.【答案】 D

【考点】论证-谬误相似

【解析】题干的论证犯了集合性质误用的错误，第一个“北极熊”是非集合概念，第二个“北极熊”是集合概念。

选项 D 是一个正确的论证，未出现谬误，故为正确答案；

选项 A 中第一个“儿童”是集合概念，第二个“儿童”是非集合概念，与题干谬误一致，故排除；

选项 B 中第一个“鲁迅的作品”是集合概念，第二个“鲁迅的作品”是非集合概念，与题干谬误一致，故排除；

选项 C 中第一个“中国人”是集合概念，第二个“中国人”是非集合概念，与题干谬误一致，故排除；

选项 E 中第一个“外语”是非集合概念，第二个“外语”是集合概念，与题干谬误一致，故排除。

25.【答案】 C

【考点】形式-复合命题推理

【解析】题干信息：① 甲→乙

② ¬丙→¬甲

③ ¬丙 ∀（¬乙 ∨ ¬戊）

④ 丁 ∨ 乙

⑤ ¬乙

从确定信息⑤开始推理：结合①，可得¬甲；结合③可得丙；结合④可得丁。

选项 C 与上述推理结果一致，故为正确选项；

选项 A 与¬甲矛盾，故排除；

选项 B 与丙矛盾，故排除；

选项 D 与¬甲矛盾，故排除；
选项 E 与¬甲矛盾，故排除。

26.【答案】 D
【考点】 论证-判断焦点
【解析】 陈先生认为：非法侵入别人电脑的犯罪性质不如开偷来的车撞伤人严重。
林女士认为：非法侵入别人电脑的犯罪性质与开偷来的车撞伤人一样严重。
选项 D 准确的概括了两人争论的焦点，故为正确答案；
选项 A 中关于开偷来的车是否“危及人的生命”的问题，两人均未提及，故排除；
选项 B 的问题林女士并未提及，故排除；
选项 C 的犯罪性质两人均未提及，故排除；
选项 E 的侵占有形财产与犯罪的条件关系二人均未提及，故排除。

27.【答案】 B
【考点】 分析推理-排序
【解析】 根据题干要求排除选项即可。
选项 B 与几人的意思均不矛盾，故为正确答案；
选项 ACDE 均不符合“小丽想跟小明紧挨着”，故排除。

28.【答案】 E
【考点】 分析推理-概念划分
【解析】 根据参会人员类型，可列表格如下：

类型	亚裔	非亚裔
博士	a	b
非博士	c	d

根据题干信息可知：①a＋b＋c＋d＝60；②a＋c＝31；③a＋b＝33；④d＝4。
②＋③＋④-①可得：a＝8，即亚裔博士有 8 人。
选项 E 符合计算结果，故为正确答案；
选项 ABCD 均不符合计算结果，故排除。

29.【答案】 C
【考点】 论证-比例推因果模型
【解析】 题干论据：推荐免试攻读硕士的文科学生中，女生占 70%；
题干论点：该校本科生文科专业的女生比男生优秀。
选项 C 侧面说明在女生在本科生中本来占比就高，达 70%以上，所以在免试攻读硕士的学生中女生所占的比例高很正常，与女生优秀与否可能无关，构成同比削弱，故为正确答案；
选项 ABDE 均不符合比例推因果的模型，故排除。

30.【答案】 E
【考点】 形式-复合命题推理

【解析】题干信息：① 甲→乙

② ¬丙→丁

③ ¬人参∨¬天麻

④ ¬甲∧丙→人参

⑤ 天麻

⑤天麻，结合③可知，¬人参；再结合④可知，甲∨¬丙；再结合①②可知，乙∨丁。

选项 E 符合推理结果，故为正确答案；

选项 ABCD 均不符合推理结果，故排除。

2011年管理类联考综合能力逻辑真题精析

答案速查：

1. D	2. B	3. A	4. E	5. A
6. D	7. E	8. A	9. B	10. C
11. B	12. E	13. A	14. C	15. B
16. C	17. E	18. B	19. B	20. C
21. D	22. C	23. C	24. E	25. D
26. B	27. C	28. D	29. E	30. D

1.【答案】D

【考点】论证-解释矛盾现象

【解析】题干要求解释普歇和巴斯德实验所得到的不同结果，即：实验流程都一样，为什么巴斯德的培养液在山顶上只有一瓶长出微生物，而普歇的所有培养液都长出了微生物。

选项D表明干草浸液有耐高温的枯草杆菌，培养液冷却后，枯草杆菌又会复活，这就很好地解释了为什么在高海拔地区培养液还是会被微生物污染，故为正确答案；

选项A提到氧气会使微生物生长，但是普歇和巴斯德实验中的氧气含量是一致的，无法解释实验结果的不同，故排除；

选项B说明实验过程中培养液会被污染，但是普歇和巴斯德实验过程是一致的，无法解释实验结果的不同，故排除；

选项C中实验不严密的情况普歇和巴斯德都具有，无法解释实验结果的不同，故排除；

选项E是二人共同的认知，无法解释实验结果的不同，故排除。

2.【答案】B

【考点】形式-简单命题推理

【解析】题干信息：① 初中→¬博士

② 认识哲同→博士

③ 初中认识王

结合①②可得：初中→¬认识哲同，即可得该初中同学不认识张教授哲学研究所的同事；再结合③可得：王研究员不是张教授哲学研究所同事。

选项B符合推理结果，故为正确答案；

选项ACDE均不符合推理结果，故排除。

3.【答案】A

【考点】论证-语义理解

【解析】选项 A 由“透明度高的‘老坑玉’比透明度较低的单位价值高”，以及“没有单位价值最高的‘老坑玉’”可以得出，故为正确答案；

选项 B 不符合题干前提中“老坑玉的特点是水头好”，故排除；

选项 C 题干并未提及“质量很好的翡翠”，故排除；

选项 D 题干并未提及“加工的质量”，故排除；

选项 E 题干并未提及老坑玉与年代之间的关系，故排除。

4.【答案】E

【考点】论证-因果模型

【解析】需质疑的观点是：家庭和学校不适当的教育方法导致了“男孩危机”。

选项 E 引入他因，表明导致男孩危机的原因是游戏，未必是家庭和学校教育问题，构成他因削弱，故为正确答案；

选项 A 表明家庭对于男孩的不利影响，在一定程度上支持了专家的观点，故排除；

选项 B 与“男孩危机”产生的原因无关，故排除；

选项 C 说的是男孩的优势，是无关选项，故排除；

选项 D 未表明女性充当主要角色对男孩有什么影响，是无关选项，故排除。

5.【答案】A

【考点】论证-给解释

【解析】选项 A 由题干可知抚仙湖虫既是昆虫的远祖，又是食泥动物，但题干并未提及其他昆虫的远祖是否食泥，无法支持题干论证，故为正确答案；

选项 B 表明泥盆纪直虾与抚仙湖虫有相似的外骨骼，对于抚仙湖虫是昆虫的远祖有支持作用，故排除；

选项 C 进一步加强了抚仙湖虫与泥盆纪直虾的关系，对于抚仙湖虫是昆虫的远祖有支持作用，故排除；

选项 D 再结合题干抚仙湖虫是真节肢动物，对于抚仙湖虫是昆虫的远祖有支持作用，故排除；

选项 E 排除了消化道中泥沙出现其他来源的可能性，进一步支持了抚仙湖虫是食泥动物，故排除。

6.【答案】D

【考点】论证-解释矛盾现象

【解析】题干需解释的矛盾现象：总物价涨势温和，而老百姓却觉得涨幅很高，且禽蛋类、反季节蔬菜的涨幅确实很大。

选项 D 指出占较大比重的工业消费品价格持续走低，拉低了总物价的涨幅，而此类消费品不是老百姓感受物价的来源，很好地解释了上述矛盾现象，故为正确答案；

选项 A 中“认识偏差”“不同的结果”均未明确表明是怎样不同的偏差和结果，而且最佳的解释项不宜否定矛盾中的任一方，故排除；

选项 B 中“影响因素交织”未表明对居民到底产生了怎样的影响，故排除；

选项 C 只能说明居民对“部分”消费品的感觉存在偏差，但这无法解释为何禽蛋类、反季节蔬菜等商品价格涨幅确实很大的情况下物价总水平的涨势仍然温和，故排除；

选项 E 不同家庭存在差异，但未说明会对物价产生怎样的影响，故排除。

7.【答案】E

【考点】论证-否定论点

【解析】刘教授的观点是：将来网络商店会取代实体店。

选项 E 表明网络商店存在的必要条件就是有实体商店，实体店不可能被取代，极强地削弱了刘教授的观点，故为正确答案；

选项 A 表明网络商店有一定的缺陷，未必能取代实体店，有削弱力度，但不如 E 强，故排除；

选项 B 仅表明高档品牌商店有不可替代性，力度较弱，故排除；

选项 C 说明网络购物存在快递方面的问题，力度较弱，故排除；

选项 D 仅表明销售贵重物品的商店有不可替代性，力度较弱，故排除。

8.【答案】A

【考点】论证-平均数谬误

【解析】题干论据：甲国的婚姻平均存续时间是 8 年；

题干论点：钻石婚、金婚、白头偕老很难得。

选项 A 说明是"闪婚族"拉低了婚姻平均存续时间，不代表没有存续时间长的婚姻，质疑了张先生的理解，故为正确答案；

选项 B 婚姻质量在题干中并未提及，是无关选项，故排除；

选项 C 解释了过去和现在有不同的步入婚姻的方式，但未表明对婚姻存续时间有什么影响，是无关选项，故排除；

选项 D 提及恋爱时间的长度，与婚姻存续时间无关，故排除；

选项 E 仅说明婚姻中的爱情不再美好，与婚姻存续时间无关，故排除。

9.【答案】B

【考点】形式-真假话

【解析】题干信息：① 手机

② 冰箱→¬彩电

③ ¬手机→¬电脑

④ 冰箱∧彩电

从特殊关系入手，②和④是矛盾的，必然一真一假；再结合题干的信息"只有一真"，那么剩下①③必然为假；由③为假可知手机没盈利且电脑盈利，此时彩电和冰箱部门的情况无法确定。

选项 B 中"电脑部门没盈利"为假，因此整句话不可能为真，故为正确答案；

选项 ACDE 均与推理结果不矛盾，故排除。

10.【答案】C

【考点】论证-解释单一现象

【解析】题干需解释的现象：为什么数字技术还未能取代纸质书。

选项 C 没有说明收藏的方式是收藏纸质书籍还是电子书籍，无法解释题干现象，故为正确答案；
选项 A 说明纸质书体验感比电子书好，可以解释上述现象，故排除；
选项 B 说明电子阅读存在劣势，可以解释上述现象，故排除；
选项 D 说明电子阅读存在劣势，可以解释上述现象，故排除；
选项 E 说明电子阅读存在劣势，可以解释上述现象，故排除。

11.【答案】 B
【考点】 论证-搭桥
【解析】 陈华的论据：我不是故意的；
陈华的论点：不应判我违规。
要使该推理成立，需搭桥：不故意→不违规 = 违规→故意。
选项 B 与上述分析结果一致，故为正确答案；
选项 ACDE 均不符合分析结果，故排除。

12.【答案】 E
【考点】 论证-给相反解释
【解析】 演员的担心：未来计算机生成的图形和动画会替代真人表演。
选项 E“只能”表明不管导演喜不喜欢，都必须用演员，演员是不可替代的，削弱力度非常强，故为正确答案；
选项 A 只能和真人交流，真人未必是演员，也可能是计算机技术人员，无法削弱演员的担心，故排除；
选项 B 并未表明制片人会如何选择，削弱力度弱，故排除；
选项 C 表明未来人们更倾向于何种电影是未知的，无法削弱演员的担心，故排除；
选项 D 表明仅有部分人不喜欢去电影院看 3D 电影，削弱力度弱，故排除。

13.【答案】 A
【考点】 论证-论证漏洞
【解析】 题干论据：公达律师事务所擅长刑事案件，而老余擅长离婚案件。
题干论点：老余不是公达的成员。
题干论证默认了律师事务所整体具有的特征其律所成员就应该有。
选项 A 准确地指出了该论证的隐含假设不成立，故为正确答案；
选项 B 不符合上述分析，故排除；
选项 C 不符合上述分析，故排除；
选项 D 不符合上述分析，故排除；
选项 E 描述的论证方向与题干论证相反，题干是由整体情况来推断个体情况，而非由个体情况推断整体情况，故排除。

14.【答案】 C
【考点】 论证-肯定论点
【解析】 题干结论：形式语言和自然语言同等重要，把它们结合起来更好。
选项 C 体现了形式语言和自然语言缺一不可，可以支持题干结论，故为正确答案；
选项 A 只强调了形式语言的重要性，违背题干结论，故排除；

选项 B 只强调了自然语言的重要性，违背题干结论，故排除；
选项 D 只强调了形式语言的重要性，违背题干结论，故排除；
选项 E 表明两种语言都不重要，违背题干结论，故排除。

15.【答案】 B

【考点】 论证-求因果五法

【解析】 题干对比了喝茶的人和不喝茶的人，喝茶的人都没病，不喝茶的人都有病，从而得出结论：喝茶是不得病的原因。运用了求异法。

选项 B 同样运用了求异法，对比施氮肥和未施氮肥的两块地，得出施氮肥是高产的原因，故为正确答案；
选项 A 运用了剩余法，故排除；
选项 C 是二难推理，故排除；
选项 D 运用了剩余法，故排除；
选项 E 运用了共变法，故排除。

16.【答案】 C

【考点】 论证-结构相似

【解析】 题干结构：$A\to B$，有的 $B\to C$，$D\to\neg C$。所以，$D\to\neg A$。

选项 C 结构为：$A\to B$，有的 $B\to\neg C$，$D\to\neg E$。所以，$D\to\neg C$。与题干结构不一致，故为正确答案；
选项 ABDE 均与题干结构一致，故排除。

17.【答案】 E

【考点】 论证-语义理解

【解析】 选项 E 由于挪威是世界上生活质量最高的国家，所以挪威的生活质量指数也高于非洲各国，可从题干统计数据中得出，故为正确答案；

选项 A 统计数据中并没有提到所有发展中国家的情况，难以得出“都”低于西方国家，故排除；
选项 B 题干仅提及莫桑比克生活质量的增速，未表明绝对指数是多少，故排除；
选项 C 由题干信息难以得出 2006 年的情况，故排除；
选项 D 由题干信息难以得出 2006 年的情况，故排除。

18.【答案】 B

【考点】 分析推理-排序

【解析】 5 人中 2 人未达到优秀，说明有 2 人没超过 120 分，再结合刘强为 118 分，而且刘强比周梅分高，说明刘强与周梅就是仅有的未达优秀的两个人。根据蒋＋王＜张＋刘，刘强又是 4 人中分数最低的，所以张华是最高分。

选项 B 符合上述分析结果，故为正确答案；
选项 A 周梅＞蒋明＞刘强，违背仅有周梅、刘强未达优秀的推理结果，故排除；
选项 C 刘强＞王丽＞周梅，违背仅有周梅、刘强未达优秀的推理结果，故排除；
选项 D 张华不是最高分，与上述分析结果不符合，故排除；
选项 E 张华不是最高分，与上述分析结果不符合，故排除。

19.【答案】 B

【考点】 形式-真假话

【解析】 赵和李的观点中，均出现智能技术，由智能技术为切入点。若发展智能技术为真，赵和李的话必然为真，与题干仅有一真矛盾，因此不能发展智能技术。所以，可排除选项 ACDE。

选项 B 符合题干要求，故为正确答案。

20.【答案】 C

【考点】 论证-否定论点

【解析】 该教授通过对双胞胎的调查研究得出外表老则寿命短。

选项 C 说明外表年龄与生命老化关系不大，直接削弱了该调查的结论，故为正确答案；

选项 A“可能”力度弱，故排除；

选项 B 研究助手从事研究时间的长短与研究结论的正误无关，故排除；

选项 D 没有谈及生命老化与外表年龄的关系，故排除；

选项 E“心理成熟”也与教授调查结论无关，故排除。

21.【答案】 D

【考点】 论证-举例

【解析】 李教授的观点是：无糖饮料容易导致肥胖。

选项 D 中列举了胖子常喝无糖饮料，进一步印证了上述观点，故为正确答案；

选项 A 说的是茶的好处，与李教授的观点无关，故排除；

选项 B 有因无果，是削弱项，故排除；

选项 C 甜食与无糖饮料无关，故排除；

选项 E 未表明这批人是否肥胖，故排除。

22.【答案】 C

【考点】 形式-简单、复合命题推理

【解析】 题干信息：① 年终奖→全部合格

② 财务部有些员工合格

③ 综合部都年终奖

④ 行政赵合格

由②无法判断财务部是否全部合格，Ⅰ可能为真；

由④无法判断行政部其他人是否合格，更无法结合①来判断行政部有没有人得到年终奖，Ⅱ可能为真；

结合①和③可以推出综合部全部合格，Ⅲ与该结论矛盾，不可能为真；

由②无法判断财务部是否全都合格，也无法判断财务部是否有人得到年终奖，Ⅳ可能为真。

选项 C 符合推理结果，故为正确答案；

选项 ABDE 均不符合推理结果，故排除。

23.【答案】 C

【考点】 论证-解释单一现象

【解析】题干需解释的现象：古时候近视的人少。

选项C讨论的是近视的危害，与题干中的现象无关，故为正确答案；

选项A指出因为古人读书的人少且时间少，所以近视少，可以解释题干现象，故排除；

选项B指出因为古人运动较多，所以近视少，可以解释题干现象，故排除；

选项D指出因为古人读书少，所以近视少，可以解释题干现象，故排除；

选项E指出因为古人用毛笔距离远且字大，所以近视少，可以解释题干现象，故排除。

24.【答案】E

【考点】论证-必要假设

【解析】题干论据：知识符合逻辑，是科学；想象力无章可循，是荒诞；想象力被知识驱逐后只能重复前人的发现。

题干论点：想象力和知识是天敌。

Ⅰ、Ⅱ必须假设，如果不假设该项，则想象力和知识就可以并存了。由想象力丧失以后终身只能重复可知Ⅲ必须假设，如果大脑被知识占据后消失的想象力可以重新恢复，则终身只能重复的说法就不能成立。

选项E符合题干要求，故为正确答案；

选项ABCD均不符合题干要求，故排除。

25.【答案】D

【考点】形式-矛盾命题

【解析】选项D"创造性且非想象力"与家长"有想象力才能进行创造性劳动"的观点矛盾，故为正确答案。

选项A由题干上学后大多数人的想象力被知识驱逐出境，难以得出所有人的情况，与家长的观点不矛盾，故排除；

选项B与题干观点一致，故排除；

选项C题干未提及"发现知识"，故排除；

选项E题干未提及"逐渐的过程"，故排除。

26.【答案】B

【考点】论证-搭桥

【解析】该总裁言论的论据：我不喜欢被前任总裁批评；

该总裁言论的论点：我不会批评继任者。

对论据和论点进行搭桥，即为该论证的假设，即：不喜欢→不批评 = 批评→喜欢。

选项B符合题干要求，故为正确答案；

选项ACDE均不符合题干要求，故排除。

27.【答案】C

【考点】形式-二难推理

【解析】题干信息：① 熊猫→虎 =¬虎→¬熊猫

② 玳瑁→¬巴西

③ 玳瑁∨¬虎

①②③构成二难推理，可得¬巴西∨¬熊猫

选项 C 与推理结果矛盾，故为正确答案。

选项 ABDE 均与推理结果不矛盾，故排除。

28.【答案】 D

【考点】论证-措施方法模型

【解析】该提议的目的是为了缓解交通压力。

选项 D 表明实施了该提议也没用，别的时间段还是会堵，是最佳选项，故为正确答案；

选项 A 说明该提议会影响人们工作的积极性，但未谈及能否缓解交通压力，故排除；

选项 B 说明该提议会影响人们的工作效率，但未谈及能否缓解交通压力，故排除；

选项 C 说明该提议对工作有影响，但未谈及能否缓解交通压力，故排除；

选项 E 说明该提议对"有些"员工可能没有意义，但"有的"削弱力度弱，故排除。

29.【答案】 E

【考点】论证-给解释

【解析】题干结论：乘飞机越来越安全。

选项 E 说的是汽车更危险，这无法说明乘飞机越来越安全，故为正确答案；

选项 A 逃生概率提高可以支持乘飞机更安全了，故排除；

选项 B 对机组人员安全培训可以支持乘飞机更安全了，故排除；

选项 C 交通控制完善可以支持乘飞机更安全了，故排除；

选项 D 避免"机鸟互撞"的技术完善可以支持乘飞机更安全了，故排除。

30.【答案】 D

【考点】论证-因果模型

【解析】陈医生的观点：可以通过硅化合物吸收铝来治疗行为痴呆。

选项 D 通过排除因果倒置支持了题干的论证，若铝是导致痴呆症的原因，那么使用硅化合物来治疗是无法起到作用的，故为正确答案；

选项 A 题干未谈及具体数量变化与否，是无关选项，故排除；

选项 B 仅表明用硅化合物吸收铝的方法没有副作用，无法确保方法一定有效果，故排除；

选项 C 题干未谈及患者年龄，是无关选项，故排除；

选项 E 题干未谈及病情严重程度，是无关选项，故排除。

2012 年管理类联考综合能力逻辑真题精析

答案速查：

1. E	2. C	3. D	4. D	5. D
6. D	7. E	8. E	9. B	10. C
11. E	12. B	13. C	14. A	15. A
16. A	17. D	18. E	19. E	20. A
21. B	22. D	23. E	24. A	25. C
26. D	27. B	28. D	29. B	30. B

1.【答案】E

【考点】论证-措施方法模型

【解析】科学家的建议：用二氧化硫可以为地球降温。

选项 E 表明二氧化硫降温的效果是暂时的，所以二氧化硫不能真的降温，故为正确答案；

选项 A"导致航空乘客呼吸不适"属于二氧化硫带来的副作用，并不能质疑科学家建议的有效性，故排除；

选项 B"放置反射物"，与"二氧化硫"无关，故排除；

选项 C 涉及的方法也与科学家的建议无关，故排除；

选项 D 提到的"破坏大气层结构"属于副作用，并不能质疑科学家建议的有效性，故排除。

2.【答案】C

【考点】形式-矛盾命题

【解析】题干信息：读懂→(文∧生)。

选项 C 中小李的情况带入题干命题中，会使该命题出现前真且后假的情况，与题干信息相违背，故为正确答案；

选项 ABDE 均有可能为真，故排除。

3.【答案】D

【考点】论证-结构相似

【解析】题干的推理结构：A→B，所以¬ B→¬ A。

选项 D 与题干推理结构一致，故为正确答案；

选项 A 推理结构为：A→B，所以¬ A→¬ B，与题干推理结构不一致，故排除；

选项 B 推理结构为：A→B，所以 B→A，与题干推理结构不一致，故排除；

选项 C 推理结构为：A→B，所以 B→A，与题干推理结构不一致，故排除；

选项 E 推理结构为：¬ A→¬ B，所以¬ B→¬ A，与题干推理结构不一致，故排除。

4.【答案】 D

【考点】 形式-复合命题推理

【解析】 题干信息：① 物理∨化学

② （王）物理

③ （周）¬化学

由①③结合可知：周波喜欢物理，所以Ⅰ为真；

由①②结合无法进行有效推理，因此无法确定王涛是否喜欢化学，所以Ⅱ不一定为真；

由①等值于"¬物理→化学"可知Ⅲ为真。

题干并未提及喜欢物理和化学的具体人数，所以Ⅳ不一定为真。

选项 D 符合推理结果，故为正确答案；

选项 ABCE 均不符合推理结果，故排除。

5.【答案】 D

【考点】 形式-二难推理

【解析】 题干信息：① ¬ B→¬ A

② ¬ A∨¬ B

③ A↔B

②等价于 B→¬ A，再结合①可构成二难推理，可得¬ A，再结合③可得¬ B。

选项 D 符合推理结果，故为正确答案；

选项 ABCE 均不符合推理结果，故排除。

6.【答案】 D

【考点】 形式-真假话

【解析】 题干信息：① 西三→北四

② 南二→¬西一

③ ¬南二

④ 北四

已知③→②，又因为只有一位预测为真，因此③不可能为真，故江南是第二。同理，④→①，因此④不可能为真，故江北不是第四，所以可得：⑤北一或北三。由③④都为假，可得①②一真一假。如果①假②真，可得：⑥临西第三。又因为江南是第二、江北不是第四，所以江北是第一，临东是第四。如果①真②假，可得：⑦临西第一。又因为江南是第二、江北不是第四，所以江北是第三，临东是第四。综合两种情况可得：临东是第四。

选项 D 符合推理结果，故为正确答案；

选项 ABCE 均不符合推理结果，故排除。

7.【答案】 E

【考点】 形式-矛盾命题

【解析】 题干信息：争取→（笔记本∨提成）。

选项 E 中台式电脑不是笔记本电脑，带入题干的命题中，会出现前真且后假的情况，可以证明经理没有兑现承诺，故为正确答案；

选项 ABCD 均无法说明经理没有兑现承诺，故排除。

8.【答案】 E

【考点】 形式-复合命题推理

【解析】 既不是都采访到，也不是都没采访到，那就是采访到其中的一个，没采访到另一个。至于被采访者到底是谁，题目并未明确说明。

选项 E 符合推理结果，故为正确答案；

选项 ABCD 均不符合推理结果，故排除。

9.【答案】 B

【考点】 形式-复合命题推理

【解析】 题干信息：① 上内网→通过认证

② 无业绩→不通过认证

①②联合可得：上内网→通过认证→业绩

张辉业绩好，对于上述命题来说是肯后，所以无法判断张辉是否通过认证，是否能上内网；王纬没有良好的业绩，对于上述命题来说是否后，可得王纬不能上内网。

选项 B 符合推理结果，故为正确答案；

选项 ACDE 均不符合推理结果，故排除。

10.【答案】 C

【考点】 形式-概念的定义

【解析】 张教授的观点：中文的特征是字形与字义相互关联；英语的特征是字形与字义关联度不大。

选项 C 通过眼睛和床的例子表明英语的字形与字义相互关联，不符合张教授的观点，故为正确答案；

选项 AB 符合张教授的观点，故排除；

选项 DE 未涉及字形与字义的关联，是无关项，故排除。

11.【答案】 E

【考点】 论证-解释矛盾现象

【解析】 题干需解释的现象：用手机等电子设备不会对飞机通信系统或定位系统造成干扰，但是航空公司仍然禁止乘客用手机等电子设备。

Ⅰ给出了新的理由，手机会对地面导航造成干扰，可以解释；

Ⅱ表明使用手机会影响机组人员工作，可以解释；

Ⅲ表明使用电子设备对自动驾驶仪有干扰，可以解释。

选项 E 符合推理结果，故为正确答案；

选项 ABCD 均不符合推理结果，故排除。

12.【答案】 B

【考点】 形式-矛盾命题

【解析】 题干信息：① 沙特→¬石油

② 石油∨中国

③ ¬中国∨¬石油

王刚没有接受任何一条建议，即王刚的行程与①②③均矛盾。

① 的矛盾命题是：沙特∧石油；

② 的矛盾命题是：(石油∧中国)∨(¬石油∧¬中国)；

③ 的矛盾命题是：中国∧石油。

要同时满足①②③的矛盾命题，只能是：中国∧石油∧沙特。

选项 B 符合推理结果，故为正确答案；

选项 ACDE 均不符合推理结果，故排除。

13.【答案】 C

【考点】 形式-复合命题推理

【解析】 董事长的意思：¬自信→一定输

=不一定输→自信

=可能不输→自信

选项 C 符合推理结果，故为正确答案。

选项 ABDE 均不符合推理结果，故排除。

14.【答案】 A

【考点】 形式-矛盾命题

【解析】 总经理的观点：青睐→明星产品。

选项 A 带入题干命题中，会使该命题出现前真且后假的情况，可以质疑总经理的论述，故为正确答案；

选项 BCDE 均无法质疑总经理的论述，故排除。

15.【答案】 A

【考点】 论证-谬误相似

【解析】 题干论证由不能证明鹌鹑蛋有问题，得出鹌鹑蛋没问题，属于诉诸无知谬误。

选项 A 由不能证明宇宙没有边际，得出宇宙有边际，与题干谬误一致，故为正确答案；

选项 BCDE 均未出现诉诸无知谬误，故排除。

16.【答案】 A

【考点】 形式-概念的定义

【解析】 选项 A 中人物画与工笔画有部分重叠，根据题干定义是交叉关系，故为正确答案；

选项 B 中《盗梦空间》与最佳影片关系不确定，故排除；

选项 C 中 30 岁的食堂经理与学生是全异关系，故排除；

选项 D 中微波炉清洁剂与氯气是全异关系，故排除；

选项 E 中高校教师与教授是包含关系，故排除。

17.【答案】 D

【考点】 论证-谬误相似

【解析】 “绿地属于小区所有人”，这里的“人”是代表整体的集合概念，而“我是小区的人”这里的“人”是代表个体的非集合概念。小李的错误是把集合概念与非集合概念混淆了。

选项 D 中第一个“莫尔碧骑士”是集合概念，第二个“莫尔碧骑士”是非集合概念，其谬误与题干一致，故为正确答案；

选项 ABCE 均未出现集合性质误用，故排除。

18.【答案】 E

【考点】 论证-方式相似

【解析】 李四光由松辽平原和中亚细亚有相同的地质结构，且中亚细亚有石油，得出松辽平原也有石油，使用的方法是类比推理。

选项 E 使用了类比推理，得出塔里木河流域同样能种植长绒棉，故为正确答案；

选项 A 未使用类比推理，故排除；

选项 B 得出小张未中奖，结果与题干不一致，故排除；

选项 C 得出大葱严重滞销，结果与题干不一致，故排除；

选项 D 未明确指出种植西瓜的结果，故排除。

19.【答案】 E

【考点】 形式-复合命题推理

【解析】 题干信息：① 勇于承担→直面媒体

② 没有责任→聘请律师

事实 1：没有聘请律师，带入②可得此人有责任。

事实 2：逃走，没有直面媒体，带入①可得不勇于承担。

结合两个事实就是：他有责任，而且没有勇气承担。

选项 E 符合推理结果，故为正确答案；

选项 ABCD 均不符合推理结果，故排除。

20.【答案】 A

【考点】 形式-复合命题推理

【解析】 题干论据：有的通信网络→个人安全；

题干结论：有的通信网络→不外包。

要使题干中的论证成立，需进行搭桥，补充“个人安全→不外包”即可。

选项 A 符合题干要求，故为正确答案；

选项 BCDE 均不符合题干要求，故排除。

21.【答案】 B

【考点】 论证-类比模型

【解析】 题干论据：白藜芦醇能防止骨质疏松和肌肉萎缩；

题干论点：那些长时间在国际空间站或宇宙飞船上的宇航员或许可以补充一下白藜芦醇。

选项 B 中老鼠为失重状态，与宇航员所处环境相似度高，并通过对比试验，证明白藜芦醇的作用，支持力度最强，故为正确答案；

选项 A 中葡萄酒有作用不代表白藜芦醇有用，也可能是葡萄酒中其他的物质的作用，故排除；

选项 C 中针对的人是否处于失重状态、是否包括宇航员等问题均不清楚，故排除；

选项 D 中葡萄酒有作用不代表白藜芦醇有用，也可能是葡萄酒中其他的物质的作用，故排除；

选项 E 提到的“某些机能”指向不明，故排除。

22.【答案】D

【考点】论证-解释单一现象

【解析】题干需解释的现象：艺术品能在一次“流通”中就实现大幅度增值。

选项 D 仅表明赝品不会影响艺术品的交易价格，至于为什么艺术品能增值，该项并未提及，故为正确答案；

选项 A 艺术品的不可再造性可能会使其大幅升值，可以解释题干现象，故排除；

选项 B 艺术品的收藏抬高了其价格，可以解释题干现象，故排除；

选项 C 炒作抬高了艺术品的价格，可以解释题干现象，故排除；

选项 E 国外资金进入市场拉高了艺术品的价格，可以解释题干现象，故排除。

23.【答案】E

【考点】形式-直言命题推理

【解析】题干命题为：有的同学定位不准。

Ⅰ＝有的同学定位不准，一定为真；

Ⅱ＝有的同学定位准，与题干命题为下反对关系，无法判断真假；

Ⅲ＝Ⅱ，无法判断真假。

Ⅳ所有同学定位都不准，“有的”推不出“所有”，无法判断真假。

选项 E 符合推理结果，故为正确答案；

选项 ABCD 均不符合推理结果，故排除。

24.【答案】A

【考点】形式-直言命题推理

【解析】题干信息：① 护城河→廉价

② 廉租→北麓

③ 东向→别墅

④ 廉价→廉租

⑤ 有的单室两限房→北麓

⑥ 别墅→南麓

将题干信息符号化后串起来可得：⑦护城河→廉价→廉租→北麓；⑧东向→别墅→南麓。

选项 A 由⑧可知东向的房屋必然在南麓，而由⑦可知护城河两岸的房子都在北麓，故不可能出现东向的护城河两岸的房屋，故为正确答案；

选项 B 由⑤可知凤凰山北麓可能会出现两限房，故排除；

选项 C 题干未表明廉租房是否是单室套，可能为真，故排除；

选项 D 题干未表明护城河两岸是否是单室套，可能为真，故排除；

选项 E 题干未提及南向的房屋，可能为真，故排除。

25.【答案】C
【考点】论证-给解释
【解析】选项C明显不能减轻医院对鲜花的担心，反而在增加担心，故为正确答案；
选项A说明鲜花所具有的细菌并不会导致健康问题，可以减轻担心，故排除；
选项B说明鲜花有助于病人康复，可以减轻担心，故排除；
选项D说明鲜花不会争夺病人的氧气，可以减轻担心，故排除；
选项E说明鲜花不会影响病房里的电子设备，可以减轻担心，故排除。

26.【答案】D
【考点】形式-复合命题推理
【解析】题干规定：非每个工作日都出勤→不可能(绩效∧奖励)；
=有的工作日不出勤→必然(¬绩效∨¬奖励)。
选项D符合推理结果，故为正确答案；
选项ABCE均不符合推理结果，故排除。

27.【答案】B
【考点】形式-直言命题推理
【解析】由“并不是所有的流感患者均需接受达菲等抗病毒药物的治疗”可知：①有的流感患者不需接受达菲等抗病毒药物的治疗。
Ⅰ与①是下反对关系，可能同真；
Ⅱ=所有流感患者都需接受抗病毒药物治疗，与①是矛盾关系，一定为假；
“不少医生认为……”是医生的观点，这与客观事实是两回事，他们认为的事情未必是真的。Ⅲ无法判断真假，可能为真。
选项B符合推理结果，故为正确答案；
选项ACDE均不符合推理结果，故排除。

28.【答案】D
【考点】分析推理-对应
【解析】选项信息充分时，使用排除法排除选项即可。
根据①，可排除选项BC；根据③，排除选项AE。
选项D符合李先生的预测，故为正确答案。

29.【答案】B
【考点】分析推理-对应
【解析】题干信息：① 哲北→管西
② 管南→哲南
③ 经北∨经西→管北
④ 哲西
④结合②可得：⑤¬管南。
选项B与李先生的预测结果相违背，若选项B成立，则说明李先生的预测错误，故为正确答案；
选项ACDE均不符合题干要求，故排除。

30.【答案】 B

【考点】 分析推理-对应

【解析】 题干信息：① 哲北→管西

② 管南→哲南

③ 经北∨经西→管北

④ 哲西

题干只给出两个学院的录用人选，但由于三个学院录用的人选均来自不同大学，所以可自行补齐信息，得到三个学院的录取情况。

选项 B 中三个学院录取情况是：哲南、经西、管北，与题干信息均不矛盾，故为正确答案；

选项 A 中三个学院录取情况是：哲西、经北、管南，其中管南∧哲西与②不一致，故排除；

选项 C 中三个学院录取情况是：哲北、经西、管南，其中哲北∧管南与①不一致，故排除；

选项 D 中三个学院录取情况是：哲西、经北、管南，其中管南∧哲西与②不一致，故排除；

选项 E 中三个学院录取情况是：哲南、经北、管西，其中经北∧管西与③不一致，故排除。

2013年管理类联考综合能力逻辑真题精析

答案速查：

1. D	2. E	3. A	4. C	5. D
6. B	7. C	8. A	9. B	10. D
11. D	12. A	13. D	14. E	15. A
16. C	17. D	18. B	19. A	20. C
21. E	22. B	23. C	24. A	25. E
26. D	27. A	28. B	29. B	30. D

1.【答案】 D

【考点】 论证-因果模型

【解析】 题干论据：实施计划后，办公用品支出比未实施计划时下降了30%；

题干论点：该计划去年已经为公司节约了不少经费。

选项D通过与未实施计划的公司对比，说明不管是否有这样的计划，公司都可以降低办公用品消耗，无因也有果，证明“计划”和“节约”未必有因果关系，故为正确答案；

选项A仅涉及“年平均消耗额”，未涉及消耗额在不同年份的变动情况，无法与题干公司进行比较，无法质疑总经理的推论，故排除；

选项B“过去的5年”包括了实施办公用品节俭计划的那一年，表明实施计划前后都有无纸化办公制度，而实施节俭计划的年份消耗额却下降，说明节俭计划有作用，是支持项，故排除；

选项C没有严谨的数据分析，不能说明经费是否下降。是否能质疑题干推论具有不确定性，故排除；

选项E该公司去年在其他方面开支增加，无法说明办公用品节俭计划未起作用，故排除。

2.【答案】 E

【考点】 论证-结构相似

【解析】 题干信息：有的高分不是高能，你是高分，所以，你可能不是高能；

题干结构：有的A→¬B，C→A，所以，C→可能¬B。

选项E与题干结构一致，故为正确答案；

选项A的结构为：有的A→¬B，C→¬A，所以C→可能B。与题干结构不一致，故排除；

选项B的论据中没有特称命题，与题干结构不一致，故排除；

选项C的论据中没有特称命题，与题干结构不一致，故排除；

选项 D 的论据中是“富有”，而论点中是“不富有”，性质相反；而题干的论点和论据中都是“¬ B”，性质相同。与题干结构不一致，故排除。

3.【答案】A

【考点】分析推理-对应

【解析】由于三人都是九日游，并且每处景点三人都选择了不同的路线，所以三人的旅游计划均是 2+3+4 日游的组合。

由李明赴南山三日游可推出李明赴东湖是二日或四日；王刚赴南山计划是四日游，可推出王刚赴西岛是二日或三日；再根据李明赴东湖与王刚赴西岛的天数相同，可推出李明赴东湖及王刚赴西岛均为二日游。

选项 A 符合推理结果，故为正确答案；

选项 BCDE 均不符合推理结果，故排除。

4.【答案】C

【考点】形式-复合命题推理

【解析】教授的意思：实心∧纯金→不可能(举∧挥舞)

选项 C 与上述命题等价，故为正确答案；

选项 A 根据教授的意思，由能举过头顶并挥舞，仅可得出“¬实心∨¬纯金”，得不出“很可能”是空心的纯金杯，故排除；

选项 B 由教授的观点得不出实心和纯金之间的条件关系，故排除；

选项 D 根据教授的意思，由纯金且非实心，无法进行有效推理得出能举过头顶并且自由挥舞，故排除；

选项 E 由教授的观点得不出实心和纯金之间的条件关系，故排除。

5.【答案】D

【考点】形式-概念的定义

【解析】原始动机是与生俱来的动机。

选项 D“窈窕淑女，君子好逑”是人生来的生理本能，故为正确答案；

选项 ABCE 均为后天动机，故排除。

6.【答案】B

【考点】形式-关系命题推理

【解析】题干信息：① ¬ x 通丙→甲通 x

② ¬丁通丙

③ x 通甲→丙通 x

把②带入①可知，甲通于丁。又因为丙不通于丙，根据①，可知甲通于丙。

选项 B 符合推理结果，故为正确答案；

选项 ACDE 均不符合推理结果，故排除。

7.【答案】C

【考点】形式-关系命题推理

【解析】题干信息：① ¬ x 通丙→甲通 x

② ¬丁通丙

③ x 通甲→丙通 x

丙不通于任何主机，结合③可知任何主机都不通于甲。

选项 C 由任何主机都不通于甲，可知丁不通于甲，乙也不通于甲，此时选项 C 前真且后假，整个命题必然为假，故为正确答案；

选项 ABDE 均不一定为假，故排除。

8.【答案】 A

【考点】形式-直言命题推理

【解析】本题要求找最可能使小王的话不成立的选项，就是要补充新的论据后，可以得到小王断言的矛盾命题，即该现象不是错觉。

选项 A 为“错觉→解释”，再结合题干已知条件“（该现象）¬解释”，可得：该现象不是错觉，符合题干要求，故为正确答案；

选项 BCDE 均无法推翻小王的断言，故排除。

9.【答案】 B

【考点】论证-因果模型

【解析】研究人员的发现：鸟类是利用右眼“查看”地球磁场的。

选项 B 通过比较右眼未被遮挡和右眼被遮挡的鸟判断方向的情况，证明了右眼是查看磁场的，可以支持题干发现，故为正确答案；

选项 A 比较的是没戴眼罩和随机一只眼睛戴眼罩的鸟判断方向的情况，无法说明到底是左眼还是右眼查看磁场，故排除；

选项 C 右眼被遮挡的鸟反而飞出去了，无法支持研究人员的发现，故排除；

选项 D 比较了左眼未被遮挡和左眼被遮挡的鸟判断方向的情况，证明左眼是查看磁场的，无法支持研究人员的发现，故排除；

选项 E 比较的是随机遮挡一只眼睛和没戴眼罩的鸟判断方向的情况，无法说明到底是左眼还是右眼查看磁场，故排除。

10.【答案】 D

【考点】分析推理-对应

【解析】由条件①②可知王、郑、吴三人当选月份有重叠，无论三人如何重叠，跨度最大为 6 个月。已知⑤至少有 1 人在 1 月当选，若此人是王、郑、吴之一，那么三人中最晚当选的月份为 6 月，王、郑、吴均不能在 7 月当选，无法满足④有 2 人在 7 月当选，因此在 1 月当选的人只能是周某。又因为每个人都在连续的 4 个月当选，所以周某在 1～4 月当选。根据条件③可知，王某不可能在 1～4 月当选，最早可从 5 月开始当选。根据①郑与王仅有三个月同时当选可知郑最早只能从 4 月开始当选，所以不可能有 3 个人同时出现在 1、2、3 月，因此可以排除选项 ABC。选项 E 有 7 月，与题干条件④矛盾，故排除。选项 D 符合推理结果，故为正确答案。

11.【答案】 D

【考点】分析推理-对应

【解析】由第 10 题可知，王某不可能在 1～4 月当选，所以可以快速排除选项 ABC。若王在 7～10 月当选，则郑只能在 6～9 月当选，此时无论吴在 5～8 月还是 7～10 月当选，均有 3 人在 7 月当选，与条件④矛盾，可以排除选项 E。

选项 D 符合推理结果，故为正确答案。

12.【答案】 A

【考点】 论证-解释矛盾现象

【解析】 题干需解释的现象：适婚年龄的男性女性数量基本相同，但参加相亲活动的女性比男生多。

选项 A 被淘汰的男性多，说明单身男性多，与题干中参加相亲活动的女性多相悖，不能作为解释项，故为正确答案；

选项 B 说明女性的要求高，容易造成单身女性多，可以解释，故排除；

选项 C 说明男性出国的多，所以国内剩下的女性多，可以解释，故排除；

选项 D 说明因为外地优秀女性吸引走了更多本地男性，导致当地男性变少，剩下的女性多，可以解释，故排除；

选项 E 说明男性的积极性差，所以女性参加人数相对较多，可以解释，故排除。

13.【答案】 D

【考点】 分析推理-对应

【解析】 座位图可绘制如下：

1	2	
3	4. 李丽	5

陈露所坐的位置不与李丽相邻，故陈露可坐到 1 或 2。

若陈在 1，根据张霞与陈露不能相对，可推出：张霞可在 2、5。

若陈在 2，根据张霞与陈露不能相对，可推出：张霞可在 1、3、5。

由此可得出张霞有四种选择：1、2、3、5。

选项 D 符合推理结果，故为正确答案；

选项 ABCE 均不符合推理结果，故排除。

14.【答案】 E

【考点】 论证-解释矛盾现象

【解析】 题干需解释的现象：每个学院单独分析时，女性录取率高于男性录取率，而考虑总体的录取情况时，女性录取率却低于男性录取率。

选项 E 题干大学是从局部性质出发，而女权主义代表是从整体性质出发，指出局部与整体存在差别即可解释双方的分歧，故为正确答案；

选项 A 题干计算录取率的时候，并未将各学院的录取率简单相加，故排除；

选项 B 解释矛盾现象时，不宜直接否定矛盾，故排除；

选项 C 题干并未忽视局部，故排除；

选项 D 无法解释为什么每个学院单独分析时，女性录取率更高，故排除。

15.【答案】 A

【考点】 形式-矛盾命题

【解析】 李教授的观点：基础好 $\wedge$ 努力 $\rightarrow$ 早成功。

选项 A 小王基础好∧努力∧晚成功，带入李教授的观点，会使其出现前真且后假的情况，与李教授的观点相违背，故为正确答案；

选项 BCDE 均不违背李教授的观点，故排除。

16.【答案】 C

【考点】 论证-肯定论点

【解析】 科学家的判断是：由海水颜色来预测飓风的移动路径。

选项 C 肯定了海水颜色和飓风移动路径之间存在联系，故为正确答案；

选项 A 表明海水温度与生成飓风数量间的关系，与科学家研究内容无关，故排除；

选项 B 表明海水温度与海水颜色之间的关系，与科学家研究内容无关，故排除；

选项 D 表明气候变暖与飓风之间的关系，与科学家研究内容无关，故排除；

选项 E 海水温度与颜色之间关系不确定，与科学家研究内容无关，故排除。

17.【答案】 D

【考点】 形式-真假话

【解析】 题干信息：① ¬乙→¬甲

② ¬乙∧丙

③ 甲∨乙

④ 乙∨丙

观察四个人的回答，①③不可同假，说明唯一的真话在①③之中，此时可知②④都是假话，即乙、丁说假话。

选项 D 不符合推理结果，故为正确答案；

选项 ABCE 均不违背推理结果，故排除。

18.【答案】 B

【考点】 形式-直言命题推理

【解析】 题干信息：① 参→强壮

② 强壮→少病

③ 有的不适→参

选项 B 由①②进行递推可得：参→少病，“少病”带入“参→少病”，无法得出是否参加运动会，故为正确答案；

选项 A 由①②③进行递推可得：有的不适→少病，可以推出，故排除；

选项 C 由①②③进行递推可得：有的不适→少病，换位可得：有的少病→不适，可以推出，故排除；

选项 D 由①③进行递推可得：有的不适→强壮，换位可得：有的强壮→不适，可以推出，故排除；

选项 E 由①②进行递推可得：参→少病，可以推出，故排除。

19.【答案】 A

【考点】 论证-否定论点

【解析】 记者的结论：友南是上赛季西海队的核心队员。

选项 A 明确指出友南在关键场次都输了，而题干对于核心队员的要求是“能在关键场次带领全队赢得比赛”，友南不符合核心队员的要求，最能质疑记者的结论，故为正确答案。

选项 B 未涉及友南是否能带领全队赢得关键场次，无法质疑记者的结论，故排除；

选项 C 虽然友南上阵的情况下西海队胜率暴跌，但并未提及这些场次是否是关键场次，无法质疑记者的结论，故排除；

选项 D 仅提及友南缺席的比赛是什么情况，但是友南参加的场次是否是关键场次，是否赢得了比赛，均未可知，无法质疑记者的结论，故排除；

选项 E 未涉及友南是否带领全队赢得关键场次，无法质疑记者的结论，故排除。

20.【答案】 C

【考点】 论证-结构相似

【解析】 题干论证结构：A∧B→C。C，所以 A∧B。

选项 C 与题干结构一致，故为正确答案；

选项 A 结构：A∧B→C。¬(A∧B)，所以¬ C。与题干结构不一致，故排除；

选项 B 结构：A∧B∧¬ C。所以 A∧B 不一定能 C。与题干结构不一致，故排除；

选项 D 结构：A∧B→C。¬ C，所以¬(A∧B)。与题干结构不一致，故排除；

选项 E 结构：C→A∧B。C，所以 A∧B。与题干结构不一致，故排除。

21.【答案】 E

【考点】 分析推理-对应

【解析】 由只赛过一场的丁入手，结合条件②⑤可知丁不是化学学院、管理学院、哲学学院、数学学院，故丁来自经济学院。由③可知乙不是管理学院的，再结合③⑤，可得乙不是哲学学院、数学学院，故乙来自化学学院。结合②③可知乙和经济学院、哲学学院、数学学院比赛过。再结合⑤可知哲学学院、数学学院至少比过三场。再结合①可知甲只能是管理学院的选手。此时确定了丁来自经济学院、乙来自化学学院、甲来自管理学院，再结合④可知丙不是哲学学院的选手，可确定丙来自数学学院。

列表具体如下：

类型	经	管	哲	数	化
甲	×	√	×	×	×
乙	×	×	×	×	√
丙	×	×	×	√	×
丁	√	×	×	×	×
戊	×	×	√	×	×

选项 E 符合推理结果，故为正确答案；

选项 ABCD 均不符合推理结果，故排除。

22.【答案】 B

【考点】 分析推理-概念划分

【解析】根据学生类型，可列表格如下：

性别	应理	应文	非应理	非应文
男	a	b	c	d
女	e	f	g	h

根据题干信息可知：① $a+b+c+d+e+f+g+h=385$

② $e+f+g+h=189$

③ $b+d=41$

④ $c+d=28$

⑤ $a+e=256$

②+③+④+⑤−①=$e+d=129$，故 $e<130$，$d<130$。

选项 B 符合上述计算结果，故为正确答案；

选项 ACDE 均无法从题干得出，故排除。

23.【答案】 C

【考点】 形式-否定词后移规则

【解析】 不可能所有的应聘者都被录用。

=必然有的应聘者不被录用。

选项 C 可以得出该人士的结论，故为正确答案；

选项 ABDE 均无法得出该人士的结论，故排除。

24.【答案】 A

【考点】 形式-直言命题推理

【解析】 选项 A 张嘉并非来自高校，带入"物理∧报告→高校"，可得"¬物理∨¬报告"，再结合张嘉作了报告，可得他不是物理学会的，故为正确答案；

选项 B 李默并非来自中学，带入"有的(化学∧报告)→中学"，无法判断李默是否是化学学会的，故排除；

选项 C 李默并非来自中学，带入"有的(化学∧报告)→中学"，无法进行有效推理，此时即使知道李默作了报告，也无法判断李默是否是化学学会的，故排除；

选项 D 张嘉并非来自高校，带入"高校∧报告→副教授"，无法判断张嘉是否具有副教授以上职称，故排除；

选项 E 张嘉并非来自高校，带入"物理∧报告→高校"，仅能得出"¬物理∨¬报告"，无法判断张嘉是否是物理学会的，故排除。

25.【答案】 E

【考点】 形式-关系命题推理

【解析】 选项 E 由"至少有两个国家希望与每个国家建交"可以推出，每个国家都至少有一个国家希望与之建交，故为正确答案；

选项 A 中"之间"表明的是一种对称性关系，而题干中并未提及"不希望结盟"是否对称，故排除；

选项 B 根据“有的国家希望与某些国家结盟”，假设有的国家希望与 Y 国结盟；再根据“有的国家不希望与任一国家结盟”，假设 Y 国不希望与任一国家结盟。此时，并不清楚是否有国家不希望与 Y 国结盟，故排除；

选项 C 无法由“有的国家希望与某些国家结盟”得出，故排除；

选项 D 题干并未提及“不希望与之建交”的信息，故排除。

26.【答案】 D

【考点】 形式-直言命题推理

【解析】 题干信息：① 竹同学→德企

② 溪兰是竹同学

③ 洞松是德企经理

④ 有的德企→淮安

⑤ 德企→研修

⑥ 德企→德语

选项 D 由①②可知溪兰在德企工作，再结合⑥可推出溪兰会说德语，故为正确答案；

选项 A 由①③无法判断洞松是否与翠竹是同学，更无法得出洞松与溪兰是否是同学，故排除；

选项 B 由①③无法判断洞松是否与翠竹是同学，故无法得出翠竹是否有同学是部门经理，故排除；

选项 C 由①③无法得出洞松是否与翠竹是同学，故排除；

选项 E 由③④无法得出洞松来自淮安，故排除。

27.【答案】 A

【考点】 论证-因果模型

【解析】 研究人员的观点：长期心跳速度过快导致了心血管疾病。

选项 A 指出是心血管疾病导致心跳速度过快，构成因果倒置的削弱，故为正确答案；

选项 B 中“老年人”在题干中并未提及，且该项并未提及老年人中心血管疾病的情况，故排除；

选项 C 中“老年人”在题干中并未提及，且该项并未提及老年人中心血管疾病的情况，故排除；

选项 D 兔子与人不同，故排除；

选项 E 并未提及年轻人是否容易患心血管疾病，且题干也未提及年龄问题，故排除。

28.【答案】 B

【考点】 形式-复合命题推理

【解析】 题干信息：① 粮稳→菜稳

② ¬油稳→¬菜稳

老李的断定：粮稳 ∧ 肉涨。

选项 B 结合①②可得：粮稳→菜稳→油稳→肉不涨，即粮稳→肉不涨，与老李观点“粮稳 ∧ 肉涨”构成矛盾，最能质疑老李的观点，故为正确答案；

选项 A 结合①②可得：粮稳→菜稳→油稳→肉涨，即粮稳→肉涨，与老李的观点不矛盾，故排除；

选项 C 结合①②可得：肉不涨→油涨→¬油稳→¬菜稳→¬粮稳，即粮稳→肉涨，与老李的观点不矛盾，故排除；

选项 D ¬油稳→肉不涨，与条件①②无法建立递推，无法得出粮食价格与肉类食品价格间的关系，故排除；

选项 E 肉不涨→油稳，与条件①②无法建立递推，无法得出粮食价格与肉类食品价格间的关系，故排除。

29.【答案】 B

【考点】 分析推理-对应

【解析】 题干信息：① 东银∨南银→(¬北龙∧¬北乌)

② 北水∨北银∨东水∨东银

由确定信息北区种植龙柏入手，带入①可得东区和南区均不种植银杏，所以银杏只能种植在西区。再结合②，可得东区种植水杉。此时南区只能种植乌柏。

选项 B 符合推理结果，故为正确答案；

选项 ACDE 均不符合推理结果，故排除。

30.【答案】 D

【考点】 分析推理-对应

【解析】 题干信息：① 东银∨南银→(¬北龙∧¬北乌)

② 北水∨北银∨东水∨东银

由确定信息水杉在西区或南区入手，带入②可知北银∨东银。若银杏在东区，结合条件①可知北区不能种龙柏或乌柏，那么北区只能种水杉，与题干信息“水杉在西区或南区”不一致，所以原假设不成立，故银杏只能种在北区。

选项 D 符合推理结果，故为正确答案；

选项 ABCE 均不符合推理结果，故排除。

2014年管理类联考综合能力逻辑真题精析

答案速查:

1. B	2. D	3. A	4. B	5. A
6. A	7. B	8. B	9. B	10. A
11. A	12. C	13. B	14. E	15. B
16. C	17. D	18. B	19. A	20. D
21. D	22. E	23. E	24. D	25. D
26. D	27. E	28. E	29. D	30. D

1.【答案】 B

【考点】 论证-否定论点

【解析】 专家的观点:光纤网络将大幅提高人们的生活质量。

选项B生活质量“仅”决定于社会生产力的发展水平,说明与光纤网络没有关系,很强地质疑了专家的观点,故为正确答案;

选项A上网费用增加,对生活质量有多大的影响不确定,故排除;

选项C并未提及“消耗在娱乐上”对生活质量有何影响,故排除;

选项D没有光纤也能创造高品质生活,无法质疑光纤对于生活质量的作用,故排除;

选项E网上获得的体验有时是虚幻的,对生活质量有多大的影响不确定,故排除。

2.【答案】 D

【考点】 论证-谬误相似

【解析】 题干中数字87654321与陈梅家的电话号码一样,但是郑强未必知道陈梅家的号码与这串数字一样,故无法得出郑强知道陈梅家的电话号码。题干犯了不当同一替换的谬误。

选项D与题干类似,尽管晨星和暮星是同一颗星,但是黄兵未必知道二者等同,因此无法得到“黄兵相信暮星在早晨出现”的结论,故为正确答案;

选项A中出现的两个“大”是不同的意思,犯了概念混淆的谬误,故排除;

选项B中出现的两个“中国人”,第一个是集合概念,第二个是非集合概念,犯了集合性质误用的谬误,故排除;

选项C“听到比赛结束的哨声”与“1∶0的比分保持到中场”是不同的概念,犯了概念混淆的谬误,故排除;

选项E由部分具有某种属性,就得出整体也具有该属性,犯了合成谬误,故排除。

3.【答案】 A

【考点】形式-矛盾命题

【解析】陈先生孩子的回答是:风雨∧¬彩虹。

选项 A 在题干所给情况下为假,能被题干反驳,故为正确答案;

选项 BCDE 均与陈先生的孩子的回答不违背,故排除。

4.【答案】B

【考点】分析推理-对应

【解析】直接使用排除法带入验证即可。

选项 A 与六位考生的答案进行印证,第一位考生 1 道题都没有答对,与“每位考试都至少答对其中 1 道题”矛盾,故排除;

选项 C 与六位考生的答案进行印证,第六位考生 1 道题都没有答对,与“每位考试都至少答对其中 1 道题”矛盾,故排除;

选项 D 与六位考生的答案进行印证,第二位考生 1 道题都没有答对,与“每位考试都至少答对其中 1 道题”矛盾,故排除;

选项 E 与六位考生的答案进行印证,第一位考生 1 道题都没有答对,与“每位考试都至少答对其中 1 道题”矛盾,故排除。

选项 B 与六位考生的答案进行印证,满足题干要求,故为正确答案。

5.【答案】A

【考点】论证-搭桥

【解析】科学家的论据:过去根据腿骨为圆柱形计算体重,现在发现腿骨是弯曲的;

科学家的论点:过去那种计算方式高估了恐龙腿部所能承受的最大重量。

选项 A 圆柱形腿骨承重更大,进一步说明了根据圆柱形腿骨去计算会高估恐龙体重,支持了题干的结论,故为正确答案;

选项 B 说明过去低估了恐龙的体重,无法支持题干结论,故排除;

选项 C 题干论证并未涉及腿部肌肉的作用,无法支持题干结论,故排除;

选项 D 题干论证并未涉及不同种类恐龙之间的比较,无法支持题干结论,故排除;

选项 E 题干论证并未涉及腿部骨骼是否粗壮,无法支持题干结论,故排除。

6.【答案】A

【考点】论证-求因果五法

【解析】题干论据:番茄红素水平越高,中风发生率越低;

题干论点:番茄红素能降低中风发生率。

选项 A 结合题干已知信息,1 000 人中,番茄红素最高的 250 人有 11 人中风,番茄红素最低的 250 人有 25 人中风,其余 500 人中 50 人中风,计算可得:其余这部分人中风的概率与番茄红素最低的人群是相同的,表明番茄红素水平更高的人群中风率并没有变低,共变中断,最能质疑研究结论,故为正确答案;

选项 B 病情的轻重与中风发生率无关,故排除;

选项 C 调查范围改变,情况也许不同,“也许”表明情况到底如何并不清楚,故排除;

选项 D“番茄红素水平高”的标准不确定,且“四分之一”的比例不大,力度弱,故排除;

选项 E 并未提及研究的 1 000 人中吸烟、高血压、糖尿病的人有多少,也未指明在不同番茄红素水平的人中是如何分布的，对研究结果的影响不确定，故排除。

7.【答案】B

【考点】形式-矛盾命题

【解析】本题实际是一道形式逻辑的题，不需要具体计算全班同学的身高。

小明的观点是：知道最高者身高 ∨ 知道平均身高→可确定差距。

选项 B 带入小明的观点中，使其出现前真且后假，最能构成反驳，故为正确答案(注意：当“知道平均身高为”真，“知道最高者身高 ∨ 知道平均身高”即为真)；

选项 ACDE 均不与小明的观点矛盾，无法构成反驳，故排除。

8.【答案】B

【考点】分析推理-计算

【解析】假设个人笔记本的增长率为 a，产品总销量的增长率为 b，那么①现在个人笔记占总销量的比例可以表示为：$\frac{\text{原个人笔记本销量} \times (1+a)}{\text{原产品总销量} \times (1+b)}$，②10 年前个人笔记本占总销量的比例可表示为：$\frac{\text{原个人笔记本销量}}{\text{原产品总销量}}$。由题干已知个人笔记本销量的增长率低于产品总销量增长率，即 $a < b$，因此$\frac{1+a}{1+b} < 1$，故 ① < ②，即个人笔记本占总销量的比例是在下降的。

选项 B 不符合上述计算结果，故为正确答案；

选项 A 与题干“个人笔记本电脑的销量持续增长”并不冲突，故排除；

选项 C 题干并未提及产品总销量增长率与个人笔记本销量增长率是否每年同时增长，与题干已有信息并不冲突，故排除；

选项 D 符合上述计算结果，故排除；

选项 E 题干并未提及个人笔记本电脑的具体占比是多少，与题干已有信息并不冲突，故排除。

9.【答案】B

【考点】形式-矛盾命题

【解析】选项 B 直接与“每个凡夫俗子都将面临许多问题”矛盾，力度最强，故为正确答案；

选项 A 题干并未涉及掌握问题的方法和技巧是否需要，故排除；

选项 C 与题干“分析问题的方法与技巧却很少有人掌握”一致，故排除；

选项 D 题干并未提及掌握问题的方法和技巧是否重要，故排除；

选项 E 结合“分析问题的方法与技巧很少有人掌握”，进一步支持了“无怪乎华尔街的分析大师们趾高气扬”，故排除。

10.【答案】A

【考点】论证-搭桥

【解析】题干论据：新生儿缺 VD 更容易感染呼吸道合胞病毒；

题干论点：孕妇补充 VD 可降低新生儿感染呼吸道合胞病毒的风险。

选项 A 建立了新生儿 VD 缺失与孕妇之间的关系，正是由于孕妇缺少 VD 导致了新生儿 VD 的缺失，所以需要孕妇补充 VD。故为正确答案；

选项 B“流感病毒”与题干病毒无关，故排除；

选项 C 质疑了题干的结论，故排除；

选项 D 质疑了实验样本的代表性，质疑题干的论证，故排除；

选项 E 仅表明了 VD 对于预防呼吸道病毒感染的作用，但是并未涉及孕妇，无法有力地支持让孕妇补充 VD 来预防疾病，故排除。

11.【答案】 A

【考点】 论证-解释单一现象

【解析】 题干需解释的现象：采用“随便给”的做法收益更高。

选项 A 说明了顾客希望自己看起来有教养，所以“随便给”反而能收到更多的钱，能够解释题干现象，故为正确答案；

选项 B 违反了“随便给”中“自己决定付账金额”的原则，故排除；

选项 C 说明有的顾客会使得利润更低，无法解释题干现象，故排除；

选项 D 表明不是“随便给”使得收益更高，而是该酒馆地理位置好使得收益更高，无法解释题干现象，故排除；

选项 E 中的“不知道”说明顾客既可能给得多，也可能给得少，无法解释题干现象，故排除。

12.【答案】 C

【考点】 分析推理-对应

【解析】 由于“如果提到的人是经办人，则该回答为假”，故可以通过做假设来解题。

假设经办人是钱仁礼，则赵义所说“审批不是钱仁礼”这句话为真，与题干“如果提到的人是经办人，则该回答为假”矛盾，因此，原假设不成立，即经办人不是钱仁礼；同理假设经办人是李信、赵义，均会推出矛盾，可知李信、赵义均不是经办人。因此，经办人是孙智。

选项 C 符合上述推理结果，故为正确答案；

选项 ABDE 均不符合推理结果，故排除。

13.【答案】 B

【考点】 分析推理-对应

【解析】 由上题分析可知，经办人为孙智，又因为四人说的话都没有提到孙智，故四人所说均为真。由“复核不是李信”和“复核不是钱仁礼”可知复核是赵义，可直接排除选项 ACDE。

选项 B 符合题干要求，故为正确答案。

14.【答案】 E

【考点】 论证-搭桥

【解析】 题干论据：板块运动有助于维系行星表面的水体；

题干论点：板块运动标志着行星宜居。

选项 E 建立了“维系水体”与“宜居”之间的关系，故为正确答案；

选项 A 地球外存在生命，并未涉及板块运动，故排除；
选项 B 未建立“水”和“生命”之间的正向关系，故排除；
选项 C 题干已表明行星内部温度越高越有助于板块运动，不是隐含假设，故排除；
选项 D 虽然行星内含有放射性元素钍和铀越多，内部温度越高，但是不需要假设“所有”板块运动都是由这些元素驱动的，故排除。

15.【答案】B

【考点】分析推理-分组

【解析】由题干可知：只有第三支部选择了“科学前沿”，因此：
第一支部选课：行政学、国际政治；
第二支部选课：管理学、逻辑。
第四支部不能与第一、二支部完全相同，并且第四支部不选“科学前沿”，所以只能在行政学和国际政治中选一门，在管理学和逻辑中选一门。
选项 B 不选管理学时，根据要在管理学和逻辑中选一门，可知必然选择了逻辑，故为正确答案；
选项 A 如果不选行政学，只能得出必须选国际政治，无法判断是否选了逻辑，故排除；
选项 C 如果不选国际政治，只能得出必须选行政学，无法判断是否选了逻辑，故排除；
选项 D 如果不选管理学，只能得出必须选逻辑，无法判断是否选了国际政治，故排除；
选项 E 如果不选行政学，只能得出必须选国际政治，无法判断是否选了管理学，故排除。

16.【答案】C

【考点】论证-解释矛盾现象

【解析】题干需解释的现象：全球气候变暖的情况下，北半球许多地区的民众在冬季却感到相当寒冷。
选项 C 给出了恰当的理由，全球变暖导致原本影响北半球的暖流中断或减弱了，因此北半球冬季在全球变暖的情况下反而更冷了，故为正确答案；
选项 A“南半球”与题干讨论的范围无关，故排除；
选项 B“全球夏季”涉及的范围和季节均与题干讨论的情况不符，故排除；
选项 D 原本不是寒流影响的区域，现在原来的洋流增强了，更不会被寒流影响，无法解释为何更冷，故排除；
选项 E 并未提及“全球变暖”，力度较弱，故排除。

17.【答案】D

【考点】形式-复合命题推理

【解析】选项 D“这两个《通知》或者属于规章或者属于规范性文件”，再结合“两个《通知》都不属于规范性文件”，可得它们属于规章，故为正确答案；
选项 A 题干并未提及什么样的行为是违法行为，故排除；
选项 B 由题干“这两个《通知》或者属于规章或者属于规范性文件”，可知两个《通知》可能都是规章，因此该项不一定为真，故排除；
选项 C 题干并未提及什么是法律、行政法规，故排除；
选项 E 题干并未提及什么是法律、行政法规，故排除。

18.【答案】 B

【考点】 形式-复合命题推理

【解析】 题干信息：① 专家→管好

② 品行端正→受尊重

③ 所有领域都一知半解→¬受尊重

④ 解除→¬管好

选项 B 由①④可得：专家→¬解除，即作为某领域专家的管理者不可能被解除职务，故为正确答案；

选项 A 由"受尊重"根据③可知"不是所有领域都一知半解"，即有的领域不是一知半解，但是由此无法判断此人是否是某领域的优秀专家学者，故无法与条件①建立递推，也无法得出是否会被解除职务，故排除；

选项 C 由"所有领域都一知半解"结合③只能得到"不受尊重"，无法得出是否会被解除职务，故排除；

选项 D 由"品行端正"结合②可得"受尊重"，后续分析与 A 项相同，故排除；

选项 E 题干的四个条件均无确定信息，无法直接得出是否解除了某些人的职务，故排除。

19.【答案】 A

【考点】 形式-二难推理

【解析】 题干信息：① 甲控制政府 ∨ 乙控制政府

② 甲控制政府→出现经济问题

③ 乙控制政府→出现军事危机

根据二难推理的模式，可得：出现经济问题 ∨ 出现军事危机。

选项 A 符合上述推理结果，故为正确答案；

选项 BCDE 均不符合上述推理结果，故排除。

20.【答案】 D

【考点】 形式-直言命题推理

【解析】 题干信息：① 免费师范→¬大城市

② 一般师范→大城市

③ ¬免费师范→自谋职业

④ 免费师范→¬自谋职业

选项 D 由①②③结合可得：一般师范→大城市→¬免费师范→自谋职业，即一般师范生都需要自谋职业，故为正确答案；

选项 A 由①③结合可得：大城市→¬免费师范→自谋职业，即留在大城市的都要自谋职业，反过来需要自谋职业的是否都可以留在大城市无法得出，故排除；

选项 B 由②可知有的留在大城市的是一般师范生，但是留在大城市的是否都是一般师范生无法得出，故排除；

选项 C 题干仅提及招收一部分免费师范生和一部分一般师范生，是否有别的类型的师范生题干并未提及，故排除；

选项 E 由④可知需自谋职业的都不是免费师范生，但是非免费师范生并不一定等同于一般师范生（理由同选项 C），因此无法判断需自谋职业的是否都是一般师范生，故排除。

21.【答案】 D

【考点】 分析推理-对应

【解析】 此题要求三人轮岗，即原来负责什么，现在就不能负责什么，且办公室也要随之调整。

由题干可知，原本文珊负责后勤，在 110 室；原本孔瑞负责文秘，在 111 室。可得姚薇原本负责网络在 112 室。现在文珊负责文秘，在 111 室。若孔瑞负责后勤的话，相当于孔、文两人互换工作，此时姚薇则无法调换工作。因此，孔瑞只能负责网络，调到 112 室。

时间	文珊	孔瑞	姚薇
原来	后勤，110	文秘，111	网络，112
现在	文秘，111	网络，112	后勤，110

选项 D 符合上述推理结果，故为正确答案；

选项 ABCE 均不符合上述推理结果，故排除。

22.【答案】 E

【考点】 分析推理-对应

【解析】 此题从出现次数最多的建国入手，可画出下图：

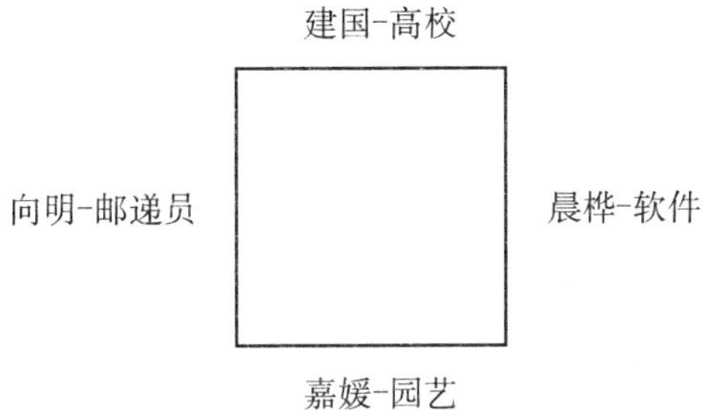

第一步：先随机确定一个建国的位置，如图所示，再根据晨桦坐在建国的左手边，嘉媛坐在建国的对面，可以画出四个人大致的位置；

第二步：由向明坐在高校教师的右手边，可知建国是高校教师；嘉媛不是邮递员，晨桦是软件工程师，故向明是邮递员，此时嘉媛只能是园艺师。

选项 E 符合上述推理结果，故为正确答案；

选项 ABCD 均不符合上述推理结果，故排除。

23.【答案】 E

【考点】 形式-直言命题推理

【解析】 题干信息：① 管→善

② 智→¬术

③ 家→术

④ 有的家→管

观察选项可知，出现的概念大部分为“善”和“智”，故需要建立“善”和“智”的关系。由①④可得⑤有的家→善；由②③可得⑥家→¬智。将⑤换位后与⑥结合可得：有的善→家→¬智，即有的善于思考的人不是谦逊的智者。

选项 E 与上述推理结果构成矛盾，最能反驳兰教授的观点，故为正确答案；

选项 ABCD 均无法反驳兰教授的观点，故排除。

24.【答案】 D

【考点】 论证-拆桥

【解析】 题干论据：蜘蛛越老结网越没有章法；

题干论点：蜘蛛的大脑会退化。

题干论证要成立，必须建立蜘蛛结网与大脑之间的联系。

选项 D 直接否定了题干所需联系，最能质疑科学家的论证，故为正确答案；

选项 A“异性青睐”与题干论证无关，故排除；

选项 B“脑容量”的大小与大脑退化的关系不清楚，故排除；

选项 C 说明是运动器官的老化导致了结网没有章法，给出了他因，但削弱力度不及选项 D，故排除；

选项 E 蜘蛛网的“功能”与题干论证无关，故排除。

25.【答案】 D

【考点】 论证-给解释

【解析】 研究者的结论是：在嘈杂环境中准确找出声音来源的能力，男性要胜过女性。

选项 D 为男性在嘈杂环境中有更好的表现提供了解释，支持了题干的结论，故为正确答案；

选项 A 题干并未说明熟悉或不熟悉声音会对辨别声音位置产生怎样的影响，故排除；

选项 B 题干并未说明熟悉或不熟悉声音会对辨别声音位置产生怎样的影响，故排除；

选项 C 研究的是安静的环境，与题干结论的环境不匹配，故排除；

选项 E 给出的是在不同环境中人们注意力的差别，没有涉及男女性别的差异，无法支持研究者的结论，故排除。

26.【答案】 D

【考点】 论证-语义理解

【解析】 孙先生的朋友都声称他们认识这样的人，但是孙先生和他的有些朋友并不知道有这样的人。这两种情况明显是矛盾的，说明两种情况必然一真一假。而“可以确信的是”后面为真，故可以得到孙先生的朋友中有人撒了谎。

选项 D 符合上述推理结果，故为正确答案；

选项 ABCE 均不符合上述推理结果，故排除。

27.【答案】 E

【考点】 分析推理-计算

【解析】 根据题干条件，甲乙两所院校仅比较本科生人均经费和比较所有学生人均经费的结果有较大差异，很明显是研究生的情况导致了这种差异，可能是研究生所占的比例不同,也可能是研究生的投入经费不同。研究生所占比例越高,则所有学生的人均经费会比单独计算本科生时更高;研究生投入人均经费越高,也会使所有学生的人均经费比单独计算本科生时更高。

选项 E 符合题干分析,故为正确答案;

选项 A 题干的信息仅涉及甲、乙两所高校人均投入经费的相对情况,无法判断具体学生人数的多少,故排除;

选项 B 题干的信息仅涉及甲、乙两所高校人均投入经费的相对情况,无法判断具体研究生人数的多少,故排除;

选项 C 如果为真,那么 E 项也是真的,不符合单选题的要求,故排除;

选项 D 如果为真,那么 E 项也是真的,不符合单选题的要求,故排除。

28.【答案】 E

【考点】 分析推理-对应

【解析】 题干信息:① 略

② 孔围棋 ↔ (庄中国 ∧ 孟中国)

③ ¬韩国际→墨中国

④ 荀中国→¬庄中国

⑤ ¬荀中国 ∨ ¬墨中国

由荀慧参加中国象棋,根据条件⑤,可得墨灵不参加中国象棋比赛;再结合条件③,可得韩敏参加国际象棋比赛。

选项 E 符合上述推理结果,故为正确答案;

选项 ABCD 均不符合上述推理结果,故排除。

29.【答案】 D

【考点】 分析推理-对应

【解析】 题干信息:① 略

② 孔围棋 ↔ (庄中国 ∧ 孟中国)

③ ¬韩国际→墨中国

④ 荀中国→¬庄中国

⑤ ¬荀中国 ∨ ¬墨中国

由"庄聪和孔智参加相同的比赛项目,且孟睿参加了中国象棋比赛",及只有两人参加中国象棋比赛,可知庄、孔均不参加中国象棋比赛。结合条件②,可得孔智不参加围棋比赛。此时,庄、孔二人可同时参加的比赛只有国际象棋。庄、孔参加国际象棋,别的选手就不能选国际象棋了,因此,结合条件③可得墨灵参加中国象棋比赛。再结合条件⑤,可得荀慧不参加中国象棋比赛;又因为参加国际象棋选手已满两人,所以荀慧参加围棋比赛。

选项 D 符合上述推理结果,故为正确答案;

选项 ABCE 均不符合上述推理结果,故排除。

30.【答案】 D

【考点】 分析推理-对应

【解析】题干信息:① 略

② 孔围棋↔(庄中国∧孟中国)

③ ¬韩国际→墨中国

④ 荀中国→¬庄中国

⑤ ¬荀中国∨¬墨中国

要找可能为真的,需要排除一定为假的选项,带入选项验证即可。

选项A由庄聪和韩敏参加中国象棋比赛,可知韩敏不参加国际象棋比赛,带入条件③可得墨灵要参加中国象棋比赛,此时中国象棋就有3人了,与"两人参加中国象棋比赛"矛盾,故排除;

选项B由韩敏和荀慧参加中国象棋比赛,可知韩敏不参加国际象棋比赛,带入条件③可得墨灵要参加中国象棋比赛,此时中国象棋就有3人了,与"两人参加中国象棋比赛"矛盾,故排除;

选项C孔智参加围棋比赛带入条件②,可得孟睿参加中国象棋比赛,与选项C中孟睿参加围棋比赛矛盾,故排除;

选项E由韩敏和孔智参加围棋比赛,可知韩敏不参加国际象棋比赛,带入条件③可得墨灵参加中国象棋比赛;再将孔智参加围棋比赛带入②,可得庄聪和孟睿参都加中国象棋比赛。此时有3人参加中国象棋比赛,与"两人参加中国象棋比赛"矛盾,故排除;

选项D不违背任何条件,故为正确答案。

2015 年管理类联考综合能力逻辑真题精析

答案速查：

1. B	2. B	3. E	4. E	5. B
6. D	7. C	8. B	9. E	10. C
11. D	12. A	13. A	14. D	15. B
16. C	17. C	18. C	19. B	20. C
21. E	22. D	23. C	24. A	25. D
26. A	27. B	28. E	29. D	30. D

1.【答案】 B

【考点】 论证-解释单一现象

【解析】 题目需解释的现象：太阳系外的行星大多无法用光学望远镜“看到”。

选项 B 说明了太阳系外的行星无法被“看到”的原因，是因为距离太远，无法反射恒星的光，可以解释题干现象，故为正确答案；

选项 A 虽然体积够大就能被“看到”，但是太阳系外的行星体积的大小如何题干并未提及，无法解释题干现象，故排除；

选项 C 光学望远镜能看到的包括反射光的天体，而行星是可以反射光的，无法解释题干现象，故排除；

选项 D 说的是“恒星”，与题干的“行星”不同，无法解释题干现象，故排除；

选项 E“太阳系内”与要解释的“太阳系外”范围不同，无法解释题干现象，故排除。

2.【答案】 B

【考点】 论证-措施方法模型

【解析】 专家的建议：人们应该采取更加安全的措施进行沟通。

选项 B 说明不使用移动电话并不能避免辐射，措施没有效果，故为正确答案；

选项 A“符合国家规定标准”不代表就是完全没有风险的，无法构成反驳，故排除；

选项 C 人们适应电磁辐射环境，不代表就是安全的，无法构成反驳，故排除；

选项 D“有些”人使用电话时间长，但是很健康，也不代表辐射对所有人都安全，无法构成反驳，故排除；

选项 E 并未提及短信产生的辐射是否小于通话产生的辐射，如果比通话的辐射小，专家的建议还是能起到作用的。另外，选项 E 只反驳了短信，除此之外还有其他的沟通方法，故排除。

3.【答案】 E

【考点】分析推理-排序

【解析】画出六边形，随机找一个相对边标上甲和乙，此时还剩下①②③④四个位置，如图所示

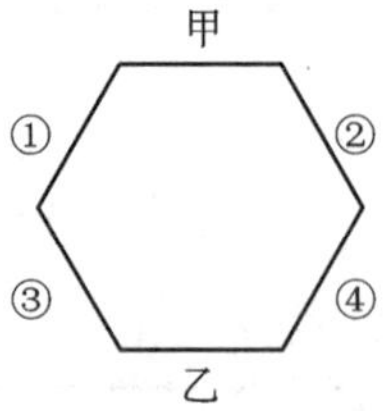

因为丙和丁不相邻，也不正面相对，所以丙丁二人的位置只能是①②组合或者③④组合，此时戊和己的位置也只能是①②组合或者③④组合。再结合乙与己不相邻，可知戊和己只能选择①②组合，所以丙和丁在③④位置。

选项 E 由上述分析可知，当丙与戊不相邻时，丙只能在另一侧与己相邻，故为正确答案；

选项 A 由上述分析可知，戊己二人在①②位置上，戊乙不可能相邻，故排除；

选项 B 由上述分析可知，丙和丁在③④位置，无论丁在③还是④，都不可能与甲相邻，故排除；

选项 C 由题干信息可知，乙的对面是甲，己不可能与乙正面相对，故排除；

选项 D 由上述分析可知，戊己二人在①②位置上，无论戊在①还是②，都与甲相邻，此时，③号位置上是丙还是丁无法判断，故不能确定丁是否会与己正面相对，故排除。

4.【答案】 E

【考点】论证-搭桥

【解析】题干论据：人类有直觉、多层次抽象等独特智能，计算机具备一定的学习能力。
题干论点：计算机不可能达到甚至超过人类的智能水平。

选项 E 表明计算机无法学习人类独特的智能，即便计算机有学习能力，也无法超过人类的智能水平，故为正确答案；

选项 A 题干并未提及语言、情感等方面，是无关项，故排除；

选项 B 题干并未提及社会关系，是无关项，故排除；

选项 C 题干已知计算机完全的自我学习能力有待进一步发展，再结合选项 C 信息，可知未来计算机有可能形成直觉、多层次抽象等智能，与题干结论不一致，故排除；

选项 D 计算机形成自然进化能力后，无法判断能否产生与人类相同的独特智能，故排除。

5.【答案】 B

【考点】形式-复合命题推理

【解析】交警队要求：交通信号不一致 $\vee$ 有证据证明救助危难→不得录入。

选项 B 符合交警队的要求，故为正确答案；

选项 A 题干只说有证据证明救助危难就不录入系统，但并未提及没有证据的时候是否要录入系统，故排除；

选项 C 中的证据对车主有利还是有弊并不清楚，故排除；

选项 D 中题干并未提及减少执法争议与完善工作规范的条件关系，故排除；

选项 E 中题干并未提及减少执法争议与完善工作规范的条件关系，故排除。

6.【答案】 D

【考点】 形式-概念的关系

【解析】 分析题干可知，女中年教师与女青年教师是全异关系，由②可知女中年教师至少 6 名，由①③可知女青年教师至少 7 名，所以女教师至少 13 名。

选项 D 符合上述计算结果，故为正确答案；

选项 A 由③可知有的女青年是教师，但无法得出有的女青年不是教师，故排除；

选项 B 由①可知有的青年教师是女性，但无法得出有的青年教师不是女性，故排除；

选项 C 由①③只能推出青年教师至少 7 名，故排除；

选项 E 由题干信息只能判断出“至少”，无法得出“至多”，故排除。

7.【答案】 C

【考点】 形式-真假话

【解析】 分析题干可知，③→①，根据题干“只有一假”的要求，可知①必然为真。

选项 C 根据上述推理可以得出，故为正确答案。

选项 ABDE 均不符合上述推理结果，故排除。

8.【答案】 B

【考点】 形式-矛盾命题

【解析】 题干观点：只要修建了豪华大楼，该企业离解体时间就越近。

选项 B 说明虽然建造了豪华大楼，但是企业的事业还是蒸蒸日上，这跟题干所述的观点相违背，故为正确答案。

选项 ACDE 均不违背题干观点，故排除。

9.【答案】 E

【考点】 形式-复合命题推理

【解析】 题干信息：① 张李同行→张大巴

② 高铁便宜→李高铁

③ 没预报雨雪→王飞机

④ 航班合适→李王飞机

选项 E 中“三人乘坐大巴进京”结合③可得“预报雨雪”，故为正确答案；

选项 A 由“李华没选择高铁和飞机”，无法得出他就会与张同行，更无法得出张李一起乘坐大巴进京，故排除；

选项 B“雨雪天气”与题干“预报雨雪天气”是不同的概念，故排除；

选项 C“雨雪天气”与题干“预报雨雪天气”是不同的概念，故排除；

选项 D 中“三人乘坐飞机”，带入②可知高铁不便宜，但可能高铁与飞机价格相等，无法得出飞机比高铁便宜，故排除。

10.【答案】 C

【考点】 论证-解释单一现象

【解析】 市民之所以产生怀疑，是因为他们以为中奖的“李祥”是同一个人。

选项C说明李祥这个名字连续4个月中签是因为叫这个名字的人多，中奖的"李祥"可能并不是同一个人，最能消除质疑，故为正确答案；

选项A"张磊"与题干中"李祥"不同，故排除；

选项B"曾有一段时间"指代不明，在摇号抽签的市民中重名多不多无法得知，故排除；

选项D摇号过程受到监督，也无法表明整个抽签过程没人作弊，故排除；

选项E只是给出了分配编码的流程，与是否作弊无必然联系，故排除。

11.【答案】 D

【考点】 论证-措施方法模型

【解析】 题干指出要制定林果的统一标准。要制定统一标准就必须保证目前还没有标准，否则这种提议就是没有意义的。

选项D符合题干要求，故为正确答案；

选项A题干并未涉及"外形"的问题，故排除；

选项B题干仅提及学界的声音传达难度大，并未提及民众是否认可，故排除；

选项C题干并未涉及我国企业对外贸易的问题，故排除；

选项E题干并未提及销量问题，故排除。

12.【答案】 A

【考点】 形式-复合命题推理

【解析】 题干信息：① 电影 ∀ 拜访

② 开车→¬电影

③ 拜访→约定

④ ¬约定

结合③④可知：¬拜访，再结合①可知：电影，再结合②可知：¬开车。

选项A符合上述推理结果，故为正确答案；

选项BCDE均不符合推理结果，故排除。

13.【答案】 A

【考点】 分析推理-分组

【解析】 因为要在周艳、李环、文琴、徐昂、朱敏5人当中要选3人，而周艳和徐昂均来自文学院，根据"同一学院至多选派一人"，可以推出两个人当中最多选一个。由于李环和朱敏均来自辩论协会，再结合"同一社团至多选派一人"，可知两人当中最多选一个。因此在周、徐、李、朱4人中最多选2人，所以要满足5选3，文琴一定入选。

选项A符合上述推理结果，故为正确答案；

选项BCDE均不符合推理结果，故排除。

14.【答案】 D

【考点】 分析推理-分组

【解析】 唐玲入选，结合条件①可知不能选朱敏；由第13题分析可知，文琴要入选，周徐二选一，朱李二选一；已知朱敏不入选，故李环必定入选。

选项A符合上述推理结果，故为正确答案；

选项BCDE均不符合推理结果，故排除。

15.【答案】 B

【考点】 形式-直言命题推理

【解析】 "最能反驳结论"就是要得出与题干结论矛盾的命题,即有的阔叶树生长在寒带地区。

题干论据:有的阔→常绿;

所需论点:有的阔→寒带。

很明显,需要补充:常绿→寒带,即所有常绿植物都生长在寒带地区。

选项 B 符合题干要求,故为正确答案;

选项 ACDE 均不符合题干要求,故排除。

16.【答案】 C

【考点】 分析推理-计算

【解析】 题目中提到 12 人来自 4 个年级,每个年级都有人,并且每个代表队的人数都各不相同,那么从这些条件出发,我们先满足"人数各不相同"这个要求,则人数分配只能是:1、2、3、4(2、3、4、5 这种分配方式超过 12 人),多余的两人再进行分配。很明显,人数最多只能达到 6。

选项 C 符合上述推理结果,故为正确答案;

选项 ABDE 均不符合推理结果,故排除。

17.【答案】 C

【考点】 形式-复合命题推理

【解析】 题干信息:① 长跑→(¬短跑∧¬跳高)

② 跳远→(¬长跑∧¬铅球)

③ 某年级长跑

由①③可知:该年级(¬短跑∧¬跳高),由②③可知:该年级¬跳远。综上可知:该年级短跑、跳高、跳远都不选择。

选项 C 中选短跑或跳远是不可能的,故为正确答案;

选项 ABDE 均不违背上述推理结果,故排除。

18.【答案】 C

【考点】 形式-复合命题推理

【解析】 题干信息:① 甲→查杀所有已知病毒

② ¬乙防一号→¬丙查杀一号

③ 查杀所有已知病毒→丙防一号

④ 启动丙→启动甲

选项 C 由①③④递推可得:启动丙→启动甲→查杀所有已知病毒→丙防一号。而且查杀所有已知病毒也包含了一号病毒。所以,综上所述可知:启动丙→能防御且查杀一号病毒,故为正确答案;

选项 ABD 均无法从题干信息得出,故排除;

选项 E 中"所有病毒"并不等于题干信息中的"所有已知病毒",扩大了病毒范围,故排除。

19.【答案】 B

【考点】 论证-求因果五法

【解析】 题干通过比较两组兔子角膜感觉神经的复合情况得出结论，运用的是求异法。

选项 B 同样使用了求异法，故为正确答案；

选项 A 使用了选言命题否定一部分来肯定另一部分的方式，故排除；

选项 C 有戴眼镜和不戴眼镜两种情况的对比，但结论表述的不是戴眼镜与视力间的因果关系，故排除；

选项 D 运用了类比的方法得出木卫可能存在生命，故排除；

选项 E 通过否后来否前的方式进行推理，故排除。

20.【答案】 C

【考点】 形式-复合命题推理

【解析】 题干信息：① 举人(解元)→生员

② 贡士(会元)→举人

③ 进士(状元)→贡士

由①②③递推可得：进士(状元)→贡士(会元)→举人(解元)→生员。

选项 C 与②矛盾，故为正确答案；

选项 A 中举者是举人，带入上述递推链条，无法得出是否是进士，故排除；

选项 B 中状元者，带入上述递推链条，可知一定是生员和举人，故排除；

选项 D 由题干可知，状元有可能是会元，会元有可能是解元，所以有可能连中三元，故排除；

选项 E 未中解元有可能不是举人，带入②可能不是会元，故排除。

21.【答案】 E

【考点】 形式-矛盾命题

【解析】 题干的观点：① 出色→提

② 提→低

选项 E 说明提拔以后也会工作出色，是②的反例，削弱力度最强，故为正确答案；

选项 A 个人晋升会影响发展，但该影响可能是好的影响，也可能是坏的，故排除；

选项 B 说的是不同岗位的工作，不完全等同于提拔，故排除；

选项 C 符合题干的观点，故排除；

选项 D 无法判断李明是否被提拔，故排除。

22.【答案】 D

【考点】 形式-复合命题推理

【解析】 题干信息：① 酒倒入污→污水

② 污倒入酒→污水

③ ¬加强内部管理→(正直被吞没 ∧ 高效变散沙)

选项 D“正直没被吞没”带入③可得“加强内部管理”，故为正确答案；

选项 A“不将污水倒入酒中”带入②，无法得出是否会得到污水，故排除；

选项 B 题干并未提及一个正直能干的人进入组织是否会使组织变得高效，故排除；

选项 C 题干并未提及难缠的人物是否会使得组织变成散沙，故排除；

选项 E“变成散沙”带入③，无法得出是否加强内部管理，故排除。

23.【答案】 C

【考点】论证-因果模型

【解析】题干观点：自闭症与蛋白质合成量之间存在因果关系。

选项 C 指出蛋白质合成少时自闭症也缓解，与题干信息构成无因无果的对比，加强了两者的因果关系，故为正确答案；

选项 A 将“群体”和“独处”两种状态下的老鼠进行比较，未涉及蛋白质合成量，故排除；

选项 B 将“雄性”和“雌性”老鼠进行比较，未涉及蛋白质合成量，故排除；

选项 D 中没有提及自闭症，与题干讨论话题无关，故排除；

选项 E 中“老年”可能是影响自闭症的原因，削弱了蛋白质合成量与自闭症之间的关系，故排除。

24.【答案】 A

【考点】论证-措施方法模型

【解析】张教授的论据：生物燃料可以替代由石油制取的汽油和柴油，生物燃料发展迅猛，而石油短缺。

张教授的论点：应该大力开发生物燃料。

选项 A 确保方法能有效果，故为正确答案；

选项 B 表明采用生物燃料会产生不好的影响，是削弱项，故排除；

选项 C 仅说明生物燃料对于现代社会能源有补充作用，该作用的大小未知，力度较弱，故排除；

选项 D 表明生物燃料生产与运输过程中会消耗其他资源，是削弱项，故排除；

选项 E 我国目前在生物燃料方面已取得很大成绩，无法说明是否还需要进一步开发，故排除。

25.【答案】 D

【考点】形式-复合命题推理

【解析】题干信息：① ¬消除→百万

② 控制→疫苗

选项 D 与①逆否等价，故为正确答案；

选项 A 题干仅提及 2011 年新增结核病数量以及死亡数量，无法计算死亡率，故排除；

选项 B“有了疫苗”带入②，无法得出是否控制住了结核病，故排除；

选项 C 题干虽然指出抗生素的耐药性导致了结核病治疗进展缓慢，但是解决了耐药性问题，无法推出结核病是否能获得突破性进展，故排除；

选项 E 题干并未提及新疫苗用于临床会如何，故排除。

26.【答案】 A

【考点】形式-复合命题推理

【解析】题干信息：① ¬信仰→¬底线

② 信仰→学习

由①可知：底线→信仰，再结合②可知：底线→学习。

选项 A 符合上述推理结果，故为正确答案；

选项 BCDE 均无法从题干信息得出，故排除。

27.【答案】 B

【考点】 论证-措施方法模型

【解析】 专家的观点：应该重新界定酒驾法定值(要降低该法定值)。

选项 B 指出血液中的酒精浓度哪怕只有现在法定值的一半，也会影响驾车，说明现在的酒驾法定值偏高，重新设定法定值很有必要，故为正确答案；

选项 A 说的是法定值设置过低的危害，而非设置过高的危害，故排除；

选项 C 未提及驾车上路后是否会出现问题，无法表明是否需要修改法定值，故排除；

选项 D 说明修改酒驾法定值是没有必要的，是削弱项，故排除；

选项 E 未涉及酒驾法定值，故排除。

28.【答案】 E

【考点】 论证-搭桥

【解析】 实验结论：个体智商变化确实存在，早期在学校不突出的学生有可能成为佼佼者。

选项 E 仅提及“灰质”在变化，但并未提及智商有没有发生变化，故为正确答案；

选项 A 说明智商的变化确实存在，可以支持题干结论，故排除；

选项 B 肯定了智商与大脑灰质间的关系，可以支持题干结论，故排除；

选项 C 肯定了智商与大脑结构间的关系，灰质是大脑结构的一部分，也可能会影响智商的变化，可以支持题干结论，故排除；

选项 D 建立了学生表现与智商的关系，随着智商的变化，表现可能由不突出变为突出，可以支持题干结论，故排除。

29.【答案】 D

【考点】 分析推理-对应

【解析】 题干信息：① 化学→数学

② 怡和→风云

③ 只有一家招文秘∧不招物理

④ 怡和管理→怡和文秘

⑤ ¬宏宇文秘→怡和文秘

由③只有一家公司招聘文秘专业，结合②可知：怡和没招文秘；再结合⑤可知：宏宇招文秘；再结合③可知：宏宇没招物理。又因为只有一家公司招聘物理专业，结合②可知：怡和没招物理。至此可知宏宇和怡和都没招物理，所以，招物理的是风云公司。

选项 D 符合上述推理结果，故为正确答案；

选项 ABCE 均无法从题干得出，故排除。

30.【答案】 D

【考点】 分析推理-对应

【解析】 题干信息：① 化学→数学

② 怡和→风云

③ 只有一家招文秘∧不招物理

④ 怡和管理→怡和文秘

⑤ ¬宏宇文秘→怡和文秘

根据②和③可知:怡和不招聘文秘专业,再结合④可知:怡和没有招聘管理专业。由于每个公司都招聘了3个专业的毕业生,所以怡和要在剩下的数学、物理、化学、法学这4个专业中选3个,再结合①可知:怡和一定招聘数学专业。因为如果怡和不招聘数学,那么也不招聘化学,此时怡和招聘的数量不满3个,与题干信息矛盾。再结合②可知:风云肯定也招聘了数学专业。

选项D符合上述推理结果,故为正确答案;

选项ABCE均无法从题干得出,故排除。

2016年管理类联考综合能力逻辑真题精析

答案速查：

1. D	2. C	3. D	4. E	5. D
6. A	7. D	8. D	9. E	10. B
11. D	12. A	13. E	14. E	15. E
16. C	17. A	18. D	19. E	20. C
21. B	22. D	23. B	24. B	25. A
26. D	27. A	28. E	29. C	30. B

1.【答案】 D

【考点】 形式-复合命题推理

【解析】 题干信息：① 激发→合作

② 催生→(战平∧接平∧才平)

选项D"¬才平→¬催生"，将"¬才平"带入②可得到"¬催生"，故为正确答案；

选项A"接平→激发"，将"接平"带入②无法进行有效推理，进而也无法建立和"激发"的联系，故排除；

选项B"战平→催生"，将"战平"带入②无法进行有效推理，故排除；

选项C"决定"比①断定的必要条件更强，因此无法由题干推出，故排除；

选项E"合作→激发"与①表达的条件关系相反，故排除。

2.【答案】 C

【考点】 形式-复合命题推理

【解析】 题干信息：① 保障→严格

② 严格→追究

选项C"¬追究→¬保障"，将"¬追究"带入②可得"¬严格"，再结合①可得"¬保障"，故为正确答案；

选项A"追究→保障"，将"追究"带入②无法进行有效推理，进而也无法建立和"保障"的联系，故排除；

选项B"重要目标"在题干中并未涉及，由①只能知道是必要条件，故排除；

选项D表达了生态环境制度对造福人民的必要性，但题干只是说"事关人民福祉"，并不清楚是否存在必要关系，故排除；

选项E"追究→严格"，与②表达的条件关系相反，故排除。

3.【答案】 D

【考点】论证-方式相似

【解析】题干把"有自然教育"和"无自然教育"两种情况进行对比,即有 A 与无 A 的对比。

选项 D 把"注重调查研究(有 A)"与"闭门造车(即不注重调查研究,无 A)"进行了对比,与题干方式完全一致,故为正确答案;

选项 A 把"脱离环境搞经济(无 A 有 B)"与"离开经济抓环境(无 B 有 A)"进行对比,与题干方式不一致,故排除;

选项 B 把"只说一种语言的人(有 A)"与"说三种语言的人(有 B)"进行对比,与题干方式不一致,故排除;

选项 C 把"过去盼温饱求生存(有 A)"与"现在盼环保求生态(有 B)"进行对比,与题干方式不一致,故排除;

选项 E 没有涉及对比,与题干方式不一致,故排除。

4.【答案】E

【考点】分析推理-计算

【解析】分析选项进行排除即可。

选项 E 中 2087 年根据题干可知与 2027 年的天干地支相同,又因为 2027 年比 2015 年多 12 年,12 年是地支一个循环,是天干一个循环后再前进 2 年,因此 2027 年的地支与 2015 年都是未,2027 年的天干则是丁。所以 2027 年是丁未年,则 2087 年也是丁未年,故为正确答案;

选项 A 中"现代人"在题干中并未提及,故排除;

选项 B 由 2014 年为甲午年可知 21 世纪天干为甲的年份是与 2014 年相差年份为 10 的倍数的年份,即 2004、2014、2024、2034、2044、2054、2064、2074、2084、2094 年。其中 2064、2074、2084、2094 年的干支纪年是最前面 4 个年份的重复,所以只考虑 2004、2014、2024、2034、2044、2054 年即可。由 2014 年为甲午年,分别可知 2004 年是甲申年、2024 年是甲辰年、2034 年是甲寅年、2044 年是甲子年,2055 年是甲戌年。所以 21 世纪没有甲丑年,故排除;

选项 C 中"农事"在题干中并未提及,故排除;

选项 D 中 2024 年比 2014 年多 10 年,10 年是天干一个循环,是地支再前进 10 年,因此 2024 年的天干与 2014 年都是甲,2024 年的地支则是辰。所以 2024 年是甲辰年的,故排除。

5.【答案】D

【考点】论证-判断焦点

【解析】焦点是指对话两人发生分歧的点,判断标准有两个:第一,两人均提及此问题;第二,两人对此问题的态度不同。材料中均提及招募新队员,赵明坚持要选拔喜欢辩论的人,而王洪认为善于辩论的人才是好人选。两人明显在选拔标准上有争议。

选项 D 总结了两人在选拔队员时的不同标准,符合题干要求,故为正确答案;

选项 A"从现实出发还是理想出发"并不是赵明谈论的话题,因此该项不会是争论的焦点,故排除;

选项 BCE 均在讨论招募的目的，而王洪并没有谈及目的问题，因此这些选项不会是争论的焦点，故排除。

6. **【答案】** A

【考点】 形式-矛盾命题

【解析】 题干信息：出线→(胜利∧平局)。

选项 A“出线∧¬平局”使得题干为假，与题干信息不一致，因此该项不可能为真，故为正确答案；

选项 B“胜利∧¬出线”使得题干为真，与题干要求一致，因此该项有可能为真，故排除；

选项 C“胜利∧平局∧¬出线”使得题干为真，与题干要求一致，因此该项有可能为真，故排除；

选项 D“平局∧出线”没有提及是否胜利，该项有可能为真，故排除；

选项 E“¬胜利∧平局∧¬出线”使得题干为真，与题干要求一致，因此该项有可能为真，故排除。

7. **【答案】** D

【考点】 论证-搭桥

【解析】 题干论据：那件仰韶文化晚期的土坯砖边缘整齐且无切割痕迹，其他 5 件烧结砖是由高温烧制土坯砖而成；

题干论点：推测 1：那件土坯砖是用模具压制而成；推测 2：仰韶文化晚期的砖是先用模具压制成型，然后再用高温烧制。

选项 D“没用模具→(边缘不齐∨有切割痕迹)”带入题干，结合那件土坯砖“边缘整齐且无切割痕迹”可以推出使用模具，直接肯定了考古学家的推测 1，故为正确答案；

选项 A 没有谈及砖的制作问题，无法支持考古学家的推测，故排除；

选项 B 高温冶炼是与金属相关的技术，并没有说明是否用来制砖，故排除；

选项 C 指出 5 件烧结砖的时间，但并没有谈及这几件烧结砖在制作过程中是否先由模具压制成型，对考古学家推测 2 的支持力度较弱，故排除；

选项 D 西周时期与题干的时间范围不同，故排除。

8. **【答案】** D

【考点】 论证-给相反解释

【解析】 题干论据：AA 型和 AG 型的人上午 11 时之前去世，GG 型的人下午 6 时左右去世；

题干论点：GG 型的人比其他人平均晚死 7 小时。

研究人员的观点是关于死亡时刻的早晚，不仅要知道具体的时间点，还要知道具体年份和日期，这样比较才有意义。

选项 D 指出题干缺乏对年份、日期的比较，说明专家的观点没有说服力，故为正确答案；

选项 A 指出平均寿命是生命存续长度，而题干讨论的是死亡时间，两者不同，故排除；

选项 B 讨论死亡临近时人体的状态，与题干话题无关，故排除；

选项 C“有些人”的基因类型不清楚，另外，题干只在讨论死亡时间的早晚，至于死亡原因并不是讨论的话题，故排除；

选项 E 指出 GG 型的人容易患病，但这并没有改变题干中 GG 型的人在下午 6 时去世的事实，无法质疑专家的观点，故排除。

9.【答案】E

【考点】论证-否定论点

【解析】商家拒绝退货的理由是特价处理、已经开封或使用等。本题的关键是要指出商家理由都不能成立。

选项E说明无论如何，消费者可以自由选择是否退货，直接堵住了商家不接受退货的所有借口，即“七天无理由退货”，故为正确答案；

选项A说明开封后有些情况应由消费者担责，说明商家在某些情况下可以拒绝退货，这是对商家的支持，故排除；

选项B说明特价商品本来质量就不做保证，与商家阻挠退货的立场一致，故排除；

选项C说明开封验货是有必要的，但仅质疑了商家的一个理由，力度较弱，故排除；

选项D是站在商家的立场说话，故排除。

10.【答案】B

【考点】形式-复合命题推理

【解析】题干信息：① 李副值→李副宣

② 张副值→张副信

③ 王调→(张副值∨李副值)

④ 王不调→(王宣∨王信)

⑤ 宣副∧信副

由⑤可知：王书记既不参加宣传工作会也不参加信访接待工作，再结合④可知：王书记下乡调研。

选项B符合题干所得信息，故为正确答案；

选项ACDE均无法从题干推出，故排除。

11.【答案】D

【考点】论证-否定论点

【解析】专家的观点：机器人战争技术使人类远离危险，使战争更安全、有效。

选项D指出将来的战争更频繁也更血腥，直接否定了专家的观点，故为正确答案；

选项A没有谈及战争，故排除；

选项B中部分国家远离危险说明机器人战争技术还是对人类安全起到了一定作用，对专家的观点起到了支持作用，故排除；

选项C说明机器人战争技术确实会使战争更安全，支持了专家的观点，故排除；

选项E讨论资源消耗与生态环境问题，与题干话题不一致，故排除。

12.【答案】A

【考点】形式-真假话

【解析】陈安、李康的话相互矛盾，必然1真1假；由于4句话2真2假，则剩下的张幸、汪福的话也是1真1假；又因为汪福的话与张幸的话存在充分条件关系，如果汪福的话为真，则张幸的话也会为真，这与题干要求不符，所以汪福说假话，进而可知张幸说真话。再由汪福说假话可以推出：送郝大爷去医院的人是汪福，这说明李康说了真话，进而可知陈安说假话。综合可知:说真话的是张和李,说假话的是陈和汪。

选项 A 符合题干所得信息,故为正确答案;

选项 BCDE 均与题干所得信息不符,故排除。

13.【答案】E

【考点】论证-否定论点

【解析】理性计算就是指在开车时让着别人。本题首先需要注意题目中的“除了”,需要选择不质疑理性计算的选项,将质疑理性计算的选项排除即可。

选项 E 说明要让着别人,与题干立场相同,支持了理性计算,符合题干要求,故为正确答案。

选项 ABCD 均说明不要理性计算,起到了质疑作用,故排除。

14.【答案】E

【考点】论证-措施方法模型

【解析】要支持建立城市风道的设想,需要指出这种措施有好处。

选项 E 直接指出建风道有利于驱霾散热,说明措施有好处,支持力度最强,故为正确答案;

选项 A 只能说明副作用小,无法说明措施有好处,故排除;

选项 B“过于主观和随意”是贬义词,对题干是削弱,故排除;

选项 C“无用的摆设”是贬义词,对题干是削弱,故排除;

选项 D 只能说明该设想有实施的条件,无法说明措施有好处,力度较弱,故排除。

15.【答案】E

【考点】论证-解释矛盾现象

【解析】本题需要解释的“矛盾”是短期与长期之间的差别,即为什么不能将短期的“APEC 治理模式”推广到长期。注意题目中“除哪项外”,将有解释力度的选项排除即可。

选项 E 仅仅只是解释了为什么在 APEC 期间要执行 APEC 治理模式,未谈及将其应用于长期的问题,与人们的困惑无关,无解释力度,故为正确答案;

选项 A 说明 APEC 模式面临难以解决的困境,所以无法长期实行。有解释力度,故排除;

选项 B 说明 APEC 模式会带来不利影响,所以没有长期坚持。有解释力度,故排除;

选项 C 说明 APEC 模式需要付出代价,没有长期坚持可能是出于对付出与收益的考虑。有解释力度,故排除;

选项 D 说明 APEC 模式只是短期的权宜之计,可能不合适长期坚持。有解释力度,故排除。

16.【答案】C

【考点】论证-否定论据

【解析】天文学家通过观测所得数据得出光速不变定律需要修改。

选项 C 说明真实情况只能是“观测有误”和“篡改数据”中的一种,无论是哪一种,都说明天文学家的实验不可信,那么其所得结论也就不可靠了,故为正确答案;

选项 A 包含光速不变定律已经过时的可能性，这种可能性会支持天文学家的结论，故排除；

选项 B 只是表达了条件关系，并不确定光速不变定律需不需要修改，所以无法质疑天文学家的结论，故排除；

选项 D“可能”力度较弱，故排除；

选项 E 只是说明过去没有出现反例，不代表现在不会有反例，故排除。

17.【答案】 A

【考点】 论证-解释单一现象

【解析】 本题需要解释的现象是贴着“眼睛”的那一周，收款箱里的钱远远超过贴其他图片，即“眼睛”图片的特殊之处。

选项 A 明确指出“眼睛”图片有监督作用，很好地解释了钱增加的现象，故为正确答案；

选项 B 是该公司的人和其他人比较，而题干是该公司的人自行比较，话题不一致，没有解释力度，故排除；

选项 C 讨论花朵图案，而题干要解释“眼睛”图片，话题不一致，没有解释力度，故排除；

选项 D 没有谈及“眼睛”图片带来的莫名感动会对钱的数量有什么影响，没有解释力度，故排除；

选项 E 没有谈及“眼睛”图片这种无人监督的情况下为什么钱比较多，无解释力度，故排除。

18.【答案】 D

【考点】 分析推理-排序

【解析】 因为本题要找的是“可能为真”的选项，未必能通过推导得出，故宜用带入排除法结合一定技巧找出答案。

选项 D 是可能为真的选项，故为正确答案；

选项 A 根据条件①直接排除，“日”不可排在第一，故排除；

选项 B 如果“日”在第二，考虑“火”“土”相邻(用 XX 表示)，为满足条件①②，则有以下几种排列，无论哪一种都无法满足条件③，故排除；

_ 日 X X _ _ _

_ 日 _ X X _ _

_ 日 _ _ X X _

_ 日 _ _ _ X X

选项 C 同上讨论，满足条件①②的排列如下，均无法满足③，故排除；

X X _ 日 _ _ _

_ X X 日 _ _ _

_ _ _ 日 X X _

_ _ _ 日 _ X X

这里需要注意使用对称性技巧，本项的四种排列中前两种和后两种是对称的，排除前两种即可同理排除后两种。更重要的，“日”在第二与“日”在第六也是对称的排列，所以排除选项 B 也就意味着排除了选项 E；

选项 ABCE 均不符合题干要求，故排除。

19.【答案】E

【考点】分析推理-排序

【解析】已知“土”在第二，结合②可知“火”在第一或第三。仿照上题进行讨论：假设“火”在第三，考虑到“日”不能在第一，可能的排列有如下几种：

_ 土 火 日 _ _ _

_ 土 火 _ 日 _ _

_ 土 火 _ _ 日 _

_ 土 火 _ _ _ 日

这些排列均无法满足条件③，故“火”不可能在第三，那么“火”就只能在第一。

选项 E 符合题干所得信息，故为正确答案；

选项 ABCD 均无法从题干推出，故排除。

20.【答案】C

【考点】论证-解释单一现象

【解析】本题要解释的现象是乐于助人的人平均寿命长，而损人利己的人死亡率高。

选项 C 分别指出了乐于助人和损人利己对情绪的作用，进而影响了身体健康，合理地解释了题干现象，故为正确答案；

选项 A 讨论身心健康对人际关系的影响，而题干要解释的是人际关系对身心健康的影响，话题不一致；另外，“心理有问题”与寿命长短的关系并不清楚，也解释不了为什么损人利己的人死亡率高，故排除；

选项 B 没有解释为什么乐于助人的人平均寿命长，也没解释更有敌对情绪的男性为什么平均寿命短，只是描述了一个现象，没有给原因，故排除；

选项 D 没有提及损人利己的情况，解释力度不如选项 C，故排除；

选项 E“自我优越感”与题干话题无关，故排除。

21.【答案】B

【考点】论证-措施方法模型

【解析】牛师傅认为消费者在超市购买水果后一定要清洗干净才能食用。牛师傅要得出此结论，必须要有水果在超市没有清洗干净的前提，才能使得购买后的清洗是必要的。

选项 B 补充了题干所缺前提，故为正确答案；

选项 A 题干通过苹果上有油脂痕迹说明苹果上有农药残留，进而提醒消费者水果上可能有农药残留，但并没有说其他水果上的农药残留一定是以油脂痕迹的方式存在，故排除；

选项 C 题干需要假设能留下油脂痕迹的农药可以被清洗掉，但未必要假设只有这类农药能被清洗掉，故排除；

选项 D 讨论消费者是否在意，这与水果在购买回家后是否需要清洗是两回事，故排除；

选项 E 题干只说油脂痕迹是农药所致，至于这些农药数量的多少并不在讨论范围内，故排除。

22.【答案】D

【考点】论证-论证漏洞

【解析】题干论据：不理解自己的人是不可能理解别人的；

题干论点：那些缺乏自我理解的人是不会理解别人的。

“不理解自己”与“缺乏自我理解”是同一个意思，故题干论证出现了循环论证。

选项 D 准确描述了题干论证的缺陷，故为正确答案；

选项 ABCE 均不符合要求，故排除。

23.【答案】B

【考点】分析推理-对应

【解析】由①③可知绿茶、红茶、白茶在 1、2、3 三个盒子范围内（具体对应顺序不确定），那么，剩下的花茶只能在剩下的 4 号盒子内。

选项 B 符合题干所得信息，故为正确答案；

选项 ACDE 均无法从题干推出，故排除。

24.【答案】B

【考点】形式-真假话

【解析】观察题干信息可知：①→②，根据只有一真的要求，可知①为假，由此可得赵和钱都没中标。此时优先考虑选项 B，如果李中标，则②和③都是真的，这不符合只有一真的要求，所以李没有中标。

选项 B 符合题干所得信息，故为正确答案；

选项 ACDE 均不符合要求，故排除。

25.【答案】A

【考点】论证-给解释

【解析】题干论据：陪孩子一起阅读纸质书可以在交流中促进其心灵成长；

题干论点：电子学习机可能不利于儿童成长，父母应该陪孩子一起阅读纸质书。

选项 A 指出电子学习机减少了父母与孩子的交流，说明其不具备父母与孩子一起阅读纸质书时的好处，支持了专家的观点，故为正确答案；

选项 B 讨论“电子瘾”，没有提及是否影响父母与孩子的互动交流，故排除；

选项 C 没有谈及关注使用功能会带来什么影响，故排除；

选项 D 讨论纸质图书的好处，而没有谈及父母陪孩子一起读纸质图书的好处，故排除；

选项 E 讨论的是事实上父母有没有时间陪孩子阅读，但题干讨论的是父母应不应该陪孩子阅读，两者不是同一回事，故排除。

26.【答案】D

【考点】论证-否定论点

【解析】田先生的观点：换装固态硬盘可以大幅提升游戏体验。

选项 D 指出游戏体验取决于显卡，说明更换硬盘对游戏体验的影响不大，直接质疑了田先生的观点，故为正确答案；

选项 A 指出一些笔记本运行慢是因为内存不足，这与题干中“绝大部分”笔记本运行慢是因为硬盘并不相违背，故排除；

选项 B 所讨论的销售利润与题干话题无关，故排除；

选项 C 所讨论的换装硬盘的费用与题干话题无关，故排除；

选项 E 讨论少部分老旧笔记本的特征，没有提及运行速度、游戏体验等核心话题，故排除。

27.【答案】 A

【考点】 论证-必要假设

【解析】 题干论据：匿名评审耗费时间长，及时公布信息会允许人们使用这些信息；

题干论点：如果研究者事先公开成果，公共卫生水平就可以更快提高。

提前公开信息要能及时起到作用，就需要人们在得知信息时会及时将其投入使用。因为如果不投入使用，即使公开了信息也不会有公共卫生水平的提高。

选项 A 符合题干要求，故为正确答案；

选项 B 讨论评审者的身份，与题干话题无关，故排除；

选项 C 讨论发表在匿名评审杂志的信息，而题干讨论的是不经过匿名评审的信息，两者对象不一致，故排除；

选项 D 讨论评审者的身份，与题干话题无关，故排除；

选项 E 指出事实上有研究者愿意提前公布成果，而题干说的是"如果事先公布成果"，题干只是表达了一个条件关系，并没有要求事实上确实有人愿意事先公布成果，故排除。

28.【答案】 E

【考点】 论证-给相反解释

【解析】 题干论据：匿名评审耗费时间长，及时公布信息会允许人们使用这些信息；

题干论点：如果研究者事先公开成果，公共卫生水平就可以更快提高。

选项 E 由于直接使用错误信息可能会带来恶果，进而说明防止错误信息发表的评审制度是有必要的，很强地削弱了钟医生的论证，故为正确答案；

选项 A 没有谈及这些新信息是否经过匿名评审，故排除；

选项 B 大部分医学杂志不愿意放弃匿名评审，这与研究者放弃匿名评审能否提高公共卫生水平是两回事，故排除；

选项 C 没有提及这些媒体提前公布的信息产生了什么影响，因此也无法确定绕开匿名评审的做法是否正确，故排除；

选项 D 没有谈及匿名评审，故排除。

29.【答案】 C

【考点】 分析推理-对应

【解析】 本题是典型的对应题，5 个人和 5 种食材对应，且每个人不使用与自己姓氏相同的食材，则绘制初始表格如下。注意"每种食材只能有 2 人选用，每人只能选用 2 种食材"意味着每行每列都是 2 个√和 3 个×：

姓名	金针菇	木耳	水蜜桃	火腿	土豆
金粲	×				
木心		×			
水仙			×		
火珊				×	
土润					×

考虑到木心不能使用木耳，由②可知，木心也不用金针菇和土豆，则木心的 2 种食材只能用水蜜桃和火腿：

姓名	金针菇	木耳	水蜜桃	火腿	土豆
金粲	×				
木心	×	×	√	√	×
水仙			×		
火珊				×	
土润					×

由于木心选了火腿，由④可知火珊不选金针菇，则金针菇已有金、木、火 3 人不用，故必然被水仙和土润选用：

姓名	金针菇	木耳	水蜜桃	火腿	土豆
金粲	×				
木心	×	×	√	√	×
水仙	√		×		
火珊	×			×	
土润	√				×

由③可知，如果火珊选用水蜜桃，她至少要选用 3 种食材，这与题目要求不符，故火珊不能选用水蜜桃，则火珊的 2 种食材就只能选择木耳和土豆了：

姓名	金针菇	木耳	水蜜桃	火腿	土豆
金粲	×				
木心	×	×	√	√	×
水仙	√		×		
火珊	×	√	×	×	√
土润	√				×

因为表中水仙已经选用了金针菇，由①可知，金粲不能选水蜜桃，故水蜜桃只能由木心和土润选用了：

姓名	金针菇	木耳	水蜜桃	火腿	土豆
金粲	×		×		
木心	×	×	√	√	×
水仙	√		×		
火珊	×	√	×	×	√
土润	√	×	√	×	×

选项 C 符合题干所得信息，故为正确答案；

选项 ABDE 均无法由题干推出，故排除。

30.【答案】 B

【考点】 分析推理-对应

【解析】 本题是在上一题的基础上完成的，把水仙选土豆加入上一题的最终结果中，则水仙的 2 种食材也确定了：

姓名	金针菇	木耳	水蜜桃	火腿	土豆
金粲	×		×		
木心	×	×	√	√	×
水仙	√	×	×	×	√
火珊	×	√	×	×	√
土润	√	×	√	×	×

最后，由每种食材只有 2 人选用的规则，可知金粲选用的食材一定是木耳和火腿：

姓名	金针菇	木耳	水蜜桃	火腿	土豆
金粲	×	√	×	√	×
木心	×	×	√	√	×
水仙	√	×	×	×	√
火珊	×	√	×	×	√
土润	√	×	√	×	×

选项 B 符合题干所得信息，故为正确答案；

选项 ACDE 均无法由题干推出，故排除。

2017 年管理类联考综合能力逻辑真题精析

答案速查：

1. A	2. B	3. D	4. E	5. E
6. C	7. E	8. C	9. C	10. D
11. A	12. D	13. B	14. D	15. B
16. C	17. E	18. E	19. D	20. D
21. B	22. D	23. C	24. E	25. A
26. B	27. D	28. D	29. A	30. C

1.【答案】 A

【考点】 形式-简单、复合命题推理

【解析】 题干信息：① 核心→不受制

② 有的项目→核心

③ 引进∧不创新→威胁

选项 A“有的项目→不受制”可由①②推出，故为正确答案；

选项 B“有的项目→不合作”，由①②只能知道“有的项目→不受制”，至于能否与国外合作，并不清楚，故排除；

选项 C 比①②所得“有的项目→不受制”断定得更多，故排除；

选项 D“不引进→不威胁”将“不引进”带入③无法进行有效推理，故排除；

选项 E“创新→不威胁”将“创新”带入③无法进行有效推理，故排除。

2.【答案】 B

【考点】 形式-直言命题推理

【解析】 题干信息：① 结果→原因

② 原因→被认识

③ 被认识→必然有规律

选项 B 与由①②③推出的“结果→必然有规律”相矛盾，因此该项为假，故为正确答案；

选项 A 与题干话题无关，因此此项无法确定真假，故排除；

选项 C 即为③，因此此项为真，故排除；

选项 D 即为①，因此此项为真，故排除；

选项 E 可由①②推出，因此此项为真，故排除。

3.【答案】 D

【考点】 论证-肯定论点

【解析】专家观点：政府应严厉打击海外代购的行为。

要想支持专家的言论，需要说明海外代购确实带来了不利影响。

选项 D 说明海外代购确实严重影响了税收，支持了专家的观点，故为正确答案；

选项 A 只是说开海外代购店被定罪，但没有指明开海外代购店有什么不利影响，另外，个例的力度较弱，故排除；

选项 B 比较国内产品与代购产品的质量和价格，并未提及海外代购的不利影响，故排除；

选项 C 说明海外代购有好处，削弱了专家的观点，故排除；

选项 E 没有提及海外代购，故排除。

4.【答案】E

【考点】分析推理-对应

【解析】题干信息：① 游→(甲 ∨ 乙)

② 游、购、商、路至少 3 类

③ 乙商 ∨ 丁商→(甲购 ∧ 丙购)

④ 购＋路⩽2

根据题干数字信息，由④可知购物者和路人不能同时出现，且人数都不能超过 2。再结合②可知角色安排要么是外国游客、商贩和购物者，要么是外国游客、商贩和路人，即外国游客和商贩肯定都会出现。再由③可知若乙是商贩，那么甲是购物者，此时无法满足①，故可知乙不是商贩。

选项 E 丁和戊出演购物者带入题干，说明出现的角色是外国游客、商贩和购物者，而此时购物者的名额已满，又已知乙不是商贩，所以乙如果出演，则只能演外国游客。故为正确答案；

选项 A 戊和己演路人，说明出现的角色是外国游客、商贩和路人，即没有购物者，结合③可知乙和丁都不是商贩，所以商贩只能是甲和丙，故无法推出甲只能演外国游客，故排除；

选项 B 乙演外国游客带入题干无法进行有效推理，比如有可能乙演外国游客、丁和戊演商贩、甲和丙演购物者，此时甲并不是演商贩，故排除；

选项 C 存在反例，比如场景 1：乙演外国游客，丁和戊演商贩，甲和丙演购物者；场景 2：乙演外国游客，丁和己演商贩，甲和丙演购物者。场景 1 和场景 2 并不满足选项 C 的要求，故排除；

选项 D 存在反例，比如在同一场景中乙演外国游客，丁和戊演商贩，甲和丙演购物者，故排除。

5.【答案】E

【考点】论证-肯定论点

【解析】家长上告法院的原因：教育局安排其孩子去 2 千米外的学校而不是离家 300 米的学校，违背了“就近入学原则”。法院驳回家长的请求，需要说明教育局的安排并没有违背“就近入学原则”。

选项 E 说明法律对“就近”的规定指的是户籍施教区上的距离，不是个人主观理解上的直线距离，因此说明家长对“就近入学原则”的理解是错误的，直接支持了法院的判决，故为正确答案；

选项 A“直线距离不是唯一依据”不代表它不能作为“主要依据”“重要依据”，因此并没有完全推翻家长的理由，故排除；

选项 B 每所小学是否在中心位置与题干话题无关，故排除；

选项 C 并没有对题干的核心概念“就近入学原则”进行界定，家长上告的理由并不是自主选择与行政安排的冲突，而是家长对入学原则的理解有偏差，故排除；

选项 D 没有对“就近入学原则”进行界定，而且“根据特定情况进行加以变通”不如选项 E 法律明确规定的力度强，故排除。

6.【答案】 C

【考点】 形式-复合命题推理

【解析】 题干信息：① 黄金$>1/2\rightarrow$(国债$\wedge$股票)

② 股票$<1/3\rightarrow$($\neg$外汇$\wedge\neg$国债)

③ 外汇$<1/4\rightarrow$(基金$\vee$黄金)

④ 国债$\geqslant 1/6$

由②④可知股票$\geqslant 1/3$。

选项 C 由题干所得信息可以推出，故为正确答案；

选项 ABDE 均无法由题干推出，故排除。

7.【答案】 E

【考点】 论证-搭桥

【解析】 题干论据：通识教育重在了解基础知识，人文教育重在了解意义和价值；

题干论点：人文教育对个人未来的生活影响会更大一些。

如果要说明人文教育更重要，那么需要说明了解意义和价值比掌握基础知识更重要。

选项 E 通过对比揭示出了解意义和价值比掌握基础知识更重要，符合题干要求，故为正确答案；

选项 A 讨论的是课程数量的多少，并未提及重要性的比较，故排除；

选项 B 只说明两者不能互相替代，并没有提及谁更重要，故排除；

选项 C 分别指出了没有知识和错误价值观的不利影响，但两个不利影响的严重程度无法进行直观的比较，故排除；

选项 D 没有谈及通识教育和基础知识，无法进行通识教育和人文教育的比较，故排除。

8.【答案】 C

【考点】 分析推理-排序

【解析】 题干信息：① 江西 1 或者江西 7

② 安徽(江西/江苏/湖北/湖南之二)浙江

③ 福建$>$浙江，或者，(浙江福建)

④ 江苏 3

安徽 1 结合②可知浙江 4 且福建不在 2 和 3，再结合③可知福建在刚好调研完浙江之后，即福建 5。

选项 C 与题干所得信息一致，故为正确答案；
选项 ABDE 均无法由题干推出，故排除。

9.【答案】 C

【考点】 分析推理-排序

【解析】 题干信息：① 江西 1 或者江西 7
② 安徽(江西/江苏/湖北/湖南之二)浙江
③ 福建>浙江，或者，(浙江福建)
④ 江苏 3

安徽 2 结合②可知浙江 5。
选项 C 与题干所得信息一致，故为正确答案；
选项 ABDE 均无法由题干推出，故排除。

10.【答案】 D

【考点】 论证-判断焦点

【解析】 王研究员：对于创业者来说，最重要的是一种坚持精神。
李教授：对于创业者来说，最重要的是要敢于尝试新技术。

二人争论的重点在于创业最重要的是什么。
选项 D 准确指出了双方的分歧，故为正确答案；
选项 A 没有涉及王研究员的核心概念“坚持精神”，与王研究员的话题无关，故排除；
选项 B“做出”科学发现和技术发明，与李教授所提出的“尝试”新技术，是两回事，故排除；
选项 C“发明”新技术，与李教授所提出的“尝试”新技术，是两回事，故排除；
选项 E“成立小公司”“挑战大公司”在题干中没有提及，故排除。

11.【答案】 A

【考点】 论证-给解释

【解析】 专家的观点：如果不采取紧急措施改善空气质量，眼睛炎症、干眼症等疾病的发病率和相关并发症会增加。

选项 A 说明有毒颗粒物对人的眼睛有害，支持了专家的观点，故为正确答案；
选项 B 讨论的是改善空气质量的难度问题，而专家讨论的是改善空气质量的必要性问题，无法起到支持作用，故排除；
选项 C 没有谈及空气质量问题，不如选项 A 直接，另外也没有提及花粉季得病的具体比例，故排除；
选项 D 谈及患者的年龄和性别，但这些特征与空气质量有什么联系并不明确，故排除；
选项 E 说明有其他方式可以预防疾病，削弱了改善空气质量的必要性，故排除。

12.【答案】 D

【考点】 分析推理-计算

【解析】 假设每个年级是 30 人，根据题干信息可知：①一年级中能够将名句-诗名-作者对应的共 30 人；②二年级中能够将名句-作者对应的共 20 人；③三年级中能够将名句-诗名对应的共 20 人。

选项 D 由①③可知，一、三年级中能够将名句-诗名对应的共 50 人，50/60 大于 2/3，故为正确答案；

选项 A 由①②可知，一、二年级中不能将名句-作者对应的共 10 人，10/60 小于 1/3，故排除；

选项 B 由②可知，二年级不能将名句-作者对应的共 10 人，但不能将名句-诗名对应的人数并不确定；由③可知三年级不能将名句-诗名对应的共 10 人，但不能将名句-作者对应的人数不确定。故不能将名句-诗名或者名句-作者对应的硕士生至少有 20 人，无法判断能否超过总人数的 1/3，故排除；

选项 C 由①可知，能够将名句-诗名-作者对应的硕士生至少有 30 人，但无法确定是否能超过总人数的一半，故排除；

选项 E 由②可知，一、二年级中不能将名句-诗名对应的人最多 30 人，30/60 小于 2/3，故排除。

13.【答案】 B

【考点】 论证-搭桥

【解析】 题干论据：婴儿通过触碰、玩耍、观察等方式学习，且他们是最有效率的学习者。

题干论点：学习方式接近婴儿的机器人能不费力气地学习。

科学家需要建立婴儿的学习方式与其学习效率之间的联系才能保证其观点的有效性。

选项 B 建立了学习方式与学习效率的关系，符合题干要求，故为正确答案；

选项 A 没有涉及学习方式与学习效率的关系，故排除；

选项 C 说明机器人即使模仿婴儿的学习方式，可能也无法实现高效率的学习，与科学家的观点不一致，故排除；

选项 D“智能超过人类”并不在题干讨论的话题范围之内，故排除；

选项 E“成年人”与题干讨论话题无关，故排除。

14.【答案】 D

【考点】 论证-肯定论点

【解析】 科学家断言：黄金纳米粒子可以提升效果且降低副作用。

选项 D 说明黄金纳米粒子的方法可行且不会有副作用，直接肯定科学家的观点，故为正确答案；

选项 A 说明黄金纳米粒子效果还不确定，故排除；

选项 B 没有说明是否有副作用，力度不如选项 D 强，故排除；

选项 C“人体细胞”也包括“癌细胞”，不与人体细胞发生反应也可能不与“癌细胞”发生反应，因此可能无法起到治疗效果，故排除；

选项 E 没有提及黄金纳米粒子是否有效果和副作用，故排除。

15.【答案】 B

【考点】 论证-方式相似

【解析】 题干对话方式：甲：若 A，则 B。乙：若非 A，则非 B。

题干对话方式是通过否前来否后。

选项 B 是通过否前来否后，与题干一致，故为正确答案；

选项 A 中乙的回答不是假言命题,故排除;

选项 C 中乙的回答不是假言命题,故排除;

选项 D 改变了动词,“谋”与“行”是不同概念,故排除;

选项 E 是通过否后来否前,与题干不一致,故排除。

16.【答案】 C

【考点】 分析推理-分组

【解析】 题干信息:① 颜主→(曾∨荀)

② 曾主→(颜∨孟)

③ 荀主→颜

④ 孟主→(荀∨颜)

此题对有可能的选项进行排除即可。

选项 C 分两种情况来看:1.曾寅为主持人,根据②可知颜子或孟申是成员。再加上荀辰,成员超过两位,不符合题干要求。2.荀辰为主持人,根据③可知颜子是成员。再加上曾寅,成员超过两位,不符合题干要求。综上所述,两种情况都不满足题干要求,所以该项的组合是不可能的,故为正确答案;

选项 A 在曾寅为主持人,孟申为项目组成员时满足题干要求,所以此组合是可能的,故排除;

选项 B 在孟申为主持人,荀辰为项目组成员时满足题干要求,所以此组合是可能的,故排除;

选项 D 在孟申为主持人,颜子为项目组成员时满足题干要求,所以此组合是可能的,故排除;

选项 E 在颜子为主持人,荀辰为项目组成员时满足题干要求,所以此组合是可能的,故排除。

17.【答案】 E

【考点】 论证-因果模型

【解析】 题干论据:从事有规律工作的白领比刚毕业时平均增加了 8 千克;

题干论点:有规律的工作会增加人们的体重。

题干所给数据是从事有规律工作后的体重变化情况,还需要考虑不从事有规律工作的体重变化情况,两者进行对比才能判断结论的正确性。

选项 E 提出了这个关键问题,故为正确答案;

选项 A 涉及“经常进行体育锻炼”这个额外因素,对判断题干结论中的因果关系存在干扰,故排除;

选项 B 没有谈及 8 年后是否在从事有规律的工作,对判断题干结论中的因果关系的意义不大,故排除;

选项 C 时间段的选取与题干结论中的因果关系有无必然联系并不清楚,故排除;

选项 D 涉及的性别与题干话题无关,故排除。

18.【答案】 E

【考点】 论证-结构相似

【解析】题干论证：因为如果 A 且 B,那么 C。所以 C。

选项 E 与题干论证完全一致,故为正确答案；

选项 A:因为如果¬A,那么¬B 且¬C。所以 D。与题干不一致,故排除；

选项 B:因为如果 A,那么 B 且 C 且 D。所以 A。与题干不一致,故排除；

选项 C:因为 A。所以只有 B 才 C。与题干不一致,故排除；

选项 D:因为如果¬(A 且 B 且 C),那么¬D。所以 D。与题干不一致,故排除。

19.【答案】 D

【考点】形式-直言命题推理

【解析】题干信息:① 爱书→藏书

② 大多数藏书家→读一些藏书

③ 有的藏书家→准备以后闲暇读新书

④ 准备以后闲暇读新书→可能不读

⑤ 书被借→不安

选项 D 由③即可知有些藏书家不会立即阅读自己新购的书,故为正确答案；

选项 A“将藏书当作友人”在题干中没有提及,因此无法从题干推出,故排除；

选项 B 由③④可知有的藏书家在闲暇时可能没读新书,无法进一步推出有些藏书家喜欢闲暇时阅读藏书,故排除；

选项 C 由②可知有的藏书家会读一些自己的藏书,但无法确定是否会读遍自己所有的藏书,故排除；

选项 E 由②可知有的藏书家会读一些自己收藏的书,但无法进一步推出有些藏书家从不读自己收藏的书,故排除。

20.【答案】 D

【考点】论证-拆桥

【解析】题干论据:幸不幸福不会影响死亡风险的高低；

题干论点:幸不幸福不会影响健康状况。

该论证需要建立死亡与健康的联系,要质疑题干论证,否定此种联系即可。

选项 D 断开了死亡与健康的联系,直接反驳了题干论证的隐含假设,故为正确答案；

选项 A 指出被调查对象对幸福的准确评估有难度,但题干并没有说研究结果是根据调查对象的自我评估而得到的,故排除；

选项 B“高寿”“人生经历坎坷”与“健康”是不同概念,故排除；

选项 C 指出“有些”疾病不会导致不幸福,对题干结论疾病“可能”会导致不幸福无法构成反驳,故排除；

选项 E“少数个体”是否属于研究对象并不清楚,另外,即使属于研究对象,因为它们是少数,对论证的影响可能并不大,故排除。

21.【答案】 B

【考点】论证-方式相似

【解析】题干反驳方式:①只有 A,才 B。②不是。过分强调 A,则肯定非 B。

选项 B 与题干反驳方式完全一致,故为正确答案；

选项A为:①只有A,才B。②不是。过分强调A且非C,则不一定B。与题干不一致,故排除;

选项C为:①只有A,才B。②不是。A且非B。与题干不一致,故排除;

选项D为:①只有A,才B。②不是。非A,则B。与题干不一致,故排除;

选项E为:①只有A,才B。②不是。A,则C。与题干不一致,故排除。

22.【答案】 D

【考点】 分析推理-排序

【解析】 题干信息:① 猴　妙

② 阳　仙

③ 妙　美

④ 禅4,仙5或者仙6

由①③可知相对位置:猴 妙 美。由④可知5和6只剩一个位置可以给其他景点,又因为妙笔生花后面还有美人梳妆,所以妙笔生花不可能在5和6之中的某个位置上。

选项D与题干所得信息相违背,所以该项不可能为真,故为正确答案;

选项ABCE均有可能为真,故排除。

23.【答案】 C

【考点】 形式-概念的定义

【解析】 自我陶醉人格的特征:①过高高估自己,夸大自己;②不接受批评,希望别人注意和羡慕自己;③沉湎于幻想,认为自己特殊;④人际关系不稳定;⑤嫉妒他人,损人利己。

注意题目问题中的"除了",本题要选的是不能体现自我陶醉人格特征的选项,进行选项排除即可。

选项C不符合自我陶醉人格的任一特征,故为正确答案;

选项A符合①③,故排除;

选项B符合②,故排除;

选项D符合①③④,故排除;

选项E符合①③,故排除。

24.【答案】 E

【考点】 论证-解释矛盾现象

【解析】 需要解释的矛盾现象:北方地区平均气温比南方低得多,但北方人到南方却比南方人更怕冷。

选项E指出寒冷程度不能仅看温度指标,虽然南方温度高,但由于湿度的原因,南方体感温度低于温度指标,南方是真的"冷",有力地解释了题干现象,故为正确答案;

选项A用"一些"去解释题干中的"相当多",力度弱,故排除;

选项B并没有说明"极端低温的天气"在南方的冬天是否常见,力度弱,故排除;

选项C只谈及室内温度,没有谈及室外温度,北方人冬天并不是只待在室内,室内温度的情况代表不了北方人的抗寒情况,力度弱,故排除;

选项D讨论的是去北方适应不了气候,而题干要解释的是去南方适应不了气候,话题不同,故排除。

25.【答案】A

【考点】论证-否定论点

【解析】专家观点:配音已经失去观众,必将退出历史舞台。

选项 A 说明配音仍然有观众,直接反驳专家关于“配音已经失去观众”的观点,故为正确答案;

选项 B 说明有人排斥配音,对专家的观点是某种程度上的支持,故排除;

选项 C 说明不配音也可以,对专家的观点是某种程度上的支持,故排除;

选项 D 说明配音无法满足人们的需求,对专家的观点是某种程度上的支持,故排除;

选项 E 说明配音存在缺陷,对专家的观点是某种程度上的支持,故排除。

26.【答案】B

【考点】分析推理-对应

【解析】根据题干信息⑤可知小明和小花都只收到了一份礼物,所以提到小明和小花收到两份礼物的选项都可以直接排除。选项 ACDE 均因涉及小明或小花中某一人收到两份礼物而不可能为真,故排除;

选项 B 是唯一剩下的选项,故为正确答案。

27.【答案】D

【考点】分析推理-对应

【解析】题干信息:① 明橙→芳蓝

② ¬雷红→¬芳蓝

③ ¬刚黄→¬花紫

④ ¬黄∨¬绿

⑤ 明橙∧花紫

由①⑤可知芳蓝,再结合②可知雷红。由③⑤可知刚黄,再结合④可知¬刚绿。因为蓝色、红色、橙色、紫色均被别人选走,小刚又不能选绿色,那么小刚收到的两份礼物只能是黄色和青色。

选项 D 符合题干所得信息,故为正确答案;

选项 ABCE 均无法由题干推出,故排除。

28.【答案】D

【考点】形式-复合命题推理

【解析】题干信息:① ¬二胡∨¬箫

② 笛子∨二胡∨古筝

③ 箫、古筝、唢呐≥2

④ 箫→¬笛子

箫出现的次数最多,以它为切入点,有两种情况:第一种情况:假设买箫,结合①可知:不买二胡;结合④可知:不买笛子。不买二胡、不买笛子结合②可知:买古筝。第二种情况:假设不买箫,结合③可知:买古筝且买唢呐。综合两种情况,发现一定会买古筝。

选项 D“古筝∨二胡”可由题干所得买古筝的信息合理地推出,故为正确答案;

选项 ABCE 均无法由题干推出，故排除。

29.【答案】 A

【考点】 分析推理-对应

【解析】 题干信息图示如下：

周一	周二	周三	周四	周五	周六	周日
			科幻 科幻			爱情

科幻除了周四放映的 2 部，还有 3 部，根据③科幻没有和武侠安排在一天，剩下的科幻和武侠一共 6 部，且每天放映的电影不同，所以科幻、武侠分别在周一、二、三、五、六、日各放映一部。所以周日是爱情片加科幻片，或爱情片加武侠片，即爱情片只能在科幻片和武侠片中进行选择；

选项 A 爱情片和警匪片在同一天，这与题干所得信息相违背，所以不可能为真，故为正确答案。

选项 BCDE 均有可能，故排除。

30.【答案】 C

【考点】 分析推理-对应

【解析】 因为同类影片放映日期连续，根据④可得出以下情形：

周一	周二	周三	周四	周五	周六	周日
警匪	警匪	警匪	科幻 科幻	战争	战争	爱情

所以周六一定有战争片，此时可以排除选项 ABD。又因为④警匪片和战争片不在同一天，可以排除选项 E。

选项 C 是唯一符合题干要求的选项，故为正确答案。

2018 年管理类联考综合能力逻辑真题精析

答案速查：

1. A	2. C	3. D	4. A	5. B
6. D	7. E	8. E	9. C	10. D
11. C	12. A	13. D	14. D	15. D
16. D	17. C	18. C	19. D	20. D
21. A	22. B	23. C	24. E	25. D
26. E	27. C	28. A	29. B	30. C

1.【答案】 A

【考点】形式-复合命题推理

【解析】题干信息：① 人民→创造者

② 人民→见证者

③ 人民→剧中人

④人民→剧作者

⑤ 离开→躯壳

⑥ 久远→(观照∧表达)

选项 A“¬躯壳→¬离开”可由⑤推出，故为正确答案；

选项 B 与①③所得“有的创造者→剧中人”相矛盾，故排除；

选项 C 比①②所得“有的创造者→见证者”断定得更多，故排除；

选项 D 比③④所得“有的剧中人→剧作者”断定得更多，故排除；

选项 E 中“表达”带入⑥无法进行有效推导，无法判断是否会“久远”，故排除。

2.【答案】 C

【考点】论证-语义理解

【解析】表格中仅列出部分城市的气候，并不确定是否包含全部天气状况，因此绝对化表达的选项均不合适。

选项 C“可能”符合题干要求，故为正确答案；

选项 ABDE 均为“一定”，过于绝对，故排除。

3.【答案】 D

【考点】论证-肯定论点

【解析】专家结论：人们从晚睡中得到了快乐，但这种快乐其实隐藏着某种烦恼。

选项 D 说明晚睡是提醒人们现在的“正常生活”存在着某种令人不满的问题，直接肯定了专家“隐藏着某种烦恼”的观点，故为正确答案。

选项ABCE均没有谈及是否隐藏着烦恼的问题，故排除。

4.【答案】 A

【考点】 论证-肯定论点

【解析】 专家观点：分心驾驶是我国道路交通事故的罪魁祸首。

选项A指出分心驾驶导致的事故占比最高，直接肯定专家关于罪魁祸首的观点，故为正确答案；

选项BCD均没有将分心驾驶与其他导致事故的行为进行对比，因此无法判断分心驾驶是否为罪魁祸首，故排除；

选项E讨论美国的情况，与题干“我国”范围不一致，故排除。

5.【答案】 B

【考点】 形式-复合命题推理

【解析】 题干信息：① 乙2∨乙6

② 甲1→(丙3∧戊5)

③ ¬甲1→(己4∧庚5)

④ 乙2→己6

由“丙周日”结合②可知：¬甲1；再结合③可知：己4∧庚5；再由“己4”结合④可知：¬乙2；再结合①可知：乙6。

选项B与题干所得信息一致，故为正确答案；

选项ACDE均无法由题干推出，故排除。

6.【答案】 D

【考点】 形式-复合命题推理

【解析】 题干信息：① 乙2∨乙6

② 甲1→(丙3∧戊5)

③ ¬甲1→(己4∧庚5)

④ 乙2→己6

由“庚4”结合③可知：甲1；再结合②可知：丙3∧戊5。

选项D“戊周日”与题干所得“戊5”不一致，故为正确答案；

选项ABCE均不一定为假，故排除。

7.【答案】 E

【考点】 形式-否定词后移规则

【解析】 题干信息：① 弟子不必不如师，可知：有的弟子可能如师。

② 师不必贤于弟子，可知：有的师可能不贤于弟子。

选项E符合题干所得信息，故为正确答案；

选项ABCD均无法由题干推出，故排除。

8.【答案】 E

【考点】 形式-复合命题推理

【解析】 题干信息：① 略

② 雨春∧露秋∧雪冬

③ ¬清春→¬霜秋

④ 雨水春→霜秋

由②④可知：霜秋；再结合③可知：清春。

选项 E 中清明在夏季，与题干所得信息不一致，故为正确答案；

选项 ABCD 均有可能成立，故排除。

9.【答案】 C

【考点】 论证-方式相似

【解析】 题干论证方式：A→B，C→D。所以，¬ D→¬ A。

选项 C 与题干论证方式一样，故为正确答案；

选项 A 为：A→B，C→D。所以，¬ D→¬ C。与题干不相同，故排除；

选项 B 两个论据都无法符号化成假言命题，与题干明显不同，故排除；

选项 D 为：A→B，C→D。所以，¬ D→E。与题干不相同，故排除；

选项 E 为：A→B，¬ A→C。所以，¬ C→A。与题干不相同，故排除。

10.【答案】 D

【考点】 形式-复合命题推理

【解析】 题干信息：① 一挤→张 5；一不挤→张 7

② 王 5→一挤

③ 一不挤→李 8

④ 一不挤

由①④可知：张 7；由③④可知：李 8。显然，小张会比小李先到单位。

选项 D 与题干所得信息矛盾，故为正确答案；

选项 ABCE 均不符合要求，故排除。

11.【答案】 C

【考点】 论证-给相反解释

【解析】 题干论据：去医院看"老年病"的年轻人越来越多；

题干论点："老年病"在年轻人中的发病率不断增加。

题干中的发病率是指得"老年病"的年轻人在所有年轻人中的占比，不仅"考虑得病的年轻人"这个分子，也要考虑"所有年轻人"这个分母。

选项 C 指出年轻人的总数在急剧增加，因此即使得病的年轻人变多，也无法说明发病率会增加，有力地质疑了调研结论，故为正确答案；

选项 A"有条件关注自己的身体健康"并没有改变题干中越来越多年轻人得"老年病"的事实，也没有指出年轻人总数的情况，无法质疑题干结论，故排除；

选项 B"有所变化"没有指明具体是什么变化，故排除；

选项 D 老年人患的其他疾病是否属于"老年病"与题干话题无关，故排除；

选项 E 讨论的老年人与题干讨论的年轻人是不同对象，故排除。

12.【答案】 A

【考点】 形式-复合命题推理

【解析】题干信息:不害人∧满足需求→良善

选项A:不良善→(害人∨不满足需求)。将“不良善”带入题干可知:害人∨不满足需求,故为正确答案;

选项B“社会整体利益”与题干信息无关,故排除;

选项C:良善→满足需求。将“良善”带入题干无法进行有效推理,故排除;

选项D:害人∧满足需求→不良善。将“害人∧满足需求”带入题干无法进行有效推理,故排除;

选项E:不满足需求→不良善。将“不满足需求”带入题干无法进行有效推理,故排除。

13.【答案】D

【考点】分析推理-对应

【解析】由②可知,要得出赵珊珊选宋词,则要保证诗经和唐诗都被别人选了。又由③可知李晓明在诗经和唐诗里选了一个。若还有一人在诗经和唐诗中也选了一个,则诗经和唐诗都被别人选走,此时就能确定赵珊珊选宋词了。

选项D庄志达选诗经,满足题干要求,故为正确答案;

选项ABCE均无法保证赵珊珊选宋词,故排除。

14.【答案】D

【考点】论证-解释矛盾现象

【解析】矛盾现象:水流缓慢利于水草生长,但去年水流是缓慢的,水草总量并未增加。

选项D指出干旱导致大量水生物已经死亡,即使水流缓慢,也没有多少水草可以生长了,有力解释了题干,故为正确答案;

选项A指出吃水草的动物减少了,那么水草应该增多,与题干水草总量较低的情况不符,无法解释,故排除;

选项B说明去年水流情况应该是有利于水草生长的,因此无法解释去年水草总量没增加的现象,故排除;

选项C讨论水草对其他生物的影响,没有解释水草生长的情况,故排除;

选项E没有涉及水草,故排除。

15.【答案】D

【考点】分析推理-分组

【解析】题干信息:① 己2

② ¬戊1∨¬丙1

③ 甲丙不同队

④ 乙1→丁1

由“甲2”结合③可知:丙1;再结合②可知:¬戊1,即可知戊2。

选项D符合题干所得信息,故为正确答案;

选项ABCE均无法由题干推出,故排除。

16.【答案】D

【考点】分析推理-分组

【解析】题干信息:① 己2

② ¬戊 1∨¬丙 1

③ 甲丙不同队

④ 乙 1→丁 1

丁和庚在同一编队，有两种情况，丁庚都在 1 或丁庚都在 2。若第一种情况，结合③可知 1 是丁庚甲或丁庚丙，无论是哪一种，可以确定乙戊己在 2。若第二种情况，丁庚在 2，结合④可知乙 2，再结合①③可知 2 是丁庚乙己甲或者丁庚乙己丙，均超过了题干的数量要求，所以原假设不成立。因此只有第一种情况成立，进而可知戊 2。

选项 D 符合题干所得信息，故为正确答案；

选项 ABCE 均无法从题干推出，故排除。

17.【答案】 C

【考点】 论证-方式相似

【解析】 题干方式：甲：A 最重要的是 B。

乙：A 最重要的是 C，没 C→没 A。

选项 C 方式：甲：A 最重要的是 B。乙：A 最重要的是 C，没 C→没 A。与题干一样，故为正确答案；

选项 A 方式：甲：A 最重要的是 B。乙：A 最重要的是 C，D→C。与题干不一样，故排除；

选项 B 方式：甲：A 最重要的是 B。乙：A 最重要的是 C，没 C→没 B。与题干不一样，故排除；

选项 D 方式：甲：A 最重要的是 B。乙：A 最重要的是 C，B→C。与题不干一样，故排除；

选项 E 方式：甲：A 最重要的是 B。乙：A 最重要的是 C，没 C→没 B。与题干不一样，故排除。

18.【答案】 C

【考点】 形式-复合命题推理

【解析】 题干信息：① 不知→不为

② 不闻→不言

选项 C 中"为→知"可由①推出，"言→闻"可由②推出，故为正确答案；

选项 A 为：不为→不知，与①不一致，故排除；

选项 B 为：不言→不闻，与②不一致，故排除；

选项 DE 捕雀、盗钟与为之、言之在题干中只是比喻关系，而非条件关系，故排除。

19.【答案】 D

【考点】 分析推理-计算

【解析】 题干信息：① 2014 年中国卷烟消费量同比上升 2.4%

② 2015 年中国卷烟消费量同比下降 2.4%

③ 2015 年全球卷烟消费量同比下降 2.1%

假设 2013 年中国卷烟消费量为 a，结合①②则 2015 年为 a(1+2.4%)(1−2.4%)，计算可知：2015 年中国卷烟消费量小于 2013 年。由②③可知其他国家卷烟消费量同比下降的幅度比中国的 2.4%要小。

选项 D 符合题干所得信息，故为正确答案；

选项ABC均与题干所得信息相违背，故排除；

选项E发达国家和发展中国家的比较与题干无关，无法从题干信息中得出，故排除。

20.【答案】 D

【考点】 形式-矛盾命题

【解析】 观察选项，找出与题干信息不一致的选项即可。

选项D"在第6排找到法学类新书"与题干"法学类新书都在第5排"相违背，故为正确答案；

选项ABCE均有可能成立，故排除。

21.【答案】 A

【考点】 形式-复合命题推理

【解析】 题干信息：① 函→审

② 参→函

由①②可知：参→审。

选项A为"不审→不参"，可由题干所得"参→审"推出，故为正确答案；

选项B为"审→参"，将"审"带入题干无法有效推出能否参加，故排除；

选项C为"审∧函→参"，将"审∧函"带入题干无法有效推出是否欢迎参加，故排除；

选项D为"有的审且不函→参"，将"有的审且不函"与②结合可知这些审且不函的学者不会被欢迎参加，故排除；

选项E为"有的审→不参"，由题干所得"参→审"可知"有的审→参"，无法确定是否有的通过审核的学者不能参加，故排除。

22.【答案】 B

【考点】 分析推理-对应

【解析】 题干信息：① 东松∨东菊→¬南竹

② ¬南竹→¬北兰

③ 菊中→菊兰不相邻

④ 菊兰相邻

由③④结合可知：¬菊中。

选项B符合题干的推理结果，故为正确答案；

选项ACDE均无法由题干推出，故排除。

23.【答案】 C

【考点】 分析推理-对应

【解析】 题干信息：① 东松∨东菊→¬南竹

② ¬南竹→¬北兰

③ 菊中→菊兰不相邻

④ 菊兰相邻

由北门位于兰园结合②可知：南竹；再结合①可知：¬东松∧¬东菊。综合可知，东门不在兰园、竹园、松园、菊园，故东门在梅园。

选项C符合题干的推理结果，故为正确答案；

选项ABDE均无法由题干推出，故排除。

24.【答案】 E

【考点】 论证-搭桥

【解析】 题干论据：撒盐会让本来要成为雌性的青蛙变成雄性（即撒盐会使雌性青蛙变少）；

题干论点：撒盐会导致相关区域青蛙数量下降。

要支持专家的观点，就要建立"雌性青蛙减少"与"青蛙的数量"间的关系。

选项E指出雌性数量充足很重要，从侧面说明雌性青蛙减少会对青蛙数量不利，故为正确答案；

选项A没有谈及雌性青蛙变少这个要素，故排除；

选项B讨论的是以雌性为主的情况，而没有讨论雌性不足的情况，与题干话题不一致，故排除；

选项C讨论的是盐含量与雌性青蛙的关系，而不是雌性青蛙与青蛙总数的关系，与题干话题不一致，故排除；

选项D讨论的是盐对青蛙生长发育的影响，而没有提及雌性青蛙和青蛙总数的关系，故排除。

25.【答案】 D

【考点】 形式-直言命题推理

【解析】 题干信息：① 审定→(意义∨关注)

② 意义→民生

③ 有的审定→¬民生

由②③可知：有的审定→¬意义，即有的审定意义不重大；再结合①可知：这些意义不重大的审定关注度高，故可知有些项目关注度高但并非意义重大。

选项D符合题干的推理结果，故为正确答案；

选项A题干只能得到"有的意义不重大的审定关注度高"，无法判断意义重大的项目是什么情况，故排除；

选项B题干只能得到"有的意义不重大的审定关注度高"，无法判断意义重大的项目是什么情况，故排除；

选项C题干由②只能得到"有的民生→意义"，无法继续建立与"关注"的联系，故排除；

选项E题干由②只能得到"有的民生→意义"，但无法判断不涉及民生问题的项目是什么情况，故排除。

26.【答案】 E

【考点】 论证-方式相似

【解析】 题干方式：甲：A难B易，先难后易。

乙：不对，A易B难，先难后易。

选项E方式：甲：A难B易，先难后易。乙：不对，A易B难，先难后易。与题干一样，故为正确答案；

选项A甲的话没有涉及难易对比，故排除；

选项 B 没有涉及难易对比，故排除；

选项 C 没有涉及先后对比，故排除；

选项 D 方式：甲：A 易 B 难，先易后难。乙：B 难 A 易，先易后难。与题干不一样，故排除。

27.【答案】 C

【考点】 形式-直言命题推理

【解析】 题干信息：① 专利→创新

② 有的创新→¬专利

③ 模仿→¬创新

④ 有的模仿者→¬应受惩

由①③可知：专利→¬模仿。

选项 C 与题干所得信息相违背，因而不可能出现，故为正确答案；

选项 A“申请专利”在题干中并未提及，有可能成立，故排除；

选项 B“可能受到惩罚”与题干中“应该受到惩罚”是不同概念，有可能成立，故排除；

选项 D 为：模仿→¬专利，可由题干所得“专利→¬模仿”等值转换出来，故排除；

选项 E“受到了惩罚”和题干中“应该受到惩罚”是不同概念，有可能成立，故排除。

28.【答案】 A

【考点】 形式-二难推理

【解析】 题干信息：① 不违→进口

② 甲违∨乙违→(戊∧己)

③ 丙违→¬丁

④ 戊→(乙∧丁)

⑤ ¬丁→丙

⑥ 丙→¬丁

由③可知：丁→丙不违；由①可知：丙不违→丙；进而可知：丁→丙。再结合⑤，可知：丙。由丙结合⑥可知：¬丁，排除选项 BD；由¬丁结合④可知：¬戊，排除选项 CE。

选项 A 是唯一符合题干要求的选项，故为正确答案。

29.【答案】 B

【考点】 分析推理-对应

【解析】 由④可知，李龙连输三局，所以总积分最高的是他的对手，一定是一位女生，排除选项 C。再由①中：张芳跟吕伟对弈可知李龙的对手不是张芳；王玉在李龙的右边可知李龙的对手不是王玉；杨虹在 4 号桌而李龙右边还有王玉可知李龙的对手不是杨虹。所以李龙的对手只能是施琳，即施琳的总积分最高。

选项 B 符合上述推理结果，故为正确答案；

选项 ACDE 均不正确，故排除。

30.【答案】 C

【考点】 分析推理-对应

【解析】 题干寻找 3∶3 的组合。由③赵虎没有和局可知赵虎不是 3∶3 的组合。由④

中:李龙连输三局可知李龙不是 3∶3 的组合,范勇领先对手可知范勇不是 3∶3 的组合。四个男生里只剩下吕伟,所以吕伟是 3∶3 的组合。由①可知吕伟的对手是张芳,即吕伟对张芳是 3∶3。

选项 C 符合上述推理结果,故为正确答案;

选项 ABDE 均不正确,故排除。

2019 年管理类联考综合能力逻辑真题精析

答案速查：

1. B	2. C	3. D	4. C	5. D
6. E	7. A	8. D	9. E	10. B
11. A	12. C	13. D	14. A	15. B
16. D	17. C	18. E	19. B	20. C
21. B	22. D	23. B	24. A	25. B
26. E	27. B	28. A	29. E	30. D

1.【答案】 B

【考点】 形式-复合命题推理

【解析】 题干信息：① 低质量→过剩

② 更新→¬过剩

由①可得：¬过剩→¬低质量，再结合②可得：更新→¬低质量。

选项 B 符合题干推导，故为正确答案；

选项 ACDE 均无法由题干信息推出，故排除。

2.【答案】 C

【考点】 论证-给解释

【解析】 题干的推断：此时的人类已经居于食物链的顶端。

选项 C 指出使用工具使得人类可以猎杀其他动物，而不是被猎杀，那么所有的动物均可以成为人类猎杀的对象，进而说明人类位于食物链的顶端。支持了题干推断，故为正确答案；

选项 A 岩画上的动物是否包括所有动物并不清楚，无法说明人类处于食物链顶端，故排除；

选项 B 讨论人类要避免被其他动物捕杀，说明人类不是处于食物链顶端，故排除；

选项 D 讨论岩画对提高生存能力的作用，没有谈及人类是否处于食物链顶端，故排除；

选项 E 讨论人类脱离动物、产生宗教的原因，与题干讨论的话题无关，故排除。

3.【答案】 D

【考点】 形式-复合命题推理

【解析】 题干信息：① 王维→辛弃疾

② 刘禹锡→岳飞

③ 杜甫→苏轼

④ (李诗)¬苏轼

⑤ (李诗)¬辛弃疾

结合③④可知:(李诗)¬杜甫;结合①⑤可知:(李诗)¬王维。再根据每人喜爱的作者不与自己同姓,可知:(李诗)¬李白。故可知:(李诗)刘禹锡。再结合②可知:(李诗)岳飞。

选项 D 符合上述推理结果,故为正确答案;

选项 ABCE 均无法由题干信息推出,故排除。

4.【答案】 C

【考点】 论证-搭桥

【解析】 题干论据:金毛犬的大脑皮层神经细胞数量比猫多;

题干论点:狗比猫聪明。

选项 C 建立了大脑皮层神经细胞数量与聪明程度的正向关系,这是科学家能合理地得出其结论的前提,故为正确答案;

选项 A 讨论猫和狗对人类的贡献,没有涉及神经细胞数量与聪明程度的关系,故排除;

选项 B 讨论狗需要做一些复杂行为,没有涉及神经细胞数量与聪明程度的关系,故排除;

选项 D 讨论猫为什么神经细胞数量少,没有涉及神经细胞数量与聪明程度的关系,故排除;

选项 E 讨论棕熊,与题干对象不一致,故排除。

5.【答案】 D

【考点】 形式-复合命题推理

【解析】 题干信息:① 甲→(丁∧¬己)

② 乙∨丙→¬戊

选项 D 与题干信息均不矛盾,故为正确答案;

选项 A 派遣丙和戊,与②不一致,故排除;

选项 B 派遣甲,结合①可知要派遣丁,但此项中没有丁,与题干要求不一致,故排除;

选项 C 派遣乙和戊,与②不一致,故排除;

选项 E 派遣丙和戊,与②不一致,故排除。

6.【答案】 E

【考点】 形式-复合命题推理

【解析】 题干信息:① 甲→(丁∧¬己)

② 乙∨丙→¬戊

③ 甲∨戊

假设派遣甲,结合①可知:派遣丁,不派遣己。再假设不派遣甲,结合③可知:戊,再结合②可知:¬乙∧¬丙,此时能派遣的人只有戊、丁、己。综合两种假设可知,一定会派遣丁。

选项 E 符合上述推理结果,故为正确答案;

选 ABCD 均无法从题干推出,故排除。

7.【答案】 A

【考点】论证-给解释

【解析】题干论据：熬夜有损身体健康。

题干论点：应该遵守作息规律。

选项 A 描述熬夜带来各种疾病及对生命健康的危害性，说明遵守作息非常重要，故为正确答案；

选项 B 指出熬夜会导致长胖，但并未说明长胖的危害性如何，故排除；

选项 C 描述熬夜对思维能力和情绪的影响，但此危害性不如选项 A 严重，力度较弱，故排除；

选项 D 指出人类需要睡眠，但并未涉及熬夜的影响，故排除；

选项 E 指出睡眠不足会让面容憔悴、缺乏魅力，但此危害性不如选项 A 严重，力度较弱，故排除。

8.【答案】D

【考点】论证-结构整理

【解析】观察题干五个句子：①是全文总结句，所以应该放在最下面。直接跟①的话题相关的句子分别是②和④，②④两句话是从不同的角度在说节约的好处，故②④分别直接指向①。再者，直接跟②相关的句子是③，直接跟④相关的句子是⑤，故③指向②，⑤指向④。

选项 D 符合题干结构，故为正确答案；

选项 ABCE 均与题干结构不符，故排除。

9.【答案】E

【考点】论证-搭桥

【解析】题干论据：母婴对视时脑电波同步，婴儿会发出更多声音；

题干论点：母婴对视有助于婴儿的学习和交流。

选项 E 建立了脑电波同步与交流更默契（交流）、增进了解（学习）的关系，进而建立了母婴对视与婴儿学习交流的关系，故为正确答案；

选项 A 讨论成年人，与题干讨论对象不一致，故排除；

选项 B 情绪与心率同步对婴儿的影响如何并不清楚，故排除；

选项 C 讨论学生，与题干讨论对象不一致，故排除；

选项 D 仅说明对视时发出信号表示可以且愿意交流，但这无法说明交流的效果是否更好，故排除。

10.【答案】B

【考点】形式-概念的定义

【解析】题干信息：① 英文字母不连续→大于 15

② 英文字母连续→15

③ 等于 18 ∨ 小于 15

根据题干中对密码组合的规定，逐一来分析选项进行匹配排除。根据③可以排除选项 ACE，再根据②可排除选项 D。

选项 B 符合题干要求，故为正确答案。

11.【答案】 A

【考点】 分析推理-对应

【解析】

	乐		御	书	
			乐		
射	御	书		礼	
	射			数	礼
御		数			射
					书

根据图表已有信息进行推导和选项排除，根据第 2 列有御，排除选项 E；根据第 4 列有御，排除选项 C；根据第 5 列有礼，排除选项 B。此时只剩选项 A 和选项 D。第 3 行第 4 列的限制信息最多，可推出此处为数，即第 4 列有数，排除选项 D。

选项 A 符合题干要求，故为正确答案。

12.【答案】 C

【考点】 形式-复合命题推理

【解析】 题干信息：① 至少选 6 类

② ¬流行 ∨ ¬民谣 ∨ ¬摇滚

③ (摇滚 ∧ 民族)→(¬电音 ∨ ¬说唱)

由①可知至多只有一类没入围，结合②可知没入围的类别是流行、民谣、摇滚中一个，那么剩下的民族、电音、说唱、爵士都入围。电音和说唱都入围结合③可知：¬摇滚 ∨ ¬民族，又因为民族入围，所以，摇滚没入围。

选项 C 符合题干推导，故为正确答案；

选项 ABDE 均无法由题干推出，故排除。

13.【答案】 D

【考点】 形式-真假话

【解析】 只有 1 人做好事，故题干信息可简化为：①乙；②丙；③¬丙；④甲；⑤¬甲→¬丁。②和③互为矛盾关系，故唯一的真话在②③之中，那么剩下的①④⑤均为假。由⑤为假可知：¬甲 ∧ 丁。可知是丁做了这件好事。

选项 D 符合上述推理结果，故为正确答案；

选项 ABCE 均无法由题干推出，故排除。

14.【答案】 A

【考点】 论证-谬误相似

【解析】 题干由赵博士没有评上副教授来质疑赵博士提倡低碳生活的做法，是通过质疑别人的能力、职位等来质疑别人的观点，这是诉诸人身攻击谬误的表现。

选项 A 通过质疑别人的年龄和级别来质疑别人的观点，这是诉诸人身攻击谬误，与题干错误相同，故为正确答案；

选项 B 绩效制度是公平的，反对绩效制度，则是反对公平，是通过否前来否后的推理错误，与题干错误不同，故排除；

选项 C 通过领导对你好，得到你不该提意见，这是诉诸情感谬误，与题干错误不同，故排除；

选项 D 通过大家都没意见，得到你有意见是你自己有问题，这是诉诸众人谬误，与题干错误不同，故排除；

选项 E 是正确的论证，故排除。

15.【答案】 B

【考点】 形式-复合命题推理

【解析】 题干要验证的信息是：偶数 ∨ 花卉。"6""菊""8"这三张卡片都已经满足题干信息，此时还需翻看"虎""7""鹰"这三张卡片即可。

选项 B 符合题干要求，故为正确答案；

选项 ACDE 均不符合要求，故排除。

16.【答案】 D

【考点】 形式-复合命题推理

【解析】 题干信息：① 丁网→甲物

② ¬乙保→（甲保 ∧ 丙销）

③ 乙保→（丙销 ∧ 丁保）

由③可知当乙为保洁时，丁也保洁，与题干每种岗位都有一人应聘矛盾，所以乙不应聘保洁。再结合②可知：甲保 ∧ 丙销。由甲保结合①可知：¬丁网，则丁只能是物业，进而可知乙是网管。

选项 D 符合上述推理结果，故为正确答案；

选项 ABCE 均无法从题干推出，故排除。

17.【答案】 C

【考点】 论证-否定论点

【解析】 专家的论断：未来智能导游必然会取代人工导游。

选项 C 指出人工导游有智能导游比不上的地方，说明人工导游有独特优势，有力质疑了专家的论断，故为正确答案；

选项 A 指出对智能导游的需求强烈，是对专家论断的支持，故排除；

选项 B 中"待解问题"并不清楚未来最终能否解决，影响不确定，故排除；

选项 D 中"还没有培养出"并不清楚未来能否培养出此习惯，影响不确定，故排除；

选项 E 虽然指出人工导游退出市场需要一定时间，但也承认了它会退出市场这个事实，是对专家论断的支持，故排除。

18.【答案】 E

【考点】 形式-直言命题推理

【解析】 题干信息：甲：①给甲看病的医生抽烟

乙：② 抽烟→不关心自己

③ 不关心自己→不关心他人

甲：④ 不关心他人→无医德

⑤ 无医德→不让看病

题目注意"除了"，即要求选出无法得出的选项，即排除能推出的选项即可。

选项 E 通过观察题干信息可以看到，乙没有谈论过医德问题，因此无法从题干推出，故为正确答案；

选项 A 由②③④⑤进行递推即可得到，故排除；

选项 B 由①②③进行递推可知：给甲看病的医生不关心他人健康，进而可知给甲看病的医生不关心乙的健康，故排除；

选项 C 由①②进行递推即可得到，故排除；

选项 D 由①②③进行递推可知：给甲看病的医生不关心他人健康，进而可知给甲看病的医生不关心甲的健康，故排除。

19.【答案】 B

【考点】 论证-搭桥

【解析】 题干论据：得道者多助，多助之至，天下顺之。

题干论点：君子战必胜。

观察题干论证，可以看出需要建立君子与得道者之间的联系。

选项 B 建立了君子与得道者的联系，补充了论证缺失的前提，故为正确答案；

选项 ACDE 均没有提及君子，故排除。

20.【答案】 C

【考点】 论证-肯定论点

【解析】 专家的论断：家长陪孩子写作业会对孩子的成长产生不利影响。

选项 C 指出陪孩子写作业既难生发学习兴趣又难养成独立人格，这都是对孩子成长的不利影响，故为正确答案；

选项 A 指出家长的陪伴对学习很重要，与专家的论断相违背，无法起到支持作用，故排除；

选项 B 没有提及对孩子的成长有什么影响，故排除；

选项 D 也没有提及对孩子的成长有什么影响，故排除；

选项 E 讨论的是家长应该给孩子辅导什么内容，与题干话题无关，故排除。

21.【答案】 B

【考点】 分析推理-排序

【解析】 题干信息：① 荒＜森＜冰

② 草原在荒、森之间

③ 森在草原、草甸之间

④ 草甸草原≤草甸≤高寒

因为此题选项信息完整，故按照每一个题干信息分别去检验选项即可。

选项 B 中草甸草原、高寒、草甸的相对位置与④不一致，故为正确答案；

选项 ACDE 均有可能，故排除。

22.【答案】 D

【考点】分析推理-对应

【解析】题干信息：① 甲史 ∀ 甲奥

② 乙和丁分别选择论和史

③ 乙论→戊史

由②可知，选择史记的一定在乙、丁之中，故戊不选史记，再结合③可知乙不选论语，再结合②可知乙选史记，丁选论语。

选项 D 符合上述推理结果，故为正确答案；

选项 ABCE 均无法由题干推出，故排除。

23.【答案】 B

【考点】形式-复合命题推理

【解析】题干信息：① 只为自己→不会伟大

② 为人类大家→(不压倒∧不自私∧永恒∧热泪)

选项 B 将"为大家"带入②可知：不压倒∧不自私∧永恒∧热泪，进而可知：热泪，此项可由题干推出，故为正确答案；

选项 A 将"不为大家"带入②无法进行有效推理，因此不知道是否"压倒"，故排除；

选项 C 将"不为人类"带入②无法进行有效推理，因此不知道是否"自私"，故排除；

选项 D 将"为人类"带入②可知：不压倒∧不自私∧永恒∧热泪，但不知道是否"著名、伟大"，故排除；

选项 E 由"只为自己"可知"不为人类大家"，再结合②无法进行有效推理，因此不知道是否"不永恒"，故排除。

24.【答案】 A

【考点】分析推理-分组

【解析】由出现次数最多的信息"黄椒"出发，②芹菜不与黄椒一组，④黄椒与豇豆一组，可知：芹菜不与豇豆一组。

选项 A 符合上述推理结果，故为正确答案；

选项 BCDE 均无法由题干推出，故排除。

25.【答案】 B

【考点】分析推理-分组

【解析】已知韭菜、青椒、黄瓜同组，蔬菜还剩下芹菜和菠菜。由②可知芹菜不与黄椒一组，故菠菜与黄椒一组，再结合④可知：菠菜、黄椒、豇豆在一组。

选项 B 符合上述推理结果，故为正确答案；

选项 ACDE 均无法由题干推出，故排除。

26.【答案】 E

【考点】论证-搭桥

【解析】专家论据：淮南子记录了牛肉汤的做法。

专家推测：牛肉汤的起源不晚于春秋战国时期。

专家的推测需要建立淮南子与春秋战国这个时间的联系。

选项 E 说明淮南子记录的牛肉汤做法确实是春秋战国时期的风俗习惯，支持了专家的推测，故为正确答案；

选项A西汉时期比春秋战国时期晚，不符合题干要求，故排除；

选项B使用耕牛与是否做牛肉汤是两回事，故排除；

选项C淮南子的作者与淮南子记录的内容之间有什么联系并不清楚，故排除；

选项D有熬汤的鼎器不代表熬的就是牛肉汤，故排除。

27.【答案】 B

【考点】 论证-拆桥

【解析】 题干论据：爱笑的老人对自我健康的评价较高；

题干论点：爱笑的老人更健康。

观察题干可知，自我健康评价与健康之间的关系决定了调查者观点的正确性。

选项B指出自我健康评价与实际健康状况并不一致，直接断开了两者的联系，削弱力度很强，故为正确答案；

选项A并没有说明"部分老人"是属于爱笑的那一类还是不爱笑的那一类，故排除；

选项C涉及男女，而题干并未讨论性别，属于无关项，故排除；

选项D并没有涉及是否爱笑，故排除；

选项E乐观与爱笑、长寿与健康，均不是同一概念，故排除。

28.【答案】 A

【考点】 论证-措施方法模型

【解析】 题干论据：阔叶树降尘效果比针叶树好；

题干论点：大力推广阔叶树，尽量减少针叶树。

选项A说明阔叶林和针叶林比例失调不仅会带来其他方面很大的负面影响，还可能对树木本身的生长不利，进而可能也达不到降尘的预期效果，削弱力度很强，故为正确答案；

选项B指出针叶树的缺点，是支持，故排除；

选项C并没有指出种什么树才是合理布局，故排除；

选项D阔叶树在冬季养护成本较高，但并不知道它全年总体养护成本是否大，是否比得上降尘的重要性，削弱力度较弱，故排除；

选项E并没有指出建通风走廊比种阔叶树更好，故排除。

29.【答案】 E

【考点】 分析推理-对应

【解析】 本题需要观察给出的图形，根据③可知2、3与1不是同一品种，2、3与5也不是同一品种；又因为只有三个品种，所以1和5的品种是一样的。同理2和6的品种一样，3和4的品种一样。因为5是红色，所以5是玫瑰或兰花，进而可知1也是玫瑰或兰花。因此1不可能是菊花。

选项E与所得信息相违背，因此不可能为真，故为正确答案；

选项ABCD均有可能，故排除。

30.【答案】 D

【考点】 分析推理-对应

【解析】 由 3 是黄色的，可知 3 是黄菊花或黄兰花。假设 3 是黄菊花，根据 5 是红玫瑰再结合③，可知 2 是白兰花。因为 2 与 6 品种一样，且 6 与 3、5 颜色不同，可知 6 也是白兰花，2 和 6 都为白兰花不符合题干要求，故原假设不成立。因此，3 是黄兰花。已知 3 和 4 是同一品种，故 4 是兰花。又因为 3 是黄兰花，所以 4 只能是红兰花或白兰花。又因为 5 是红色的，根据③可知，4 只能是白兰花。

选项 D 符合上述推理结果，故为正确答案；

选项 ABCE 均无法由题干推出，故排除。

2020 年管理类联考综合能力逻辑真题精析

答案速查：

1. C	2. A	3. C	4. D	5. C
6. B	7. E	8. C	9. A	10. B
11. E	12. A	13. C	14. D	15. C
16. A	17. E	18. C	19. C	20. B
21. E	22. A	23. A	24. C	25. E
26. E	27. E	28. E	29. D	30. A

1.【答案】 C

【考点】 形式-复合命题推理

【解析】 题干信息：① 言尽→氛围

② 兼听∨科学→(从谏∧撑腰)

③ 生态→听取

选项C将“¬从谏”带入②，可知：¬(兼听∨科学)，去括号等于：¬兼听∧¬科学，进而可知：¬科学，故为正确答案；

选项A指出“必须(从谏∧撑腰)”，但题干只是给出了条件关系，并未指出是否要(从谏∧撑腰)，故排除；

选项B指出“大多数领导能够”，但题干只是给出了“领导应该”，“能够”与“应该”是两回事，故排除；

选项D是“生态→氛围”，但③和①无法结合进行推理，“生态”与“氛围”的关系无法确定，故排除；

选项E是“言尽→听取”，但①和③无法结合进行推理，“言尽”与“听取”的关系无法确定，故排除。

2.【答案】 A

【考点】 论证-因果模型

【解析】 教授的推测：方向感好是嗅觉灵敏的原因。

选项A指出嗅觉灵敏是方向感好的原因，说明教授的推测出现了因果倒置，削弱了原来的推测，故为正确答案；

选项B品尝美食与方向感、嗅觉的关系不清楚，故排除；

选项C参加马拉松比赛与嗅觉的关系不清楚，故排除；

选项D比较教授和年轻人的情况，但题干是讨论方向感与嗅觉的因果关系，话题无关，故排除；
选项E讨论的是方向感和味觉的关系，与题干讨论的嗅觉无关，故排除。

3.【答案】 C

【考点】 论证-搭桥

【解析】 专家的论据：做好→(爱心∧兴趣)
专家的论点：不要调剂生(隐含意思：调剂生做不好)

选项C指出调剂生没有兴趣，结合专家的论据就可以推出调剂生做不好，故为正确答案；
选项A没有提及调剂生，故排除；
选项B没有提及调剂生，故排除；
选项D调剂生与"因优惠报考"的学生是何关系并不清楚，另外奉献精神与专家的论证话题也无关，故排除；
选项E调剂生是否都在意收费并不清楚，无法建立调剂生与爱心、兴趣的联系，故排除。

4.【答案】 D

【考点】 分析推理-对应

【解析】 根据题干要求，结合①可知：甲和乙选择的范围在菊花、绿茶和红茶内，因此咖啡和大麦茶的对象不是甲、乙。再由②可知：咖啡和大麦茶被丙和戊分别占了一个名额。因为每种饮品都有两个名额，所以咖啡和大麦茶各自剩下的另一个名额只能是丁。
选项D符合题干推导，故为正确答案；
选项ABCE均无法由题干信息推出，故排除。

5.【答案】 C

【考点】 论证-方式相似

【解析】 题干方式：A∧B→C。因此，A∧¬C→¬B。
选项C的方式：A∧B→C。因此，A∧¬C→¬B。与题干一致，故为正确答案；
选项A的方式：A∧B→C。因此，¬C→(¬A∨¬B)。与题干不一致，故排除；
选项B的方式：A∧B→C。因此，A∧¬B→¬C。与题干不一致，故排除；
选项D的方式：A∧B→C。因此，C∧¬B→¬A。与题干不一致，故排除；
选项E的方式：A∧B→C。因此，A∧C→B。与题干不一致，故排除。

6.【答案】 B

【考点】 分析推理-对应

【解析】 题干信息：① 立秋凉
② 冬至不∨冬至广
③ 立夏清→(夏至条∨立冬不)
④ 立夏¬清∨立春¬条→冬至明

最简单的信息①无法进行推导，从②入手可知：冬至¬明，结合④可知：立夏清∧立春条。"立夏清"结合③可知：夏至条∨立冬不。由"立春条"可知：夏至¬条。进而可知：立冬不。
选项B"立冬¬广"可由"立冬不"推出，故为正确答案；

选项 ACDE 均无法从题干推出，故排除。

7.【答案】 E

【考点】 分析推理-对应

【解析】 题干信息：① 立秋凉

② 冬至不 ∨ 冬至广

③ 立夏清→(夏至条 ∨ 立冬不)

④ 立夏¬清 ∨ 立春¬条→冬至明

由第 6 题可知“立冬不”，结合②可知：冬至广。此时可知：立秋、立夏、立春、立冬、冬至分别对应凉、清、条、不、广。剩下的节气是春分、夏至、秋分，剩下的节风是明、景、阊。又由第 7 题题干可知春分、秋分对应在明、阊之中，虽然两两如何对应不确定，但可以确定剩下的夏至对应景。

选项 E 符合上述推理结果，故为正确答案；

选项 ABCD 均无法从题干推出，故排除。

8.【答案】 C

【考点】 论证-搭桥

【解析】 小王：女＞男

小李：女＞新

选项 C 指出新员工包含在男员工之中，既然女员工都比男员工高，那么女员工都比新员工高，支持了小李的论断，故为正确答案；

选项 A 指出男员工都是新入职的，但没有说明新入职的是否都是男员工，故排除；

选项 B 指出有的新入职的是女性，此时无法比较新入职中最好的和女员工中最差的，两者可能相等，甚至前者更高，故排除；

选项 D 指出有人没参加考评，那么小李的结论可能并不真实，无法起到支持作用，故排除；

选项 E 指出女员工更乐意加班，但是没有说明新员工的情况，无法将新员工与女员工进行比较，故排除。

9.【答案】 A

【考点】 分析推理-概念划分

【解析】

类别	G	H
户籍	a	b
外来	c	d

根据题干信息可知：$a+c=240$；$b+d=200$；$c+d=200$。

可知：$a+c>c+d$，进而可知：$a>d$，即 G 区的户籍人口比 H 区的常住外来人口多。

选项 A 即为题干所得信息，故为正确答案选；

选项 BCDE 均无法从题干推出，故排除。

10.【答案】 B

【考点】 论证-否定论点

【解析】 专家的论断:移动支付会将老年人阻挡在消费经济之外,从而影响他们的生活质量。

选项 B 指出老年人的消费并不是自己直接进行的,即使他们不会使用移动支付,也没有阻碍他们的消费生活,直接反驳了专家的论断,故为正确答案;

选项 A 引起社会关注与是否会被移动支付阻挡在外是不同的话题,故排除;

选项 C 指出不少商家仍然拒绝现金支付,实际上支持了专家的论断,故排除;

选项 D 指出许多老年人学会移动支付,但题干背景指出很多老年人仍然习惯现金支付,学会移动支付与习惯使用移动支付是两回事,削弱力度不如选项 B 强,故排除;

选项 E 说明移动支付不适合一些老年人,这是对专家的支持,故排除。

11.【答案】 E

【考点】 形式-矛盾命题

【解析】 要能概括表格中的天气情况,就需要选项在表格所示每一种天气情况下都成立。

选项 A 在星期三、星期五的天气情况下不成立,故排除;

选项 B 在星期三的天气情况下不成立,故排除;

选项 C 在星期一、星期四、星期日的天气情况下不成立,故排除;

选项 D 在星期六的天气情况下不成立,故排除;

选项 E 在七天的天气情况下进行验证都为真,故为正确答案。

12.【答案】 A

【考点】 分析推理-分组

【解析】

第 1 天	第 2 天	第 3 天
	③④	

根据(2)可知⑤在第 2 天,根据(3)可知②在第 1 天,进而可知第 3 天休息。如图:

第 1 天	第 2 天	第 3 天
②	③④⑤	休息

选项 A 可能成立,故为正确答案;

选项 BCDE 均与所得信息不一致,不可能成立,故排除。

13.【答案】 C

【考点】 分析推理-分组

【解析】 由第 2 天只做 3 件事,结合(1)以及题干背景信息,可知小李夫妇分两天各做 3 件事。

第 1 天	第 2 天	第 3 天
	⑥(　)(　)	

再根据(3)可知②③中必有一个在第2天,那么第2天还剩一个名额。再结合(2)可知第2天剩下的那一个名额不能选④和⑤,那么只能选①,故①和⑥都在第2天。

选项C即为题干所得信息,故为正确答案;

选项ABDE均无法从题干推出,故排除。

14.【答案】 D

【考点】 形式-复合命题推理

【解析】 题干信息:① 略

② (¬丁丑∨¬丙丑)→(戊丑∧甲丑)

③ (¬甲卯∨¬己卯∨¬庚卯)→(戊寅∧丙卯)

因为:(戊丑∧甲丑)→戊丑→¬戊寅→¬(戊寅∧丙卯),由③可知:¬(戊寅∧丙卯)→(甲卯∧己卯∧庚卯),递推可知:(戊丑∧甲丑)→(甲卯∧己卯∧庚卯),由甲的情况可知存在矛盾,说明(戊丑∧甲丑)不成立,再结合②可知:丁丑∧丙丑。

选项D符合推理结果,故为正确答案;

选项ABCE均无法由题干推出,故排除。

15.【答案】 C

【考点】 论证-举例

【解析】 李教授的观点:不吃早餐不仅增加患糖尿病的风险,还会增加患其他疾病的风险。

选项C指出不吃早餐不利于血糖调节,这就是增加患糖尿病的风险;后面又说容易患胃溃疡等疾病,这就增加患其他疾病的风险。可以支持李教授的观点,故为正确答案;

选项A没有涉及疾病风险问题,故排除;

选项B时间段是9点到15点,是否吃早餐并不清楚,也没提及其他疾病,故排除;

选项D亚健康状态是否包括糖尿病和其他疾病并不清楚,故排除;

选项E不良生活习惯与疾病风险的关系并不清楚,故排除。

16.【答案】 A

【考点】 形式-概念的定义

【解析】 题干信息:① 略

② 无有无→有

③ 有有→有

④ 有无有→合法

根据题干中对合法语句的规定,一一来分析选项进行匹配即可。

选项A中aWb根据②构成一个有涵义的词,dXe同样根据②构成一个有涵义的词,Z单独是有涵义的词,根据③可知dXeZ是一个有涵义的词,最后aWb和dXeZ通过c连接,根据④可知构成一个合法的语句,故为正确答案;

选项BCDE均不符合合法语句的要求,故排除。

17.【答案】 E

【考点】 形式-复合命题推理

【解析】 题干信息:① 椿∨枣

② 椿→(楝∧¬雪)

③ 枣→(雪∧¬银)

④ 银

由问题中的确定信息④入手，带入③可知：¬枣；再结合①，可知：椿；带入②可知：楝∧¬雪。又因为题干要在6种中选4种，已知不种枣树且不种雪松，故一定要种椿树、楝树、银杏和桃树。

选项E与题干所得信息相违背，不可能为真，故为正确答案；

选项ABCD均与题干所得信息一致，都是真的，故排除。

18.【答案】 C

【考点】 论证-搭桥

【解析】 题干论据：西藏披毛犀鼻中隔是不完全的硬骨，其他披毛犀鼻中隔比较完全；

题干论点：西藏披毛犀具有更原始的形态。

选项C说明鼻中隔是由不完全发展到完全形态的，即不完全的鼻中隔是更早期的形态，建立了鼻中隔的形状与时间的关系，有力地支持了题干论述，故为正确答案；

选项A讨论起源地，与题干讨论的形态早晚无关，故排除；

选项B指出化石的时间早，但没有建立鼻中隔与形态早晚的关系，支持力度较弱，故排除；

选项D讨论披毛犀的耐寒训练，与题干话题无关，故排除；

选项E讨论披毛犀的迁徙问题，与题干话题无关，故排除。

19.【答案】 C

【考点】 论证-搭桥

【解析】 题干论据：水土流失导致黄土高原千沟万壑不见树木；

题干论点：生土导致了黄土高原不见树木。

观察题干论证，可以看出专家的推断最有可能是建立在生土和水土流失的关系之上的。

选项C建立了水土流失和生土的联系，使得专家的推断与前提条件形成关联，是最佳选项，故为正确答案；

选项A没有建立生土与水土流失的关系，而且专家也没提及如何改造土壤来种庄稼的问题，故排除；

选项B没有建立生土与水土流失的关系，而且专家没有提及耕种问题，故排除；

选项D讨论东北黑土地，与题干黄土高原是不同的地区，属于无关项，故排除；

选项E讨论熟土，与题干话题无关，故排除。

20.【答案】 B

【考点】 论证-给解释

【解析】 科学家的观点："电成"技术开辟未来新型食物生产的新路，有助于解决全球饥饿问题。审题要仔细，"除了哪项均能支持"说明要选无法支持的选项。

选项B意在说明粮食问题的全球性，与该技术是否能够解决饥饿问题是两个话题，属无关项，无法起到支持作用，故为正确答案；

选项A说明"电成"技术确实可以产生出有营养价值的食物，有支持作用，故排除；

选项C说明“电成”技术确实会改变农业，而且环保，有支持作用，故排除；

选项D通过营养成分的数据说明“电成”技术可以产生有营养价值的食物，有支持作用，故排除；

选项E直接指出电成技术可以帮助解决饥饿问题，有支持作用，故排除。

21.【答案】 E

【考点】 分析推理-对应

【解析】 题干信息：① 甲韩→丁¬英

② 丙戊

③ 丁欧∧乙欧

已知每个国家总有他们中的2～3人去旅游，由③可知去日本和韩国的人只能在“甲、丙、戊”中选择，又因为每个国家至少选两人，而丙和戊要在一起，因此日本和韩国都会选上丙和戊。

选项E符合推理结果，故为正确答案；

选项ABCE均无法由题干推出，故排除。

22.【答案】 A

【考点】 分析推理-对应

【解析】 题干信息：① 甲韩→丁¬英

② 丙戊

③ 丁欧∧乙欧

根据每人去两个国家可知总人次是10次，既然要求去欧洲国家旅游的总人次与去亚洲国家的一样，那么只能是各5次。由③可知丁和乙占了欧洲国家(英、法)的4人次，由21题可知丙和戊占了亚洲国家(日、韩)的4人次，那么欧洲国家和亚洲国家各剩1人次给甲。由③结合题干每人去两个国家可知丁去了英国，再结合①可知甲没去韩国，那么甲在亚洲国家占的1人次就是去了日本；

选项A符合上述推理结果，故为正确答案；

选项BCDE均无法由题干推出，故排除。

23.【答案】 A

【考点】 论证-搭桥

【解析】 题干论据：买卖鱼油要交检查费；

陪审团判决：买卖鲸鱼油要交检查费。

要支持陪审团的判决，需要建立鲸鱼油和鱼油的关系。

选项A直接指出法律规定了鲸鱼油属于鱼油，结合题干论据，有力支持了陪审团的判决，故为正确答案；

选项B没有直接指出鲸鱼油与鱼油的关系，力度不如选项A，故排除；

选项C说明鲸鱼是不是鱼这个问题存在争议，那么鲸鱼油是不是鱼油就更无法确定了，故排除；

选项D说明鲸鱼是不是鱼这个问题存在争议，其对陪审团判决的作用无法确定，故排除；

选项 E 指出有人认为鲸鱼不是鱼，这会对陪审团的判决产生削弱作用，故排除。

24.【答案】 C

【考点】 论证-搭桥

【解析】 题干论据：发展中国家的高层次人才紧缺状况更甚于发达国家；

题干论点：我国高层次人才引进工作急需进一步加强。

专家通过发展中国家和发达国家的比较得出我国的情况，需建立我国和发展中国家的关系。

选项 C 通过搭桥建立了我国和发展中国家的联系，最能加强专家的论证，故为正确答案；

选项 A 比较我国理科与文科人才情况，而题干并未涉及我国内部不同类型人才的比较，故排除；

选项 B 讨论一般性人才，与题干高层次人才的话题无关，故排除；

选项 D 人才是否为高层次人才并不清楚，也没有涉及我国和发展中国家的关系，故排除；

选项 E 比较我国和美国引进的高层次人才数量，但并未提及需求量，因此无法说明我国高层次人才更紧缺，故排除。

25.【答案】 E

【考点】 论证-肯定论点

【解析】 专家观点：数字阅读具有重要价值，是阅读的未来发展趋势。

选项 E 指出了数字阅读的优势以及其平台越来越多的发展态势，肯定了专家的观点，故为正确答案；

选项 A 只是说数字阅读可能会对生活产生影响，至于影响是好是坏并不清楚，另外也没有提及它是否会成为阅读的发展趋势，故排除；

选项 B 指出数字阅读可能存在风险，是对专家观点的削弱，故排除；

选项 C 指出数字阅读效率低，这是数字阅读的缺点，削弱了专家的观点，故排除；

选项 D 指出纸质阅读有优点，并不是在说明数字阅读的价值，故排除。

26.【答案】 E

【考点】 形式-复合命题推理

【解析】 题干信息：① (建环 ∨ 建秩)→(综协 ∨ 综秩)

② (平环 ∨ 平协)→(民协 ∨ 民秩)

本题问的是可能的安排，无法直接由题干进行推理，考虑带入验证。

选项 A 建环带入①可知：综协 ∨ 综秩；又因为平协，所以综秩；平协带入②可知：民秩。综秩与民秩相违背，故排除；

选项 B 建秩带入①可知：综协，与民协相违背，故排除；

选项 C 综全带入①可知：建不环 ∧ 建不秩；再结合民协，可知建设部无事可做，不符合题干要求，故排除；

选项 D 民全带入②可知：平不环 ∧ 平不协；再结合综秩，可知平安部无事可做，不符合题干要求，故排除；

选项 E 建秩带入①可知：综协；又因为平全，所以民环。前后未出现矛盾，所以此项可能成立，故为正确答案。

27.【答案】 E

【考点】 形式-复合命题推理

【解析】 本题核心信息：惑而不从师，其为惑也，终不解矣。符号化为：¬从师→¬解惑。

选项 E 为：解惑→从师，与题干信息逆否等价，故为正确答案；

选项 A 讨论的“生乎同时”与题干信息无关，故排除；

选项 B 与题干“道之所存，师之所存”的顺序相反，故排除；

选项 C 与题干信息相比缺乏“道之所存”这个条件，故排除；

选项 D 所讨论的“生乎同时”与题干信息无关，故排除。

28.【答案】 E

【考点】 论证-方式相似

【解析】 题干论证可整理：口条→¬意义；意义；所以¬口条。论证方式即通过否后来否前。

选项 E 论证为：只存→¬改编；改编；所以¬只存。与题干方式相同，故为正确答案；

选项 A 论证为：正常→血液；¬血液；所以¬正常人工。结论出现了全新概念，故排除；

选项 B 论证为：¬消化→¬判断；判断；所以消化。论证方式也是否后来否前，但细节上不如选项 E，比如：题干的结论是否定性表达，选项 E 完全符合，而选项 B 不符合，故排除；

选项 C 论证为：¬主观→正确；¬主观；所以主观。表达方式是“只有才”，而且论证方式与题干明显不同，故排除；

选项 D 论证为：只含→¬证它；含；所以¬只含。论证方式与题干明显不同，故排除。

29.【答案】 D

【考点】 分析推理-对应

【解析】 本题由真假确定的信息入手，即由张和赵入手。因为他们的回答均不正确，如下：

答题者	第一题	第二题	第三题	第四题	测试结果
张	A×	B×	A×	B×	均不正确
王	B	D	B	C	只答对 1 题
赵	D×	A×	A×	B×	均不正确
李	C	C	B	D	只答对 1 题

因为第一题不选 A、D，所以正确答案是 B 或 C，而恰好王和李分别选了 B 和 C，这说明王和李有一人答对了第一题。同理，第二题不选 A、B，那正确答案只能是 C 或 D，而恰好王和李分别选了 C 和 D，这说明王和李有一人答对了第二题。综合可知，王和李唯一答对的题目刚好在第一题和第二题之中。进而可以确定两人的第三题和第四题均

答错。

答题者	第一题	第二题	第三题	第四题	测试结果
张	A×	B×	A×	B×	均不正确
王	B	D	B×	C×	只答对1题
赵	D×	A×	A×	B×	均不正确
李	C	C	B×	D×	只答对1题

观察表格可知，第四题不选B、C、D，故只能选A。

选项D符合上述推理结果，故为正确答案；

选项ABCE均无法由题干推出，故排除。

30.【答案】 A

【考点】 分析推理-对应

【解析】 上一题所得信息可直接使用，已知第四题答案为A，观察表格：

答题者	第一题	第二题	第三题	第四题	测试结果
张	A×	B×	A×	B×	均不正确
王	B	D	B×	C×	只答对1题
赵	D×	A×	A×	B×	均不正确
李	C	C	B×	D×	只答对1题

可知第三题的正确答案是C或D，并且已知第二题的正确答案也是C或D，说明第二题和第三题的正确答案各为C和D之一。因为每道题的答案不相同，所以第一题的正确答案不是C，故只剩下B。

选项A符合上述推理结果，故为正确答案；

选项BCDE均无法由题干推出，故排除。

2021 年管理类联考综合能力逻辑真题精析

答案速查：

1. D	2. B	3. C	4. C	5. A
6. C	7. A	8. D	9. B	10. B
11. A	12. E	13. B	14. B	15. E
16. C	17. D	18. E	19. D	20. A
21. B	22. B	23. D	24. D	25. C
26. C	27. C	28. C	29. A	30. C

1.【答案】 D

【考点】 论证-搭桥

【解析】 题干论据：哲学不是具体科学。

题干论点：经验的个案不能反驳哲学。

选项 D“经验的个案只能反驳具体科学”结合题干论据“哲学不是具体科学”，即可得“经验的个案不能反驳哲学”，使得题干论证成立，支持力度最强，故为正确答案；

选项 A 哲学不能“推演”出个案，与题干讨论话题无关，无法对题干的论证构成支持，故排除；

选项 B 建立了具体科学与检验的关系，但是哲学不是具体科学，哲学与检验的关系不能确定，无法对题干的论证构成支持，故排除；

选项 C 不涉及“经验的个案”，无法对题干的论证构成支持，故排除；

选项 E 讨论的是哲学对具体科学的作用，与题干讨论话题无关，无法对题干的论证构成支持，故排除。

2.【答案】 B

【考点】 形式-直言命题推理

【解析】 题干信息：① 社会→甲县有的乡镇收支

② 历史→甲县所有乡镇历史

③ 赵甲县所有乡镇收支

④ 赵未到项郢镇历史

⑤ 陈梅河乡历史

⑥ 陈未对甲县乡镇收支

选项 B 中“赵历史”结合②可知“赵曾到甲县的所有乡镇进行历史考查”，再结合④可知“项郢镇不是甲县的”，故为正确答案；

选项 A 由①⑥可知“陈¬社会”，即陈北鱼不是 M 大学社会学学院的老师，进而可知此项为假，故排除；

选项 C 中调研收支情况是否会涉及历史考察，题干并未提及，故排除；

选项 D 由②⑤无法进行有效推理，因此无法判断陈是否为 N 大学的老师，故排除；

选项 E 由①③无法进行有效推理，因此无法判断赵是否为 M 大学的老师，故排除。

3.【答案】 C

【考点】 论证-给解释

【解析】 研究人员的观点是餐前锻炼能改善代谢能力，达到减肥效果。

选项 C 直接指出餐前锻炼有助于消耗糖分和脂肪，给出了能够减肥的原因，有力地支持了研究人员的推断，故为正确答案；

选项 A 仅表明了脂肪减少对额外代谢的影响，并未明确指出餐前锻炼对脂肪减少的作用，故排除；

选项 B 描述的是参与实验成员的主观感受，未必是客观事实，故排除；

选项 D 给出了运动所需营养的来源，并未谈及餐前锻炼对于增强代谢的作用，故排除；

选项 E 仅提及“有些”人的积极性不受影响，但是数量多少不确定，其他人的情况也不确定，故排除。

4.【答案】 C

【考点】 形式-复合命题真假值判断

【解析】 题干中五人的发言：① 经济→制度

② 经济∧制度

③ 制度→经济

④ ¬制度→¬经济

⑤ ¬经济→¬制度

其中①=④，③=⑤。五人的发言均涉及经济和制度的关系，根据经济和制度不同的真假值组合，可分为四种情况进行讨论：

情况一：经济真，制度真。此时①②③④⑤均为真，即可能出现 5 人意见均符合决定的情况；

情况二：经济真，制度假。此时①②④均为假，③⑤均为真，即可能出现 2 人意见符合决定的情况；

情况三：经济假，制度真。此时②③⑤均为假，①④均为真，即可能出现 2 人意见符合决定的情况；

情况四：经济假，制度假。此时②为假，①③④⑤均为真，即可能出现 4 人意见符合决定的情况。

选项 C 符合上述分析结果，故为正确答案；

选项 ABDE 中的情况均不可能出现，故排除。

5.【答案】 A

【考点】 论证-解释单一现象

【解析】 需解释的现象：在相同温度下，有雨和刮风时觉得更冷。

选项 A 指出风速和空气湿度均会影响人的体感温度，因而同样的温度，有雨和刮风时会觉得更冷，很好地解释了题干的现象，故为正确答案；

选项 B 只是指出风不大、有太阳时不冷，与题干需解释的现象不一致，故排除；

选项 C 只是给出了采取什么措施可以不太冷，与题干需解释的现象不一致，故排除；

选项 D 只是指出相同温度下有太阳时更温暖，与题干需解释的现象不一致，故排除；

选项 E 只是列举了一个有风时感觉凉快的例子，但未给出具体的理由，故排除。

6.【答案】 C

【考点】 分析推理-对应

【解析】 由①及 10 名运动员来自 5 个不同的国家，可知乙、戊、丁、庚、辛来自 4 个不同的国家，结合②可知剩下的戊和庚应来自与其他 8 人均不相同的 2 个国家。

选项 C 中乙与庚来自不同国家，可以由上述分析推出，故为正确答案；

选项 ABDE 均无法由题干推出，故排除。

7.【答案】 A

【考点】 论证-给解释

【解析】 要支持张教授的反驳即要证明他并未抄袭。

选项 A 表明是张教授先投稿，即使论文内容相同，也是张教授先写出来的，不存在抄袭现象，最能反驳李教授的指责，故为正确答案；

选项 B 并没有给“栽赃陷害”提供具体的理由，支持力度不如选项 A，故排除；

选项 C 中“打击报复”是动机问题，但以此为动机而提出的观点未必是假的，故排除；

选项 D 表明李教授可能受人指使，但在受人指使的情况下提出的观点未必是假的，故排除；

选项 E 指出李教授抄袭，但这与张教授是否抄袭的话题无关，故排除。

8.【答案】 D

【考点】 形式-复合命题推理

【解析】 题干信息：① 甲导 ∨ 乙导→女和编在丙丁中产生

② P 男 ∨ P 女→P 故

③ Q 男 ∨ Q 女→Q 故

④ ¬导 ∨ ¬故

选项 D 中“P 女”带入②可得：P 故；再结合本项中的 P 导，可知“最佳导演”和“最佳故事片”均来自影片 P，与④不一致，故为正确答案；

选项 A 中“¬乙导”带入①中，无法进行有效推理；Q 男带入③可得 Q 故，未出现与题干预测不一致的情况，故排除；

选项 B 中“丙女”带入①中，无法进行有效推理；题干也未涉及 P 编，未出现与题干预测不一致的情况，故排除；

选项 C 中“丁编”带入①中，无法进行有效推理；P 女带入③可得：P 故，未出现与题干预测不一致的情况，故排除；

选项 E 中“甲导”带入①中，可得：女和编在丙丁中产生；但题干并未提及丙、丁分别来自哪部影片，未出现与题干预测不一致的情况，故排除。

9.【答案】 B

【考点】 形式-复合命题推理

【解析】 题干信息：① 完品∨真品→稀品

② 稀品∨名品→特品

将问题中的确定信息"¬特品"带入②可得：¬稀品∧¬名品，进而可得¬稀品；再带入①可得：¬完品∧¬真品，即该画¬特品∧¬稀品∧¬名品∧¬完品∧¬真品；又因为黄瑞收藏的书画作品只有"真品""精品""名品""稀品""特品""完品"，故该画只能是精品。

选项B符合上述推理结果，为正确答案；

选项ACDE均不符合上述推理结果，故排除。

10.【答案】 B

【考点】 分析推理-排序

【解析】 将选项与三人的意见进行比较，看是否符合要求"恰有一半的景点序号是正确的"。

选项A带入三人的意见，使得陆意见中的1，2，3，6均错误，不符合题干要求，故排除；

选项C带入三人的意见，使得陆意见中的1，2，3，4，5均错误，不符合题干要求，故排除；

选项D带入三人的意见，使得王意见中的1，2，3，4，6均错误，不符合题干要求，故排除；

选项E带入三人的意见，使得陆意见中的1，2，3，6均错误，不符合题干要求，故排除。

选项B带入三人意见中，未出现不符合题干要求的情况，故为正确答案。

11.【答案】 A

【考的】 形式-复合命题推理

【解析】 题干信息：① 施阿∨施卢=¬施卢→施阿

② 施阿→冈爱

③ 埃卢∨墨卢→冈墨

将①②③串联可得：¬施卢→施阿→冈爱→¬冈墨→(¬埃卢∧¬墨卢)。

当"¬施卢"为真时，会出现冈爱、¬埃卢、¬墨卢的情况，此时4个姓氏均不是卢森堡常见姓氏，与题干信息相违背，故"¬施卢"一定为假，即"施米特"是卢森堡常见姓氏。

选项A符合上述推理结果，故为正确答案；

选项BCDE均无法从题干信息推出，故排除。

12.【答案】 E

【考点】 分析推理-对应

【解析】 由于一共5名学生，要选择3位导师，而且每位导师都有1至2人选择，可能出现的分配情况只能是2，2，1，再结合条件①可知，张有1人选择，陆和陈有2人选择；进而可知，并非只有戊选择陈老师；结合条件③可知，甲、丙、丁均不选择陆老师；又因为陆有2人选择，故选择陆老师的是乙和戊，此时可排除选项ABCD。

选项E是唯一能从题干推出的选项，故为正确答案。

13.【答案】 B

【考点】 论证-搭桥

【解析】 题干论据：① 创造性→(审美需求∧情感表达)

② (人工智能)¬自我意识

题干论点：人工智能永远不能取代艺术家的创造性劳动。

选项 B“审美需求∧情感表达→自我意识”结合②可得：人工智能¬(审美需求∧情感表达)；再结合①可得：人工智能无创造性。是题干论证所需假设，故为正确答案；

选项 A 中的“辅助工具”与创造性劳动有何关系，题干并未提及，故排除；

选项 C 中的“大多数”并没有否定所有人工智能的创造性，故排除；

选项 D 指出了艺术家的创作对于人工智能艺术作品的必要性，对论证有支持力度，但是它没有建立起题干中已有论据和论点的关联，与选项 B 相比并不是最可能的假设，故排除；

选项 E 中“很少”并不代表没有，故排除。

14.【答案】 B

【考点】 论证-措施方法模型

【解析】 专家的观点：为了免受太阳风的影响，“必须”更新现有模式、另辟蹊径。

选项 B 指出目前的模型存在很大误差，侧面说明了更新现有模式是必须的，即方法有必要，肯定了专家的观点，故为正确答案；

选项 A 中改变了天文学家的看法，改变其预测能力，并未提及是否要更新研究模式，无法支持专家的观点，故排除；

选项 C 指出深入研究太阳风的一系列好处，表明有必要研究太阳风，但并未提及现有的研究模式是否需要更新，无法支持专家的观点，故排除；

选项 D 并未说明“意想不到的变化”是好是坏，也没有谈及此变化与更新研究模式之间是否存在联系，无法支持专家的观点，故排除；

选项 E 仅涉及太阳风的来源，与题干讨论话题无关，无法支持专家的观点，故排除。

15.【答案】 E

【考点】 形式-复合命题推理

【解析】 题干信息：① 张→刘

② 庄→孙

③ 刘∨孙→李

已知 5 人中有 3 人报名，即有 2 人没报名。假设李没报名，根据③可知：刘没报名，孙也没报名。此时已有 3 人没报名了，不符合“有 2 人没报名”的要求，故原假设不成立，进而可知：李报名。

选项 E 符合推理结果，故为正确答案；

选项 ABCD 均无法由题干推出，故排除。

16.【答案】 C

【考点】 形式-复合命题推理

【解析】 题干信息：① 张→刘

② 庄→孙

③ 刘∨孙→李

④ 刘→庄

将①④②串起来可知：张→刘→庄→孙。已知 5 人中有 3 人报名(即有 2 人不报名)，假设孙不报名，则张、刘、庄、孙4人都不报名，不符合题干要求，故原假设不成立，进而可知：孙报名。同理可知庄报名。

选项C符合推理结果，故为正确答案；

选项ABDE均无法由题干推出，故排除。

17.【答案】 D

【考点】 论证-给解释

【解析】 专家的观点：饭后喝酸奶不能帮助消化。

选项D指出酸奶根本无法满足人体消化所必须的条件，进而说明酸奶不能帮助人体消化，支持了专家的观点，故为正确答案；

选项A指出足量的膳食纤维和维生素B1有助于消化，酸奶缺乏这两个成分不代表酸奶的其他成分无助于消化，故排除；

选项B中“大部分”失去活性不代表“全部”失去活性，因此无法彻底否认酸奶的作用，故排除；

选项C指出酸奶会加重肠胃负担并导致肥胖，但未涉及是否能帮助消化，故排除；

选项E指出酸奶对消化起到间接帮助作用，承认了酸奶的作用，是对专家的质疑，故排除。

18.【答案】 E

【考点】 形式-复合命题推理

【解析】 题干信息：① $2 \to (9 \wedge \neg 12)$

② $3 \vee 4 \to \neg 11$

此题将选项带入题干进行验证排除即可。

选项A有2却没有9，与①不一致，故排除；

选项B有2却没有9，与①不一致，故排除；

选项C有3和11，与②不一致，故排除；

选项D有4和11，与②不一致，故排除。

选项E与题干条件均不违背，故为正确答案。

19.【答案】 D

【考点】 论证-搭桥

【解析】 题干论据：① 今天教育质量决定明天的经济实力；

② 中国学生测试表现好。

题干论点：中国未来经济发展好。

要得到中国未来经济好，首先要知道中国教育质量好，而题干只给出了中国学生测试表现好，因此需要建立测试表现与教育质量的联系。

选项D直接指出测试表现能反应教育质量，有力地支持了专家的论证，故为正确答案；

选项A并未提及学生的各项能力与教育质量的关系，故排除；

选项B并未提及重视创新能力与实际教育质量的关系，故排除；

选项C并未提及智力测试成绩好与教育质量的关系，故排除；

选项E并未提及排名与教育质量的关系，故排除。

20.【答案】 A

【考点】 分析推理-对应

【解析】 根据题干要求及方阵中已有信息，可知①不是理论、制度、自信，此时可排除选项 DE。同理，②③④目前不能匹配的词也可以找到。第 4 行 5 列的位置不是制度、道路、文化、自信，故它是理论；同理可继续判断出第 1 行 5 列是自信，因此①②③④均不可能是自信，此时可再排除选项 C；同理可继续判断第 4 行 4 列是道路；同理再可判断第 4 行 2 列是文化，此时可排除选项 B。

选项 A 是唯一符合题干要求的选项，故为正确答案。

21.【答案】 B

【考点】 论证-搭桥

【解析】 题干论据：水产品、禽肉、瘦肉脂肪含量低。

题干论点：优先选水产品，其次选禽肉，这样对身体更健康。

论证要成立，需要建立脂肪含量与健康的联系。

选项 B 直接建立了脂肪含量与健康的联系，有力地支持了题干论证，故为正确答案；

选项 A 题干并未提及禽肉、畜肉与心血管疾病的关系，故排除；

选项 C 中的“喜好”与题干所讨论的话题无关，故排除；

选项 D 没有谈及脂肪含量的高低变化对健康的影响，故排除；

选项 E 题干并未谈及“不饱和脂肪酸”与健康是否存在正比关系，故排除。

22.【答案】 B

【考点】 分析推理-对应

【解析】 题干信息：① 甲不沛→乙王

② 丙张 ∨ 已张→丁范

③ 乙不王→丙张

④ 丁不樊→(庚沛 ∨ 戊沛)

因为丙张→(丙张 ∨ 已张)，丁范→丁不樊，庚沛 ∨ 戊沛→甲不沛，所以由③②④①串起来可知：乙不王→丙张→(丙张 ∨ 已张)→丁范→丁不樊→(庚沛 ∨ 戊沛)→甲不沛→乙王。观察链条的前后可知，若“乙不王”为真，则会出现矛盾的结果。因此，“乙不王”为假，即乙王。

选项 B 符合题干推理结果，故为正确答案；

选项 ACDE 均无法由题干推出，故排除。

23.【答案】 D

【考点】 分析推理-对应

【解析】 题干信息：① 甲不沛→乙王

② 丙张 ∨ 已张→丁范

③ 乙不王→丙张

④ 丁不樊→(庚沛 ∨ 戊沛)

根据上题的信息可知如下链条：乙不王→丙张→(丙张 ∨ 已张)→丁范→丁不樊→(庚沛 ∨ 戊沛)→甲不沛；结合已知信息甲沛，可得如下信息：庚不沛、戊不沛、丁樊、丙不张、已不张、乙王。再结合已知信息庚庄，进行整理后可确定：甲沛、乙王、丁樊、庚庄。此时演员还剩下：丙、戊、已；角色还剩下：伯、张、范。又因为丙不张且已不张，所以只能是戊张。

选项 D 符合题干推理结果，故为正确答案；

选项 ABCE 均无法由题干推出，故排除。

24.【答案】D

【考点】论证-措施方法模型

【解析】专家认为通过自己观察手指是否出现杵状改变能快速判断自己是否患有心脏或肺部疾病。

选项 D 指出杵状改变在第一阶段不足以判断人体是否有病变，说明方法达不到效果，直接质疑了专家的论断，故为正确答案；

选项 A 认可了杵状改变与肺部疾病的关系，支持了专家的论断，故排除；

选项 B 指出杵状改变不是癌症的标志，但题干并没有要求能判断出是否患癌，故排除；

选项 C 承认了杵状改变能作为参考标准，而且题干中专家并没有说它能替代医生的判断，因此此项实际上支持了专家的论断，故排除；

选项 E“内在机理仍然不明”只是说明情况不明确，并没有彻底否定杵状改变与疾病的关系，故排除。

25.【答案】C

【考点】论证-给解释

【解析】科学家的观点是：快速阅读是不可能的。

选项 C 指出人的视力存在局限，“不可能……”有力地说明这种客观限制会阻碍阅读速度，故为正确答案；

选项 A 只能说明阅读的过程比较复杂，但并未提及人是否有能力快速完成这种过程，故排除；

选项 B 中科学界持怀疑态度不代表事实上就是假的，动机是为了谋生或赚钱不代表不能实现快速阅读，故排除；

选项 D 讨论的是个体阅读速度的差异问题，并未提及快速阅读能否实现，故排除；

选项 E 指出快速阅读可能会错过细节，即快速阅读的效果可能不完美，但并没有否定快速阅读的可行性，故排除。

26.【答案】C

【考点】形式-简单、复合命题推理

【解析】题干信息：① 优秀→(逻辑∧论据)

② 经典→(主题∧语言)

③ (论据∧¬主题)∨(语言∧¬逻辑)→¬优秀

选项 C 中主题不鲜明的论文包含两种情况：一是主题不鲜明但论据翔实(¬主题∧论据)；二是主题不鲜明且论据不翔实(¬主题∧¬论据)。第一种情况“¬主题∧论据”结合③可知：¬优秀。第二种情况“¬主题∧¬论据”结合①可知：¬优秀。综合可知，主题不鲜明的论文，无论论据是否翔实，都不是优秀的论文，故为正确答案；

选项 A 中“语言准确的经典论文”即“经典∧语言”只能结合②得到“主题”，无法判断逻辑是否清晰，故排除；

选项 B 中“论据不翔实”即“¬论据”结合①得到“¬优秀”，此时无法与③结合进行有效推理，因此无法判断主题是否鲜明，故排除；

选项 D 中“逻辑不清晰”即“¬逻辑”只能结合①得到“¬优秀”，此时无法与③结合进行有效推理，因此无法判断是否为经典论文，故排除；

选项 E 中“语言准确的优秀论文”即“语言∧优秀”结合②，若主题鲜明，则无法进行有效推理；若主题不鲜明，则会得到“¬经典”。综合来说，无论主题是否鲜明，都无法推出是经典论文，故排除。

27.【答案】 C

【考点】 形式-矛盾命题

【解析】 此题将选项带入题干进行验证排除即可。

选项 A 与第Ⅲ类除冰剂的情况不符，故排除；

选项 B 与第Ⅰ类除冰剂的情况不符，故排除；

选项 D 与第Ⅳ类除冰剂的情况不符，故排除；

选项 E 与第Ⅱ和第Ⅳ类除冰剂的情况不符，故排除；

选项 C 与表格内的情况均不矛盾，故为正确答案。

28.【答案】 C

【考点】 论证-举例

【解析】 专家的观点：外在不当激励造成孩子好奇心变少。

选项 C 给出了“只看考试成绩”这种不当激励方式给孩子造成了“死记硬背”即缺少好奇心的影响，支持了专家的观点，故为正确答案；

选项 A 并未提及不当激励，也未提及好奇心减少的问题，故排除；

选项 B 并未提及不当激励，故排除；

选项 D 没有提及好奇心减少的问题，故排除；

选项 E 并非不当激励，故排除。

29.【答案】 A

【考点】 分析推理-对应

【解析】 题干信息：① 乙北∨丙北→(乙东∧丙东)

② 丁北→(丙中∧丁中∧戊中)

③ 甲乙丙至少 2 东→(甲西∧乙西∧丙西)

由甲、乙停靠的站点均不同，可知：甲、乙不可能都在西山停靠；结合③可知：甲、乙、丙至多 1 东；进而可知：¬(乙东∧丙东)；再结合①可知：¬乙北∧¬丙北；又因为每站均恰好有 3 趟车停靠，可知：甲北∧丁北∧戊北；进而可知：丁北；再结合②可知：丙中∧丁中∧戊中；此时中丘已有 3 趟车停靠，故甲不在中丘停靠。

选项 A 符合推理结果，故为正确答案；

选项 BCDE 均无法由题干推出，故排除。

30.【答案】 C

【考点】 分析推理-对应

【解析】 结合第 29 题的推理结果可知，丁、戊都在北阳、中丘停靠；再由第 29 题中“甲、乙、丙至多 1 东”可知丁戊都在东沟停靠。此时丁、戊都在北阳、中丘、东沟停靠。由于每个站点均恰好有 3 趟车，且甲、乙停靠的站点均不同，可知，剩下的西山和南镇在丙、丁、戊中都至少有 2 趟车停靠。假设丙不在西山停靠或者丙不在南镇停靠，那么该站点必然有丁和戊停靠，此时丁、戊都已经在 4 个站点停靠了，进而可知剩下最后一个站点只能停靠甲、乙、丙，此时甲、乙停靠的站点相同，与题干要求不符，故原假设不成立，即可知，丙既在西山停靠，也在南镇停靠。

选项 C 符合推理结果，故为正确答案；

选项 ABDE 均无法由题干推出，故排除。

第三章

历年逻辑真题分类精练

第一节 纯形式推理题

【2010 年】

1. 针对威胁人类健康的甲型 H1N1 流感，研究人员研制出了相应的疫苗。尽管这些疫苗是有效的，但某大学研究人员发现，阿司匹林、羟苯基乙酰胺等抑制某些酶的药物会影响疫苗的效果。这位研究人员指出："如果你服用了阿司匹林或者对乙酰氨基酚，那么你注射疫苗后就必然不会产生良好的抗体反应。"

   如果小张注射疫苗后产生了良好的抗体反应，那么根据上述研究结果可以得出以下哪项结论？

   A. 小张服用了阿司匹林，但没有服用对乙酰氨基酚。

   B. 小张没有服用阿司匹林，但感染了 H1N1 流感病毒。

   C. 小张服用了阿司匹林，但没有感染 H1N1 流感病毒。

   D. 小张没有服用阿司匹林，也没有服用对乙酰氨基酚。

   E. 小张服用了对乙酰氨基酚，但没有服用羟苯基乙酰胺。

3. 域控制器储存了域内的账户、密码和属于这个域的计算机三项信息。当计算机接入网络时，域控制器首先要鉴别这台计算机是否属于这个域，用户使用的账号是否存在，密码是否正确。如果三项信息均正确，则允许登录；如果以上信息有一项不正确，那么域控制器就会拒绝这个用户从这台计算机登录。小张的登录账号是正确的，但是域控制器拒绝小张的计算机登录。

   基于以上陈述能得出以下哪项结论？

   A. 小张输入的密码是错误的。

   B. 小张的计算机不属于这个域。

   C. 如果小张的计算机属于这个域，那么他输入的密码是错误的。

   D. 只有小张输入的密码是正确的，他的计算机才属于这个域。

   E. 如果小张输入的密码是正确的，那么他的计算机属于这个域。

8. 蟋蟀是一种非常有趣的小动物。宁静的夏夜，草丛中传来阵阵清脆悦耳的鸣叫声，那是蟋蟀在唱歌。蟋蟀优美动听的歌声并不是出自它的好嗓子，而是来自它的翅膀。左右两翅一张一合，相互摩擦，就可以发出悦耳的声响了。蟋蟀还是建筑专家，与它那柔软的挖掘工具相比，蟋蟀的住宅真可以算得上是伟大的工程了。在其住宅门口，有一个收拾得非常舒适的平台。夏夜，除非下雨或者刮风，否则蟋蟀肯定会在这个平台上唱歌。

   根据以上陈述，以下哪项是蟋蟀在无雨的夏夜所做的？

   A. 修建住宅　　　　B. 收拾平台

C. 在平台上唱歌　　D. 如果没有刮风，它就在抢修工程
E. 如果没有刮风，它就在平台上唱歌

11. 太阳风中有一部分带电粒子可以达到 M 星表面，将足够的能量传递给 M 星表面粒子，使后者脱离 M 星表面，逃逸到 M 星大气中。为了判断这些逃逸的粒子，科学家们通过三个实验获得了如下信息：

实验一：或者是 x 粒子，或者是 y 粒子；

实验二：或者不是 y 粒子，或者不是 z 粒子；

实验三：如果不是 z 粒子，就不是 y 粒子。

根据以上三个实验，以下哪项一定为真？

A. 这种粒子是 x 粒子。　　B. 这种粒子是 y 粒子。
C. 这种粒子是 z 粒子。　　D. 这种粒子不是 x 粒子。
E. 这种粒子不是 z 粒子。

14. 奥尔特星云浮在太阳系边缘，极易受附近星体引力作用的影响。据研究人员计算，有时这些力量会将彗星从奥尔特星云拖出。这样，它们更有可能靠近太阳。两位研究人员据此分别作出了以下两种有所不同的断定：一、木星的引力作用要么将它们推至更小的轨道，要么将它们逐出太阳系；二、木星的引力作用或者将它们推至更小的轨道，或者将它们逐出太阳系。

如果上述两种断定只有一种为真，可以推出以下哪项结论？

A. 木星的引力作用将它们推至更小的轨道，并且将它们逐出太阳系。
B. 木星的引力作用没有将它们推至更小的轨道，但是将它们逐出太阳系。
C. 木星的引力作用将它们推至更小的轨道，但是没有将它们逐出太阳系。
D. 木星的引力作用既没有将它们推至更小的轨道，也没有将它们逐出太阳系。
E. 木星的引力作用如果将它们推至更小的轨道，就不会将它们逐出太阳系。

17. 在某次思维训练课上，张老师提出“尚左数”这一概念的定义：在连续排列的一组数字中，如果一个数字左边的数字都比其大（或无数字），且右边的数字都比其小（或无数字），则称这个数字为尚左数。

根据张老师的定义，在 8，9，7，6，4，5，3，2 这列数字中，以下哪项包含了该列数字中所有的尚左数？

A. 4、5、7 和 9　　B. 2、3、6 和 7　　C. 3、6、7 和 8
D. 5、6、7 和 8　　E. 2、3、6 和 8

21. 相互尊重是相互理解的基础，相互理解是相互信任的前提；在人与人的相互交往中，自重、自信也是非常重要的，没有一个人尊重不自重的人，没有一个人信任他所不尊重的人。

以上陈述可以推出以下哪项结论？

A. 不自重的人也不被任何人信任。　　B. 相互信任才能相互尊重。
C. 不自信的人也不自重。　　D. 不自信的人也不被任何人信任。
E. 不自信的人也不受任何人尊重。

25. 在本年度篮球联赛中，长江队主教练发现，黄河队五名主力队员之间的上场配置有如下

规律：

(1) 若甲上场，则乙也要上场；

(2) 只有甲不上场，丙才不上场；

(3) 要么丙不上场，要么乙和戊中有人不上场；

(4) 或者丁上场，或者乙上场。

若乙不上场，则以下哪项配置合乎上述规律？

A. 甲、丙、丁同时上场。　　B. 丙不上场，丁、戊同时上场。

C. 甲不上场，丙、丁都上场。　　D. 甲、丁都上场，戊不上场。

E. 甲、丁、戊都不上场。

30. 某中药配方有如下要求：

(1) 如果有甲药材，那么也要有乙药材；

(2) 如果没有丙药材，那么必须有丁药材；

(3) 人参和天麻不能都有；

(4) 如果没有甲药材而有丙药材，则需要有人参。

如果含有天麻，则关于该配方的断定哪项为真？

A. 含有甲药材　　B. 含有丙药材

C. 没有丙药材　　D. 没有乙药材和丁药材

E. 含有乙药材或丁药材

【2011年】

2. 张教授的所有初中同学都不是博士，通过张教授而认识其哲学研究所同事的都是博士，张教授的一个初中同学通过张教授认识了王研究员。

以下哪项能作为结论从上述断定中推出？

A. 王研究员是张教授的哲学研究所同事。

B. 王研究员不是张教授的哲学研究所同事。

C. 王研究员是博士。

D. 王研究员不是博士。

E. 王研究员不是张教授的初中同学。

22. 只有公司相关部门的所有员工都考评合格了，该部门的员工才能得到年终奖金。财务部有些员工考评合格了，综合部所有员工都得到了年终奖金，行政部的赵强考评合格了。

如果以上陈述为真，则以下哪项可能为真？

Ⅰ. 财务部员工都考评合格了；

Ⅱ. 赵强得到了年终奖金；

Ⅲ. 综合部有些员工没有考评合格；

Ⅳ. 财务部员工没有得到年终奖金。

A. 仅Ⅰ、Ⅱ　　B. 仅Ⅱ、Ⅲ　　C. 仅Ⅰ、Ⅱ、Ⅳ

D. 仅Ⅰ、Ⅱ、Ⅲ　　　　E. 仅Ⅱ、Ⅲ、Ⅳ

25. 某家长认为,有想象力才能进行创造性劳动,但想象力和知识是天敌。人在获得知识的过程中,想象力会消失。因为知识符合逻辑,而想象力无章可循。换句话说,知识的本质是科学,想象力的特征是荒诞。人的大脑一山不容二虎:学龄前,想象力独占鳌头,脑子被想象力占据;上学后,大多数人的想象力被知识驱逐出境,他们成为知识渊博但丧失了想象力、终身只能重复前人发现的人。

以下哪项与该家长的上述观点矛盾?

A. 如果希望孩子能够进行创造性劳动,就不能送他们上学。

B. 如果获得了足够知识,就不能进行创造性劳动

C. 发现知识的人是有一定想象力的。

D. 有些人没有想象力,但能进行创造性劳动。

E. 想象力被知识驱逐出境是一个逐渐的过程。

27. 在恐龙灭绝 6 500 万年后的今天,地球正面临着又一次物种大规模灭绝的危机,截至 20 世纪末,全球大概有 20%的物种灭绝。现在,大熊猫、西伯利亚虎、北美玳瑁、巴西红木等许多珍稀物种面临着灭绝的危险。有三位学者对此作了预测:

学者一:如果大熊猫灭绝,则西伯利亚虎也将灭绝;

学者二:如果北美玳瑁灭绝,则巴西红木不会灭绝;

学者三:或者北美玳瑁灭绝,或者西伯利亚虎不会灭绝。

如果三位学者的预测都为真,则以下哪项一定为假?

A. 大熊猫和北美玳瑁都将灭绝。

B. 巴西红木将灭绝,西伯利亚虎不会灭绝。

C. 大熊猫和巴西红木都将灭绝。

D. 大熊猫将灭绝,巴西红木不会灭绝。

E. 巴西红木将灭绝,大熊猫不会灭绝。

【2012 年】

2. 只有具有一定文学造诣且具有生物学专业背景的人,才能读懂这篇文章。

如果上述命题为真,以下哪项不可能为真?

A. 小张没有读懂这篇文章,但他的文学造诣是大家所公认的。

B. 计算机专业的小王没有读懂这篇文章。

C. 从未接触过生物学知识的小李读懂了这篇文章。

D. 小周具有生物学专业背景,但他没有读懂这篇文章。

E. 生物学博士小赵读懂了这篇文章。

4. 王涛和周波是理科(1)班同学,他们是无话不说的好朋友。他们发现班里每一个人或者喜欢物理,或者喜欢化学。王涛喜欢物理,周波不喜欢化学。

根据以上陈述,以下哪项必定为真?

Ⅰ. 周波喜欢物理;

Ⅱ．王涛不喜欢化学；

Ⅲ．理科(1)班不喜欢物理的人喜欢化学；

Ⅳ．理科(1)班一半喜欢物理，一半喜欢化学。

A. 仅Ⅰ　　B. 仅Ⅲ　　C. 仅Ⅰ、Ⅱ

D. 仅Ⅰ、Ⅲ　　E. 仅Ⅱ、Ⅲ、Ⅳ

5. 李明、王兵、马云三位股民对股票A和股票B分别作了如下预测：

李明：只有股票A不上涨，股票B才不上涨；

王兵：股票A和股票B至少有一个不上涨；

马云：股票A上涨当且仅当股票B上涨。

若三人的预测都为真，则以下哪项符合他们的预测？

A. 股票A上涨，股票B不上涨。　　B. 股票A不上涨，股票B上涨。

C. 股票A和股票B均上涨。　　D. 股票A和股票B均不上涨。

E. 只有股票A上涨，股票B才不上涨。

7. 小张是某公司营销部的员工。公司经理对他说："如果你争取到这个项目，我就奖励你一台笔记本电脑或者给你项目提成。"

以下哪项如果为真，说明该经理没有兑现承诺？

A. 小张没有争取到这个项目，该经理没有给他项目提成，但送了他一台笔记本电脑。

B. 小张没有争取到这个项目，该经理没奖励他笔记本电脑，也没给他项目提成。

C. 小张争取到了这个项目，该经理给他项目提成，但并未奖励他笔记本电脑。

D. 小张争取到了这个项目，该经理奖励他一台笔记本电脑并且给他三天假期。

E. 小张争取到了这个项目，该经理未给他项目提成，但奖励了他一台台式电脑。

8. 《文化新报》记者小白周四去某市采访陈教授与王研究员。次日，其同事小李问小白："昨天你采访到那两位学者了吗？"小白说："不，没那么顺利。"小李又问："那么，你一个都没采访到？"小白说："也不是。"

以下哪项最有可能是小白周四采访所发生的真实情况？

A. 小白采访到了两位学者。

B. 小白采访了李教授，但没有采访王研究员。

C. 小白根本没有去采访两位学者。

D. 两位采访对象都没有接受采访。

E. 小白采访到了其中一位，但是没有采访到另一位。

9. 只有通过身份认证的人才允许上公司内网，如果没有良好的业绩就不可能通过身份认证，张辉有良好的业绩而王纬没有良好的业绩。

如果上述断定为真，则以下哪项一定为真？

A. 允许张辉上公司内网。　　B. 不允许王纬上公司内网。

C. 张辉通过身份认证。　　D. 有良好的业绩，就允许上公司内网。

E. 没有通过身份认证，就说明没有良好的业绩。

10. 比较文字学者张教授认为，在不同的民族语言中，字形与字义的关系有不同的表现。他提出，汉字是象形文字，其中大部分的是形声字，这些字的字形与字义相互关联；而英语是拼音文字，其字形与字义往往关联度不大，需要某种抽象的理解。

以下哪项如果为真，最不符合张教授的观点？

A. 汉语中的“日”“月”是象形字，从字形可以看出其所指的对象；而英语中的 sun 与 moon 则感觉不到这种形义结合。

B. 汉语中的“日”与“木”结合，可以组成“東”“杲”“杳”等不同的字，并可以猜测其语义；而英语中则不存在与此类似的 sun 与 wood 的结合。

C. 英语中，也有与汉语类似的象形文字，如，eye 是人的眼睛的象形，两个 e 代表眼睛，y 代表中间的鼻子；bed 是床的象形，b 和 d 代表床的两端。

D. 英语中的 sunlight 与汉语中的“阳光”相对应，而英语的 sun 与 light 和汉语中的“阳”与“光”相对应。

E. 汉语的“星期三”与英语中的 Wednesday 和德语中的 Mittwoch 意思相同。

12. 2010 年上海世博会盛况空前，200 多个国家场馆和企业主题场馆让人目不暇接。大学生王刚决定在学校放暑假的第二天前往世博会参观。前一天晚上，他特别上网查看了各位网友对相关热门场馆选择的建议，其中最吸引王刚的有三条：

(1) 如果参观沙特馆，就不参观石油馆；

(2) 石油馆和中国国家馆择一参观；

(3) 中国国家馆和石油馆不都参观。

实际上，第二天王刚的世博会行程非常紧凑，他没有接受上述三条建议中的任何一条。关于王刚所参观的热门场馆，以下哪项描述正确？

A. 参观沙特馆、石油馆，没有参观中国国家馆。

B. 沙特馆、石油馆、中国国家馆都参观了。

C. 沙特馆、石油馆、中国国家馆都没有参观。

D. 没有参观沙特馆，参观石油馆和中国国家馆。

E. 没有参观石油馆，参加沙特馆、中国国家馆。

13. 经理说：“有了自信不一定赢”。董事长回应说：“但是没有自信一定会输。”

以下哪项与董事长的意思最为接近？

A. 不输即赢，不赢即输。

B. 如果自信，则一定会赢。

C. 只有自信，才可能不输。

D. 除非自信，否则不可能输。

E. 只有赢了，才可能更自信。

14. 在家电产品“三下乡”活动中，某销售公司的产品受到了农村居民的广泛欢迎。该公司总经理在介绍经验时表示：只有用最流行畅销的明星产品面对农村居民，才能获得他们的青睐。

以下哪项如果为真，最能质疑总经理的论述？

A. 某品牌电视由于其较强的防潮能力，尽管不是明星产品，仍然获得了农村居民的青睐。

B. 流行畅销的明星产品由于价格偏高，没有赢得农村居民的青睐。

C. 流行畅销的明星产品只有质量过硬，才能获得农村居民的青睐。

D. 有少数娱乐明星为某些流行畅销的产品做虚假广告。

E. 流行畅销的明星产品最适合城市中的白领使用。

16. 概念 A 与概念 B 之间有交叉关系，当且仅当：(1)存在对象 x，x 既属于 A 又属于 B；(2)存在对象 y，y 属于 A 但不属于 B；(3)存在对象 z，z 属于 B 但是不属于 A。

根据上述定义，以下哪项中加下划线的两个概念之间有交叉关系？

A. 国画按题材分主要有人物画、花鸟画、山水画等；按技法分主要有工笔画和写意画等。

B.《盗梦空间》除了是最佳影片的有力争夺者外，它在技术类奖项的争夺中也将有所斩获。

C. 洛邑小学 30 岁的食堂总经理为了改善伙食，在食堂放了几个意见本，征求学生们的意见。

D. 在微波炉清洁剂中加入漂白剂，就会释放出氯气。

E. 高校教师包括教授、副教授、讲师和助教等。

19. 如果他勇于承担责任，那么他就一定会直面媒体，而不是选择逃避；如果他没有责任，那么他就一定会聘请律师，捍卫自己的尊严。可是事实上，他不仅没有聘请律师，现在逃得连人影都不见了。

根据以上陈述，可以得出以下哪项结论？

A. 即使他没有责任，也不应该选择逃避。

B. 虽然选择了逃避，但是他可能没有责任。

C. 如果他有责任，那么他应该勇于承担责任。

D. 如果他不敢承担责任，那么说明他责任很大。

E. 他不仅有责任，而且他没有勇气承担责任。

20. 有些通信网络维护涉及个人信息安全，因而，不是所有通信网络的维护都可以外包。

以下哪项可以使上论证成立？

A. 所有涉及个人信息安全的都不可以外包。

B. 有些涉及个人信息安全的不可以外包。

C. 有些涉及个人信息安全的可以外包。

D. 所有涉及国家信息安全的都不可以外包。

E. 有些通信网络维护涉及国家信息安全。

23. 近期国际金融危机对毕业生的就业影响非常大，某高校就业中心的陈老师希望广大同学能够调整自己的心态和预期。他在一次就业指导会上提到，有些同学对自己的职业定位还不够准确。

如果陈老师的陈述为真，则以下哪项不一定为真？

Ⅰ. 不是所有人对自己的职业定位都准确；

Ⅱ. 不是所有人对自己的职业定位都不够准确；

Ⅲ. 有些人对自己的职业定位准确；

Ⅳ. 所有人对自己的职业定位都不够准确。

A. 仅Ⅱ和Ⅳ　　B. 仅Ⅲ和Ⅳ　　C. 仅Ⅱ和Ⅲ

D. 仅Ⅰ、Ⅱ和Ⅲ　　E. 仅Ⅱ、Ⅲ和Ⅳ

24. 一位房地产信息员通过对某地的调查发现：护城河两岸房屋的租金都比较廉价；廉租房都坐落在凤凰山北麓；东向的房屋都是别墅；非廉租房不可能具有廉价的租金；有些单室套的两限房建在凤凰山北麓；别墅也都建筑在凤凰山南麓。

根据该房地产信息员的调查，以下哪项不可能存在？

A. 东向的护城河两岸的房屋　　B. 凤凰山北麓的两限房

C. 单室套的廉租房　　D. 护城河两岸的单室套

E. 南向的廉租房

26. 某公司规定，在一个月内，除非每个工作日都出勤，否则任何员工都不可能既获得当月绩效工资，又获得奖励工资。

以下哪项与上述规定的意思最为接近？

A. 在一个月内，任何员工如果所有工作日不缺勤，必然既获得当月绩效工资，又获得奖励工资。

B. 在一个月内，任何员工如果所有工作日不缺勤，都有可能既获得当月绩效工资，又获得奖励工资。

C. 在一个月内，任何员工如果有某个工作日缺勤，仍有可能获得当月绩效工资，或者获得奖励工资。

D. 在一个月内，任何员工如果有某个工作日缺勤，必然或者得不了当月绩效工资，或者得不了奖励工资。

E. 在一个月内，任何员工如果所有工作日缺勤，必然既得不了当月绩效工资，又得不了奖励工资。

27. 近期流感肆虐，一般流感患者可采用抗病毒药物治疗。虽然并不是所有的流感患者均需接受达菲等抗病毒药物的治疗，但不少医生仍强烈建议老人、儿童等易出现严重症状的患者用药。

如果以上陈述为真，则以下哪项一定为假？

Ⅰ. 有些流感患者需接受达菲等抗病毒药物的治疗；

Ⅱ. 并非有的流感患者不需接受抗病毒药物的治疗；

Ⅲ. 老人、儿童等易出现严重症状的患者不需要用药。

A. 仅Ⅰ　　B. 仅Ⅱ　　C. 仅Ⅲ

D. 仅Ⅰ、Ⅱ　　E. 仅Ⅱ、Ⅲ

【2013年】

4. 国际足联一直坚称，世界杯冠军队所获得的“大力神”杯是实心的纯金奖杯。某教授经过精密测量和计算认为，世界杯冠军奖杯——实心的“大力神”杯不可能是纯金制成的，否则球员根本不可能将它举过头顶并随意挥舞。

以下哪项与这位教授的意思最为接近？

A. 若球员能够将“大力神”杯举过头顶并自由挥舞，则它很可能是空心的纯金杯。

B. 只有“大力神”杯是实心的，它才可能是纯金的。

C. 若"大力神"杯是实心的纯金杯，则球员不可能把它举过头顶并随意挥舞。

D. 只有球员能够将"大力神"杯举过头顶并自由挥舞，它才由纯金制成，并且不是实心的。

E. 若"大力神"杯是由纯金制成，则它肯定是空心的。

5. 根据学习在动机形成和发展中所起的作用，人的动机可分为原始动机和习得动机两种。原始动机是与生俱来的动机，它们是以人的本能需要为基础的，习得动机是指后天获得的各种动机，即经过学习产生和发展起来的各种动机。

根据以上陈述，以下哪项最可能属于原始动机？

A. 尊敬老人，孝敬父母。

B. 尊师重教，崇文尚武。

C. 不入虎穴，焉得虎子。

D. 窈窕淑女，君子好逑。

E. 宁可食无肉，不可居无竹。

6～7 题基于以下共同题干：

互联网好比一个复杂多样的虚拟世界，每台联网主机上的信息又构成了一个微观虚拟世界，若在某主机上可以访问本主机的信息，则称该主机相通于自身；若主机 x 能通过互联网访问主机 y 的信息，则称 x 相通于 y。已知代号分别为甲、乙、丙、丁的四台联网主机有如下信息：

（1）甲主机相通于任一不相通于丙的主机；

（2）丁主机不相通于丙；

（3）丙主机相通于任一相通于甲的主机。

6. 若丙主机不相通于自身，则以下哪项一定为真？

A. 若丁主机相通于乙，则乙主机相通于甲。

B. 甲主机相通于丁，也相通于丙。

C. 甲主机相通于乙，乙主机相通于丙。

D. 只有甲主机不相通于丙，丁主机才相通于乙。

E. 丙主机不相通于丁，但相通于乙。

7. 若丙主机不相通于任何主机，则以下哪项一定为假？

A. 乙主机相通于自身。

B. 丁主机不相通于甲。

C. 若丁主机不相通于甲，则乙主机相通于甲。

D. 甲主机相通于乙。

E. 若丁主机相通于甲，则乙主机相通于甲。

8. 某科研机构对市民所反映的一种奇异现象进行研究，该现象无法用已有的科学理论进行解释。助理研究员小王由此断言：该现象是错觉。

以下哪项如果为真，最可能使小王的断言不成立？

A. 错觉都可以用已有的科学理论进行解释。

B. 所有错觉都不能用已有的科学理论进行解释。

C. 已有的科学理论尚不能完全解释错觉是如何形成的。

D. 有些错觉不能用已有的科学理论进行解释。

E. 有些错觉可以用已有的科学理论进行解释。

15. 教育专家李教授指出，每个人在自己的一生中，都要不断地努力，否则就会像龟兔赛跑的故事一样，一时跑得快并不能保证一直领先。如果你本来基础好又能不断努力，那你肯定能比别人更早取得成功。

如果李教授的陈述为真，以下哪项一定为假？

A. 小王本来基础好并且能不断努力，但也可能比别人更晚取得成功。

B. 不论是谁，只有不断努力，才可能取得成功。

C. 只要不断努力，任何人都可能取得成功。

D. 一时不成功并不意味着一直不成功。

E. 人的成功是有衡量标准的。

18. 所有参加此次运动会的选手都是身体强壮的运动员，所有身体强壮的运动员都是极少生病的，但是有一些身体不适的选手参加了此次运动会。

以下哪项不能从上述前提中得出？

A. 有些身体不适的选手是极少生病的。

B. 极少生病的选手都参加了此次运动会。

C. 有些极少生病的选手感到身体不适。

D. 有些身体强壮的运动员感到身体不适。

E. 参加此次运动会的选手都是极少生病的。

23. 某公司人力资源管理部人士指出：由于本公司招聘职位有限，在本次招聘考试中，不可能所有的应聘者都被录用。

基于以下哪项可以得出该人士的上述结论？

A. 在本次招聘考试中，可能有应聘者被录用。

B. 在本次招聘考试中，可能有应聘者不被录用。

C. 在本次招聘考试中，必然有应聘者不被录用。

D. 在本次招聘考试中，必然有应聘者被录用。

E. 在本次招聘考试中，可能有应聘者被录用，也可能有应聘者不被录用。

24. 在某次综合性学术年会上，物理学会作学术报告的人都来自高校；化学学会作学术报告的人有些来自高校，但是大部分来自中学；其他作学术报告者均来自科学院。来自高校的学术报告者都具有副教授以上职称，来自中学的学术报告者都具有中教高级以上职称。李默、张嘉参加了这次综合性学术年会，李默并非来自中学，张嘉并非来自高校。

以上陈述如果为真，可以得出以下哪项结论？

A. 张嘉如果作了学术报告，那么他不是物理学会的。

B. 李默不是化学学会的。

C. 李默如果作了学术报告，那么他不是化学学会的。

D. 张嘉不具有副教授以上职称。

E. 张嘉不是物理学会的。

25. 根据某位国际问题专家的调查统计可知：有的国家希望与某些国家结盟，有三个以上的国家不希望与某些国家结盟；至少有两个国家希望与每个国家建交，有的国家不希望与任一国家结盟。

根据上述统计可以得出以下哪项？

A. 有些国家之间希望建交但是不希望结盟。

B. 至少有一个国家，既有国家希望与之结盟，也有国家不希望与之结盟。

C. 每个国家都有一些国家希望与之结盟。

D. 至少有一个国家，既有国家希望与之建交，也有国家不希望与之建交。

E. 每个国家都有一些国家希望与之建交。

26. 翠竹的大学同学都在某德资企业工作，溪兰是翠竹的大学同学，洞松是该德资企业的部门经理。该德资企业的员工有些来自淮安。该德资企业的员工都曾到德国研修，他们都会说德语。

以下哪项可以从以上陈述中得出？

A. 洞松与溪兰是大学同学。

B. 翠竹的大学同学有些是部门经理。

C. 翠竹与洞松是大学同学。

D. 溪兰会说德语。

E. 洞松来自淮安。

28. 专业人士预测：如果粮食价格保持稳定，那么蔬菜价格也保持稳定；如果食用油价格不稳定，那么蔬菜价格也将出现波动。老李由此断定：粮食价格保持稳定，但是肉类食品价格将上涨。

根据上述专业人士的预测，以下哪项为真，最能对老李的观点提出质疑？

A. 如果食用油价格稳定，那么肉类食品价格会上涨。

B. 如果食用油价格稳定，那么肉类食品价格不会上涨。

C. 如果肉类食品价格不上涨，那么食用油价格将会上涨。

D. 如果食用油价格出现波动，那么肉类食品价格不会上涨。

E. 只有食用油价格稳定，肉类食品价格才不会上涨。

【2014年】

3. 陈先生在鼓励他的孩子时说道："不要害怕暂时的困难与挫折，不经历风雨怎么见彩虹？"他的孩子不服气地说："您说的不对。我经历了那么多风雨，怎么就没见到彩虹呢？"

陈先生孩子的回答最适宜用来反驳以下哪项？

A. 只要经历了风雨，就可以见到彩虹。

B. 如果想见到彩虹，就必须经历风雨。

C. 只有经历风雨，才能见到彩虹。

D. 即使经历了风雨，也可能见不到彩虹。

E. 即使见到了彩虹，也不是因为经历了风雨。

7. 已知某班共有25位同学，女生中身高最高者与最低者相差10厘米；男生中身高最高者与最矮者相差15厘米，小明认为，根据已知信息，只要再知道男生、女生最高者的具体身高，或者再知道男生、女生的平均身高，均可确定全班同学中身高最高者与最低者之间的差距。

以下哪项如果为真，最能构成对小明观点的反驳？

A. 根据已知信息,如果不能确定全班同学中身高最高者与最低者之间的差距,则既不能确定男生、女生最高者的具体身高,也不能确定男生、女生的平均身高。

B. 根据已知信息,即使再知道男生、女生的平均身高,也不能确定全班同学中身高最高者与最低者之间的差距。

C. 根据已知信息,即使确定了全班同学中身高最高者与最低者之间的差距,也不能确定男生、女生的平均身高。

D. 根据已知信息,如果不能确定全班同学中身高最高者与最低者之间的差距,则也不能确定男生、女生最高者的具体身高。

E. 根据已知信息,仅仅再知道男生、女生最高者的具体身高,就能确定全班同学中身高最高者与最低者之间的差距。

9. 学者张某说:"问题本身并不神秘,因与果不仅是哲学家的事。每个凡夫俗子一生中都将面临许多问题,但分析问题的方法与技巧却很少有人掌握,无怪乎华尔街的分析大师们趾高气扬、身价百倍。"

以下哪项如果为真,最能反驳张某的观点?

A. 有些凡夫俗子可能不需要掌握问题的方法和技巧。

B. 有些凡夫俗子将要面临的问题并不多。

C. 凡夫俗子中很少有人掌握分析问题的方法和技巧。

D. 掌握问题的方法和技巧对多数人来说很重要。

E. 华尔街的大师们大都掌握分析问题的方法与技巧。

17. 这两个《通知》或者属于规章或者属于规范性文件,任何人均无权依据这两个《通知》将本来属于当事人选择公证的事项规定为强制公证的事项。

根据以上信息,可以得出以下哪项?

A. 将本来属于当事人选择公证的事情规定为强制公证的事项属于违法行为。

B. 这两个《通知》如果一个属于规章,那么另一个属于规范性文件。

C. 规章或规范性文件或者不是法律,或者不是行政法规。

D. 这两个《通知》如果都不属于规范性文件,那么就属于规章。

E. 规章或者规范性文件既不是法律,也不是行政法规。

18. 若一个管理者是某领域优秀的专家学者,则他一定会管理好公司的基本事务;一位品行端正的管理者可以得到下属的尊重;但是对所有领域都一知半解的人一定不会得到下属的尊重。浩瀚公司董事会只会解除那些没有管理好公司基本事务者的职务。

根据以上信息,可以得出以下哪项?

A. 浩瀚公司董事会不可能解除受下属尊重的管理者的职务。

B. 作为某领域优秀专家学者的管理者,不可能被浩瀚公司董事会解除职务。

C. 对所有领域都一知半解的管理者,一定会被浩瀚公司董事会解除职务。

D. 浩瀚公司董事会不可能解除品行端正的管理者的职务。

E. 浩瀚公司董事会解除了某些管理者的职务。

19. 某国大选在即,国际政治专家陈研究员预测:选举结果或者是甲党控制政府,或者是乙党控制政府。如果甲党赢得对政府的控制权,该国将出现经济问题;如果乙党赢得对政府的控制权，该国将陷入军事危机。

根据陈研究员上述预测，可以得出以下哪项？

A. 该国将出现经济问题，或者将陷入军事危机。

B. 如果该国陷入了军事危机，那么乙党赢得了对政府的控制权。

C. 如果该国出现经济问题，那么甲党赢得了对政府的控制权。

D. 该国可能不会出现经济问题，也不会陷入军事危机。

E. 如果该国出现了经济问题并且陷入了军事危机，那么甲党与乙党均赢得了对政府的控制权。

20. 某大学顾老师在回答有关招生问题时强调："我们学校招收一部分免费师范生，也招收一部分一般师范生。一般师范生不同于免费师范生。没有免费师范生毕业时可以留在大城市工作，而一般师范生毕业时都可以选择留在大城市工作，任何非免费师范生毕业时都需要自谋职业，没有免费师范生毕业时需要自谋职业。"

根据顾老师的陈述，可以得出以下哪项？

A. 该校需要自谋职业的大学生都可以选择留在大城市工作。

B. 该校可以选择留在大城市工作的唯一一类毕业生是一般师范生。

C. 不是一般师范生的该校大学生都是免费师范生。

D. 该校所有一般师范生都需要自谋职业。

E. 该校需要自谋职业的大学生都是一般师范生。

23. 兰教授认为，不善于思考的人不可能成为一名优秀的管理者，没有一个谦逊的智者学习占星术，占星家均学习占星术，但是有些占星家却是优秀的管理者。

以下哪项如果为真，最能反驳兰教授的上述观点？

A. 有些占星家不是优秀的管理者。

B. 有些善于思考的人不是谦逊的智者。

C. 所有谦逊的智者都是善于思考的人。

D. 谦逊的智者都不是善于思考的人。

E. 善于思考的人都是谦逊的智者。

【2015年】

5. 为进一步加强对不遵守交通信号等违法行为的执法管理，规范执法程序，确保执法公正，某市交警支队要求：凡属交通信号不一致、有证据证明救助危难等情形，一律不得录入道路交通违法信息系统；对已录入信息系统的违法记录，必须完善异议受理、核查、处理等工作规范，最大限度减少执法争议。

根据上述交警支队要求，可以得出以下哪项？

A. 有些因救助危难而违法的情形，如果仅有当事人说辞但缺乏当时现场的录音录像证明，就应录入道路交通违法信息系统。

B. 因信号灯相位设置和配时不合理等造成交通信号不一致而引发的交通违法情形，可以不录入道路交通违法信息系统。

C. 如果汽车使用了行车记录仪，就可以提供现场实时证据，大大减少被录入道路交通违法信息系统的可能性。

D. 只要对已录入系统的交通违法记录进行异议受理、核查和处理，就能最大限度减少执法争议。

E. 对已录入系统的交通违法记录，只有倾听群众异议，加强群众监督，才能最大限度减少执法争议。

6. 某次讨论会共有 18 名参与者。已知：

(1) 至少有 5 名青年教师是女性；

(2) 至少有 6 名女教师已过中年；

(3) 至少有 7 名女青年是教师。

根据上述信息，关于参与人员可以得出以下哪项？

A. 有些女青年不是教师。

B. 有些青年教师不是女性。

C. 青年教师至少有 11 名。

D. 女教师至少有 13 名。

E. 女青年至多有 11 名。

8. 当企业处于蓬勃上升时期，往往紧张而忙碌，没有时间和精力去设计和修建“琼楼玉宇”；当企业所有重要工作都已经完成，其时间和精力就开始集中在修建办公大楼上。所以，如果一个企业的办公大楼设计得越完美，装饰越豪华，则该企业离解体的时间就越近；当某个企业的大楼设计和建造趋于完美之际，它的存在就逐渐失去意义，这就是所谓的“办公大楼法则”。

以下哪项为真，最能质疑上述观点？

A. 一个企业如果将时间和精力都耗在修建办公大楼上，则对其他重要工作就投入不足了。

B. 某企业办公大楼修建的美轮美奂，入住后该企业的事业蒸蒸日上。

C. 建造豪华的办公大楼，往往会增加运营成本，损害其利益。

D. 企业的办公大楼越破旧，该企业就越来越有活力和生机。

E. 建造豪华办公大楼并不需要投入太多时间和精力。

9. 张云、李华、王涛都收到了明年 2 月初赴北京开会的通知，他们可以选择乘坐飞机、高铁与大巴等交通工具到北京，他们对这次进京方式有如下考虑：

(1) 张云不喜欢坐飞机，如果有李华同行，他就选择乘坐大巴；

(2) 李华不计较方式，如果高铁要比飞机更便宜，他就选择高铁；

(3) 王涛不在乎价格，除非预报二月初北京有雨雪天气，否则选择乘坐飞机；

(4) 李华和王涛家相隔很近，如果航班时间合适，他们将同行乘坐飞机。

如果上述 3 人愿望得到满足，则可以得出以下哪项？

A. 如果李华没有选择乘坐高铁和飞机，则他肯定选择和张云一起乘坐大巴进京。

B. 如果王涛和李华乘坐飞机进京，则二月初北京没有雨雪天气。

C. 如果张云和王涛乘坐高铁，则二月初有雨雪天气。

D. 如果三人都乘坐飞机，则飞机要比高铁便宜。

E. 如果三人都乘坐大巴进京，则预报二月初北京有雨雪天气。

12. 10 月 6 日晚上，张强要么去电影院看电影，要么去拜访朋友秦玲。如果那天晚上张强开车回家，他就没去电影院看电影。只有张强事先与秦玲约定，张强才能拜访她。事实上，张强不可能事先约定。

根据上述陈述，可以得出以下哪项？

A. 那天晚上张强没有开车回家。

B. 张强那天晚上拜访了朋友。

C. 张强晚上没有去电影院看电影。

D. 那天晚上张强与秦玲一起看电影了。

E. 那天晚上张强开车去电影院看电影。

15. 有些阔叶树是常绿植物，因此，阔叶树都不生长在寒带地区。

以下哪项如果为真，最能反驳上述结论？

A. 有些阔叶树不生长在寒带地区。

B. 常绿植物都生长在寒带地区。

C. 寒带某些地区不生长常绿植物。

D. 常绿植物都不生长在寒带地区。

E. 常绿植物不都是阔叶树。

17. 某大学运动会即将召开，经管学院拟组建一支 12 人的代表队参赛，参赛队员将从该院 4 个年级学生中选拔。学校规定：每个年级须在长跑、短跑、跳高、跳远、铅球等 5 个项目中选 1～2 项比赛，其余项目可任意选择；一个年级如果选择长跑，就不能选短跑或跳高；一个年级如果选跳远，就不能选长跑或铅球；每名队员只参加一项比赛。已知该院：

(1) 每个年级均有队员被选拔进入代表队；

(2) 每个年级被选拔进入代表队的人数各不相同；

(3) 有两个年级的队员人数相乘等于另一个年级的队员人数。

如果某年级队员人数不是最少的，且选择长跑，那么对于该年级来说，以下哪项不可能？

A. 选择铅球或跳远

B. 选择短跑或铅球

C. 选择短跑或跳远

D. 选择长跑或跳高

E. 选择铅球或跳高

18. 为防御电脑受病毒侵袭，研究人员开发了防御病毒、查杀病毒的程序，前者启动后能使程序运行免受病毒侵袭，后者启动后能迅速查杀电脑中可能存在的病毒。某台电脑上现装有甲、乙、丙三种程序。已知：

(1) 甲程序能查杀目前已知所有病毒；

(2) 若乙程序不能防御已知的一号病毒，则丙程序也不能查杀该病毒；

(3) 只有丙程序能防御已知的一号病毒，电脑才能查杀目前已知的所有病毒；

(4) 只有启动甲程序，才能启动丙程序。

根据上述信息，可以得出以下哪项？

A. 只有启动丙程序，才能防御并查杀一号病毒。

B. 只有启动乙程序，才能防御并查杀一号病毒。

C. 如果启动丙程序，就能防御并查杀一号病毒。

D. 如果启动了乙程序，那么不必启动丙程序也能查杀一号病毒。

E. 如果启动了甲程序，那么不必启动乙程序也能查杀所有病毒。

20. 张教授指出，明清时期科举考试分为四级，即院试、乡试、会试、殿试。院试在县府举行，考中者称为“生员”；乡试每三年在各省省城举行一次，生员才有资格参加，考中者称为

"举人",举人第一名称"解元";会试于乡试后第二年在京城礼部举行,举人才有资格参加,考中者称为"贡士",贡士第一名称"会元";殿试在会试当年举行,由皇帝主持,贡士才有资格参加,录取分为三甲,一甲三名,二甲、三甲各若干名,统称为"进士",一甲第一名称"状元"。

根据张教授的陈述,以下哪项是不可能的?

A. 中举者,不曾中进士。

B. 中状元者曾为生员和举人。

C. 中会元者,不曾中举。

D. 可有连中三元者(解元、会元、状元)。

E. 未中解元者,不曾中会元。

21. 有人认为,任何一个机构都包括不同的职位等级或层级,每个人都隶属于其中一个层次。如果某人在原来级别岗位上干得出色,就会被提拔,而被提拔者得到重用后却碌碌无为,这会造成机构效率低下、人浮于事。

以下哪项为真,最能质疑上述观点?

A. 个人晋升常常会在一定程度上影响所在机构的发展。

B. 不同岗位的工作方式是不同的,对新的岗位要有一个适应过程。

C. 王副教授教学科研能力都很强,而晋升为正教授后却表现平平。

D. 李明的体育运动成绩并不理想,但他进入管理层后却干得得心应手。

E. 部门经理王先生业绩出众,被提拔为公司总经理后工作依然出色。

22. 如果把一杯酒倒入一桶污水中,你得到的是一桶污水;如果把一杯污水倒入一桶酒中,你得到的依然是一桶污水。在任何组织中,都可能存在几个难缠人物,他们存在的目的似乎就是把事情搞糟。如果一个组织不加强内部管理,一个正直能干的人进入某低效的部门就会被吞没,而一个无德无才者就能将一个高效的部门变成一盘散沙。

根据上述信息,可以得出以下哪项?

A. 如果不将一杯污水倒进一桶酒中,你就不会得到一桶污水。

B. 如果一个正直能干的人进入组织,就会使组织变得更为高效。

C. 如果组织中存在几个难缠人物,很快就会把组织变成一盘散沙。

D. 如果一个正直能干的人在低效部门没有被吞没,则该部门加强了内部管理。

E. 如果一个无德无才的人把组织变成一盘散沙,则该组织没有加强内部管理。

25. 有关数据显示,2011 年全球新增 870 万结核病患者,同时有 140 万患者死亡。因为结核病对抗生素有耐药性,所以对结核病的治疗一直都进展缓慢。如果不能在近几年消除结核病,那么还会有数百万人死于结核病。如果要控制这种流行病,就要有安全、廉价的疫苗。目前有 12 种新疫苗正在测试之中。

根据以上信息,可以得出以下哪项?

A. 2011 年结核病患者死亡率已达 16.1%。

B. 有了安全、廉价的疫苗,我们就能控制结核病。

C. 如果解决了抗生素的耐药性问题,结核病治疗将会获得突破性进展。

D. 只有在近几年消除结核病,才能避免数百万人死于这种疾病。

E. 新疫苗一旦应用于临床,将有效控制结核病的传播。

26. 一个人如果没有崇高的信仰,就不可能守住道德的底线;而一个人只有不断加强理论学习，才能始终保持崇高的信仰。

根据以上信息，可以得出以下哪项？

A. 一个人只有不断加强理论学习，才能守住道德的底线。

B. 一个人如果不能守住道德的底线，就不可能保持崇高的信仰。

C. 一个人只要有崇高的信仰，就能守住道德的底线。

D. 一个人只要不断加强理论学习，就能守住道德底线。

E. 一个人没能守住道德的底线，是因为他首先丧失了崇高的信仰。

【2016年】

1. 企业要建设科技创新中心，就要推进与高校、科技院所的合作，这样才能激发自主创新的活力。一个企业只有搭建服务科技创新发展战略的平台、科技创新与经济发展对接的平台以及聚集创新人才的平台，才能催生重大科技成果。

根据上述信息，可以得出以下哪项？

A. 如果企业搭建科技创新与经济发展对接的平台，就能激发其自主创新的活力。

B. 如果企业搭建了服务科技创新发展战略的平台，就能催生重大科技成果。

C. 能够推进与高校、科研院所的合作决定企业是否具有自主创新的活力。

D. 如果企业没有搭建聚集创新人才的平台，就无法催生重大科技成果。

E. 如果企业推进与高校、科研院所的合作，就能激发其自主创新的活力。

2. 生态文明建设事关社会发展方式和人民福祉。只有实行最严格的制度，最严密的法治，才能为生态文明建设提供可靠保障；如果要实行最严格的制度、最严密的法治，就要建立责任追究制度，对那些不顾生态环境盲目决策并造成严重后果者，追究其相应的责任。

根据上述信息，可以得出以下哪项？

A. 如果对那些不顾生态环境盲目决策并造成严重后果者追究其相应责任，就能为生态文明建设提供可靠保障。

B. 实行最严格的制度和最严密的法治是生态文明建设的重要目标。

C. 如果不建立责任追究制度，就不能为生态文明建设提供可靠保障。

D. 只有筑牢生态环境的制度防护墙，才能造福于民。

E. 如果要建立责任追究制度，就要实行最严格的制度，最严密的法治。

6. 在某届洲际杯足球大赛中，第一阶段某小组单循环赛共有4支队伍参加，每支队伍需要在这一阶段比赛三场。甲国足球队在该小组的前两轮比赛中一平一负，在第三轮比赛之前，甲国队主教练在新闻发布会上表示："只有我们在下一场比赛中取得胜利并且本组的另外一场比赛打成平局，我们才有可能从这个小组出线。"

如果甲国队主教练的陈述为真，以下哪项是不可能的？

A. 第三轮比赛该小组两场比赛都分出了胜负，甲国队从小组出线。

B. 甲国队第三轮比赛取得了胜利，但他们未能从小组出线。

C. 第三轮比赛甲国队取得了胜利，该小组另一场比赛打成平局，甲国队未能从小组出线。

D. 第三轮比赛该小组另外一场比赛打成平局，甲国队从小组出线。

E. 第三轮比赛该小组两场比赛都打成了平局，甲国队未能从小组出线。

10. 某县县委关于下周一几位领导的工作安排如下：

(1) 如果李副书记在县城值班，那么他就要参加宣传工作例会；

(2) 如果张副书记在县城值班，那么他就要做信访接待工作；

(3) 如果王书记下乡调研，那么张副书记或者李副书记就需要在县城值班；

(4) 只有参加宣传工作会或信访接待工作，王书记才不下乡调研；

(5) 宣传工作例会只需分管宣传的副书记参加，信访接待工作也只需一名副书记参加。

根据上述工作安排，可以得出以下哪项？

A. 张副书记做信访接待工作。

B. 王书记下乡调研。

C. 李副书记参加宣传工作例会。

D. 李副书记做信访接待工作。

E. 张副书记参加宣传工作例会。

【2017 年】

1. 倪教授认为，我国工程技术领域可以考虑与国外先进技术合作，但任何涉及核心技术的项目决不能受制于人；我国许多网络安全建设项目涉及信息核心技术，如果全盘引进国外先进技术，而不努力自主创新，我国的网络安全将受到严重威胁。

根据倪教授的陈述，可以得出以下哪项？

A. 我国有些网络建设项目不能受制于人。

B. 我国许多网络安全建设项目，不能与国外先进技术合作。

C. 我国工程技术领域的所有项目都不能受制于人。

D. 只要不是全盘引进国外先进技术，我国网络安全就不会受到严重威胁。

E. 如果能做到自主创新，我国的网络安全就不会受到严重威胁。

2. 任何结果都不可能凭空出现，它们的背后都是有原因的；任何背后有原因的事物均可以被认识，而可以被人认识的事物必然不是毫无规律的。

根据以上陈述，以下哪项为假？

A. 人可能认识所有事物。

B. 有些结果的出现可能毫无规律。

C. 那些可以被人认识的事物，必然有规律。

D. 任何结果出现的背后都是有原因的。

E. 任何结果都可以被人认识。

6. 张立是一位单身白领，工作 5 年积累了一笔存款，由于该笔存款金额尚不足以购房，他考虑将其暂时分散投资到股票、黄金、基金、国债和外汇等 5 个方面。该笔存款的投资需要满足如下条件：

(1) 如果黄金投资比例高于 1/2，则剩余部分投入国债和股票；

(2) 如果股票投资比例低于 1/3，则剩余部分不能投入外汇或国债；

(3) 如果外汇投资比例低于 1/4,则剩余部分投入基金或黄金;

(4) 国债投资比例不能低于 1/6。

根据上述信息,可以得出以下哪项?

A. 国债投资比例高于 1/2。　　B. 外汇投资比例不低于 1/3。

C. 股票投资比例不低于 1/4。　　D. 黄金投资比例不低于 1/5。

E. 基金投资比例低于 1/6。

19. 爱书成痴注定会藏书。大多数藏书家也会读一些自己收藏的书;但是有些藏书家却因喜爱书的价值和精致装帧而购书收藏,至于阅读则放到了自己以后闲暇的时间,而一旦他们这样想,这些新购的书就很可能不被阅读了。但是,这些受到"冷遇"的书只要被友人借去一本,藏书家就会失魂落魄,整日心神不安。

根据上述信息,可以得出以下哪项?

A. 有些藏书家将自己的藏书当作友人。　B. 有些藏书家喜欢闲暇时读自己的藏书。

C. 有些藏书家会读遍自己的藏书。　　D. 有些藏书家不会立即阅读自己新购的书。

E. 有些藏书家从不读自己收藏的书。

23. "自我陶醉人格"是以过分重视自己为主要特点的人格障碍。它有多种具体特征:过高估计自己的重要性,夸大自己的成就;对批评反应强烈,希望他人注意自己和羡慕自己;经常沉湎于幻想中,把自己看成是特殊的人;人际关系不稳定;嫉妒他人,损人利己。

以下各项自我陈述中,除了哪项均能体现上述"自我陶醉人格"的特征?

A. 我是这个团队的灵魂,一旦我离开了这个团队,他们将一事无成。

B. 他有什么资格批评我?大家看看,他的能力连我一半都不到。

C. 我的家庭条件不好,但不愿意被别人看不起,所以我借钱买了一部智能手机。

D. 这么重要的活动竟然没有邀请我参加,组织者的人品肯定有问题,不值得跟这样的人交往。

E. 我刚接手别人很多年没有做成的事情,我跟他们完全不在一个层次,相信很快就会将事情搞定。

28. 某民乐小组拟购买几种乐器,购买要求如下:

(1) 二胡、箫至多购买一种;

(2) 笛子、二胡和古筝至少购买一种;

(3) 箫、古筝、唢呐至少购买两种;

(4) 如果购买箫,则不购买笛子。

根据以上要求,可以得出以下哪项?

A. 至多购买了 3 种乐器。　　B. 箫、笛子至少购买了一种。

C. 至少要购买 3 种乐器。　　D. 古筝、二胡至少购买一种。

E. 一定要购买唢呐。

【2018 年】

1. 人民既是历史的创造者,也是历史的见证者;既是历史的"剧中人",又是历史的"剧作者”。离开人民,文艺就会变成无根的浮萍、无病的呻吟、无魂的躯壳。观照人民的生活、命运、情感,表达人民的心愿、心情、心声,我们的作品才会在人民中传之久远。

根据以上陈述,可以得出以下哪项?

A. 只有不离开人民,文艺才不会变成无根的浮萍、无病的呻吟、无魂的躯壳。

B. 历史的创造者都不是历史的“剧中人”。

C. 历史的创造者都是历史的见证者。

D. 历史的“剧中人”都是历史的“剧作者”。

E. 我们的作品只要表达人民的心愿、心情、心真,就会在人民中传之久远。

5~6 题基于以下共同题干:

某工厂有一员工宿舍住了甲、乙、丙、丁、戊、己、庚 7 人,每人每周需轮流值日一天,且每天仅安排一人值日。他们值日的安排还需满足以下条件:

(1) 乙周二或周六值日;

(2) 如果甲周一值日,那么丙周三值日且戊周五值日;

(3) 如果甲周一不值日,那么己周四值日且庚周五值日;

(4) 如果乙周二值日,那么己周六值日。

5. 根据以上条件,如果丙周日值日,则可以得出以下哪项?

A. 甲周日值日　　B. 乙周六值日　　C. 丁周二值日

D. 戊周二值日　　E. 己周五值日

6. 如果庚周四值日,那么以下哪项一定为假?

A. 甲周一值日　　B. 乙周六值日　　C. 丙周三值日

D. 戊周日值日　　E. 己周二值日

7. 唐代韩愈在《师说》中指出:“孔子曰:三人行,则必有我师。是故弟子不必不如师,师不必贤于弟子,闻道有先后,术业有专攻,如是而已。”

根据上述韩愈的观点,可以得出以下哪项?

A. 有的弟子必然不如师。　　B. 有的弟子可能不如师。

C. 有的师不可能贤于弟子。　　D. 有的弟子可能不贤于师。

E. 有的师可能不贤于弟子。

8. “二十四节气”是我国在农耕社会生产生活的时间活动指南,反映了从春到冬一年四季的气温、降水、物候的周期性变化规律。已知各节气的名称具有如下特点:

(1) 凡含“春”“夏”“秋”“冬”字的节气各属春、夏、秋、冬季;

(2) 凡含“雨”“露”“雪”字的节气各属春、秋、冬季;

(3) 如果“清明”不在春季,则“霜降”不在秋季;

(4) 如果“雨水”在春季,则“霜降”在秋季。

根据以上信息,如果从春至冬每季仅列两个节气,则以下哪项是不可能的?

A. 雨水、惊蛰、夏至、小暑、白露、霜降、大雪、冬至

B. 惊蛰、春分、立夏、小满、白露、寒露、立冬、小雪

C. 清明、谷雨、芒种、夏至、立秋、寒露、小雪、大寒

D. 立春、清明、立夏、夏至、立秋、寒露、小雪、大寒

E. 立春、谷雨、清明、夏至、处暑、白露、立冬、小雪

10. 某市已开通运营一、二、三、四号地铁线路，各条地铁线每一站运行加停靠所需时间均彼此相同。小张、小王、小李三人是同一单位的职工，单位附近有北口地铁站。某天早晨，3 人同时都在常青站乘一号线上班，但 3 人关于乘车路线的想法不尽相同。已知：

(1) 如果一号线拥挤，小张就坐 2 站后转三号线，再坐 3 站到北口站；如果一号线不拥挤，小张就坐 3 站后转二号线，再坐 4 站到北口站；

(2) 只有一号线拥挤，小王才坐 2 站后转三号线，再坐 3 站到北口站；

(3) 如果一号线不拥挤，小李就坐 4 站后转四号线，坐 3 站之后再转三号线，坐 1 站到达北口站；

(4) 该天早晨地铁一号线不拥挤。

假定三人换乘及步行总时间相同，则以下哪项最可能与上述信息不一致？

A. 小王和小李同时到达单位。

B. 小张和小王同时到达单位。

C. 小王比小李先到达单位。

D. 小李比小张先到达单位。

E. 小张比小王先到达单位。

12. 张教授：利益并非只是物质利益，应该把信用、声誉、情感甚至某种喜好等都纳入利益的范畴。根据这种“利益”的广义理解，如果每一个体在不损害他人利益的前提下，尽可能满足其自身的利益需求，那么由这些个体组成的社会就是一个良善的社会。

根据张教授的观点，可以得出以下哪项？

A. 如果一个社会不是良善的，那么其中肯定存在个体损害他人利益或自身利益需求没有尽可能得到满足的情况。

B. 尽可能满足每一个体的利益需求，就会损害社会的整体利益。

C. 只有尽可能满足每一个体的利益需求，社会才可能是良善的。

D. 如果有些个体通过损害他人利益来满足自身的利益需求，那么社会就不是良善的。

E. 如果某些个体的利益需求没有尽可能得到满足，那么社会就不是良善的。

18. 若要人不知，除非己莫为；若要人不闻，除非己莫言。为之而欲人不知，言之而欲人不闻，此犹捕雀而掩目，盗钟而掩耳者。

根据以上陈述，可以得出以下哪项？

A. 若己不为，则人不知。

B. 若己不言，则人不闻。

C. 若己为，则人会知；若己言，则人会闻。

D. 若能做到捕雀而掩目，则可为之而人不知。

E. 若能做到盗钟而掩耳，则可言之而人不闻。

20. 某校图书馆新购一批文科图书。为方便读者查阅，管理人员对这批图书在文科新书阅览室中的摆放位置作出如下提示：

(1) 前 3 排书橱均放有哲学类新书；

(2) 法学类新书都放在第 5 排书橱，这排书橱的左侧也放有经济类新书；

(3) 管理类新书放在最后一排书橱。

事实上，所有的图书都按照上述提示放置。根据提示，徐莉顺利找到了她想查阅的

新书。

根据上述信息，以下哪项是不可能的？

A. 徐莉在第 2 排书橱中找到哲学类新书

B. 徐莉在第 3 排书橱中找到经济类新书

C. 徐莉在第 4 排书橱中找到哲学类新书

D. 徐莉在第 6 排书橱中找到法学类新书

E. 徐莉在第 7 排书橱中找到管理类新书

21. 某次学术会议的主办方发出会议通知：只有论文通过审核才能收到会议主办方发出的邀请函，本次会议只欢迎持有主办方邀请函的科研院所的学者参加。

根据以上通知，可以得出以下哪项？

A. 本次学术会议不欢迎论文没有通过审核的学者参加。

B. 论文通过审核的学者都可以参加本次学术会议。

C. 论文通过审核并持有主办方邀请函的学者，本次学术会议都欢迎其参加。

D. 有些论文通过审核但未持有主办方邀请函的学者，本次学术会议欢迎其参加。

E. 论文通过审核的学者有些不能参加本次学术会议。

25. 最终审定的项目或者意义重大或者关注度高，凡意义重大的项目均涉及民生问题。但是有些最终审定的项目并不涉及民生问题。

根据以上陈述，可以得出以下哪项？

A. 意义重大的项目可以引起关注。

B. 有些项目意义重大但是关注度不高。

C. 涉及民生问题的项目有些没有引起关注。

D. 有些项目尽管关注度高但并非意义重大。

E. 有些不涉及民生问题的项目意义也非常重大。

27. 所有值得拥有专利的产品或设计方案都是创新，但并不是每一项创新都值得拥有专利；所有的模仿都不是创新，但并非每一个模仿者都应该受到惩罚。

根据以上陈述，以下哪项是不可能的？

A. 有些值得拥有专利的创新产品并没有申请专利。

B. 有些创新者可能受到惩罚。

C. 有些值得拥有专利的产品是模仿。

D. 没有模仿值得拥有专利。

E. 所有的模仿者都受到了惩罚。

28. 某国拟在甲、乙、丙、丁、戊、己 6 种农作物中进口几种，用于该国庞大的动物饲料产业。考虑到一些农作物可能会有违禁成分，以及它们之间存在的互补或可替代等因素，该国对进口这些农作物有如下要求：

(1) 它们当中不含违禁成分的都进口；

(2) 如果甲或乙有违禁成分，就进口戊和己；

(3) 如果丙含有违禁成分，那么丁就不进口了；

(4) 如果进口戊，就进口乙和丁；

（5）如果不进口丁，就进口丙；如果进口丙，就不进口丁。

根据上述要求，以下哪项所列的农作物是该国可以进口的？

A. 甲、乙、丙　　B. 乙、丙、丁　　C. 甲、戊、己

D. 甲、丁、己　　E. 丙、戊、己

【2019年】

1. 新常态下，消费需求发生深刻变化，消费拉开档次，个性化、多样化消费渐成主流。在相当一部分消费者那里，对产品质量的追求压倒了对价格的考虑。供给侧结构性改革，说到底是满足需求。低质量的产能必然会过剩，而顺应市场需求不断更新换代的产能不会过剩。

根据以上陈述，可以得出以下哪项？

A. 只有质优价高的产品才能满足需求。

B. 顺应市场需求不断更新换代的产能不是低质量的产能。

C. 低质量的产能不能满足个性化需求。

D. 只有不断更新换代的产品才能满足个性化、多样化消费的需求。

E. 新常态下，必须进行供给侧结构性改革。

3. 李诗、王悦、杜舒、刘默是唐诗宋词的爱好者，在唐朝诗人李白、杜甫、王维、刘禹锡中4人各喜爱其中一位，且每人喜爱的唐诗作者不与自己同姓。关于他们4人，已知：

（1）如果爱好王维的诗，那么也爱好辛弃疾的词；

（2）如果爱好刘禹锡的诗，那么也爱好岳飞的词；

（3）如果爱好杜甫的诗，那么也爱好苏轼的词。

如果李诗不爱好苏轼和辛弃疾的词，则可以得出以下哪项？

A. 杜舒爱好辛弃疾的词　　B. 王悦爱好苏轼的词

C. 刘默爱好苏轼的词　　D. 李诗爱好岳飞的词

E. 杜舒爱好岳飞的词

5～6题基于以下共同题干：

某单位拟派遣3名德才兼备的干部到西部山区进行精准扶贫。报名者踊跃，经过考察，最终确定了陈甲、傅乙、赵丙、邓丁、刘戊、张己6名候选人。根据工作需要，派遣还需要满足以下条件：

（1）若派遣陈甲，则派遣邓丁但不派遣张己；

（2）若傅乙、赵丙至少派遣1人，则不派遣刘戊。

5. 以下哪项的派遣人选和上述条件不矛盾？

A. 赵丙、邓丁、刘戊　　B. 陈甲、傅乙、赵丙　　C. 傅乙、邓丁、刘戊

D. 邓丁、刘戊、张己　　E. 陈甲、赵丙、刘戊

6. 如果陈甲、刘戊至少派遣1人，则可以得出以下哪项？

A. 派遣刘戊　　B. 派遣赵丙　　C. 派遣陈甲

D. 派遣傅乙　　E. 派遣邓丁

10. 本保险柜所有密码都是 4 个阿拉伯数字和 4 个英文字母的组合。已知：

(1) 若 4 个英文字母不连续排列，则密码组合中的数字之和大于 15；

(2) 若 4 个英文字母连续排列，则密码组合中的数字之和等于 15；

(3) 密码组合中的数字之和或者等于 18，或者小于 15。

根据上述信息，以下哪项是可能的密码组合？

A. 1adbe356　　B. 37ab26dc　　C. 2acgf716

D. 58bcde32　　E. 18ac42de

12. 某市音乐节设立了流行、民谣、摇滚、民族、电音、说唱、爵士这 7 大类的奖项评选。在入围提名中，已知：

(1) 至少有 6 类入围；

(2) 流行、民谣、摇滚中至多有 2 类入围；

(3) 如果摇滚和民族类都入围，则电音和说唱中至少有一类没有入围。

根据上述信息，可以得出以下哪项？

A. 流行类没有入围　　B. 民谣类没有入围　　C. 摇滚类没有入围

D. 爵士类没有入围　　E. 电音类没有入围

15. 下面 6 张卡片，一面印的是汉字（动物或者花卉），一面印的是数字（奇数或者偶数）。

虎	6	菊	7	鹰	8

对于上述 6 张卡片，如果要验证"每张至少有一面印的是偶数或者花卉"，至少需要翻看几张卡片？

A. 2　　B. 3　　C. 4

D. 5　　E. 6

16. 某地人才市场招聘保洁、物业、网管、销售等 4 种岗位的从业者，有甲、乙、丙、丁 4 位年轻人前来应聘。事后得知，每人只能选择 1 种岗位应聘，且每种岗位都有其中一人应聘。另外，还知道：

(1) 如果丁应聘网管，那么甲应聘物业；

(2) 如果乙不应聘保洁，那么甲应聘保洁且丙应聘销售；

(3) 如果乙应聘保洁，那么丙应聘销售，丁也应聘保洁。

根据以上陈述，可以得出以下哪项？

A. 甲应聘网管岗位。　　B. 丙应聘保洁岗位。　　C. 甲应聘物业岗位。

D. 乙应聘网管岗位。　　E. 丁应聘销售岗位。

18. 甲：上周去医院，给我看病的医生竟然还在抽烟。

乙：所有抽烟的医生都不关心自己的健康，而不关心自己健康的人也不会关心他人的健康。

甲：是的，不关心他人健康的医生没有医德。我今后再也不会让没有医德的医生给我看病了。

根据上述信息，以下除了哪项，其余各项均可得出？

A. 甲认为他不会再找抽烟的医生看病。

B. 乙认为上周给甲看病的医生不会关心乙的健康。

C. 甲认为上周给他看病的医生不会关心医生自己的健康。

D. 甲认为上周给他看病的医生不关心甲的健康。

E. 乙认为上周给甲看病的医生没有医德。

23. 如果一个人只为自己劳动,他也许能成为著名学者、大哲人、卓越诗人,然而他永远不能成为完美无瑕的伟大人物。如果我们选择了最能为人类福利而劳动的职位,那么,重担就不能把我们压倒,因为这是为大家而献身;那时我们所感到的就不是可怜的、有限的、自私的乐趣,我们的幸福将属于千百万人,我们的事业将默默地、但是永恒发挥作用地存在下去,而面对我们的骨灰,高尚的人们将洒下热泪。

根据以上陈述,可以得出以下哪项?

A. 如果一个人只为自己劳动,不是为大家而献身,那么重担就能将他压倒。

B. 如果我们为大家而献身,我们的幸福将属于千百万人,面对我们的骨灰,高尚的人们将洒下热泪。

C. 如果我们没有选择最能为人类福利而劳动的职业,我们所感到的就是可怜的、有限的、自私的乐趣。

D. 如果选择了最能为人类福利而劳动的职业,我们就不但能够成为著名学者、大哲人、卓越诗人,而且还能成为完美无瑕的伟大人物。

E. 如果我们只为自己劳动,我们的事业就不会默默地、但是永恒发挥作用地存在下去。

【2020 年】

1. 领导干部对于各种批评意见应采取有则改之、无则加勉的态度,营造言者无罪、闻者足戒的氛围。只有这样,人们才能知无不言、言无不尽。领导干部只有从谏如流并为说真话者撑腰,才能做到"兼听则明"或做出科学决策;只有乐于和善于听取各种不同意见,才能营造风清气正的政治生态。

根据以上信息,可以得出以下哪项?

A. 领导干部必须善待批评、从谏如流,为说真话者撑腰。

B. 大多数领导干部对于批评意见能够采取有则改之、无则加勉的态度。

C. 领导干部如果不能从谏如流,就不能做出科学决策。

D. 只有营造言者无罪、闻者足戒的氛围,才能形成风清气正的政治生态。

E. 领导干部只有乐于和善于听取各种不同意见,人们才能知无不言、言无不尽。

11. 下表显示某城市过去一周的天气情况:

星期一	星期二	星期三	星期四	星期五	星期六	星期日
东南风 1—2 级 小雨	南风 4—5 级 晴	无风 小雪	北风 1—2 级 阵雨	无风 晴	西风 3—4 级 阴	东风 2—3 级 中雨

以下哪项对该城市这一周的天气概括最为准确?

A. 每日或者刮风,或者下雨。
B. 每日或者刮风,或者晴天。
C. 每日或者无风,或者无雨。
D. 若有风且风力超过 3 级,则该日是晴天。
E. 若有风且风力不超过 3 级,则该日不是晴天。

14. 因业务需要,某公司欲将甲、乙、丙、丁、戊、己、庚 7 个部门合并到丑、寅、卯 3 个子公司。已知:

(1) 一个部门只能合并到一个子公司;

(2) 若丁和丙中至少有一个未合并到丑公司,则戊和甲均合并到丑公司;

(3) 若甲、己、庚中至少有一个未合并到卯公司,则戊合并到寅公司且丙合并到卯公司。

根据上述信息,可以得出以下哪项?

A. 甲、丁均合并到丑公司。
B. 乙、戊均合并到寅公司。
C. 乙、丙均合并到寅公司。
D. 丁、丙均合并到丑公司。
E. 庚、戊均合并到卯公司。

16. 某语言学爱好者欲基于无涵义语词、有涵义语词构造合法的语句。已知:

(1) 无涵义语词有 a、b、c、d、e、f,有涵义语词有 W、Z、X;

(2) 如果两个无涵义语词通过一个有涵义语词连接,则它们构成一个有涵义语词;

(3) 如果两个有涵义语词直接连接,则它们构成一个有涵义语词;

(4) 如果两个有涵义语词通过一个无涵义语词连接,则它们构成一个合法的语句。

根据上述信息,以下哪项是合法的语句?

A. aWbcdXeZ
B. aWbcdaZe
C. fXaZbZWb
D. AZdacdfX
E. XWbaZdWc

17. 某单位拟在椿树、枣树、楝树、雪松、银杏、桃树中选择 4 种栽种在庭院中。已知:

(1) 椿树、枣树至少种植一种;

(2) 如果种植椿树,则种植楝树但不种植雪松;

(3) 如果种植枣树,则种植雪松但不种植银杏。

如果庭院中种植银杏,则以下哪项是不可能的?

A. 种植椿树。
B. 种植楝树。
C. 不种植枣树。
D. 不种植雪松。
E. 不种植桃树。

26. 某街道的综合部、建设部、平安部和民生部四个部门,需要负责街道的秩序、安全、环境、协调等四项工作。每个部门只负责其中的一项工作,且各部门负责的工作各不相同。已知:

(1) 如果建设部负责环境或秩序,则综合部负责协调或秩序;

(2) 如果平安部负责环境或协调,则民生部负责协调或秩序。

根据以上信息,以下哪项工作安排是可能的?

A. 建设部负责环境,平安部负责协调。
B. 建设部负责秩序,民生部负责协调。
C. 综合部负责安全,民生部负责协调。
D. 民生部负责安全,综合部负责秩序。
E. 平安部负责安全,建设部负责秩序。

27. 人非生而知之者，孰能无惑？惑而不从师，其为惑也，终不解矣。生乎吾前，其闻道也固先乎吾，吾从而师之；生乎吾后，其闻道也亦先乎吾，吾从而师之。吾师道也，夫庸知其年之先后生于吾乎？是故无贵无贱，无长无少，道之所存，师之所存也。

根据以上信息，可以得出以下哪项？

A. 与吾生乎同时，其闻道也必先乎吾。

B. 师之所存，道之所存也。

C. 无贵无贱，无长无少，皆为吾师。

D. 与吾生乎同时，其闻道不必先乎吾。

E. 若解惑，必从师。

【2021 年】

2. M 大学社会学学院的老师都曾经对甲县某些乡镇进行家庭收支情况调研，N 大学历史学院的老师都曾经到甲县的所有乡镇进行历史考查。赵若兮曾经对甲县所有乡镇家庭收支情况进行调研，但未曾到项郢镇进行历史考察；陈北鱼曾经到梅河乡进行历史考察，但从未对甲县家庭收支情况进行调研。

根据以上信息，可以得出以下哪项？

A. 陈北鱼是 M 大学社会学学院的老师，且梅河乡是甲县的。

B. 若赵若兮是 N 大学历史学院的老师，则项郢镇不是甲县的。

C. 对甲县的家庭收支情况调研，也会涉及相关的历史考察。

D. 陈北鱼是 N 大学的老师。

E. 赵若兮是 M 大学的老师。

4. 某企业董事会就建立健全企业管理制度与提高企业经济效益进行研讨。在研讨中，与会者发言如下：

甲：要提高企业经济效益，就必须建立健全企业管理制度；

乙：既要建立健全企业管理制度，又要提高企业经济效益，二者缺一不可；

丙：经济效益是基础和保障，只有提高企业经济效益，才能建立健全企业管理制度；

丁：如果不建立健全企业管理制度，就不能提高企业经济效益；

戊：不提高企业经济效益，就不能建立健全企业管理制度。

根据上述讨论，董事会最终做出了合理的决定。

以下哪项是可能的？

A. 甲、乙的意见符合决定，丙的意见不符合决定。

B. 上述 5 人中只有 1 人的意见符合决定。

C. 上述 5 人中只有 2 人的意见符合决定。

D. 上述 5 人中只有 3 人的意见符合决定。

E. 上述 5 人的意见均不符合决定。

8. 某电影节设有“最佳故事片”“最佳男主角”“最佳女主角”“最佳编剧”“最佳导演”等多个奖项。颁奖前，有专业人士预测如下：

(1) 若甲或乙获得“最佳导演”,则“最佳女主角”和“最佳编剧”将在丙和丁中产生;

(2) 只有影片P或影片Q获得“最佳故事片”,其片中的主角才能获得“最佳男主角”或“最佳女主角”;

(3) “最佳导演”和“最佳故事片”不会来自同一部影片。

以下哪项颁奖结果与上述预测不一致?

A. 乙没有获得“最佳导演”,“最佳男主角”来自影片Q。

B. 丙获得“最佳女主角”,“最佳编剧”来自影片P。

C. 丁获得“最佳编剧”,“最佳女主角”来自影片P。

D. “最佳女主角”“最佳导演”都来自影片P。

E. 甲获得“最佳导演”,“最佳编剧”来自影片Q。

9. 黄瑞爱好书画收藏,他收藏的书画作品只有“真品”“精品”“名品”“稀品”“特品”“完品”,它们之间存在如下关系:

(1) 若是“完品”或“真品”,则是“稀品”;

(2) 若是“稀品”或“名品”,则是“特品”。

现知道黄瑞收藏的一幅画不是“特品”,则可以得出以下哪项?

A. 该画是“稀品”。　　B. 该画是“精品”。

C. 该画是“完品”。　　D. 该画是“名品”。

E. 该画是“真品”。

11. “冈萨雷斯”“埃尔南德斯”“施米特”“墨菲”这4个姓氏是且仅是卢森堡、阿根廷、墨西哥、爱尔兰四国中其中一国常见姓氏。已知:

(1) “施米特”是阿根廷或卢森堡常见姓氏;

(2) 若“施米特”是阿根廷常见姓氏,则“冈萨雷斯”是爱尔兰常见姓氏;

(3) 若“埃尔南德斯”或“墨菲”是卢森堡常见姓氏,则“冈萨雷斯”是墨西哥常见姓氏。

根据以上信息,可以得出以下哪项?

A. “施米特”是卢森堡常见姓氏。

B. “埃尔南德斯”是卢森堡常见姓氏。

C. “冈萨雷斯”是爱尔兰常见姓氏。

D. “墨菲”是卢森堡常见姓氏。

E. “墨菲”是阿根廷常见姓氏。

15～16题基于以下共同题干:

冬奥组委会官网开通全球招募系统,正式招募冬奥会志愿者。张明、刘伟、庄敏、孙兰、李梅5人在一起讨论报名事宜。他们商量的结果如下:

(1) 如果张明报名,则刘伟也报名;

(2) 如果庄敏报名,则孙兰也报名;

(3) 只要刘伟和孙兰两人中至少有1人报名,则李梅也报名。

后来得知,他们5人中恰有3人报名了。

15. 根据以上信息,可以得出以下哪项?

A. 张明报名了。　　B. 刘伟报名了。

C. 庄敏报名了。　　D. 孙兰报名了。

E. 李梅报名了。

16. 如果增加条件“若刘伟报名，则庄敏也报名”，那么可以得出以下哪项？

A. 张明和刘伟都报名了。　　B. 刘伟和庄敏都报名了。

C. 庄敏和孙兰都报名了。　　D. 张明和孙兰都报名了。

E. 刘伟和李梅都报名了。

18. 为进一步弘扬传统文化，有专家提议将每年的 2 月 1 日、3 月 1 日、4 月 1 日、9 月 1 日、11 月 1 日、12 月 1 日 6 天中的 3 天确定为“传统文化宣传日”。根据实际需要，确定日期必须考虑以下条件：

(1) 若选择 2 月 1 日，则选择 9 月 1 日但不选 12 月 1 日；

(2) 若 3 月 1 日、4 月 1 日至少选择其一，则不选 11 月 1 日。

以下哪项选定的日期与上述条件一致？

A. 2 月 1 日、3 月 1 日、4 月 1 日

B. 2 月 1 日、4 月 1 日、11 月 1 日

C. 3 月 1 日、9 月 1 日、11 月 1 日

D. 4 月 1 日、9 月 1 日、11 月 1 日

E. 9 月 1 日、11 月 1 日、12 月 1 日

26. 每篇优秀的论文都必须逻辑清晰且论据翔实，每篇经典的论文都必须主题鲜明且语言准确。实际上，如果论文论据翔实但主题不鲜明，或者论文语言准确但逻辑不清晰，则它们都不是优秀的论文。

根据以上信息，可以得出以下哪项？

A. 语言准确的经典论文逻辑清晰。

B. 论据不翔实的论文主题不鲜明。

C. 主题不鲜明的论文不是优秀的论文。

D. 逻辑不清晰的论文不是经典的论文。

E. 语言准确的优秀论文是经典的论文。

27. 除冰剂是冬季北方用于道路去冰的产品。

除冰剂类型	融冰速度	破坏道路设施的可能风险	污染土壤的可能风险	污染水体的可能风险
Ⅰ	快	高	高	高
Ⅱ	中等	中	低	中
Ⅲ	较慢	低	低	中
Ⅳ	快	中	中	低
Ⅴ	较慢	低	低	低

以下哪项对上述五种除冰剂特征的概括最为准确？

A. 融冰速度较慢的除冰剂在污染土壤和污染水体方面的风险都低。

B. 没有一种融冰速度快的除冰剂三个方面风险都高。

C. 若某种除冰剂至少两个方面风险低，则其融冰速度一定较慢。

D. 若某种除冰剂三个方面风险都不高，则其融冰速度一定也不快。

E. 若某种除冰剂在破坏道路设施和污染土壤方面的风险都不高，则其融冰速度一定较慢。

答案速查：

年份	题号及答案
2010 年	1. D　3. C　8. E　11. A　14. A　17. B　21. A　25. C　30. E
2011 年	2. B　22. C　25. D　27. C
2012 年	2. C　4. D　5. D　7. E　8. E　9. B　10. C　12. B　13. C　14. A　16. A　19. E　20. A　23. E　24. A　26. D　27. B
2013 年	4. C　5. D　6. B　7. C　8. A　15. A　18. B　23. C　24. A　25. E　26. D　28. B
2014 年	3. A　7. B　9. B　17. D　18. B　19. A　20. D　23. E
2015 年	5. B　6. D　8. B　9. E　12. A　15. B　17. C　18. C　20. C　21. E　22. D　25. D　26. A
2016 年	1. D　2. C　6. A　10. B
2017 年	1. A　2. B　6. C　19. D　23. C　28. D
2018 年	1. A　5. B　6. D　7. E　8. E　10. D　12. A　18. C　20. D　21. A　25. D　27. C　28. A
2019 年	1. B　3. D　5. D　6. E　10. B　12. C　15. B　16. D　18. E　23. B
2020 年	1. C　11. E　14. D　16. A　17. E　26. E　27. E
2021 年	2. B　4. C　8. D　9. B　11. A　15. E　16. C　18. E　26. C　27. C

第二节　真假话题

【2010 年】

19. 小东在玩“勇士大战”游戏，进入第二关时，界面出现了四个选项。
第一个选项是“选择任意选项都需要支付游戏币”；
第二个选项是“选择本项后可以得到额外游戏奖励”；
第三个选项是“选择本项后游戏不会进行下去”；
第四个选项是“选择某个选项不需要支付游戏币”。
如果四个选项中的陈述只有一句为真，则以下哪项一定为真？
A. 选择任意选项都需支付游戏币。
B. 选择任意选项都无需支付游戏币。
C. 选择任意选项都不能得到额外游戏奖励。
D. 选择第二个选项后可以得到额外游戏奖励。
E. 选择第三个选项后游戏能继续进行下去。

【2011 年】

9. 某集团公司有四个部门，分别生产冰箱、彩电、电脑和手机。根据前三个季度的数据统计，四个部门经理对 2010 年全年的赢利情况作了如下预测：
冰箱部门经理：今年手机部门会赢利。
彩电部门经理：如果冰箱部门今年赢利，那么彩电部门就不会赢利。
电脑部门经理：如果手机部门今年没赢利，那么电脑部门也没赢利。
手机部门经理：今年冰箱和彩电部门都会赢利。
全年数据统计完成后，发现上述四个预测只有一个符合事实。
关于该公司各部门的全年赢利情况，以下除哪项外，均可能为真？
A. 彩电部门赢利，冰箱部门没赢利。　　B. 冰箱部门赢利，电脑部门没赢利。
C. 电脑部门赢利，彩电部门没赢利。　　D. 冰箱部门和彩电部门都没赢利。
E. 冰箱部门和电脑部门都赢利。

19. 近日，某集团高层领导研究了发展方向问题。王总经理认为：既要发展纳米技术，也要发展生物医药技术；赵副总经理认为：只有发展智能技术，才能发展生物医药技术；李副总经理认为：如果发展纳米技术和生物医药技术，那么也要发展智能技术。最后经过董事会研究，只有其中一位的意见被采纳。
根据以上陈述，以下哪项符合董事会的研究决定？

A. 发展纳米技术和智能技术,但是不发展生物医药技术。
B. 发展生物医药技术和纳米技术,但是不发展智能技术。
C. 发展智能技术和生物医药技术,但是不发展纳米技术。
D. 发展智能技术,但是不发展纳米技术和生物医药技术。
E. 发展生物医药技术,智能技术和纳米技术。

【2012 年】

6. 临江市地处东部沿海,下辖临东、临西、江南、江北四个区。近年来,文化旅游产业成为该市的经济增长点。2010 年,该市一共吸引全国数十万人次游客前来参观旅游。12 月底,关于该市四个区吸引游客人数多少的排名,各位旅游局局长作了如下预测:
临东区旅游局局长:如果临西区第三,那么江北区第四;
临西区旅游局局长:只有临西区不是第一,江南区才是第二;
江南区旅游局局长:江南区不是第二;
江北区旅游局局长:江北区第四。
最终的统计表明,只有一位局长的预测符合事实,则临东区当年吸引游客人次的排名是?
A. 第一　　B. 第二　　C. 第三
D. 第四　　E. 在江北区之前

【2013 年】

17. 某金库发生了失窃案。公安机关侦查确定,这是一起典型的内盗案,可以断定金库管理员甲、乙、丙、丁中至少有一人是作案者。办案人员对四人进行了询问,四人的回答如下:
甲:“如果乙不是窃贼,我也不是窃贼。”
乙:“我不是窃贼,丙是窃贼。”
丙:“甲或者乙是窃贼。”
丁:“乙或者丙是窃贼。”
后来事实表明,他们四人中只有一人说了真话。
根据以上陈述,以下哪项一定为假?
A. 丙说的是假话。　　B. 丙不是窃贼。　　C. 乙不是窃贼。
D. 丁说的是真话。　　E. 甲说的是真话。

【2015 年】

7. 某次讨论会共有 18 名参与者。已知:
(1) 至少有 5 名青年教师是女性;

(2) 至少有 6 名女教师已过中年；
(3) 至少有 7 名女青年是教师。
如果上述三句话有两真一假，那么关于参与人员可以得出以下哪项？
A. 女青年都是教师。
B. 青年教师都是女性。
C. 青年教师至少有 5 名。
D. 男教师至多有 10 名。
E. 女青年至少有 7 名。

【2016 年】

12. 郝大爷过马路时不幸摔倒昏迷，所幸有小伙子及时将他送往医院救治。郝大爷病情稳定后，有 4 位陌生小伙陈安、李康、张幸、汪福来医院看望他。郝大爷问他们究竟是谁送他来医院，他们回答如下：
陈安：我们 4 人都没有送您来医院。
李康：我们 4 人中有人送您来医院。
张幸：李康和汪福至少有一人没有送您来医院。
汪福：送您来医院的人不是我。
后来证实上述 4 人中有两人说真话，有两人说假话。
根据上述信息，可以得出以下哪项？
A. 说真话的是李康和张幸。
B. 说真话的是陈安和张幸。
C. 说真话的是李康和汪福。
D. 说真话的是张幸和汪福。
E. 说真话的是陈安和汪福。

24. 在某项目招标过程中，赵嘉、钱宜、孙斌、李汀、周武、吴纪 6 人作为各自公司代表参与投标，有且只有一个人中标。关于究竟谁是中标者，招标小组中有 3 位成员各自谈了自己的看法：
(1) 中标者不是赵嘉就是钱宜；
(2) 中标者不是孙斌；
(3) 周武和吴纪都没有中标。
经过深入调查，发现上述 3 人中只有一人的看法是正确的。
根据以上信息，以下哪项中的 3 人都可以确定没有中标？
A. 赵嘉、孙斌、李汀
B. 赵嘉、钱宜、李汀
C. 孙斌、周武、吴纪
D. 赵嘉、周武、吴纪
E. 钱宜、孙斌、周武

【2019 年】

13. 某大学有位女教师默默资助一位偏远山区的贫困家庭长达 15 年。记者多方打听，发现做好事者是该大学传媒学院甲、乙、丙、丁、戊 5 位教师中的一位。在接受采访时，5 位老师都很谦虚，他们是这么对记者说的：

甲：这件事是乙做的。

乙：我没有做，是丙做了这件事。

丙：我并没有做这件事。

丁：我也没有做这件事，是甲做的。

戊：如果甲没有做，则丁也不会做。

记者后来得知，上述 5 位老师中只有一人说的话符合真实情况。

根据以上信息，可以得出做这件好事的人是？

A. 甲　　B. 乙　　C. 丙　　D. 丁　　E. 戊

答案速查：

年份	题号及答案
2010 年	19. E
2011 年	9. B　19. B
2012 年	6. D
2013 年	17. D
2015 年	7. C
2016 年	12. A　24. B
2019 年	13. D

第三节 加 强 题

【2010年】

13. 有一种常见的现象是，从国外引进的一些畅销科普读物在国内并不畅销，有人对此解释说，这与我们多年来沿袭的文理分科有关。文理分科人为地造成了自然科学与人文社会科学的割裂，导致科普类图书的读者市场还没有真正形成。

以下哪项如果为真，最能加强上述观点？

A. 有些自然科学工作者对科普读物也不感兴趣。

B. 科普读物不是没有需求，而是有效供给不足。

C. 由于缺乏理科背景，非自然科学工作者对科学敬而远之。

D. 许多科普电视节目都拥有固定的收视群，相应的科普读物也大受欢迎。

E. 国内大部分科普读物只是介绍科学常识，很少真正关注科学精神的传播。

15. 鸽子走路时，头部并不是有规律地前后移动，而是一直往前伸。行走时，鸽子脖子往前一探，然后头部保持静止，等待身体和爪子跟进。有学者曾就鸽子走路时伸脖子的现象作出假设：在等待身体跟进的时候，暂时静止的头部有利于鸽子获得稳定的视野，看清周围的食物。

以下哪项如果为真，最能支持上述假设？

A. 鸽子行走时如果不伸脖子，很难发现远处的食物。

B. 步伐大的鸟类，伸缩脖子的幅度远比步伐小的要大。

C. 鸽子行走速度的变化刺激内耳控制平衡的器官，导致伸脖子。

D. 鸽子行走时一举翅一投足，都可能出现脖子和头部肌肉的自然发射，所以头部不断运动。

E. 如果雏鸽步态受到限制，功能发育不够完善，那么，成年后鸽子的步伐变小，脖子伸缩幅度则会随之降低。

16. S市环保监测中心的统计分析表明，2009年空气质量为优的天数达到150天，比2008年多出22天；二氧化硫、一氧化碳、二氧化氮、可吸出颗粒物四项污染物浓度平均值，与2008年相比分别下降了约21.3%、25.6%、26.2%、15.4%。S市环保负责人指出，这得益于近年来本市政府持续采取的控制大气污染的相关措施。

以下除哪项外，均能支持上述S市环保负责人的看法？

A. S市广泛开展环保宣传，加强了市民的生态理念和环保意识。

B. S市启动了内部控制污染方案：凡是排放不达标的燃煤锅炉停止运行。

C. S市执行了机动车排放国Ⅳ标准，单车排放比执行国Ⅲ标准时降低了49%。

D. S市的市长办公室最近研究了焚烧秸秆的问题，并着手制定相关条例。

E. S市制定了“绿色企业”标准，继续加快污染重、能耗高的企业退出。

【2011年】

5. 抚仙湖虫是泥盆纪澄江动物群中特有的一种，属于真节肢动物中比较原始的类型，成虫体长10厘米，有31个体节，外骨骼分为头、胸、腹三部分，它的背、腹分节数目不一致。泥盆纪直虾是现代昆虫的祖先，抚仙湖虫化石与直虾类化石类似，这间接表明了抚仙湖虫是昆虫的远祖。研究者还发现，抚仙湖虫的消化道充满泥沙，这表明它是食泥的动物。

以下除哪项外，均能支持上述论证？

A. 昆虫的远祖也有不食泥的生物。

B. 泥盆纪直虾的外骨骼分为头、胸、腹三部分。

C. 凡是与泥盆纪直虾类似的生物都是昆虫的远祖。

D. 昆虫是由真节肢动物中比较原始的生物进化而来的。

E. 抚仙湖虫消化道中的泥沙不是在化石形成过程中由外界渗透进去的。

11. 在一次围棋比赛中，参赛选手陈华不时地挤捏指关节，发出的声音干扰了对手的思考。在比赛封盘间歇时，裁判警告陈华：如果再次在比赛中挤捏指关节并发出声音，将判其违规。对此，陈华反驳说，他挤捏指关节是习惯性动作，并不是故意的，因此，不应被判违规。

以下哪项如果成立，最能支持陈华对裁判的反驳？

A. 在此次比赛中，对手不时打开、合拢折扇，发出的声响干扰了陈华的思考。

B. 在围棋比赛中，只有选手的故意行为，才能成为判罚的根据。

C. 在此次比赛中，对手本人并没有对陈华的干扰提出抗议。

D. 陈华一向恃才傲物，该裁判对其早有不满。

E. 如果陈华为人诚实、从不说谎，那么他就不应该被判违规。

14. 科学研究中使用的形式语言和日常生活中使用的自然语言有很大的不同。形式语言看起来像天书，远离大众，只有一些专业人士才能理解和运用。但其实这是一种误解，自然语言和形式语言的关系就像肉眼与显微镜的关系。肉眼的视域广阔，可以从整体上把握事物的信息；显微镜可以帮助人们看到事物的细节和精微之处，尽管用它看到的范围小。所以形式语言和自然语言都是人们交流和理解信息的重要工具，把它们结合起来使用，具有强大的力量。

以下哪项如果为真，最能支持上述结论？

A. 通过显微镜看到的内容可能成为暂时的“风景”，说明形式语言可以丰富自然语言的表达，我们应重视形式语言。

B. 正如显微镜下显示的信息最终还是要通过肉眼观察一样，形式语言表达的内容最终也要通过自然语言来实现，说明自然语言更基础。

C. 科学理论如果仅用形式语言表达，很难被普通民众理解；同样，如果仅用自然语言表达，有可能变得冗长且很难表达准确。

D. 科学的发展很大程度上改善了普通民众的日常生活，但人们并没有意识到科学表达的基础——形式语言的重要性。

E. 采用哪种语言其实不重要，关键在于是否表达了真正想表达的思想内容。

21. 由于含糖饮料的卡路里含量高，容易导致肥胖，因此无糖饮料开始流行。经过一段时期的调查，李教授认为无糖饮料尽管卡路里含量低，但并不意味它不会导致体重增加，因为无糖饮料可能导致人们对于甜食的高度偏爱，这意味着可能食用更多的含糖类食物。而且无糖饮料几乎没什么营养，喝得过多就限制了其他健康饮品的摄入，比如茶和果汁等。

以下哪项如果为真，最能支持李教授的观点？

A. 茶是中国的传统饮料，长期饮用有益健康。

B. 有些瘦子也爱喝无糖饮料。

C. 有些胖子爱吃甜食。

D. 不少胖子向医生报告他们常喝无糖饮料。

E. 喝无糖饮料的人很少进行健身运动。

29. 统计数据表明，近年来，民用航空飞机的安全性有很大提高。例如，某国 2008 年每飞行 100 万次发生恶性事故的次数为 0.2 次，而 1989 年为 1.4 次。从这些年的统计数字看，民用航空恶性事故发生率总体呈下降趋势。由此看出，乘飞机出行越来越安全。

以下哪项不能加强上述结论？

A. 近年来，飞机事故中“死里逃生”的概率比以前提高了。

B. 各大航空公司越来越注意对机组人员的安全培训。

C. 民用航空的空中交通控制系统更加完善。

D. 避免“机鸟互撞”的技术与措施日臻完善。

E. 虽然飞机坠毁很可怕，但从统计数据上讲，驾车仍然要危险得多。

【2012 年】

21. 葡萄酒中含有白藜芦醇和类黄酮等对心脏有益的抗氧化剂。一项新研究表明，白藜芦醇能防止骨质疏松和肌肉萎缩。由此，有关研究人员推断，那些长时间在国际空间站或宇宙飞船上的宇航员或许可以补充一下白藜芦醇。

以下哪项如果为真，最能支持上述研究人员的推断？

A. 研究人员发现由于残疾或者其他因素而很少活动的人会比经常活动的人更容易出现骨质疏松和肌肉萎缩等这症状，如果能喝点葡萄酒，则可以获益。

B. 研究人员模拟失重状态，对老鼠进行试验，一个对照组未接受任何特殊处理，另一组则每天服用白藜芦醇。结果对照组的老鼠骨头和肌肉的密度都降低了，而服用白藜芦醇的一组则没有出现这些症状。

C. 研究人员发现由于残疾或者其他因素而很少活动的人，如果每天服用一定量的白藜芦醇，则可以改善骨质疏松和肌肉萎缩等症状。

D. 研究人员发现，葡萄酒能对抗失重所造成的负面影响。

E. 某医学博士认为，白藜芦醇或许不能代替锻炼，但它能减缓人体某些机能的退化。

【2013年】

9. 人们知道鸟类能感觉到地球磁场，并利用它们导航。最近某国科学家发现，鸟类其实是利用右眼“查看”地球磁场的。为检验该理论，当鸟类开始迁徙的时候，该国科学家把若干知更鸟放进一个漏斗形状的庞大的笼子里，并给其中部分知更鸟的一只眼睛戴上一种可屏蔽地球磁场的特殊金属眼罩。笼壁上涂着标记性物质，鸟要通过笼子口才能飞出去。如果鸟碰到笼壁，就会黏上标记性物质，以此判断鸟能否找到方向。

以下哪项如果为真，最能支持研究人员的上述发现？

A. 没戴眼罩的鸟顺利从笼中飞了出去；戴眼罩的鸟，不论左眼还是右眼，朝哪个方向飞的都有。

B. 没戴眼罩的鸟和左眼戴眼罩的鸟顺利从笼中飞了出去，右眼戴眼罩的鸟朝哪个方向飞的都有。

C. 没戴眼罩的鸟和左眼戴眼罩的鸟朝哪个方向飞的都有，右眼戴眼罩的鸟顺利从笼中飞了出去。

D. 没戴眼罩的鸟和右眼戴眼罩的鸟顺利从笼中飞了出去，左眼戴眼罩的鸟朝哪个方向飞的都有。

E. 戴眼罩的鸟，不论左眼还是右眼，顺利从笼中飞了出去，没戴眼罩的鸟朝哪个方向飞的都有。

【2014年】

5. 最新研究发现，恐龙腿骨化石都有一定的弯曲度，这意味着恐龙其实没有人们想象的那么重。以前根据其腿骨为圆柱形的假定计算动物体重时，会使得计算结果比实际体重高出1.42倍。科学家由此认为，过去那种计算方式高估了恐龙腿部所能承受的最大身体重量。

以下哪项如果为真，最能支持上述科学家的观点？

A. 圆柱形腿骨能够承受的重量比弯曲的腿骨大。

B. 恐龙腿骨所能承受的重量比之前所认为的要大。

C. 恐龙腿部的肌肉对于支撑其体重作用不大。

D. 与陆地上的恐龙相比，翼龙的腿骨更接近圆柱形。

E. 恐龙身体越重，其腿部骨骼也越粗壮。

10. 实验发现，孕妇适当补充维生素D可以降低新生儿感染呼吸道合胞病毒的风险。科研人员检测了156名新生儿脐带血中维生素D的含量，其中54%的新生儿被诊断为维生素D缺失，这当中有12%的孩子在出生后一年内感染了呼吸道合胞病毒，这一比例远高于维生素D正常的孩子。

以下哪项如果为真，最能对科研人员的上述发现提供支持？

A. 上述实验中，54%的新生儿维生素D缺失是由于他们的母亲在妊娠期间没有补充足够的维生素D造成的。

B. 孕妇适当补充维生素 D 可降低新生儿感染流感病毒的风险，特别是在妊娠后期补充维生素 D，预防效果会更好。

C. 上述实验中，46％补充维生素 D 的孕妇所生的新生儿也有一些在出生一年内感染呼吸道合胞病毒。

D. 科研人员实验时所选的新生儿在其他方面跟一般新生儿的相似性没有得到明确验证。

E. 维生素 D 具有多种防病健体功能，其中包括提高免疫系统功能，促进新生儿呼吸系统发育，预防新生儿呼吸道病毒感染等。

25. 某研究中心通过实验对健康男性和女性听觉的空间定位能力进行了研究。起初，每次只发出一种声音，要求被试者说出声源的准确位置，男性和女性都非常轻松地完成了任务；后来，多种声音同时发出，要求被试者只关注一种声音并对声源进行定位，与男性相比，女性完成这项任务要困难得多，有时她们甚至认为声音是从声源相反方向传来的。研究人员由此得出：在嘈杂环境中准确找出声音来源的能力，男性要胜过女性。

以下哪项如果为真，最能支持研究者的结论？

A. 在实验使用的嘈杂环境中，有些声音是女性熟悉的声音。

B. 在实验使用的嘈杂环境中，有些声音是男性不熟悉的声音。

C. 在安静的环境中，女性注意力更易集中。

D. 在嘈杂的环境中，男性注意力更易集中。

E. 在安静的环境中，人的注意力容易分散；在嘈杂的环境中，人的注意力容易集中。

【2015 年】

23. 自闭症会影响社会交往、语言交流和兴趣爱好等方面的行为。研究人员发现，实验鼠体内神经连接蛋白的蛋白质如果合成过多，会导致自闭症。由此他们认为，自闭症与神经连接蛋白的蛋白质合成量具有重要关联。

以下哪项如果为真，最能支持上述观点？

A. 生活在群体之中的实验鼠较之独处的实验鼠患自闭症的比例要小。

B. 雄性实验鼠患自闭症的比例是雌性实验鼠的 5 倍。

C. 抑制神经连接蛋白的蛋白质合成可缓解实验鼠的自闭症状。

D. 如果将实验鼠控制蛋白合成的关键基因去除，其体内的神经连接蛋白就会增加。

E. 神经连接蛋白正常的老年实验鼠患自闭症的比例很低。

27. 研究人员安排了一次实验，将 100 名受试者分为两组：喝一小杯红酒的实验组和不喝酒的对照组。随后，让两组受试者计算某段视频中篮球队员相互传球的次数。结果发现，对照组的受试者都计算准确，而实验组中只有 18％的人计算准确。经测试实验组受试者的血液中酒精浓度只有酒驾法定值的一半。由此专家指出，这项研究结果或许应该让立法者重新界定酒驾法定值。

以下哪项如果为真，最能支持上述专家的观点？

A. 酒驾法定值设置过低，可能会把许多未饮酒者界定为酒驾。

B. 即使血液中酒精浓度只有酒驾法定值的一半,也会影响视力和反应速度。

C. 只要血液中酒精浓度不超过酒驾法定值,就可以驾车上路。

D. 即使酒驾法定值设置较高,也不会将少量饮酒的驾车者排除在酒驾范围之外。

E. 饮酒过量不仅损害身体健康,而且影响驾车安全。

28. 某研究人员在 2004 年对一些 12～16 岁的学生进行了智商测试,测试得分为 77～135 分,4 年之后再次测试,这些学生的智商得分为 87～143 分。仪器扫描显示,那些得分提高了的学生,其脑部比此前呈现更多的灰质(灰质是一种神经组织,是中枢神经的重要组成部分)。这一测试表明,个体的智商变化确实存在,那些早期在学校表现并不突出的学生仍有可能成为佼佼者。

以下除哪项外,都能支持上述实验结论?

A. 有些天才少年长大后智力并不出众。

B. 言语智商的提高伴随着大脑左半球运动皮层灰质的增多。

C. 学生的非言语智力表现与他们的大脑结构的变化明显相关。

D. 部分学生早期在学校表现不突出与其智商有关。

E. 随着年龄的增长,青少年脑部区域的灰质通常也会增加。

【2016 年】

7. 考古学家发现,那件仰韶文化晚期的土坯砖边缘整齐,而且没有切割痕迹,由此他们推测,这件土坯砖应当是使用木质模具压制成型的。而其他 5 件由土坯砖经过烧制而成的烧结砖,经检测其当时的烧制温度为 850℃～900℃。由此考古学家进一步推测,当时的砖是先使用模具将黏土做成土坯,然后再经过高温烧制而成的。

以下哪项如果为真,最能支持上述考古学家的推测?

A. 仰韶文化晚期的年代约为公元前 3500 年～公元前 3000 年。

B. 仰韶文化晚期,人们已经掌握了高温冶炼技术。

C. 出土的 5 件烧结砖距今已有 5 000 年,确实属于仰韶文化晚期的物品。

D. 没有采用模具而成型的土坯砖,其边缘或者不整齐,或者有切割痕迹。

E. 早在西周时期,中原地区的人们就可以烧制铺地砖和空心砖。

14. 有专家指出,我国城市规划缺少必要的气象论证,城市的高楼建得高耸而密集,阻碍了城市的通风循环。有关资料显示,近几年国内许多城市的平均风速已下降 10%,风速下降,意味着大气扩散能力减弱,导致大气污染物滞留时间延长,易形成雾霾和热岛效应。为此,有专家提出建立"城市风道"的设想,即在城市里制造几条畅通的通风走廊,让风在城市中更加自由地进出,促进城市空气的更新循环。

以下哪项如果为真,最能支持上述建立"城市风道"的设想?

A. 城市风道形成的"穿街风",对建筑的安全影响不大。

B. 风从八方来,"城市风道"的设想过于主观和随意。

C. 有风道但没有风,就会让城市风道成为无用的摆设。

D. 有些城市已拥有建立"城市风道"的天然基础。

E. 城市风道不仅有利于“驱霾”，还是有利散热。

25. 如今，电子学习机已全面进入儿童的生活。电子学习机将文字与图像、声音结合起来，既生动形象，又富有趣味性，使儿童独立阅读成为可能。但是，一些儿童教育专家却对此发出警告，电子学习机可能不利于儿童成长。他们认为，父母应该抽时间陪孩子一起阅读纸质图书。陪孩子一起阅读纸质图书，并不是简单的让孩子读书识字，而是在交流中促进其心灵的成长。

以下哪项如果为真，最能支持上述专家的观点？

A. 电子学习机最大的问题是让父母从孩子的阅读行为中走开，减少了父母与孩子的日常交流。

B. 接触电子产品越早，就越容易上瘾，长期使用电子学习机会形成“电子瘾”。

C. 在使用电子学习机时，孩子往往更多关注其使用功能而非学习内容。

D. 纸质图书有利于保护儿童视力，有利于父母引导儿童形成良好的阅读习惯。

E. 现代生活中年轻父母工作压力较大，很少有时间能与孩子一起共同阅读。

【2017 年】

3. 近年来，我国海外代购业务量快速增长，代购者们通常从海外购买产品，通过各种渠道避开关税，再卖给内地顾客从中牟利，却让政府损失了税收收入。某专家由此指出，政府应该严厉打击海外代购的行为。

以下哪项支持了专家的观点？

A. 近期，有位前空乘服务员因在网上开设海外代购店而被我国地方法院判定有走私罪。

B. 国内一些企业生产的同类产品与海外代购产品相比，无论质量还是价格都缺乏竞争优势。

C. 海外代购提升了人民的生活水平，满足了国内部分民众对于品质生活的追求。

D. 去年，我国奢侈品海外代购规模几乎是全球奢侈品国内门店销售额的一半，这些交易大多避开关税。

E. 国内民众的消费需求提升是伴随着我国经济发展而产生的经济现象，应以此为契机促进国内同类消费品产业的升级。

5. 离家 300 米的学校不能上，却被安排到 2 000 米以外的学校就读，某市一位适龄儿童在上小学时就遇到了所在区教育局这样的安排，而这一安排是区教育局根据儿童户籍所在施教区做出的。根据该市教育局规定的“就近入学原则”，儿童家长将区教育局告上法院，要求撤销原来安排，让其孩子就近入学。法院对此作出一审判决，驳回原告请求。

下列哪项最可能是法院判决的合理依据？

A. “就近入学”不是“最近入学”，不能将入学儿童户籍地和学校的直线距离作为划分施教区的唯一依据。

B. 按照特定的地理要素划分，施教区中的每所小学不一定就处于该施教区的中心位置。

C. 儿童入学究竟应上哪一所学校不是让适龄儿童或其家长自主选择，而是要听从政府主管部门的行政安排。

D. “就近入学”仅仅是一个需要遵循的总体原则，儿童具体入学安排还要根据特定的情况加以变通。

E. 该区教育局划分施教区的行政行为符合法律规定，而原告孩子户籍所在施教区的确需要去离家 2 000 米外的学校就读。

7. 通识教育重在帮助学生掌握尽可能全面的基础知识，即帮助学生了解各个学科领域的基本常识；而人文教育则重在培育学生了解生活世界的意义，并对自己及他人行为的价值和意义做出合理的判断，形成“智识”。因此有专家指出，相比较而言，人文教育对个人未来生活的影响会更大一些。

以下哪项如果为真，最能支持上述专家所言？

A. 当今我国有些大学开设的通识教育课程要远远多于人文教育课程。

B. “知识”是事实判断，“智识”是价值判断，两者不能相互替代。

C. 没有知识就会失去应对未来生活挑战的勇气，而错误的价值观可能会误导人的生活。

D. 关于价值和意义的判断事关个人的幸福和尊严，值得探究和思考。

E. 没有知识，人依然可以活下去；但如果没有价值和意义的追求，人只能成为没有灵魂的躯壳。

11. 进入冬季以来，内含大量有毒颗粒物的雾霾频繁袭击我国部分地区。有关调查显示，持续接触高浓度污染物会直接导致 10%至 15%的人患有眼睛慢性炎症或干眼症。有专家由此认为，如果不采取紧急措施改善空气质量，这些疾病的发病率和相关的并发症将会增加。

以下哪项如果为真，最能支持上述专家的观点？

A. 有毒颗粒物会刺激并损害人的眼睛，长期接触会影响泪腺细胞。

B. 空气质量的改善不是短期内能做到的，许多人不得不在污染环境中工作。

C. 眼睛慢性炎症或干眼症等病例通常集中出现于花粉季。

D. 上述被调查的眼疾患者中有 65%是年龄在 20～40 岁之间的男性。

E. 在重污染环境中采取戴护目镜、定期洗眼等措施有助于预防干眼症等眼疾。

14. 针对癌症患者，医生常采用化疗手段将药物直接注入人体杀伤癌细胞，但这也可能将正常细胞和免疫细胞一同杀灭，产生较强的副作用。近来，有科学家发现，黄金纳米粒子很容易被人体癌细胞吸收，如果将其包上一层化疗药物，就可作为“运输工具”，将化疗药物准确地投放到癌细胞中。他们由此断言，微小的黄金纳米粒子能提升癌症化疗的效果，并降低化疗的副作用。

以下哪项如果为真，最能支持上述科学家所做出的论断？

A. 黄金纳米粒子用于癌症化疗的疗效有待大量临床检验。

B. 在体外用红外线加热已进入癌细胞的黄金纳米粒子，可以从内部杀灭癌细胞。

C. 因为黄金所具有的特殊化学性质，黄金纳米粒子不会与人体细胞发生反应。

D. 现代医学手段已能实现黄金纳米粒子的精准投送，让其所携带的化疗药物只作用于癌细胞，并不伤及其他细胞。

E. 利用常规计算机断层扫描，医生容易判定黄金纳米粒子是否已投放到癌细胞中。

【2018年】

3. 现在许多人很少在深夜11点以前安然入睡，他们未必都在熬夜用功，大多是在玩手机或看电视，其结果就是晚睡，第二天就会头昏脑涨、哈欠连天。不少人常常对此感到后悔，但一到晚上他们多半还会这么做。有专家就此指出，人们似乎从晚睡中得到了快乐，但这种快乐其实隐藏着某种烦恼。

以下哪项如果为真，最能支持上述专家的结论？

A. 晨昏交替，生活周而复始，安然入睡是对当天生活的满足和对明天生活的期待，而晚睡者只想活在当下，活出精彩。

B. 晚睡者具有积极的人生态度。他们认为，当天的事须当天完成，哪怕晚睡也在所不惜。

C. 大多数习惯晚睡的人白天无精打采，但一到深夜就感觉自己精力充沛，不做点有意义的事 情就觉得十分可惜。

D. 晚睡其实是一种表面难以察觉的、对“正常生活”的抵抗，它提醒人们现在的“正常生活”存在着某种令人不满的问题。

E. 晚睡者内心并不愿意睡得晚，也不觉得手机或电视有趣，甚至都不记得玩过或看过什么，但他们总是要在睡觉前花较长时间磨蹭。

4. 分心驾驶是指驾驶人为满足自己的身体舒适、心情愉悦等需求而没有将注意力全都集中于驾驶过程的驾驶行为，常见的分心行为有抽烟、饮水、进食、聊天、刮胡子、使用手机、照顾小孩等。某专家指出，分心驾驶已成为我国道路交通事故的罪魁祸首。

以下哪项如果为真，最能支持上述专家的观点？

A. 一项统计研究表明，相对于酒驾、药驾、超速驾驶、疲劳驾驶等情形，我国由分心驾驶导致的交通事故占比最高。

B. 驾驶人正常驾驶时反应时间为0.3～1.0秒，使用手机时反应时间则延迟3倍左右。

C. 开车使用手机会导致驾驶人注意力下降20%；如果驾驶人边开车边发短信，则发生车祸的概率是其正常驾驶时的23倍。

D. 近来使用手机已成为我国驾驶人分心驾驶的主要表现形式，50%人开车过程中看微信，31%的人玩自拍，36%的人刷微博、微信朋友圈。

E. 一项研究显示，在美国超过1/4的车祸是由驾驶人使用手机引起的。

24. 有研究发现，冬季在公路上撒盐除冰，会让本来要成为雌性的青蛙变成雄性，这是因为这些路盐中的钠元素会影响青蛙受体细胞并改变原可能成为雌性青蛙的性别。有专家据此认为，这会导致相关区域青蛙数量的下降。

以下哪项如果为真，最能支持上述专家的观点？

A. 大量的路盐流入池塘可能会给其他水生物造成危害，破坏青蛙的食物链。

B. 如果一个物种以雌性为主，该物种的个体数量就可能受到影响。

C. 在多个盐含量不同的水池中饲养青蛙，随着水池中盐含量的增加，雌性青蛙的数量不断减少。

D. 如果每年冬季在公路上撒很多盐，盐水流入池塘，就会影响青蛙的生长发育过程。

E. 雌雄比例会影响一个动物种群的规模，雌性数量的充足对物种的繁衍生息至关重要。

【2019 年】

2. 据碳-14 检测，卡皮瓦拉山岩画的创作时间最早可追溯到 3 万年前。在文字尚未出现的时代，岩画是人类沟通交流、传递信息、记录日常生活的方式。于是今天的我们可以在这些岩画中看到：一位母亲将孩子举起嬉戏，一家人在仰望并试图碰触头上的星空……动物是岩画的另一个主角，比如巨型犰狳、马鹿、螃蟹等。在许多画面中，人们手持长矛，追逐着前方的猎物。由此可以推断，此时的人类已经居于食物链的顶端。

以下哪项如果为真，最能支持上述推断？

A. 岩画中出现的动物一般是当时人类捕猎的对象。

B. 3 万年前，人类需要避免自己被虎豹等大型食肉动物猎杀。

C. 能够使用工具使得人类可以猎杀其他动物，而不是相反。

D. 有了岩画，人类可以将生活经验保留下来供后代学习，这极大地提高了人类的生存能力。

E. 对星空的敬畏是人类脱离动物、产生宗教的动因之一。

7. 近年来，手机、电脑的使用导致工作与生活界限日益模糊，人们的平均睡眠时间一直在减少，熬夜已成为现代人生活的常态。科学研究表明，熬夜有损身体健康，睡眠不足不仅仅是多打几个哈欠那么简单。有科学家据此建议，人们应该遵守作息规律。

以下哪项如果为真，最能支持上述科学家所作的建议？

A. 长期睡眠不足会导致高血压、糖尿病、肥胖症、抑郁症等多种疾病，严重时还会造成意外伤害或死亡。

B. 缺乏睡眠会降低体内脂肪调节瘦素激素的水平，同时增加饥饿激素，容易导致暴饮暴食、体重增加。

C. 熬夜会让人的反应变慢、认知退步、思维能力下降，还会引发情绪失控，影响与他人的交流。

D. 所有的生命形式都需要休息与睡眠。在人类进化过程中，睡眠这个让人短暂失去自我意识、变得极其脆弱的过程并未被大自然淘汰。

E. 睡眠是身体的自然美容师，与那些睡眠充足的人相比，睡眠不足的人看上去面容憔悴，缺乏魅力。

9. 研究人员使用电脑图像技术研究了母亲给婴儿唱童谣时两人的大脑活动，发现当母亲与婴儿对视时，双方的脑电波趋于同步，此时婴儿也会发出更多的声音尝试与母亲沟通。他们据此以为，母亲与婴儿对视有助于婴儿的学习和交流。

以下哪项如果为真，最能支持上述研究人员的观点？

A. 在两个成年人交流时，如果他们的脑电波同步，交流就会更流畅。

B. 当父母与孩子互动时，双方的情绪与心率可能也会同步。

C. 当部分学生对某学科感兴趣时，他们的脑电波会渐趋同步，学习效果也随之提升。

D. 当母亲和婴儿对视时，他们都在发出信号，表明自己可以且愿意与对方交流。

E. 脑电波趋于同步可优化双方对话状态，使交流更加默契，增进彼此了解。

20. 如今，孩子写作业不仅仅是他们自己的事，大多数中小学生的家长都要面临陪孩子写作业的任务，包括给孩子听写、检查作业、签字等。据一项针对3000余名家长进行的调查显示，84%的家长每天都会陪孩子写作业，而67%的受访家长会因陪孩子写作业而烦恼。有专家对此指出，家长陪孩子写作业，相当于充当学校老师的助理，让家庭成为课堂的延伸，会对孩子的成长产生不利影响。

以下哪项如果为真，最能支持上述专家的论断？

A. 家长是最好的老师，家长辅导孩子获得各种知识本来就是家庭教育的应有之义，对于中低年级的孩子，学习过程中的父母陪伴尤为重要。

B. 家长通常有自己的本职工作，有的晚上要加班，有的即使晚上回家也需要研究工作、操持家务，一般难有精力认真完成学校老师布置的"家长作业"。

C. 家长陪孩子写作业，会使得孩子在学习中缺乏独立性和主动性，整天处于老师和家长的双重压力下，既难生发学习兴趣，更难养成独立人格。

D. 大多数家长在孩子教育上并不是行家，他们或者早已遗忘了自己曾学习过的知识，或者根本不知道如何将自己拥有的知识传授给孩子。

E. 家长辅导孩子，不应围绕老师布置的作业，而应着重激发孩子的学习兴趣，培养孩子良好的学习习惯，让孩子在成长中感到新奇、快乐。

26. 《淮南子·齐俗训》中有曰："今屠牛而烹其肉，或以为酸，或以为甘，煎熬燎炙，齐味万方，其本一牛之体。"其中的"熬"便是熬牛肉制汤的意思。这是考证牛肉汤做法的最早文献资料。某民俗专家由此推测，牛肉汤的起源不会晚于春秋战国时期。

以下哪项如果为真，最能支持上述推测？

A.《淮南子·齐俗训》完成于西汉时期。

B. 早在春秋战国时期，我国已经开始使用耕牛。

C.《淮南子》的作者中有来自齐国故地的人。

D. 春秋战国时期我国已经有熬汤的鼎器。

E.《淮南子·齐俗训》记述的是春秋战国时期齐国的风俗习惯。

【2020年】

8. 小王：在这次年终考评中，女员工的绩效都比男员工高。

小李：这么说，新入职员工中绩效最好的还不如绩效最差的女员工。

以下哪项如果为真，最能支持小李的上述论断？

A. 男员工都是新入职的。

B. 新入职的员工有些是女性。

C. 新入职的员工都是男性。

D. 部分新入职的女员工没有参与绩效考评。

E. 女员工更乐意加班，而加班绩效翻倍计算。

15. 王研究员：吃早餐对身体有害。因为吃早餐会导致皮质醇峰值更高，进而导致体内胰岛素异常，这可能引发Ⅱ型糖尿病。

李教授：事实并非如此。因为上午皮质醇水平高只是人体生理节律的表现，而不吃早餐不仅会增加患Ⅱ型糖尿病的风险，还会增加患其他疾病的风险。

以下哪项如果为真，最能支持李教授的观点？

A. 一日之计在于晨，吃早餐可以补充人体消耗，同时为一天的工作准备能量。

B. 糖尿病患者若在9点至15点之间摄入一天所需的卡路里，血糖水平就能保持基本稳定。

C. 经常不吃早餐，上午工作处于饥饿状态，不利于血糖调节，容易患上胃溃疡、胆结石等疾病。

D. 如今，人们工作繁忙，晚睡晚起现象非常普遍，很难按时吃早餐，身体常常处于亚健康状态。

E. 不吃早餐的人通常缺乏营养和健康方面的知识，容易形成不良生活习惯。

18. 披毛犀化石多分布在欧亚大陆北部，我国东北平原、华北平原、西藏等地也偶有发现。披毛犀有一个独特的构造——鼻中隔，简单地说就是鼻子中间的骨头。研究发现，西藏披毛犀化石的鼻中隔只是一块不完全的硬骨，早先在亚洲北部、西伯利亚等地发现的披毛犀化石的鼻中隔要比西藏披毛犀的“完全”，这说明西藏披毛犀具有更原始的形态。

以下哪项如果为真，最能支持以上论述？

A. 一个物种不可能有两个起源地。

B. 西藏披毛犀化石是目前已知最早的披毛犀化石。

C. 为了在冰雪环境中生存，披毛犀的鼻中隔经历了由软到硬的进化过程，并最终形成一块完整的骨头。

D. 冬季的青藏高原犹如冰期动物的“训练基地”，披毛犀在这里受到耐寒训练。

E. 随着冰期的到来，有了适应寒冷能力的西藏披毛犀走出西藏，往北迁徙。

20. 日前，科学家发明了一项技术，可以把二氧化碳等物质“电成”有营养价值的蛋白粉，这项技术不像种庄稼那样需要具备合适的气温、湿度和土壤等条件。他们由此认为，这项技术开辟了未来新型食物生产的新路，有助于解决全球饥饿问题。

以下各项如果为真，则除了哪项均能支持上述科学家的观点？

A. 让二氧化碳、水和微生物一起接受电流电击，可以产生出有营养价值的食物。

B. 粮食问题是全球性重大难题，联合国估计到2050年将有20亿人缺乏基本营养。

C. 把二氧化碳等物质“电成”蛋白粉的技术将彻底改变农业，还能避免对环境造成不利影响。

D. 由二氧化碳等物质“电成”的蛋白粉，约含50%的蛋白质、25%的碳水化合物、核酸及脂肪。

E. 未来这项技术将被引入沙漠或其他面临饥荒的地区，为解决那里的饥饿问题提供重要帮助。

23. 1818年前后，纽约市规定，所有买卖的鱼油都需要经过检查，同时缴纳每桶25美元的检查费。一天，一名鱼油商人买了三桶鲸鱼油，打算把鲸鱼油制成蜡烛出售。鱼油检查员发现这些鲸鱼油根本没经过检查，根据鱼油法案，该商人需要接受检查并缴费。但该商人声称鲸鱼不是鱼，拒绝缴费，遂被告上法庭。陪审团最后支持了原告，判决该商人支付75美元检查费。

以下哪项如果为真，最能支持陪审团所作的判决？

A. 纽约市相关法律已经明确规定，“鱼油”包括鲸鱼油和其他鱼类的油。

B. “鲸鱼不是鱼”和中国古代公孙龙的“白马非马”类似，两者都是违反常识的诡辩。

C. 19世纪的美国虽有许多人认为鲸鱼是鱼，但也有许多人认为鲸鱼不是鱼。

D. 当时多数从事科学研究的人都肯定鲸鱼不是鱼，而律师和政客持反对意见。

E. 古希腊有先哲早就把鲸鱼归类到胎生四足动物和卵生四足动物之下，比鱼类更高一级。

24. 尽管近年来我国引进不少人才，但真正顶尖的领军人才还是凤毛麟角。就全球而言，人才特别是高层次人才紧缺已呈常态化、长期化趋势。某专家由此认为，未来10年，美国、加拿大、德国等主要发达国家对高层次人才的争夺将进一步加剧，而发展中国家的高层次人才紧缺状况更甚于发达国家。因此，我国高层次人才引进工作急需进一步加强。

以下哪项如果为真，最能加强上述专家论证？

A. 我国理工科高层次人才紧缺程度更甚于文科。

B. 发展中国家的一般性人才不比发达国家多。

C. 我国仍然是发展中国家。

D. 人才是衡量一个国家综合国力的重要指标。

E. 我国近年来引进的领军人才数不及美国等发达国家。

25. 移动互联网时代，人们随时都可进行数字阅读。浏览网页、读电子书是数字阅读，刷微博、朋友圈也是数字阅读。长期以来，一直有人担忧数字阅读的碎片化、表面化。但近来有专家表示，数字阅读具有重要价值，是阅读的未来发展趋势。

以下哪项如果为真，最能支持上述专家的观点？

A. 长有长的用处，短有短的好处，不求甚解的数字阅读也未尝不可，说不定在未来某一时刻，当初阅读的信息就会浮现出来，对自己的生活产生影响。

B. 当前人们越来越多地通过数字阅读了解热点信息，通过网络进行相互交流，但网络交流者常常伪装或者匿名，可能会提供虚假信息。

C. 有些网络读书平台能够提供精致的读书服务，他们不仅帮你选书，而且帮你读书，你只需“听”即可，但用“听”的方式去读书，效率较低。

D. 数字阅读容易挤占纸质阅读的时间，毕竟纸质阅读具有系统、全面、健康、不依赖电子设备等优点，仍将是阅读的主要方式。

E. 数字阅读便于信息筛选，阅读者能在短时间内对相关信息进行初步了解，也可以此为基础作深入了解，相关网络阅读服务平台近几年已越来越多。

【2021 年】

1. 哲学是关于世界观、方法论的学问，哲学的基本问题是思维和存在的关系问题，它是在总结各门具体科学知识基础上形成的，并不是一门具体科学。因此，经验的个案不能反驳它。

以下哪项如果为真，最能支持以上论述？

A. 哲学并不能推演出经验的个案。

B. 任何科学都要接受经验的检验。

C. 具体科学不研究思维和存在的关系问题。

D. 经验的个案只能反驳具体科学。

E. 哲学可以对具体科学提供指导。

3. 研究人员招募了 300 名体重超标的男性，将其分成餐前锻炼组和餐后锻炼组，进行每周三次相同强度和相同时段的晨练。餐前锻炼组晨练前摄入零卡路里安慰剂饮料，晨练后摄入 200 卡路里的奶昔；餐后锻炼组晨练前摄入 200 卡路里的奶昔，晨练后摄入零卡路里安慰剂饮料。三周后发现，餐前锻炼组燃烧的脂肪比餐后锻炼组多。该研究人员由此推断，肥胖者若持续这样的餐前锻炼，就能在不增加运动强度或时间的情况下改善代谢能力，从而达到减肥效果。

以下哪项如果为真，最能支持该研究人员的上述推断？

A. 餐前锻炼组额外的代谢与体内肌肉中的脂肪减少有关。

B. 餐前锻炼组觉得自己在锻炼中消耗的脂肪比餐后锻炼组多。

C. 餐前锻炼可以增强肌肉细胞对胰岛素的反应，促使它更有效地消耗体内的糖分和脂肪。

D. 肌肉参与运动所需要的营养，可能来自最近饮食中进入血液的葡萄糖和脂肪成分，也可能来自体内储存的糖和脂肪。

E. 有些餐前锻炼组的人知道他们摄入的是安慰剂，但这并不影响他们锻炼的积极性。

7. 某高校的李教授在网上撰文指责另一高校的张教授早年发表的一篇论文存在抄袭现象。张教授知晓后，立即在同一网站对李教授的指责作出反驳。

以下哪项作为张教授的反驳最为有力？

A. 自己投稿在先而发表在后，所谓论文抄袭其实是他人抄自己。

B. 李教授的指责纯属栽赃陷害，混淆视听，破坏了大学教授的整体形象。

C. 李教授的指责是对自己不久前批评李教授的学术观点所作的打击报复。

D. 李教授的指责可能背后有人指使，不排除受到两校不正当竞争的影响。

E. 李教授早年的两篇论文其实也存在不同程度的抄袭现象。

14. 最近一项科学观测显示，太阳产生的带电粒子流即太阳风，含有数以千计的“滔天巨浪”，其时速会突然暴增，可能导致太阳磁场自行反转，甚至会对地球产生有害影响。但目前我们对太阳风的变化及其如何影响地球知之甚少。据此有专家指出，为了更好地保护地球免受太阳风的影响，必须更新现有的研究模式，另辟蹊径研究太阳风。

以下哪项如果为真，最能支持上述专家的观点？

A. 最新观测结果不仅改变了天文学家对太阳风的看法，而且将改变其预测太空天气事件的能力。

B. 目前，根据标准太阳模型预测太阳风变化所获得的最新结果与实际观测相比，误差约为 10～20 倍。

C. 对太阳风的深入研究，将有助于防止太阳风大爆发时对地球的卫星和通讯系统乃至地面电网造成的影响。

D. 太阳风里有许多携带能量的粒子和磁场，而这些磁场会发生意想不到的变化。

E. "高速"太阳风源于太阳南北极的大型日冕洞，而"低速"太阳风则来自太阳赤道上的较小日冕洞。

17. 酸奶作为一种健康食品，既营养丰富又美味可口，深受人们的喜爱，很多人饭后都不忘来杯酸奶。他们觉得，饭后喝杯酸奶能够解油腻、助消化。但近日有专家指出，饭后喝酸奶其实并不能帮助消化。

以下哪项如果为真，最能支持上述专家的观点？

A. 足量膳食纤维和维生素 B1 被人体摄入后可有效促进肠胃蠕动，进而促进食物消化，但酸奶不含膳食纤维，维生素 B1 的含量也不丰富。

B. 酸奶中的益生菌可以维持肠道消化系统的健康，但是这些菌群大多不耐酸，胃部的强酸环境会使其大部分失去活性。

C. 酸奶含有一定的糖分，吃饱了饭再喝酸奶会加重肠胃负担，同时也使身体增加额外的营养，容易导致肥胖。

D. 人体消化需要消化酶和有规律的肠胃运动，酸奶中没有消化酶，饮用酸奶也不能纠正无规律的肠胃运动。

E. 酸奶可以促进胃酸分泌，抑制有害菌在肠道内的繁殖，有助于维持消化系统健康，对于食物消化能起到间接帮助作用。

19. 今天的教育质量将决定明天的经济实力。PISA 是经济合作与发展组织每隔三年对 15 岁学生的阅读、数学和科学能力进行的一项测试。根据 2019 年最新测试结果，中国学生的总体表现远超其他国家学生。有专家认为，该结果意味着中国有一支优秀的后备力量以保障未来经济的发展。

以下哪项如果为真，最能支持上述专家的论证？

A. 中国学生在 15 岁时各项能力尚处于上升期，他们未来会有更出色的表现。

B. 未来经济发展的核心驱动力是创新，中国教育非常重视学生创新能力的培养。

C. 在其他国际智力测试中，亚洲学生总体成绩最好，而中国学生又是亚洲最好的。

D. 这次 PISA 测试的评估重点是阅读能力，能很好地反映学生的受教育质量。

E. 中国学生在阅读、数学和科学三项排名中均位列第一。

21. 水产品的脂肪含量相对较低，而且含有较多不饱和脂肪酸，对预防血脂异常和心血管疾病有一定作用；禽肉的脂肪含量也比较低，脂肪酸组成优于畜肉；畜肉中的瘦肉脂肪含量低于肥肉，瘦肉优于肥肉。因此，在肉类选择上，应该优先选择水产品，其次是禽肉，这样对身体更健康。

以下哪项如果为真，最能支持以上论述？

A. 所有人都有罹患心血管疾病的风险。

B. 肉类脂肪含量越低对人体越健康。

C. 人们认为根据自己的喜好选择肉类更益于健康。

D. 人必须摄入适量的动物脂肪才能满足身体的需要。

E. 脂肪含量越低，不饱和脂肪酸含量越高。

25. 曾几何时，快速阅读进入了我们的培训课堂。培训者告诉学员，要按“之”字形浏览文章。只要精简我们看的地方，就能整体把握文本要义，从而提高阅读速度；真正的快速阅读能将阅读速度提高至少两倍，并不影响理解。但近来有科学家指出，快速阅读实际上是不可能的。

以下哪项如果为真，最能支持上述科学家的观点？

A. 阅读是一项复杂的任务，首先需要看到一个词，然后要检索其涵义、引申义再将其与上下文相联系。

B. 科学界始终对快速阅读持怀疑态度，那些声称能帮助人们实现快速阅读的人通常是为了谋生或赚钱。

C. 人的视力只能集中于相对较小的区域，不可能同时充分感知和阅读大范围文本，识别单词的能力限制了我们的阅读理解。

D. 个体阅读速度差异很大，那些阅读速度较快的人可能拥有较强的短时记忆或信息处理能力。

E. 大多声称能快速阅读的人实际上是在浏览，他们可能相当快地捕捉到文本的主要内容，但也会错过众多细枝末节。

28. 孩子在很小的时候，对接触到的东西都要摸一摸，尝一尝，甚至还会吞下去。孩子天生就对这个世界抱有强烈的好奇心，但随着孩子慢慢长大，特别是进入学校之后，他们的好奇心越来越少。对此专家认为这是由于孩子受到外在的不当激励所造成的。

以下哪项如果为真，最能支持上述专家的观点？

A. 现在许多孩子迷恋电脑、手机，对书本知识感到索然无味。

B. 野外郊游可以激发孩子的好奇心，长时间宅在家里就会产生思维惰性。

C. 老师家长只看考试成绩，导致孩子只知道死记硬背书本知识。

D. 现在孩子所做的很多事情大多迫于老师家长等的外部压力。

E. 孩子助人为乐能获得褒奖，损人利己往往受到批评。

答案速查：

年份	题号及答案
2010 年	12. C　15. A　16. D
2011 年	5. A　11. B　14. C　21. D　29. E
2012 年	21. B

(续表)

年份	题号及答案
2013 年	9. B
2014 年	5. A　10. A　25. D
2015 年	23. C　27. B　28. E
2016 年	7. D　14. E　25. A
2017 年	3. D　5. E　7. E　11. A　14. D
2018 年	3. D　4. A　24. E
2019 年	2. C　7. A　9. E　20. C　26. E
2020 年	8. C　15. C　18. C　20. B　23. A　24. C　25. E
2021 年	1. D　3. C　7. A　14. B　17. D　19. D　21. B　25. C　28. C

第四节　削　弱　题

【2010年】

2. 为了调查当前人们的识字水平，某实验者列举了20个词语，请30位文化人士识读。这些人的文化程度都在大专以上，识读结果显示，多数人只读对3到5个词语，极少人数读对15个以上，甚至有人全部读错。其中，“蹒跚”的辨识率最高，30人中有19人读对；“呱呱坠地”所有人都读错。20个词语的整体误读率接近80%。该实验者由此得出，当前人们的识字水平并没有提高，甚至有所下降。

以下哪项如果为真，最能对该实验者的结论构成质疑？

A. 实验者选取的20个词语不具有代表性。

B. 实验者选取的30位识读者均没有博士学位。

C. 实验者选取的20个词语在网络流行语中不常用。

D. “呱呱坠地”这个词的读音有些大学老师也经常读错。

E. 实验者选取的30位识读者中约有50%的人学习成绩不佳。

4. 现在越来越多的人拥有了自己的轿车，但他们明显缺乏汽车保养的基本知识。这些人会按照维修保养手册或4S店售后服务人员的提示做定期保养。可是，某位有经验的司机会告诉你，每行驶5 000千米做一次定期检查，只能检查出汽车可能存在问题的一小部分，这样的检查是没有意义的，是浪费时间和金钱。

以下哪项不能削弱该司机的结论？

A. 每行驶5 000千米做一次定期检查是保障车主安全所需要的。

B. 每行驶5 000千米做一次定期检查能发现引擎的某些主要故障。

C. 在定期检查中所做的常规维护是保证汽车正常运行所必需的。

D. 赵先生的新车未做定期检查，行驶到5 100千米时出了问题。

E. 某公司新购的一批汽车未做定期检查，均安全行驶了7 000千米以上。

7. 在某次课程教学改革的研讨会上，负责工程类教学的程老师说，在工程设计中，用于解决数学问题的计算机程序越来越多了，这样就不必要求工程技术类大学生对基础数学有深刻的理解。因此，在未来的教学体系中，基础数学课程可以用其他重要的工程类课程替代。

以下哪项如果为真，能削弱程老师的上述论证？

Ⅰ. 工程类基础课程中已经包含了相关的基础数学内容；

Ⅱ. 在工程设计中，设计计算机程序需要对基础数学有全面的理解；

Ⅲ. 基础数学课程的一个重要目标是培养学生的思维能力，这种能力对工程设计来说很关键。

A. 只有Ⅱ　　B. 只有Ⅰ和Ⅱ　　C. 只有Ⅰ和Ⅲ
D. 只有Ⅱ和Ⅲ　　E. Ⅰ、Ⅱ和Ⅲ

9. 一般认为，出生地间隔较远的夫妻所生子女的智商较高。有资料显示，夫妻均是本地人，其所生子女的平均智商为102.45；夫妻是省内异地的，其所生子女的智商为106.17；而隔省婚配的，其所生子女的智商则高达109.35。因此，异地通婚可提高下一代智商水平。

以下哪项如果为真，最能削弱上述结论？

A. 统计孩子平均智商的样本数量不够多。
B. 不难发现，一些天才儿童的父母均是本地人。
C. 不难发现，一些低智商儿童的父母的出生地间隔较远。
D. 能够异地通婚者是智商比较高的，他们自身的高智商促成了异地通婚。
E. 一些情况下，夫妻双方出生地间隔很远，但他们的基因可能接近。

18. 一般认为，剑乳齿象是从北美洲迁入南美洲的。剑乳齿象的显著特征是具有较直的长剑形门齿，颚骨较短，臼齿的齿冠隆起，齿板数目为7到8个，并呈乳状凸起，剑乳齿象因此得名。剑乳齿象的牙齿结构比较复杂，这表明它能吃草。在南美洲的许多地方都有证据显示史前人类捕捉过剑乳齿象。由此可以推测，剑乳齿象的灭绝可能与人类的过度捕杀有密切关系。

以下哪项如果为真，最能反驳上述论证？

A. 史前动物之间经常发生大规模相互捕杀的现象。
B. 剑乳齿象在遇到人类攻击时缺乏自我保护能力。
C. 剑乳齿象也存在由南美洲进入北美洲的回迁现象。
D. 由于人类活动范围的扩大，大型食草动物难以生存。
E. 幼年剑乳齿象的牙齿结构比较简单，自我生存能力弱。

29. 对某高校本科生的某项调查统计发现：在因成绩优异被推荐免试攻读硕士研究生的文科专业学生中，女生占70%。由此可见，该校本科生专业的女生比男生优秀。

以下哪项如果为真，能最有力地削弱上述结论？

A. 在该校本科文科专业学生中，女生占30%以上。
B. 在该校本科文科专业学生中，女生占30%以下。
C. 在该校本科文科专业学生中，男生占30%以下。
D. 在该校本科文科专业学生中，女生占70%以下。
E. 在该校本科文科专业学生中，男生占70%以上。

【2011年】

4. 某教育专家认为："男孩危机"是指男孩调皮捣蛋、胆小怕事、学习成绩不如女孩好等现象。近些年，这种现象已经成为儿童教育专家关注的一个重要问题。这位专家在列出一系列统计数据后，提出了"今日男孩为什么从小学、中学到大学全面落后于同年龄段的女孩"的疑问，这无疑加剧了无数男生家长的焦虑。该专家通过分析指出，恰恰是家庭和学校不适当的教育方法导致了“男孩危机”现象。

以下哪项如果为真，最能对该专家的观点提出质疑？

A. 家庭对独生子女的过度呵护，在很大程度上限制了男孩发散思维的拓展和冒险性格的养成。

B. 现在的男孩比以前的男孩在女孩面前更喜欢表现出“绅士”的一面。

C. 男孩在发展潜能方面要优于女孩，大学毕业后他们更容易在事业上有所成就。

D. 在家庭、学校教育中，女性充当了主要角色。

E. 现代社会游戏泛滥，男孩天性比女孩更喜欢游戏，这耗去了他们大量的精力。

7. 随着互联网的发展，人们的购物方式有了新的选择。很多年轻人喜欢在网络上选择自己满意的商品，通过快递送上门，购物足不出户，非常便捷。刘教授据此认为，那些实体商场的竞争力会受到互联网的冲击，在不远的将来，会有更多的网络商店取代实体商店。

以下哪项如果为真，最能削弱刘教授的观点？

A. 网络购物虽然有某些便利，但容易导致个人信息被不法分子利用。

B. 有些高档品牌的专卖店，只愿意采取街面实体商店的销售方式。

C. 网络商店与快递公司在货物丢失或损坏的赔偿方面经常互相推诿。

D. 购买黄金珠宝等贵重物品，往往需要现场挑选，且不适宜网络支付。

E. 通常情况下，网络商店只有在其实体商店的支持下才能生存。

8. 受多元文化和价值观的冲击，甲国居民的离婚率明显上升。最近一项调查表明，甲国的平均婚姻存续时间为 8 年。张先生为此感慨，现在像钻石婚、金婚、白头偕老这样的美丽故事已经很难得，人们淳朴的爱情婚姻观一去不复返了。

以下哪项如果为真，最可能表明张先生的理解不确切？

A. 现在有不少闪婚一族，他们经常在很短的时间里结婚又离婚。

B. 婚姻存续时间长并不意味着婚姻的质量高。

C. 过去的婚姻主要由父母包办，现在主要是自由恋爱。

D. 尽管婚姻存续时间短，但年轻人谈恋爱的时间比以前增加很多。

E. 婚姻是爱情的坟墓，美丽感人的故事更多体现在恋爱中。

12. 3D 立体技术代表了当前电影技术的尖端水平，由于使电影实现了高度可信的空间感，它可能成为未来电影的主流。3D 立体电影中的荧幕角色虽然由计算机生成，但是那些包括动作和表情的电脑角色的“表演”，都以真实演员的“表演”为基础，就像数码时代的化妆技术一样。这也引起了某些演员的担心：随着计算机技术的发展，未来计算机生成的图像和动画会替代真人表演。

以下哪项如果为真，最能减弱上述演员的担心？

A. 所有电影的导演只能和真人交流，而不是和电脑交流。

B. 任何电影的拍摄都取决于制片人的选择，演员可以跟上时代的发展。

C. 3D 立体电影目前的高票房只是人们一时图新鲜的结果，未来尚不可知。

D. 掌握 3D 立体技术的动画专业人员不喜欢去电影院看 3D 电影。

E. 电影故事只能用演员的心灵、情感来表现，其表现形式与导演的喜好无关。

20. 国外某教授最近指出，长着一张娃娃脸的人意味着他将享有更长的寿命，因为人们的生活状况很容易反映在脸上。从1990年春季开始，该教授领导的研究小组对1 826对70岁以上的双胞胎进行了体能和认知测试，并拍了他们的面部照片。在不知道他们确切年龄的情况下，三名研究助手先对不同年龄组的双胞胎进行年龄评估，结果发现，即使是双胞胎，被猜出的年龄也相差很大。然后研究小组用若干年时间对这些双胞胎的晚年生活进行了跟踪调查，直至他们去世。调查表明：双胞胎中，外表年龄差异越大，看起来老的那个就越可能先去世。

以下哪项如果为真，最能形成对该教授调查结论的反驳？

A. 如果把调查对象扩大到40岁以上的双胞胎，结果可能会有所不同。

B. 三名研究助手比较年轻，从事该项研究的时间不长。

C. 外表年龄是每个人生活环境、生活状况和心态的集中体现，与老化关系不大。

D. 生命老化的原因在于细胞分裂导致染色体末端不断损耗。

E. 看起来越老的人，在心理上一般较为成熟，对于生命有更深刻的理解。

28. 一些城市，由于作息时间比较统一，加上机动车太多，很容易造成交通早高峰和晚高峰，市民们在高峰时间上下班很不容易。为了缓解人们上下班的交通压力，某政府顾问提议采取不同时间段上下班制度，即不同单位可以在不同的时间段上下班。

以下哪项如果为真，最可能使该顾问的提议无法取得预期效果？

A. 有些上班时间段与员工的用餐时间冲突，会影响他们的生活规律，从而影响他们的工作积极性。

B. 许多上班时间段与员工的作息时间不协调，他们需要较长一段时间来调整适应，这段时间的工作效率难以保证。

C. 许多单位的大部分工作通常需要员工在一起讨论，集体合作才能完成。

D. 该城市机动车数量持续增加，即使不在早晚高峰期，交通拥堵现象也时有发生。

E. 有些单位员工的住处与单位非常近，步行即可上下班。

【2012年】

1. 1991年6月15日，菲律宾吕宋岛上的皮纳图博火山突然大喷发，2 000万吨二氧化硫气体冲入平流层，形成的霾像毯子一样盖在地球上空，把部分要照射到地球的阳光反射回太空。几年之后，气象学家发现这层霾使得当时地球表面的温度累计下降了0.5℃。而皮纳图博火山喷发前的一个世纪，因人类活动而造成的温室效应已经使地球表面温度升高了1℃。某位持“人工气候改造论”的科学家据此认为，可以用火箭弹等方式将二氧化硫充入大气层，阻挡部分阳光，达到给地球表面降温的目的。

以下哪项如果为真，最能对该科学家提议的有效性构成质疑？

A. 如果利用火箭弹将二氧化硫充入大气层，会导致航空乘客呼吸不适。

B. 如果在大气层上空放置反光物，就可以避免地球表面受到强烈阳光的照射。

C. 可以把大气中的碳提取出来存储到地下，减少大气层中的碳含量。

D. 不论何种方式，“人工气候改造”都将破坏地球的大气层结构。

E. 火山喷发形成的降温效应只是暂时的，经过一段时间温度将再次回升。

25. 探望病人通常会送上一束鲜花。但某国曾有报道说，医院花瓶养花的水可能含有很多细菌，鲜花会在夜间与病人争夺氧气，还可能影响病房里电子设备的工作。这引起了人们对鲜花的恐慌，该国一些医院甚至禁止在病房内摆放鲜花。尽管后来证实鲜花并未导致更多的病人受感染，并且权威部门也澄清，未见任何感染病例与病房里的植物有关，但这并未减轻医院对鲜花的反感。

以下除哪项外，都能减轻医院对鲜花的担心？

A. 鲜花并不比病人身边的餐具、饮料和食物带有更多可能危害病人健康的细菌。

B. 在病房里放置鲜花让病人感到心情愉悦、精神舒畅，有助于病人康复。

C. 给鲜花换水、修剪需要一定的人工，如果花瓶倒了还会导致危险产生。

D. 已有研究证明，鲜花对病房空气的影响微乎其微，可以忽略不计。

E. 探望病人所送的鲜花大都花束小、需水量少、花粉少，不会影响电子设备工作。

【2013年】

1. 某公司去年年初开始实施一项“办公用品节俭计划”，每位员工每月只能免费领用限量的纸笔等各类办公用品。年末统计时发现，公司用于各类办公用品的支出较上年度下降了30%。在未实施该计划的过去5年间，公司年平均消耗办公用品10万元。公司总经理由此得出：该计划去年已经为公司节约了不少经费。

以下哪项如果为真，最能构成对总经理推论的质疑？

A. 另一家与该公司规模及其他基本情况均类似的公司，未实施类似的节俭计划，在过去的5年间办公用品消耗额年平均也为10万元。

B. 在过去的5年间，该公司大力推广无纸化办公，并且取得很大成就。

C. “办公用品节俭计划”是控制支出的重要手段，但说该计划为公司“一年内节约不少经费”，没有严谨的数据分析。

D. 另一家与该公司规模及其基本情况均类似的公司，未实施类似的节俭计划，但是在过去的5年间办公用品人均消耗额越来越低。

E. 去年，该公司在员工困难补助、交通津贴等方面开支增加了3万元。

19. 足球是一项集体运动，若想不断取得胜利，每个强队都必须有一位核心队员，他总能在关键场次带领全队赢得比赛。友南是某国甲级联赛强队西海队队员。据某记者统计，在上赛季参加的所有比赛中，有友南参赛的场次，西海队胜率高达75.5%，只有16.3%的平局，8.2%的场次输球；而在友南缺阵的情况下，西海队胜率只有58.9%，输球的比率高达23.5%。该记者由此得出结论，友南是上赛季西海队的核心队员。

以下哪项如果为真，最能质疑该记者的结论？

A. 上赛季友南上场且西海队输球的比赛，都是西海队与传统强队对阵的关键场次。

B. 西海队队长表示：“没有友南我们将失去很多东西，但我们会找到解决办法。”

C. 本赛季开始以来，在友南上阵的情况下，西海队胜率暴跌20%。

D. 上赛季友南缺席且西海队输球的比赛，都是小组赛中西海队已经确定出线后的比赛。

E. 西海队教练表示:“球队是一个整体,不存在有友南的西海队和没有友南的西海队。”

27. 某国研究人员报告说,与心跳速度每分钟低于 58 次的人相比,心跳速度每分钟超过 78 次者心脏病发作或者发生其他心血管问题的几率高出 39%,死于这类疾病的风险高出 77%,其整体死亡率高出 65%。研究人员指出,长期心跳速度过快导致了心血管疾病。

以下哪项如果为真,最能对该研究人员的观点提出质疑?

A. 各种心血管疾病影响身体的血液循环机能,导致心跳速度过快。

B. 在老年人中,长期心跳速度过快的不到 39%。

C. 在老年人中,长期心跳速度过快的超过 39%。

D. 野外奔跑的兔子心跳速度很快,但是很少发现它们患心血管疾病。

E. 相对老年人,年轻人生命力旺盛,心跳速度较快。

【2014 年】

1. 随着光纤网络带来的网速大幅度提高,高速下载电影、在线看大片等都不再是困扰我们的问题。即使在社会生产力发展水平较低的国家,人们也可以通过网络随时随地获得最快的信息、最贴心的服务和最佳体验。有专家据此认为:光纤网络将大幅提高人们的生活质量。

以下哪项如果为真,最能质疑该专家的观点?

A. 随着高速网络的普及,相关上网费用也随之增加。

B. 人们生活质量的提高仅决定于社会生产力的发展水平。

C. 快捷的网络服务可能使人们将大量时间消耗在娱乐上。

D. 即使没有光纤网络,同样可以创造高品质的生活。

E. 网络上所获得的贴心服务和美妙体验有时是虚幻的。

6. 人们普遍认为适量的体育运动能够有效降低中风的发生率,但科学家还注意到有些化学物质也有降低中风风险的效用。番茄红素是一种让番茄、辣椒、西瓜和番木瓜等果蔬呈现红色的化学物质。研究人员选取 1 000 名年龄在 46 至 55 岁之间的人,进行了长达 12 年的跟踪调查,发现其中番茄红素水平最高的四分之一的人中有 11 人中风,番茄红素水平最低的四分之一的人中有 25 人中风。他们由此得出结论:番茄红素能降低中风的发生率。

以下哪项如果为真,最能对上述研究结论提出质疑?

A. 被跟踪的另一半人中有 50 人中风。

B. 番茄红素水平较低的中风者中有三分之一的人病情较轻。

C. 如果调查 56 至 65 岁之间的人,情况也许不同。

D. 番茄红素水平高的人约有四分之一喜爱进行适量的体育运动。

E. 吸烟、高血压和糖尿病等会诱发中风。

24. 不仅人上了年纪会难以集中注意力,就连蜘蛛也有类似的情况。年轻蜘蛛结的网整齐均匀,角度完美。年老蜘蛛结的网可能出现缺口,形状怪异。蜘蛛越老,结的网就越没有章法。科学家由此认为,随着时间的流逝,这种动物的大脑也会像人类一样退化。

以下哪项如果为真，最能质疑科学家的上述论证？

A. 优美的蜘蛛网更能受到异性蜘蛛的青睐。

B. 年老蜘蛛的大脑较之年轻蜘蛛，其脑容量明显偏小。

C. 运动器官的老化会导致年老蜘蛛结网能力下降。

D. 蜘蛛结网行为是一种本能的行为，并不受大脑的控制。

E. 形状怪异的蛛网较之整齐均匀的蛛网，其功能没有大的差别。

【2015 年】

2. 长期以来，手机产生的电磁辐射是否威胁人体健康一直是极具争议的话题。一项长达10 年的研究显示，每天使用移动电话通话 30 分钟以上的人患神经胶质瘤的风险比从未使用者要高出 40%。由此某专家建议，在取得进一步证据之前，人们应该采取更加安全的措施，如尽量使用固定电话通话或使用短信进行沟通。

以下哪项如果是真，最能表明该专家的建议不切实际？

A. 大多数手机产生的电磁辐射强度符合国家规定的安全标准。

B. 现在人类生活空间中的电磁辐射强度已经超过手机通话产生的电磁辐射强度。

C. 经过较长一段时间，人们的体质会逐渐适应强电磁辐射的环境。

D. 在上述实验期间，有些人每天使用移动电话通话超过 40 分钟，但他们很健康。

E. 即使以手机短信进行沟通，发送和接收信息的瞬间也会产生较强的电磁辐射。

【2016 年】

8. 研究人员发现，人类存在 3 种核苷酸基因类型：AA 型、AG 型以及 GG 型。一个人有36%的概率是 AA 型，有 48%的概率是 AG 型，有 16%的概率是 GG 型。在 1 200 名参与实验的老年人中，拥有 AA 型和 AG 型基因类型的人都在上午 11 时之前去世，而拥有 GG 型基因类型的人几乎都在下午 6 时左右去世。研究人员据此认为：GG 型基因类型的人比其他人平均晚死 7 个小时。

以下哪项如果为真，最能质疑上述研究人员的观点？

A. 平均寿命的计算依据应是实验对象的生命存续长度，而不是实验对象的死亡时间。

B. 当死亡临近的时候，人体会还原到一种更加自然的生理节律感应阶段。

C. 有些人是因为疾病或者意外事故等其他因素而死亡的。

D. 对人死亡时间的比较，比一天中的哪一时刻更重要的是哪一年、哪一天。

E. 拥有 GG 型基因类型的实验对象容易患上心血管疾病。

9. 某市消费者权益保护条例明确规定，消费者对其所购商品可以“7 天内无理由退货”。但这项规定出台后并未得到顺利执行，众多消费者在“7 天内无理由退货”时，常常遭遇商家的阻挠，他们以商品已作特价处理、商品已经开封或使用等理由拒绝退货。

以下哪项如果为真，最能质疑商家阻挠的理由？

A. 开封验货后，如果商品规格、质量等问题来自消费者本人，他们应该为此承担责任。

B. 那些作特价处理的商品，本来质量就没有保证。

C. 如果不开封验货，就不能知道商品是否存在质量问题。

D. 政府总偏向消费者，这对商家来说是不公平的。

E. 商品一旦开封或者使用，即使不存在问题，消费者也可以选择退货。

11. 近年来，越来越多的机器人被用于在战场上执行侦察、运输、拆弹等任务，甚至将来冲锋陷阵的都不再是人，而是形形色色的机器人。人类战争正在经历自核武器诞生以来最深刻的革命。有专家据此分析指出，机器人战争技术的出现可以使人类远离危险，更安全、更有效地实现战争目标。

以下哪些选项如果为真，最能质疑上述专家的观点？

A. 现在人类掌控机器人，但未来机器人可能会掌控人类。

B. 因不同国家军事科技实力的差距，机器人战争技术只会让部分国家远离危险。

C. 机器人战争技术有助于摆脱以往大规模杀戮的血腥模式，从而让现代战争变得更为人道。

D. 掌握机器人战争技术的国家为数不多，将来战争的发生更为频繁也更为血腥。

E. 全球化时代的机器人战争技术要消耗更多资源，破坏生态环境。

13. 开车上路，一个人不仅需要有良好的守法意识，也需要有特别的“理性计算”：在拥堵的车流中，只要有“加塞”的，你开的车就一定要让着它；你开着车在路上正常直行，有车不打方向灯在你近旁突然横过来要撞上你，原来它想要变道，这时你也得让着它。

以下除哪项外，均能质疑上述“理性计算”的观点？

A. 有理的让着没理的，只会助长歪风邪气，有悖于社会的法律与道德。

B. “理性计算”其实就是胆小怕事，总觉得凡事能躲则躲，但有的事很难躲过。

C. 一味退让也会给行车带来极大的危险，不但可能伤及自己，而且也可能伤及无辜。

D. 即使碰上也不可怕，碰上之后如果立即报警，警方一般会有公正的裁决。

E. 如果不让，就会碰上；碰上之后，即使自己有理，也会有许多麻烦。

16. 根据现有物理学定律，任何物质的运动速度都不可能超过光速，但最近一次天文观测结果向这条定律发起了挑战。距离地球遥远的 IC310 星系拥有一个活跃的黑洞，掉入黑洞的物质产生了伽马射线冲击波。有些天文学家发现，这束伽马射线的速度超过了光速，因为它只用了 4.8 分钟就穿越了黑洞边界，而光需要 25 分钟才能走完这段距离。由此，这些天文学家提出，光速不变定律需要修改了。

以下哪项如果为真，最能质疑上述天文学家所做的结论？

A. 或者光速不变定律已经过时，或者天文学家的观测有误。

B. 如果天文学家的观测没有问题，光速不变定律就需要修改。

C. 要么天文学家的观测有误，要么有人篡改了天文观测数据。

D. 天文观测数据可能存在偏差，毕竟 IC310 星系离地球很远。

E. 光速不变定律已经历过多次实践检验，没有出现反例。

26. 田先生认为，绝大部分笔记本电脑运行速度慢的原因不是 CPU 性能太差，也不是内存容量太小，而是硬盘速度太慢，给老旧的笔记本电脑换装固态硬盘可以大幅度提升使用者的游戏体验。

以下哪项如果为真,最可能质疑田先生的观点?

A. 一些笔记本电脑使用者的使用习惯不好,使得许多运行程序占据大量内存,导致电脑运行速度缓慢。

B. 销售固态硬盘的利润远高于销售传统笔记本电脑硬盘。

C. 固态硬盘很贵,给老旧笔记本换装硬盘费用不低。

D. 使用者的游戏体验很大程度上取决于笔记本的显卡,而老旧笔记本电脑显卡较差。

E. 少部分老旧笔记本电脑的 CPU 性能很差,内存也小。

28. 钟医生:“通常,医学研究的重要成果在杂志发表之前需要经过匿名评审,这需要耗费不少时间。如果研究者能放弃这段等待时间而事先公开其成果,我们的公共卫生水平就可以伴随着医学发现更快获得提高。因为新医学信息的及时公布将允许人们利用这些信息提高他们的健康水平。”

以下哪项如果为真,最能削弱钟医生的论证?

A. 人们常常根据新发表的医学信息来调整他们的生活方式。

B. 大部分医学杂志不愿意放弃匿名评审制度。

C. 有些媒体常常会提前报道那些匿名评审杂志准备发表的医学研究成果。

D. 社会公共卫生水平的提高还取决于其他因素,并不完全依赖于医学新发现。

E. 匿名评审常常能阻止那些含有错误结论的文章发表。

【2017 年】

20. 人们通常认为,幸福能够增进健康、有利于长寿,而不幸福则是健康状况不佳的直接原因。但最近有研究人员对 3 000 多人的生活状况调查后发现,幸福或不幸福并不意味着死亡的风险会相应地变得更低或更高。他们由此指出,疾病可能会导致不幸福,但不幸福本身并不会对健康状况造成损害。

以下哪项如果为真,最能质疑上述研究人员的论证?

A. 幸福是个体的一种心理体验,要求被调查对象准确断定其幸福程度有一定的难度。

B. 有些高寿老人的人生经历较为坎坷,他们有时过得并不幸福。

C. 有些患有重大疾病的人乐观向上,积极与疾病抗争,他们的幸福感比较高。

D. 人的死亡风险低并不意味着健康状况好,死亡风险高也并不意味着健康状况差。

E. 少数个体死亡风险的高低难以进行准确评估。

25. 译制片配音,作为一种特有的艺术形式,曾在我国广受欢迎。然而时过境迁,现在许多人已不喜欢看配过音的外国影视剧。他们还是觉得听原汁原味的声音才感觉到位。有专家由此断言,配音已失去观众,必将退出历史舞台。

以下哪项最能质疑上述专家的观点?

A. 许多上了年纪的国人仍习惯看配过音的外国影视剧,而在国内放映的外国大片有的仍然是配过音的。

B. 配音是一种艺术再创作,倾注了配音艺术家的心血,但有的人对此并不领情,反而觉得配音妨碍了他们对原剧的欣赏。

C. 许多中国人通晓外文，观赏外国原版影视剧并不存在语言的困难，即使不懂外文，边看中文字幕边听原声也不影响理解剧情。

D. 随着对外交流的加强，现在外国影视剧大量涌入国内，有的国人已经等不及慢条斯理、精工细作的配音了。

E. 现在有外国影视剧配音难以模仿剧中演员的出色嗓音，有时也与剧情不符，对此观众并不接受。

【2018 年】

11. 最近一项研究发现，某国 30 岁至 45 岁人群中，去医院治疗冠心病、骨质疏松等病症的人越来越多，而原来患有这些病症的大多是老年人。调研者由此认为，该国年轻人中“老年病”发病率有不断增加的趋势。

以下哪项如果为真，最能质疑上述调研结论？

A. 由于国家医疗保障水平的提高，相比以往，该国民众更有条件关注自己的身体健康。

B. “老年人”的最低年龄比以前提高了，“老年病”的患者范围也有所变化。

C. 近年来，由于大量移民涌入，该国 45 岁以下年轻人的数量急剧增加。

D. 尽管冠心病、骨质疏松等病症是常见的“老年病”，老年人患的病未必都是“老年病”。

E. 近几十年来，该国人口老龄化严重，但健康老龄人口的比重在不断增大。

【2019 年】

17. 旅游是一种独特的文化体验。游客可以跟团游，也可以自由行。自由行游客虽避免了跟团游的集体束缚，但也放弃了人工导游的全程讲解，而近年来他们了解旅游景点的文化需求却有增无减。为适应这一市场需求，基于手机平台的多款智能导游 APP 被开发出来。它们可定位用户位置，自动提供景点讲解、游览问答等功能。有专家就此指出，未来智能导游必然会取代人工导游，传统的导游职业行将消亡。

以下哪项如果为真，最能质疑上述专家的论断？

A. 至少有 95%的国外景点所配备的导游讲解器没有中文语音，中国出境游客因为语言和文化上的差异，对智能导游 APP 的需求比较强烈。

B. 旅行中才会使用的智能导游 APP，如何保持用户黏性、未来又如何取得商业价值等都是待解问题。

C. 好的人工导游可以根据游客需求进行不同类型的讲解，不仅关注景点，还可表达观点，个性化很强，这是智能导游 APP 难以企及的。

D. 目前发展较好的智能导游 APP 用户量在百万级左右，这与当前中国旅游人数总量相比还只是一个很小的比例，市场还没有培养出用户的普遍消费习惯。

E. 国内景区配备的人工导游需要收费，大部分导游讲解的内容都是事先背好的标准化内容。但是，即便人工导游没有特色，其退出市场也需要一定的时间。

27. 某研究机构以约 2 万名 65 岁以上的老人为对象，调查了笑的频率与健康状态的关系。

结果显示,在不苟言笑的老人中,认为自身现在的健康状态"不怎么好"和"不好"的比例分别是几乎每天都笑的老人的 1.5 倍和 1.8 倍。爱笑的老人对自我健康状态的评价往往较高。他们由此认为,爱笑的老人更健康。

以下哪项如果为真,最能质疑上述调查者的观点?

A. 病痛的折磨使得部分老人对自我健康状态的评价不高。

B. 老年人的自我健康评价往往和他们实际的健康状况之间存在一定的差距。

C. 身体健康的老年人中,女性爱笑的比例比男性高 10 个百分点。

D. 良好的家庭氛围使得老年人生活更乐观,身体更健康。

E. 乐观的老年人比悲观的老年人更长寿。

28. 阔叶树的降尘优势明显,吸附 PM2.5 的效果最好,一棵阔叶树一年的平均滞尘量达3.16千克。针叶树叶面积小,吸附 PM2.5 的功能较弱。全年平均下来,阔叶林的吸尘效果要比针叶林强不少。阔叶树也比灌木和草的吸尘效果好得多。以北京常见的阔叶树国槐为例,成片的国槐林吸尘效果比同等面积的普通草地约高 30%。有些人据此认为,为了降尘,北京应大力推广阔叶林,并尽量减少针叶林面积。

以下哪项如果为真,最能削弱上述有关人员的观点?

A. 阔叶树与针叶树比例失调,不仅极易暴发病虫害、火灾等,还会影响林木的生长和健康。

B. 针叶树冬天虽然不落叶,但基本处于"休眠"状态,生物活性差。

C. 植树造林既要治理 PM2.5,也要治理其他污染物,需要合理布局。

D. 阔叶树冬天落叶,在寒冷的冬季,其养护成本远高于针叶树。

E. 建造通风走廊,能把城市和郊区的森林连接起来,让清新的空气吹入,降低城区的PM2.5。

【2020 年】

2. 某教授组织了 120 名年轻的参试者,先让他们熟悉电脑上的一个虚拟城市,然后让他们以最快速度寻找由指定地点到达关键地标的最短路线,最后再让他们识别茴香、花椒等40 种芳香植物的气味。结果发现,寻路任务中得分较高者其嗅觉也比较灵敏。该教授由此推测,一个人空间记忆力好、方向感强,就会使其嗅觉更为灵敏。

以下哪项如果为真,最能质疑该教授的上述推测?

A. 大多数动物主要靠嗅觉寻找食物、躲避天敌,其嗅觉进化有助于"导航"。

B. 有些参试者是美食家,经常被邀请到城市各处的特色餐馆品尝美食。

C. 部分参试者是马拉松运动员,他们经常参加一些城市举办的马拉松比赛。

D. 在同样的测试中,该教授本人在嗅觉灵敏度和空间方向感方面都不如年轻人。

E. 有的年轻人喜欢玩方向感要求较高的电脑游戏,因过分投入而食不知味。

10. 移动支付如今正在北京、上海等大中城市迅速普及。但是,并非所有中国人都熟悉这种新的支付方式,很多老年人仍然习惯传统的现金交易。有专家因此断言,移动支付的迅速普及会将老年人阻挡在消费经济之外,从而影响他们晚年的生活质量。

以下哪项如果为真，最能质疑上述专家的论断？

A. 到2030年，中国60岁以上人口将增至3.2亿，老年人的生活质量将进一步引起社会关注。

B. 有许多老年人因年事已高，基本不直接进行购物消费，所需物品一般由儿女或社会提供，他们的晚年生活很幸福。

C. 国家有关部门近年来出台多项政策指出，消费者在使用现金支付被拒时可以投诉，但仍有不少商家我行我素。

D. 许多老年人已在家中或社区活动中心学会移动支付的方法以及防范网络诈骗的技巧。

E. 有些老年人视力不好，看不清手机屏幕；有些老年人记忆力不好，记不住手机支付密码。

【2021年】

24. 某医学专家提出一种简单的手指自我检测法：将双手放在眼前，把两个食指的指甲那一面贴在一起，正常情况下，应该看到两个指甲床之间有一个菱形的空间；如果看不到这个空间，则说明手指出现了杵状改变，这是患有某种心脏或肺部疾病的迹象。该专家认为，人们通过手指自我检测能快速判断自己是否患有心脏或肺部疾病。

以下哪项如果为真，最能质疑上述专家的论断？

A. 杵状改变可能由多种肺部疾病引起，如肺纤维化、气管扩张等，而且这种病变需要经历较长的一段过程。

B. 杵状改变不是癌症的明确标志，仅有不足40%的肺癌患者有杵状改变。

C. 杵状改变检测只能作为一种参考，不能用来替代医生的专业判断。

D. 杵状改变有两个发展阶段，第一个阶段的畸变不是很明显，不足以判断人体是否有病变。

E. 杵状改变是手指末端软组织积液造成的，而积液是由于过量血液注入该区域导致，其内在机理仍然不明。

答案速查：

年份	题号及答案
2010年	2. A　4. E　7. D　9. D　18. A　29. C
2011年	4. E　7. E　8. A　12. E　20. C　28. D
2012年	1. E　25. C
2013年	1. D　19. A　27. A
2014年	1. B　6. A　24. D
2015年	2. B

（续表）

年份	题号及答案
2016 年	8. D　9. E　11. D　13. E　16. C　26. D　28. E
2017 年	20. D　25. A
2018 年	11. C
2019 年	17. C　27. B　28. A
2020 年	2. A　10. B
2021 年	24. D

第五节　假　设　题

【2010 年】

20. 有位美国学者做了一个实验，给被试儿童看三幅图画：鸡、牛、青草，然后让儿童将其分为两类。结果大部分中国儿童把牛和青草归为一类，把鸡归为另一类，大部分美国儿童则把牛和鸡归为一类，把青草归为另一类。这位美国学者由此得出：中国儿童习惯于按照事物之间的关系来分类，美国儿童则习惯于把事物按照各自所属的"实体"范畴进行分类。

以下哪项是这位学者得出结论所必须假设的？

A. 马和青草是按照事物之间的关系被列为一类。

B. 鸭和鸡是按照各自所属的"实体"范畴被归为一类的。

C. 美国儿童只要把牛和鸡归为一类，就是习惯于按照各自所属"实体"范畴进行分类。

D. 美国儿童只要把牛和鸡归为一类，就不是习惯于按照事物之间的关系来分类。

E. 中国儿童只要把牛和青草归为一类，就不是习惯于按照各自所属的"实体"范畴进行分类。

【2011 年】

24. 某家长认为，有想象力才能进行创造性劳动，但想象力和知识是天敌。人在获得知识的过程中，想象力会消失。因为知识符合逻辑，而想象力无章可循。换句话说，知识的本质是科学，想象力的特征是荒诞。人的大脑一山不容二虎：学龄前，想象力独占鳌头，脑子被想象力占据；上学后，大多数人的想象力被知识驱逐出境，他们成为知识渊博但丧失了想象力、终身只能重复前人发现的人。

以下哪项是该家长的论述所依赖的假设？

Ⅰ. 科学是不可能荒诞的，荒诞的就不是科学；

Ⅱ. 想象力和逻辑水火不容；

Ⅲ. 大脑被知识占据后很难恢复想象力。

A. 仅Ⅰ　　B. 仅Ⅱ　　C. 仅Ⅰ、Ⅱ

D. 仅Ⅱ、Ⅲ　　E. Ⅰ、Ⅱ、Ⅲ

26. 某公司总裁曾经说过，当前任总裁批评我时，我不喜欢那感觉，因此，我不会批评我的继任者。

以下哪项最可能是该总裁上述言论的假设？

A. 当遇到该总裁的批评时，他的继任者和她的感觉不完全一致。

B. 只有该总裁的继任者喜欢被批评的感觉，他才会批评继任者。

C. 如果该总裁喜欢被批评，那么前任总裁的批评也不例外。

D. 该总裁不喜欢批评他的继任者，但喜欢批评其他人。

E. 该总裁不喜欢被前任总裁批评，但喜欢被其他人批评。

30. 有医学研究显示，行为痴呆症患者大脑组织中往往含有过量的铝。同时有化学研究表明，一种硅化合物可以吸收铝。陈医生据此认为，可以用这种硅化合物治疗行为痴呆症。

以下哪项是陈医生最可能依赖的假设？

A. 行为痴呆症患者大脑组织的含铝量通常过高，但具体数量不会变化。

B. 该硅化合物在吸收铝的过程中不会产生副作用。

C. 用来吸收铝的硅化合物的具体数量与行为痴呆症患者的年龄有关。

D. 过量的铝是导致行为痴呆症的原因，患者脑组织中的铝不是痴呆症引起的结果。

E. 行为痴呆症患者脑组织中的铝含量与病情的严重程度有关。

【2013年】

16. 新近一项研究发现，海水颜色能够让飓风改变方向，也就是说，如果海水变色，飓风的移动路径也会变向。这也就意味着科学家可以根据海水的"脸色"判断哪些地区将被飓风袭击，哪些地区会幸免于难。值得关注的是，全球气候变暖可能已经让海水变色。

以下哪项最可能是科学家作出判断所依赖的前提？

A. 海水温度升高会导致生成的飓风数量增加。

B. 海水温度变化会导致海水改变颜色。

C. 海水颜色与飓风移动路径之间存在某种相对确定的联系。

D. 全球气候变暖是最近几年飓风频发的重要原因之一。

E. 海水温度变化与海水颜色变化之间的联系尚不明朗。

【2014年】

14. 长期以来，人们认为地球是已知唯一能支持生命存在的星球，不过这一情况开始出现改观。科学家近期指出，在其他恒星周围，可能还存在着更加宜居的行星。他们尝试用崭新的方法开展地外生命探索，即搜集放射性元素钍和铀。行星内部含有这些元素越多，其内部温度就会越高，在一定程度上有助于行星的板块运动，而板块运动有助于维系行星表面的水体，因此板块运动可被视为行星存在宜居环境的标志之一。

以下哪项最可能是科学家的假设？

A. 虽尚未证实，但地外生命一定存在。

B. 没有水的行星也可能存在生命。

C. 行星内部温度越高，越有助于它的板块运动。

D. 行星板块运动都是由放射性元素钍和铀驱动的。

E. 行星如能维系水体，就可能存在生命。

【2015年】

4. 人类经历了上百年的自然进化，产生了直觉、多层次抽象等独特智能。尽管现代计算机已经具备了一定的学习能力，但这种能力还需要人类的指导，完全的自我学习能力还有待进一步发展。因此，计算机要达到甚至超过人类的智能水平是不可能的。

以下哪项最可能是上述论证的预设？

A. 计算机很难真正懂得人类的语言，更不可能理解人类的感情。

B. 理解人类复杂的社会关系需要自我学习能力。

C. 计算机如果具备完全的自我学习能力，就能形成直觉、多层次抽象等智能。

D. 计算机可以形成自然进化能力。

E. 直觉、多层次抽象等这些人类的独特智能无法通过学习获得。

11. 美国扁桃仁于20世纪70年代出口到我国，当时被误译为“美国大杏仁”。这种误译导致大多数消费者根本不知道扁桃仁、杏仁是两种完全不同的产品。对此，尽管我国林果专家一再努力澄清，但学界的声音很难传达到相关企业和普通大众。因此，必须制定林果的统一行业标准，这样才能还相关产品以本来面目。

以下哪项是上述论证的假设？

A. 美国扁桃仁和中国大杏仁的外形很相似。

B. 我国相关企业和大众并不认可我国林果专家的意见。

C. 进口商品名称的误译会扰乱我国企业正常的对外贸易活动。

D. 长期以来，我国没有林果的统一行业标准。

E. “美国大杏仁”在中国市场上销量超过中国杏仁。

24. 张教授指出，生物燃料是指利用生物资源生产的燃料乙醇或生物柴油，它们可以替代由石油制取的汽油和柴油，是可再生能源开发利用的重要方向。受世界石油资源短缺、环保和全球气候变化的影响，20世纪70年代以来，许多国家日益重视生物燃料的发展，并取得显著成效。所以，应该大力开发和利用生物燃料。

以下哪项最可能是张教授论证的预设？

A. 发展生物燃料可有效降低人类对石油等化石燃料的消耗。

B. 发展生物燃料会减少粮食供应，而当今世界有数以百万计的人食不果腹。

C. 生物柴油和燃料乙醇是现代社会能源供给体系的适当补充。

D. 生物燃料在生产与运输的过程中需要消耗大量的水、电和石油等。

E. 目前我国生物燃料的开发和利用已经取得很大成绩。

【2016年】

21. 超市中销售的苹果常常留有一定的油脂痕迹，表面显得油光滑亮。牛师傅认为，这是残留在苹果上的农药所致，水果在收摘之前都喷洒了农药。因此，消费者在超市购买水果后，一定要清洗干净方能食用。

以下哪项最可能是牛师傅看法所依赖的假设？

A. 除了苹果，其他许多水果运至超市时也留有一定的油脂痕迹。

B. 超市里销售的水果并未得到彻底清洗。

C. 只有那些在水果上能留下油脂痕迹的农药才可能被清洗掉。

D. 许多消费者并不在意超市销售的水果是否清洗过。

E. 在水果收摘之前喷洒的农药大多数会在水果上留下油脂痕迹。

27. 钟医生："通常，医学研究的重要成果在杂志发表之前需要经过匿名评审，这需要耗费不少时间。如果研究者能放弃这段等待时间而事先公开其成果，我们的公共卫生水平就可以伴随着医学发现更快获得提高。因为新医学信息的及时公布将允许人们利用这些信息提高他们的健康水平。"

下哪项最可能是钟医生论证所依赖的假设？

A. 即使医学论文还没有在杂志发表，人们还是会使用已公开的相关新信息。

B. 因为工作繁忙，许多医学研究者不愿成为论文评审者。

C. 首次发表于匿名评审杂志的新医学信息一般无法引起公众的注意。

D. 许多医学杂志的论文评审者本身并不是医学研究专家。

E. 部分医学研究者愿意放弃在杂志上发表，而选择事先公开其成果。

【2017年】

13. 婴儿通过触碰物体、四处玩耍和观察成人的行为等方式来学习，但机器人通常只能按照编订的程序进行学习。于是，有些科学家试图研制学习方式更接近于婴儿的机器人。他们认为，既然婴儿是地球上最有效率的学习者，为什么不设计出能像婴儿那样不费力气就能学习的机器人呢？

以下哪项最可能是上述科学家观点的假设？

A. 婴儿的学习能力是天生的，他们的大脑与其他动物幼崽不同。

B. 通过触碰、玩耍和观察等方式来学习是地球上最有效率的学习方式。

C. 即使是最好的机器人，它们的学习能力也无法超过最差的婴儿学习者。

D. 如果机器人能像婴儿那样学习，它们的智能就有可能超过人类。

E. 成年人和现有的机器人都不能像婴儿那样毫不费力地学习。

【2019年】

4. 人们一直在争论猫与狗谁更聪明。最近，有些科学家不仅研究了动物脑容量的大小，还研究其大脑皮层神经细胞的数量，发现猫平常似乎总摆出一副智力占优的神态，但猫的大脑皮层神经细胞的数量只有普通金毛犬的一半。由此，他们得出结论：狗比猫更聪明。

以下哪项最可能是上述科学家得出结论的假设？

A. 狗善于与人类合作，可以充当导盲犬、陪护犬、搜救犬、警犬等，就对人类的贡献而言，狗能做的似乎比猫多。

B. 狗可能继承了狼结群捕猎的特点，为了互相配合，它们需要做出一些复杂行为。

C. 动物大脑皮层神经细胞的数量与动物的聪明程度呈正相关。

D. 猫的神经细胞数量比狗少，是因为猫不像狗那样“爱交际”。

E. 棕熊的脑容量是金毛犬的 3 倍，但其脑神经细胞的数量却少于金毛犬，与猫很接近，而棕熊的脑容量却是猫的 10 倍。

19. 得道者多助，失道者寡助。寡助之至，亲戚畔之；多助之至，天下顺之。以天下之所顺，攻亲戚之所畔，故君子有所不战，战必胜矣。

以下哪项是上述论证所隐含的前提？

A. 得道者多，则天下太平。

B. 君子是得道者。

C. 得道者必胜失道者。

D. 失道者必定得不到帮助。

E. 失道者亲戚畔之。

【2020 年】

3. 有学校提出，将效仿免费师范生制度，提供减免学费等优惠条件以吸引成绩优秀的调剂生，提高医学人才培养质量。有专家对此提出反对意见：医生是既崇高又辛苦的职业，要有足够的爱心和兴趣才能做好。因此，宁可招不满，也不要招收调剂生。

以下哪项最可能是上述专家论断的假设？

A. 没有奉献精神，就无法学好医学。

B. 如果缺乏爱心，就不能从事医生这一崇高的职业。

C. 调剂生往往对医学缺乏兴趣。

D. 因优惠条件报考医学的学生往往缺乏奉献精神。

E. 有爱心并对医学感兴趣的学生不会在意是否收费。

19. 黄土高原以前植被丰富，长满大树，而现在千沟万壑，不见树木，这是植被遭破坏后水流冲刷大地造成的惨痛结果。有专家进一步分析认为，现在黄土高原不长植物，是因为这里的黄土其实都是生土。

以下哪项最可能是上述专家推断的假设？

A. 生土不长庄稼，只有通过土壤改造等手段才适宜种植粮食作物。

B. 因缺少应有的投入，生土无人愿意耕种，无人耕种的土地瘠薄。

C. 生土是水土流失造成的恶果，缺乏植物生长所需要的营养成分。

D. 东北的黑土地中含有较厚的腐殖层，这种腐殖层适合植物的生长。

E. 植物的生长依赖熟土，而熟土的存续依赖人类对植被的保护。

【2021 年】

23. 艺术活动是人类标志性的创造性劳动。在艺术家的心灵世界里，审美需求和情感表达是创造性劳动不可或缺的重要引擎;而人工智能没有自我意识,人工智能艺术作品的本质是模仿。因此,人工智能永远不能取代艺术家的创造性劳动。

以下哪项最可能是以上论述的假设?

A. 人工智能可以作为艺术创作的辅助工具。

B. 只有具备自我意识,才能具有审美需求和情感表达。

C. 大多数人工智能作品缺乏创造性。

D. 没有艺术家的创作,就不可能有人工智能艺术作品。

E. 模仿的作品很少能表达情感。

答案速查:

年份	题号及答案
2010 年	20. C
2011 年	24. E　26. B　30. D
2013 年	16. C
2014 年	14. E
2015 年	4. E　11. D　24. A
2016 年	21. B　27. A
2017 年	13. B
2019 年	4. C　19. B
2020 年	3. C　19. C
2021 年	13. B

第六节 相 似 题

【2010 年】

5. 化学课上，张老师演示了两个同时进行的教学实验：一个实验是 $KClO_3$ 加热后，有 O_2 缓慢产生；另一个实验是 $KClO_3$ 加热后迅速撒入少量的 MnO_2，这时立即有大量的 O_2 产生。张老师由此指出：MnO_2 是 O_2 快速产生的原因。

以下哪项与张老师得出结论的方法类似？

A. 同一品牌的化妆品价格越高卖得越火。由此可见，消费者喜欢价格高的化妆品。

B. 居里夫人在沥青矿物中提取放射性元素时发现，从一定量的沥青矿物中提取的全部纯铀的放射性强度比同等数量的沥青矿物中放射性强度低数倍。她据此推断，沥青矿物中还存在其他放射性更强的元素。

C. 统计分析发现，30 岁至 60 岁之间，年纪越大胆子越小，有理由相信：岁月是勇敢的腐蚀剂。

D. 将闹钟放在玻璃罩里，使它打铃，可以听到铃声；然后玻璃罩里的空气抽空，再使闹钟打铃，就听不到铃声了。由此可见，空气是声音传播的介质。

E. 人们通过对绿藻、蓝藻、红藻的大量观察，发现结构简单、无根叶是藻类植物的主要特征。

6. 湖队是不可能进入决赛的。如果湖队进入决赛，那么太阳就从西边出来了。

以下哪项与上述论证方式最相似？

A. 今天天气不冷。如果冷，湖面怎么不结冰？

B. 语言是不能创造财富的。若语言能创造财富，则夸夸其谈的人就是世界上最富有的了。

C. 草木之生也柔脆，其死也枯槁。故坚强者也死之徒，柔弱者生之徒。

D. 天上是不会掉馅饼的。如果你不相信这一点，那上当受骗是迟早的事。

E. 古典音乐不流行。如果流行，那就说明大众的音乐欣赏水平大大提高了。

22. 学生：IQ 和 EQ 哪个更重要？您能否给我指点一下？

学长：你去书店问问工作人员，关于 IQ、EQ 的书哪类销得快，哪类就更重要。

以下哪项与上述题干中的问答方式最为相似？

A. 员工：我们正在制订一个度假方案，你说是在本市好，还是去外地好？

经理：现在年终了，各公司都在安排出去旅游，你去问问其他公司的同行，他们计划去哪里，我们就不去哪里，不凑热闹。

B. 平平：母亲节那天我准备给妈妈送一样礼物，你说是送花好还是送巧克力好？

佳佳：你在母亲节前一天去花店看一下，看看买花的人多不多就行了嘛。

C. 顾客：我准备买一件毛衣，你看颜色是鲜艳一点好，还是素一点好？
店员：这个需要结合自己的性格与穿衣习惯，各人可以有自己的选择与喜好。

D. 游客：我们前面有两条山路，走哪一条更好？
导游：你仔细看看，哪一条山路上车马的痕迹深，我们就走哪一条。

E. 学生：我最后准备期末复习，是做教材上的练习重要还是理解教材内容更重要？
老师：你去问问高年级得分高的同学，他们是否经常背书做练习。

24. 克鲁特是德国家喻户晓的"明星"北极熊，北极熊是名副其实的北极霸主。因此，克鲁特是名副其实的北极霸主。

以下除哪项外，均与上述论证中出现的谬误相似？

A. 儿童是祖国的花朵，小雅是儿童。因此，小雅是祖国的花朵。

B. 鲁迅的作品不是一天能读完的，《祝福》是鲁迅的作品。因此《祝福》不是一天能读完的。

C. 中国人是不怕困难的，我是中国人。因此，我是不怕困难的。

D. 康怡花园坐落在清水街，清水街的建筑属于违章建筑。因此，康怡花园的建筑属于违章建筑。

E. 西班牙语是外语，外语是普通高等学校招生的必考科目。因此，西班牙语是普通高等学校招生的必考科目。

【2011年】

15. 一艘远洋帆船载着5位中国人和几位外国人由中国开往欧洲。途中，除5位中国人外，全患上了败血症。同乘一艘船，同样是风餐露宿，漂洋过海，为什么中国人和外国人如此不同呢？原来这5位中国人都有喝茶的习惯，而外国人却没有。于是得出结论：喝茶是这5位中国人未得败血症的原因。

以下哪项和题干中得出结论的方法最为相似？

A. 警察锁定了犯罪嫌疑人，但是从目前掌握的事实看，都不足以证明他犯罪。专案组由此得出结论，必有一种未知的因素潜藏在犯罪嫌疑人身后。

B. 在两块土壤情况基本相同的麦地上，对其中一块施氮肥和钾肥，另一块只施钾肥。结果施氮肥和钾肥的那块麦地的产量高于另一块，可见，施氮肥是麦地产量较高的原因。

C. 孙悟空："如果打白骨精，师父会念紧箍咒；如果不打，师父就会被妖精吃掉。"孙悟空无奈得出结论："我还是回花果山算了。"

D. 天文学家观测到天王星的运行轨道有特征 a、b、c，已知特征 a、b 分别是由两颗行星甲、乙的吸引造成的，于是猜想还有一颗未知行星造成天王星的轨道特征 c。

E. 一定压力下的一定量气体，温度升高，体积增大；温度降低，体积缩小。气体体积与温度之间存在一定的相关性，说明气体温度的改变是其体积改变的原因。

16. 所有重点大学的学生都是聪明的学生，有些聪明的学生喜欢数学，小杨不喜欢数学。所以，小杨不是重点大学的学生。

以下除哪项外，均与上述推理的形式类似？

A. 所有经济学家都懂经济学，有些懂经济学的爱投资企业，你不爱投资企业。所以，你不是经济学家。

B. 所有的鹅都吃青菜，有些吃青菜的也吃鱼，兔子不吃鱼。所以，兔子不是鹅。

C. 所有的人都是爱美的，有些爱美的还研究科学，亚里士多德不是普通人。所以，亚里士多德不研究科学。

D. 所有被高校录取的学生都是超过录取分数线的，有些超过录取分数线的是大龄考生，小张不是大龄考生。所以，小张没有被高校录取。

E. 所有想当外交官的都需要学外语，有些学外语的重视人际交往，小王不重视人际交往。所以，小王不想当外交官。

【2012年】

3. 经过反复核查，质检员小李向厂长汇报说：“726车间生产的产品都是合格的，所以不合格的产品都不是726车间生产的。”

以下哪项和小李的推理结构最为相似？

A. 所有入场的考生都经过了体温测试，所以没能入场的考生都没有经过体温测试。

B. 所有出厂设备都是检测合格的，所以检测合格的设备都已出厂。

C. 所有已发表的文章都是认真校对过的，所以认真校对过的文章都已发表。

D. 所有真理都是不怕批评的，所以怕批评的都不是真理。

E. 所有不及格的学生都没有好好复习，所以没有好好复习的学生都不及格。

15. 居民苏女士在菜市场看到某摊位出售的鹌鹑蛋色泽新鲜、形态圆润，且价格便宜，于是买了一箱。回家后发现有些鹌鹑蛋打不破，甚至丢在地上也摔不坏，再细闻已经打破的鹌鹑蛋，有一股刺鼻的消毒液味道。她投诉至菜市场管理部门，结果一位工作人员声称鹌鹑蛋目前还没有国家质量标准，无法判定它有质量问题，所以他坚持这箱鹌鹑蛋没有质量问题。

以下哪项与该工作人员做出结论的方式最为相似？

A. 不能证明宇宙是没有边际的，所以宇宙是有边际的。

B. “驴友论坛”还没有论坛规范，所以管理人员没有权利删除帖子。

C. 小偷在逃跑途中跳入2米深的河中，失主认为没有责任，因此不予施救。

D. 并非外星人不存在，所以外星人存在。

E. 慈善晚会上的假唱行为不属于商业管理范围，因此相关部门无法对此进行处罚。

17. 小李将自家护栏边的绿地毁坏，种上了黄瓜。小区物业人员发现后，提醒小李：护栏边的绿地是公共绿地，属于小区的所有人。物业为此下发了整改通知书，要求小李限期恢复绿地。小李对此辩称：“我难道不是小区的人吗？护栏边的绿地既然属于小区的所有人，当然也属于我。因此，我有权在自己的土地上种黄瓜。”

以下哪项论证，和小李的错误最为相似？

A. 所有人都要为他的错误行为负责，小梁没有对他的这次行为负责，所以小梁的这次行为没有错误。

B. 所有参展的兰花在这次博览会上被订购一空，李阳花大价钱买了一盆花，由此可见，李阳买的必定是兰花。

C. 没有人能够一天读完大仲马的所有作品，没有人能够一天读完《三个火枪手》，因此，《三个火枪手》是大仲马的作品之一。

D. 所有莫尔碧骑士组成的军队在当时的欧洲是不可战胜的，翼雅王是莫尔碧骑士之一，所以翼雅王在当时的欧洲是不可战胜的。

E. 任何一个人都不可能掌握当今世界的所有知识，地心说不是当今世界的知识，因此，有些人可以掌握地心说。

18. 我国著名的地质学家李四光，在对东北的地质结构进行了长期、深入的调查研究后发现，松辽平原的地质结构与中亚细亚极其相似。他推断，既然中亚细亚蕴藏大量的石油，那么松辽平原很可能也蕴藏着大量的石油。后来，大庆油田的开发证明了李四光的推断是正确的。

以下哪项与李四光的推理方式最为相似？

A. 他山之石，可以攻玉。

B. 邻居买彩票中了大奖，小张受此启发，也去买了体育彩票，结果没有中奖。

C. 某乡镇领导在考察了荷兰等国的花卉市场后认为要大力发展规模经济，回来后组织全乡镇种大葱，结果导致大葱严重滞销。

D. 每到炎热的夏季，许多商店腾出一大块地方卖羊毛衫、长袖衬衣、冬靴等冬令商品，进行反季节销售，结果都很有市场。小王受此启发，决定在冬季种植西瓜。

E. 乌兹别克地区盛产长绒棉。新疆塔里木河流域与乌兹别克地区在日照情况、霜期长短、气温高低、降雨量等方面均相似，科研人员受此启发，将长绒棉移植到塔里木河流域，果然获得了成功。

【2013年】

2. 公司经理：我们招聘人才时最看重的是综合素质和能力，而不是分数。人才招聘中，高分低能者并不鲜见，我们显然不希望招到这样的"人才"，从你的成绩单可以看出，你的学业分数很高，因此我们有点怀疑你的能力和综合素质。

以下哪项和经理得出结论的方式最为类似？

A. 公司管理者并非都是聪明人，陈然不是公司管理者，所以陈然可能是聪明人。

B. 猫都爱吃鱼，没有猫患近视，所以吃鱼可以预防近视。

C. 人的一生中健康开心最重要，名利都是浮云，张立名利双收，所以可能张立并不开心。

D. 有些歌手是演员，所有的演员都很富有，所以有些歌手可能不富有。

E. 闪光的物体并非都是金子，考古队挖到了闪闪发光的物体，所以考古队挖到的可能不是金子。

20. 只要每个司法环节都能坚守程序正义，切实履行监督制的职能，结案率就会大幅度提高。去年某国结案率比上一年提高了70%，所以，该国去年每个司法环节都能坚守程序正义，切实履行监督制的职能。

以下哪项与上述论证方式最为相似？

A. 在校期间品学兼优，就可以获得奖学金。李明在校期间不是品学兼优，所以他不可能获得奖学金。

B. 李明在校期间品学兼优，但是没有获得奖学金。所以，在校期间品学兼优，不一定可以获得奖学金。

C. 在校期间品学兼优，就可以获得奖学金。李明获得了奖学金，所以他在校期间一定品学兼优。

D. 在校期间品学兼优，就可以获得奖学金。李明没有获得奖学金，所以他在校期间一定不是品学兼优。

E. 只有在校期间品学兼优，才可以获得奖学金。李明获得了奖学金，所以他在校期间一定品学兼优。

【2014年】

2. 李栋善于辩论，也喜欢诡辩。有一次他论证道："郑强知道数字87654321，陈梅家的电话号码正好是87654321，所以郑强知道陈梅家的电话号码。"

以下哪一项与李栋论证中所犯的错误最为类似？

A. 所有蚂蚁是动物，所以所有大蚂蚁是大动物。

B. 中国人是勤劳勇敢的，李岚是中国人，所以李岚是勤劳勇敢的。

C. 张冉知道如果1∶0的比分保持到终场，他们的队伍就出线，现在张冉听到了比赛结束的哨声，所以张冉知道他们的队伍出线了。

D. 黄兵相信晨星在早晨出现，而晨星其实就是暮星，所以黄兵相信暮星在早晨出现。

E. 金砖是由原子构成的，原子不是肉眼可以见的，所以，金砖不是肉眼可见的。

【2015年】

19. 研究人员将角膜感觉神经断裂的兔子分为两组：实验组和对照组。他们给实验组兔子注射了一种从土壤霉菌中提取的化合物。3周后检查发现，实验组兔子的角膜感觉神经已经复合。而对照组兔子未注射这种化合物，其角膜感觉神经都没有复合。研究人员由此得出结论：该化合物可以使兔子断裂的角膜感觉神经复合。

以下哪项与上述研究人员得出结论的方式最为类似？

A. 一个整数或者是偶数，或者是奇数。0不是奇数，所以，0是偶数。

B. 绿色植物在光照充足的环境下能茁壮成长，而在光照不足的环境下只能缓慢生长。所以，光照有助于绿色植物生长。

C. 年逾花甲的老王戴上老花镜可以读书看报，不戴则视力模糊。所以年龄大的人都要戴老花镜。

D. 科学家在北极冰川地区的黄雪中发现了细菌，而该地区的寒冷气候与木卫二的冰冷环境有着惊人的相似。所以木卫二可能存在生命。
E. 昆虫都有三对足，蜘蛛并非三对足。所以蜘蛛不是昆虫。

【2016 年】

3. 注重对孩子的自然教育，让孩子亲身感受大自然的神奇和美妙，可促进孩子释放天性，激发自身潜能；而缺乏这方面教育的孩子容易变得孤独，道德、情感和认知能力的发展都会受到一定的影响。

以下哪项与以上陈述方式最为类似？
A. 脱离环境保护搞经济发展是“涸泽而渔”，离开经济发展抓环境保护是“缘木求鱼”。
B. 只说一种语言的人，首次被诊断出患阿尔兹海默症的平均年龄为 76 岁；说三种语言的人首次被诊断出患阿尔兹海默症的平均年龄约在 78 岁。
C. 老百姓过去“盼温饱”，现在“盼环保”，过去“求生存”，现在“求生态”。
D. 注重调查研究可以让我们掌握第一手资料；闭门造车只能让我们脱离实际。
E. 如果孩子完全依赖电子设备来进行学习和生活，将会对环境越来越漠视。

【2017 年】

15. 甲：己所不欲，勿施于人。
乙：我反对。己所欲，则施于人。
以下哪项与上述对话方式最为相似？
A. 甲：人非草木，孰能无情？
乙：我反对。草木无情，但人有情。
B. 甲：人不犯我，我不犯人。
乙：我反对。人若犯我，我就犯人。
C. 甲：人无远虑，必有近忧。
乙：我反对。人有远虑，亦有近忧。
D. 甲：不在其位，不谋其政。
乙：我反对。在其位，则行其政。
E. 甲：不入虎穴，焉得虎子？
乙：我反对。如得虎子，必入虎穴。

18. 赵默是一位优秀的企业家。因为如果一个人既拥有在国内外知名学府和研究机构工作的经历，又有担任项目负责人的管理经验，那么他就能成为一名优秀的企业家。
以下哪项与上述论证最为相似？
A. 人力资源是企业的核心资源。因为如果不开展各类文化活动，就不能提升员工岗位技能，也不能增强团队的凝聚力和战斗力。
B. 袁清是一位好作家。因为好作家都具有较强的观察能力、想象能力及表达能力。

C. 青年是企业发展的未来。因此，企业只有激发青年的青春力量，才能促其早日成才。

D. 李然是信息技术领域的杰出人才。因为如果一个人不具有其前瞻性目光、国际化视野和创新思维，就不能成为技术信息领域的杰出人才。

E. 风云企业具有凝聚力。因为如果一个企业能够能引导和帮助员工树立目标、提升能力，就能使企业具有凝聚力。

21. 甲：只有加强知识产权保护，才能推动科技创新。

乙：我不同意。过分强化知识产权保护，肯定不能推动科技创新。

以下哪项与上述反驳方式最为类似？

A. 妻子：孩子只有刻苦学习才能取得好成绩。

丈夫：也不尽然。学习光知道刻苦而不能思考，也不一定会取得好成绩。

B. 母亲：只有从小事做起，将来才有可能做成大事。

孩子：老妈你错了。如果我们每天只是做小事，将来肯定做不成大事。

C. 老板：只有给公司带来回报，公司才能给他带来回报。

员工：不对呀。我上个月帮公司谈成了一大笔业务，可是只得到了1%的奖励。

D. 老师：只有读书才能改变命运。

学生：我觉得不是这样。不读书，命运会有更大的改变。

E. 顾客：这件商品只有价格再便宜一些，才会有人来买。

商人：不可能。这件商品如果价格再便宜一些，我就要去喝西北风了。

【2018年】

9. 刀不磨要生锈，人不学要落后。所以，如果不想落后，就应该多磨刀。

以下哪项与上述论证方式最为相似？

A. 妆未梳成不见客，不到火候不揭锅。所以，如果揭了锅，就应该是到了火候。

B. 兵在精而不在多，将在谋而不在勇。所以，如果想获胜，就应该兵精将勇。

C. 马无夜草不肥，人无横财不富。所以，如果你想富，就应该让马多吃夜草。

D. 金无足赤，人无完人。所以，如果你想做完人，就应该有真金。

E. 有志不在年高，无志空活百岁。所以，如果你不想空活百岁，就应该立志。

17. 甲：读书最重要的目的是增长知识，开拓视野。

乙：你只见其一，不见其二。读书最重要的是陶冶性情、提升境界。没有陶冶性情、提升境界，就不能达到读书的真正目的。

以下哪项与上述反驳方式最为相似？

A. 甲：文学创作最重要的是阅读优秀文学作品。

乙：你只见现象，不见本质。文学创作最重要的是观察生活、体验生活。任何优秀的文学作品都来源于火热的社会生活。

B. 甲：做人最重要的是要讲信用。

乙：你说的不全面。做人最重要的是要遵纪守法。如果不遵纪守法，就没法讲信用。

C. 甲：作为一部优秀的电视剧，最重要的是能得到广大观众的喜爱。

乙：你只见其表，不见其里。作为一部优秀的电视剧最重要的是具有深刻寓意与艺术魅力。没有深刻寓意与艺术魅力，就不能成为优秀的电视剧。

D. 甲：科学研究最重要的是研究内容的创新。

乙：你只见内容，不见方法。科学研究最重要的是研究方法的创新。只有实现研究方法的创新，才能真正实现研究内容的创新。

E. 甲：一年中是重要的季节是收获的秋天。

乙：你只看结果，不看原因。一年中最重要的季节是播种的春天。没有春天的播种，哪来秋天的收获？

26. 甲：知难行易，知然后行。

乙：不对。知易行难，行然后知。

以下哪项与上述对话方式最为相似？

A. 甲：知人者智，自知者明。

乙：不对。知人者易，知己者难。

B. 甲：不破不立，先破后立。

乙：不对。不立不破，先立后破。

C. 甲：想想容易做起来难，做比想要更重要。

乙：不对。想到就能做到，想比做更重要。

D. 甲：批评他人易，批评自己难；先批评他人后批评自己。

乙：不对。批评自己易，批评他人难；先批评自己后批评他人。

E. 甲：做人难做事易，先做人再做事。

乙：不对。做人易做事难，先做事再做人。

【2019 年】

14. 作为一名环保爱好者，赵博士提倡低碳生活，积极宣传节能减排。但我不赞同他的做法，因为作为一名大学老师，他这样做，占用了大量的科研时间，到现在连副教授都没评上，他的观点怎么能令人信服呢？

以下哪项论证中的错误和上述最为相似？

A. 张某提出要同工同酬，主张在质量相同的情况下，不分年龄、级别一律按件计酬。他这样说不就是因为他年轻、级别低吗？其实他是在为自己谋利益。

B. 公司的绩效奖励制度是为了充分调动广大员工的积极性，它对所有员工都是公平的。如果有人对此有不同意见，则说明他反对公平。

C. 最近听说你对单位的管理制度提了不少意见，这真令人难以置信！单位领导对你差吗？你这样做，分明是和单位领导过不去。

D. 单位任命李某担任信息科科长，听说你对此有意见。大家都没有提意见，只有你一个人有意见，看来你的意见是有问题的。

E. 有一种观点认为，只有直接看到的事物才能确信其存在。但是没有人可以看到质子、电子，而这些都被科学证明是客观存在的。所以，该观点是错误的。

【2020年】

5. 考生若考试通过并且体检合格，则将被录取。因此，如果李铭考试通过，但未被录取，那么他一定体检不合格。

以下哪项与以上论证方式最为相似？

A. 若明天是节假日并且天气晴朗，则小吴将去爬山。因此，如果小吴未去爬山，那么第二天一定不是节假日或者天气不好。

B. 一个数若能被 3 整除且能被 5 整除，则这个数能被 15 整除。因此，一个数若能被 3 整除但不能被 5 整除，则这个数不能被 15 整除。

C. 甲单位员工若去广州出差并且是单人前往，则均乘坐高铁。因此，甲单位小吴如果去广州出差，但未乘坐高铁，那么他一定不是单人前往。

D. 若现在是春天并且雨水充沛，则这里野草丰美。因此，如果这里野草丰美，但雨水不充沛，那么现在一定不是春天。

E. 一壶茶若水质良好且温度适中，则一定茶香四溢。因此，如果这壶茶水质良好且茶香四溢，那么一定温度适中。

28. 学问的本来意义与人的生命、生活有关。但是，如果学问成为口号或教条，就会失去其本来的意义。因此，任何学问都不应该成为口号或教条。

以下哪项与上述论证方式最为相似？

A. 椎间盘是没有血液循环的组织。但是，如果要确保其功能正常运转，就需依靠其周围流过的血液提供养分。因此，培养功能正常运转的人工椎间盘应该很困难。

B. 人工智能应该可以判断黑猫和白猫都是猫。但是，如果人工智能不预先“消化”大量照片，就无从判断黑猫和白猫都是猫。因此，人工智能必须预先“消化”大量照片。

C. 机器人没有人类的弱点和偏见。但是，只有数据得到正确采集和分析，机器人才不会“主观臆断”。因此，机器人应该也有类似的弱点和偏见。

D. 历史包含必然性。但是，如果坚信历史只包含必然性，就会阻止我们用不断积累的历史数据去证实或证伪它。因此，历史不应该只包含必然性。

E. 大脑会改编现实经历。但是，如果大脑只是储存现实经历的“文件柜”，就不会对其进行改编。因此，大脑不应该只是储存现实经历的“文件柜”。

答案速查：

年份	题号及答案
2010 年	5. D　6. B　22. D　24. D
2011 年	15. B　16. C
2012 年	3. D　15. A　17. D　18. E

（续表）

年份	题号及答案
2013年	2. E　20. C
2014年	2. D
2015年	19. B
2016年	3. D
2017年	15. B　18. E　21. B
2018年	9. C　17. C　26. E
2019年	14. A
2020年	5. C　28. E

第七节 解 释 题

【2010 年】

10. 成品油生产商的利润很大程度上受国际市场原油价格的影响，因为大部分原油是按国际市场价购进的。近年来，随着国际原油市场价格的不断提高，成品油生产商的运营成本大幅度增加，但某国成品油生产商的利润并没有减少，反而增加了。

以下哪项如果为真，最有助于解释上述看似矛盾的现象？

A. 原油成本只占成品油生产商运营成本的一半。

B. 该国成品油价格根据市场供需确定。随着国际原油市场价格的上涨，该国政府为成品油生产商提供相应的补贴。

C. 在国际原油市场价格不断上涨期间，该国成品油生产商降低了个别高薪雇员的工资。

D. 在国际原油市场价格上涨后，除进口成本增加外，成品油生产的其他运营成本也有所提高。

E. 该国成品油生产商的原油有一部分来自国内，这部分受国际市场价格波动影响较小。

12. 美国某大学医学院的研究人员在《小儿科杂志》上发表论文指出，在对 2702 个家庭的孩子进行跟踪调查后发现，如果孩子在 5 岁前每天看电视超过 2 小时，他们长大后出现行为问题的风险将会增加 1 倍多。所谓行为问题是指性格孤僻、言行粗鲁、侵犯他人、难与他人合作等。

以下哪项最好地解释了以上论述？

A. 电视节目会使孩子产生好奇心，容易导致孩子出现暴力倾向。

B. 电视节目有不少内容容易使孩子长时间处于紧张、恐惧的状态。

C. 看电视时间过长，会影响儿童与他人的交往，久而久之，孩子便会缺乏与他人打交道的经验。

D. 儿童模仿力强，如果只对电视节目感兴趣，长此以往，会阻碍他们分析能力的发展。

E. 每天长时间看电视，容易使孩子神经系统产生疲劳，影响身心健康发展。

【2011 年】

1. 巴斯德认为，空气中的微生物浓度与环境状况、气流运动和海拔高度有关。他在山上的不同高度分别打开装着煮过的培养液的瓶子，发现海拔越高，培养液被微生物污染的可能性越小。在山顶上，20 个装了培养液的瓶子，只有 1 个长出了微生物。普歇另用干草浸液做材料重复了巴斯德的实验，却得出不同的结果：即使在海拔很高的地方，所有装了培养液的瓶子都很快长出了微生物。

以下哪项如果为真，最能解释普歇和巴斯德实验所得到的不同结果？

A. 只要有氧气的刺激，微生物就会从培养液中自发地生长出来。

B. 培养液在加热消毒、密封、冷却的过程中会被外界细菌污染。

C. 普歇和巴斯德的实验设计都不够严密。

D. 干草浸液中含有一种耐高温的枯草杆菌，培养液一旦冷却，枯草杆菌的孢子就会复活，迅速繁殖。

E. 普歇和巴斯德都认为，虽然他们用的实验材料不同，但是经过煮沸，细菌都能被有效地杀灭。

6. 2010年某省物价总水平仅上涨2.4%，涨势比较温和，涨幅甚至比2009年回落了0.6个百分点。可是，普通民众觉得物价涨幅较高，一些统计数据也表明，民众的感觉有据可依。2010年某月的统计报告显示，该月禽蛋类商品价格涨幅达12.3%，某些反季节蔬菜涨幅甚至超过20%。

以下哪项如果为真，最能解释上述看似矛盾的现象？

A. 人们对数据的认识存在偏差，不同来源的统计数据会产生不同的结果。

B. 影响居民消费品价格总水平变动的各种因素互相交织。

C. 虽然部分日常消费品涨幅很小，但居民感觉很明显。

D. 在物价指数体系中占相当权重的工业消费品价格持续走低。

E. 不同的家庭，其收入水平、消费偏好、消费结构都有很大的差异。

10. 随着数字技术的发展，音频、视频的播放形式出现了革命性转变。人们很快接受了一些新形式，比如MP3、CD、DVD等。但是对于电子图书的接受并没有达到专家所预期的程度，现在仍有很大一部分读者喜欢捧着纸质出版物。纸质书籍在出版业中依然占据重要地位。因此有人说，书籍可能是数字技术需要攻破的最后一个堡垒。

以下哪项最不能对上述现象提供解释？

A. 人们固执地迷恋着阅读纸质书籍时的舒适体验，喜欢纸张的质感。

B. 在显示器上阅读，无论是笨重的阴极射线管还是轻薄的液晶显示器，都会让人无端地心浮气躁。

C. 现在仍有一些怀旧爱好者喜欢收藏经典图书。

D. 电子书显示设备技术不够完善，图像显示速度较慢。

E. 电子书和纸质书籍的柔软沉静相比，显得面目可憎。

23. 随着文化知识越来越重要，人们花在读书上的时间越来越多，文人学子中近视的比例也越来越高。即便在城里工人、乡镇农民中，也能看到不少人戴近视眼镜。然而，在中国古代很少发现患有近视的文人学子，更别说普通老百姓了。

以下除哪项外，均可以解释上述现象？

A. 古时候，只有家庭条件好或者有地位的人才读得起书；即便读书，用在读书上的时间也很少，那种头悬梁，锥刺股的读书人更是凤毛麟角。

B. 古时交通工具不发达，出行主要靠步行、骑马，足量的运动对于预防近视有一定的作用。

C. 古人生活节奏慢，不用担心交通安全，所以即使患了近视，其危害也非常小。

D. 古代自然科学不发达，那时学生读的书很少，主要是四书五经，一本《论语》要读好几年。

E. 古人书写用的是毛笔，眼睛和字的距离比较远，写的字也相对大些。

【2012 年】

11. 乘客使用手机及便携式电子设备会通过电磁波谱频繁传输信号，机场的无线电话和导航网络等也会使用电磁波谱，但电信委员会已根据不同用途把电磁波谱分成了几大块。因此，用手机打电话不会对专供飞机通信系统或全球定位系统使用的波段造成干扰。尽管如此，各大航空公司仍然规定，禁止机上乘客使用手机等电子设备。

以下哪项如果为真，能解释上述现象？

Ⅰ. 乘客在空中使用手机等电子设备可能对地面导航网络造成干扰；

Ⅱ. 乘客在起飞和降落时使用手机等电子设备，可能影响机组人员工作；

Ⅲ. 便携式电脑或者游戏设备可能导致自动驾驶仪出现断路或仪器显示发生故障。

A. 仅Ⅰ　　B. 仅Ⅱ　　C. 仅Ⅰ、Ⅱ

D. 仅Ⅱ、Ⅲ　　E. Ⅰ、Ⅱ和Ⅲ

22. 一般商品只有在多次流通过程中才能不断增值，但艺术品作为一种特殊商品却体现出了与一般商品不同的特性。在拍卖市场上，有些古玩、字画的成交价有很大的随机性，往往会直接受到拍卖现场气氛、竞争激烈程度、买家心理变化等偶然因素的影响，成交价有时会高于底价几十倍乃至数百倍，使得艺术品在一次"流通"中实现大幅度增值。

以下哪项最无助于解释上述现象？

A. 艺术品的不可再造性决定了其交换价格有可能超过其自身价值。

B. 不少买家喜好收藏，抬高了艺术品的交易价格。

C. 有些买家就是为了炒作艺术品，以期获得高额利润。

D. 虽然大量赝品充斥市场，但是对艺术品的交易价格没有什么影响。

E. 国外资金进入艺术品拍卖市场，对价格攀升起到了拉动作用。

【2013 年】

12. 若成为白领的可能性无性别差异，按正常男女出生率 102∶100 计算，当这批人中的白领谈婚论嫁时，女性与男性数量应当大致相等。但实际上，某市妇联近几年举办的历次大型白领相亲活动中，报名的男女比例约为 3∶7，有时甚至达到 2∶8，这说明，文化越高的女性越难嫁，文化低的反而好嫁；男性则正好相反。

以下除哪项外，都有助于解释上述分析与实际情况的不一致？

A. 男性因长相身高、家庭条件等被女性淘汰者多于女性因长相身高、家庭条件等被男性淘汰者。

B. 与男性白领不同，女性白领要求高，往往只找比自己更优秀的男性。
C. 大学毕业后出国的精英分子中，男性多于女性。
D. 与本地女性竞争的外地优秀女性多于与本地男性竞争的外地优秀男性。
E. 一般来说，男性参加大型相亲会的积极性不如女性。

14. 某大学的哲学学院和管理学院今年招聘新教师，招聘结束后受到了女权主义代表的批评，因为他们在12名女性应聘者中录用了6名，但在12名男性应聘者中却录用了7名。该大学对此解释说，今年招聘新教师的两个学院中，女性应聘者的录用率都高于男性的录用率。具体的情况是：哲学学院在8名女性应聘者中录用了3名，而在3名男性应聘者中录用了1名；管理学院在4名女性应聘者中录用了3名，而在9名男性应聘者中录用了6名。

以下哪项最有助于解释女权主义代表和大学之间的分歧？
A. 整体并不是局部的简单相加。
B. 有些数学规则不能解释社会现象。
C. 人们往往从整体角度考虑问题，不管局部。
D. 现代社会提倡男女平等，但实际执行中还是有一定难度。
E. 各个局部都具有的性质在整体上未必具有。

【2014年】

11. 英国有家小酒馆采取客人吃饭付费"随便给"的做法，即让顾客享用葡萄酒、蟹柳及三文鱼等美食后，自己决定付账金额。大多数顾客均以公平或慷慨的态度结账，实际金额比那些酒水菜肴本来的价格高出20%。该酒馆老板另有四家酒馆，而这四家酒馆每周的利润与付账"随便给"的酒馆相比少5%。这位老板因此认为，"随便给"的营销策略很成功。

以下哪项为真，最能解释老板营销策略的成功？
A. 部分顾客希望自己看上去有教养，愿意掏足够甚至更多的钱。
B. 如顾客所付低于成本价，就会受到提醒而补足差价。
C. 对于过分吝啬的顾客，酒馆老板常常也无可奈何。
D. 另外四家酒馆位置不如这家"随便给"酒馆。
E. 客人常常不知道酒水菜肴的实际价格，不知道该付多少钱。

16. 有气象专家指出，全球变暖已经成为人类发展最严重的问题之一，南北极地区的冰川由于全球变暖而加速融化，已导致海平面上升；如果这一趋势不变，今后势必淹没很多地区。但近几年来，北半球许多地区的民众在冬季感到相当寒冷，一些地区甚至出现了超强降雪和超低气温，人们觉得对近期气候的确切描述似乎更应该是"全球变冷"。

以下哪项如果为真，最能解释上述现象？
A. 除了南极洲，南半球近几年冬季的平均温度接近常年。
B. 近几年来，全球夏季的平均气温比常年偏高。
C. 近几年来，由于两极附近海水温度升高导致原来洋流中断或者减弱，而北半球经历严寒冬季的地区正是原来暖流影响的主要区域。

D. 近几年来，由于赤道附近海水温度升高导致了原来洋流增强，而北半球经历严寒冬季的地区不是原来寒流影响的主要区域。

E. 北半球主要是大陆性气候，冬季和夏季的温差通常比较大，近年来冬季极地寒流南侵比较频繁。

【2015 年】

1. 晴朗的夜晚可以看到满天星斗，其中有些是自身发光的恒星，有些是自身不发光但可以反射附近恒星光的行星。恒星尽管遥远，但是有些可以被现有的光学望远镜“看到”。和恒星不同，由于行星本身不发光，而且体积远小于恒星，所以，太阳系外的行星大多无法用现有的光学望远镜“看到”。

以下哪项如果为真，最能解释上述现象？

A. 如果行星的体积够大，现有的光学望远镜就能“看到”。

B. 太阳系外的行星因距离遥远，很少能将恒星光反射到地球上。

C. 现有的光学望远镜只能“看到”自身发光或者反射光的天体。

D. 有些恒星没有被现有光学望远镜“看到”。

E. 太阳系内的行星大多可用现有光学望远镜“看到”。

10. 某市推出一项月度社会公益活动，市民报名踊跃。由于活动规模有限，主办方决定通过摇号抽签方式选择参与者。第一个月中签率为 1∶20，随后连创新低，到下半年的 10 月份已达 1∶70。大多数市民屡摇不中，但从今年 7 月到 10 月，“李祥”这个名字连续 4 个月中签。不少市民据此认为有人在抽签过程中作弊，并对主办方提出质疑。

以下哪项如果为真，最能消除市民的质疑？

A. 已经中签的申请者中，叫“张磊”的有 7 人。

B. 曾有一段时间，家长给孩子取名不回避重名。

C. 在报名市民中，名叫“李祥”的近 300 人。

D. 摇号抽签全过程是在有关部门监督下进行的。

E. 在摇号系统中，每一位申请人都被随机赋予了一个不重复的编码。

【2016 年】

15. 2014 年，为迎接 APEC 会议的召开，北京、天津、河北等地实施“APEC 治理模式”，采取了有史以来最严格的减排措施。果然，令人心醉的“APEC 蓝”出现了。然而，随着会议的结束，“APEC 蓝”也渐渐消失了。对此，有些人士表示困惑，既然政府能在短期内实施“APEC 治理模式”取得良好效果，为什么不将这一模式长期坚持下去呢？

以下除哪项外，均能解释人们的困惑？

A. 最严格的减排措施在落实过程中已产生很多难以解决的实际困难。

B. 如果近期将“APEC 治理模式”常态化，将会严重影响地方经济和社会的发展。

C. 任何环境治理都需要付出代价，关键在于付出的代价是否超出收益。

D. 短期严格的减排措施只能是权宜之计，大气污染治理仍需从长计议。

E. 如果 APEC 会议期间北京雾霾频发，就会影响我们国家的形象。

17. 某公司办公室茶水间提供自助式收费饮料，职员拿完饮料后，自己把钱放到特设的收款箱中，研究者为了判断职员在无人监督时，其自律水平会受哪些因素的影响，特地在收款箱上方贴了一张装饰图片，每周一换。装饰图片有时是一些花朵，有时是一双眼睛。一个有趣的现象出现了：贴着“眼睛”的那一周，收款箱里的钱远远超过贴其他图片的情形。

以下哪项如果为真，最能解释上述实验现象？

A. 该公司职员看到“眼睛”图片时，就能联想到背后可能有人看着他们。

B. 在该公司工作的职员，其自律能力超过社会中的其他人。

C. 该公司职员看着“花朵”图片时，心情容易变得愉快。

D. 眼睛是心灵的窗口，该公司职员看到“眼睛”图片时会有一种莫名的感动。

E. 在无人监督的情况下，大部分人缺乏自律能力。

20. 在一项关于“社会关系如何影响人的死亡率”的课题研究中，研究人员惊奇地发现：不论种族、收入、体育锻炼等因素，一个乐于助人、和他人相处融洽的人，其平均寿命长于一般人，在男性中尤其如此；相反，心怀恶意、损人利己、和他人相处不融洽的人 70 岁之前的死亡率比正常人高出 1.5 至 2 倍。

以下哪项如果为真，最能解释上述发现？

A. 身心健康的人容易和他人相处融洽，而心理有问题的人与他人很难相处。

B. 男性通常比同年龄段的女性对他人有更强的“敌视情绪”，多数国家男性的平均寿命也因此低于女性。

C. 与人为善带来轻松愉悦的情绪，有益身体健康；损人利己则带来紧张的情绪，有损身体健康。

D. 心存善念、思想豁达的人大多精神愉悦、身体健康。

E. 那些自我优越感比较强的人通常“敌视情绪”也比较强，他们长时间处于紧张状态。

【2017 年】

24. 通常情况下，长期在寒冷环境中生活的居民可以有更强的抗寒能力。相比于我国的南方地区，我国北方地区冬天的平均气温要低很多。然而有趣的是，现在许多北方地区的居民并不具有我们所以为的抗寒能力，相当多的北方人到南方来过冬，竟然难以忍受南方的寒冷天气，怕冷程度甚至远超过当地人。

以下哪项如果为真，最能解释上述现象？

A. 一些北方人认为南方温暖，他们去南方过冬时往往对保暖工作做得不够充分。

B. 南方地区冬天虽然平均气温比北方高，但也存在极端低温的天气。

C. 北方地区在冬天通常启用供暖设备，其室内温度往往比南方高出很多。

D. 有些北方人是从南方迁过去的，他们没有完全适应北方的气候。

E. 南方地区湿度较大，冬天感受到的寒冷程度超出气象意义上的温度指标。

【2018年】

14. 我国中原地区如果降水量比往年偏低，该地区的河流水位会下降，流速会减缓。这有利于河流中的水草生长，河流中的水草总量通常也会随之而增加。不过，去年该地区在经历了一次极端干旱之后，尽管该地区某河流的流速十分缓慢，但其中的水草总量并未随之而增加，只是处于一个很低的水平。

以下哪项如果为真，最能解释上述看似矛盾的现象？

A. 经过极端干旱之后，该河流中以水草为食物的水生动物数量大量减少。

B. 河水流速越慢，其水温变化就越小，这有利于水草的生长和繁殖。

C. 如果河中水草数量达到一定的程度，就会对周边其他物种的生存产生危害。

D. 该河流在经历了去年极端干旱之后干涸了一段时间，导致大量水生物死亡。

E. 我国中原地区多平原，海拔差异小，其地表水流速比较缓慢。

【2021年】

5. 气象台的实测气温与人实际的冷暖感受常常存在一定的差异。在同样的低温条件下，如果是阴雨天，人会感到特别冷，即通常说的“阴冷”；如果同时赶上刮大风，人会感到寒风刺骨。

以下哪项如果为真，最能解释上述现象？

A. 人的体感温度除了受气温的影响外，还受风速与空气湿度的影响。

B. 低温情况下，如果风力不大、阳光充足，人不会感到特别寒冷。

C. 即使天气寒冷，若进行适当锻炼，人也不会感到太冷。

D. 即使室内外温度一致，但是走到有阳光的室外，人会感到温暖。

E. 炎热的夏日，电风扇转动时，尽管不改变环境温度，但人依然感到凉快。

答案速查：

年份	题号及答案
2010年	10. B　12. C
2011年	1. D　6. D　10. C　23. C
2012年	11. E　22. D
2013年	12. A　14. E
2014年	11. A　16. C
2015年	1. B　10. C
2016年	15. E　17. A　20. C
2017年	24. E
2018年	14. D
2021年	5. A

第八节　评　价　题

【2010 年】

26. 陈先生：未经许可进入别人的电脑，就像开偷来的汽车撞伤了人，这些都是犯罪行为。但后者性质更严重，因为它既侵占了有形财产，又造成了人身伤害；而前者只是在虚拟世界中捣乱。

林女士：我不同意。例如，非法侵入医院的电脑，有可能扰乱医疗数据，甚至危及病人的生命。因此，非法侵入电脑同样会造成人身伤害。

以下哪项最为准确地概括了两人争论的焦点？

A. 非法侵入别人的电脑和开偷来的汽车是否会同样危及人的生命？

B. 非法侵入别人的电脑和开偷来的汽车伤人是否都构成犯罪？

C. 非法侵入别人的电脑和开偷来的汽车伤人是否是同样性质的犯罪？

D. 非法侵入别人电脑的犯罪性质是否和开偷来的汽车伤人一样严重？

E. 是否只有侵占有形财产才构成犯罪？

【2011 年】

13. 公达律师事务所以为刑事案件的被告进行有效辩护而著称，成功率达 90%以上，老余是一位以专门为离婚案件的当事人成功辩护而著称的律师。因此，老余不可能是公达律师事务所的成员。

以下哪项最为确切地指出了上述论证的漏洞？

A. 公达律师事务所具有的特征，其成员不一定具有。

B. 没有确切指出老余为离婚案件的当事人辩护的成功率。

C. 没有确切指出老余为刑事案件的当事人辩护的成功率。

D. 没有提供公达律师事务所统计数据的来源。

E. 老余具有的特征，其所在工作单位不一定具有。

【2016 年】

5. 赵明与王洪都是某高校辩论协会成员，在为今年华语辩论赛招募新队员问题上，两人发生了争执：

赵明：我们一定要选拔喜欢辩论的人，因为一个人只有喜爱辩论，才能投入精力和时间研究辩论并参加辩论赛。

王洪：我们招募的不是辩论爱好者，而是能打硬仗的辩手，无论是谁，只要能在辩论赛中发挥应有的作用，他就是我们理想的人选。

以下哪项最可能是两人争论的焦点？

A. 招募的标准是从现实出发还是理想出发。

B. 招募的目的是研究辩论规律还是培养实战能力。

C. 招募的目的是为了培养新人还是赢得比赛。

D. 招募的标准是对辩论的爱好还是辩论的能力。

E. 招募的目的是为了集体荣誉还是满足个人爱好。

22. 许多人不仅不理解别人，而且也不理解自己，尽管他们可能曾经试图理解别人，但这样的努力注定会失败，因为不理解自己的人是不可能理解别人的。可见，那些缺乏自我理解的人是不会理解别人的。

以下哪项最能说明上述论证的缺陷？

A. 使用了“自我理解”概念，但并未给出定义。

B. 没有考虑“有些人不愿意理解自己”这样的可能性。

C. 没有正确把握理解别人和理解自己之间的关系。

D. 结论仅仅是对其论证前提的简单重复。

E. 间接指责人们不能换位思考，不能相互理解。

【2017 年】

10. 王研究员：我国政府提出的“大众创业、万众创新”激励着每一个创业者。对于创业者来说，最重要的是需要一种坚持精神。不管在创业中遇到什么困难，都要坚持下去。

李教授：对于创业者来说，最重要的是要敢于尝试新技术。因为有些新技术一些大公司不敢轻易尝试，这就为创业者带来了成功的契机。

根据以上信息，以下哪项最准确地指出了王研究员与李教授的分歧所在？

A. 最重要的是敢于迎接各种创业难题的挑战，还是敢于尝试那些大公司不轻易尝试的新技术。

B. 最重要的是坚持创业，有毅力有恒心把事业一直做下去，还是坚持创新，做出更多的科学发现和技术发明。

C. 最重要的是坚持把创业这件事做好，成为创业大众的一员，还是努力发明新技术，成为创新万众的一员。

D. 最重要的是需要一种坚持精神，不畏艰难，还是敢于尝试新技术，把握事业成功的契机。

E. 最重要的是坚持创业，敢于成立小公司，还是尝试新技术，敢于挑战大公司。

17. 研究者调查了一组大学生毕业即从事有规律的工作正好满 8 年的白领，发现他们的体重比刚毕业时平均增加了 8 千克。研究者由此得出结论，有规律的工作会增加人们的体重。

关于上述结论的正确性，需要询问的关键问题是以下哪项？

A. 和该组调查对象其他情况相仿且经常进行体育锻炼的人，在同样的 8 年中体重有怎样的变化？

B. 该组调查对象的体重在 8 年后是否会继续增加？

C. 为什么调查关注的时间段是毕业工作后 8 年，而不是 7 年或者 9 年？

D. 该组调查对象中男性和女性的体重增加是否有较大的差异？

E. 和该组调查对象其他情况相仿但没有从事有规律工作的人，在同样的 8 年中体重有怎样的变化？

答案速查：

年份	题号及答案
2010 年	26. D
2011 年	13. A
2016 年	5. D　22. D
2017 年	10. D　17. E

第九节 概 括 题

【2011 年】

3. 一般将缅甸所产的经过风化或经河水搬运至河谷、河床中的翡翠大砾石，称为“老坑玉”。老坑玉的特点是“水头好、质坚、透明度高”，其上品透明如玻璃，故称“玻璃种”或“冰种”。同为老坑玉，其质量相对也有高低之分，有的透明度高一些，有的透明度稍差些，所以价值也有差别。在其他条件都相同的情况下，透明度高的“老坑玉”比透明度较低的单位价值高，但是开采的实践告诉人们，没有单位价值最高的“老坑玉”。

以上陈述如果为真，可以得出以下哪项结论？

A. 没有透明度最高的“老坑玉”。

B. 透明度高的“老坑玉”未必“水头好”。

C. “老坑玉”中也有质量很好的翡翠。

D. “老坑玉”的单位价值还决定于其加工的质量。

E. 随着年代的增加，“老坑玉”的单位价值会越来越高。

17. 按照联合国开发计划署 2007 年的统计，挪威是世界上居民生活质量最高的国家，欧美和日本等发达国家也名列前茅。如果统计 1990 年以来生活质量改善最快的国家，发达国家则落后了。至少在联合国开发计划署统计的 116 个国家中，17 年来，非洲东南部国家莫桑比克的生活质量提高最快，2007 年其生活质量指数比 1990 年提高了 50%，很多非洲国家取得了和莫桑比克类似的成就。作为世界上最受瞩目的发展中国家，中国的生活质量指数在过去 17 年中也提高了 27%。

以下哪项可以从联合国开发计划署的统计中得出？

A. 2007 年，发展中国家的生活质量指数都低于西方国家。

B. 2007 年，莫桑比克的生活质量指数不高于中国。

C. 2006 年，日本的生活质量指数不高于中国。

D. 2006 年，莫桑比克的生活质量的改善快于非洲其他各国。

E. 2007 年，挪威的生活质量指数高于非洲各国。

【2014 年】

26. 孙先生的所有朋友都声称，他们知道某人每天抽烟至少两盒，而且持续了 40 年，但身体一直不错。不过可以确信的是，孙先生并不知道有这样的人，在他的朋友中也有像孙先生这样不知情的。

根据以上信息，最可能得出以下哪项？

A. 抽烟的多少和身体健康与否无直接关系。
B. 朋友之间的交流可能会夸张,但没有人想故意说谎。
C. 孙先生的每位朋友知道的烟民一定不是同一个人。
D. 孙先生的朋友中有人没有说真话。
E. 孙先生的大多数朋友没有说真话。

【2018年】

2. 盛夏时节的某一天,某市早报刊载了由该市专业气象台提供的全国部分城市当天的天气预报,择其内容列表如下:

天津	阴	上海	雷阵雨	昆明	小雨
呼和浩特	阵雨	哈尔滨	少云	乌鲁木齐	晴
西安	中雨	南昌	大雨	香港	多云
南京	雷阵雨	拉萨	阵雨	福州	阴

根据上述信息,以下哪项作出的论断最为准确?
A. 由于所列城市盛夏天气变化频繁,所以上面所列的9类天气一定就是所有的天气类型。
B. 由于所列城市并非我国的所有城市,所以上面所列的9类天气一定不是所有的天气类型。
C. 由于所列城市在同一天不一定展示所有的天气类型,所以上面所列的9类天气可能不是所有的天气类型。
D. 由于所列城市在同一天可能展示所有的天气类型,所以上面所列的9类天气一定是所有的天气类型。
E. 由于所列城市分处我国的东南西北中,所以上面所列的9类天气一定就是所有的天气类型。

【2019年】

8. 有一论证(相关语句用序号表示)如下:
①今天,我们仍然要提倡勤俭节约。②节约可以增加社会保障资源,③我国尚有不少地区的人民生活贫困,亟需更多社会保障资源,但也有一些人浪费严重;④节约可以减少资源消耗,⑤因为被浪费的任何粮食或者物品都是消耗一定的资源得来的。
如果用"甲→乙"表示甲支持(或证明)乙,则以下哪项对上述论证基本结构的表示最为准确?

A.
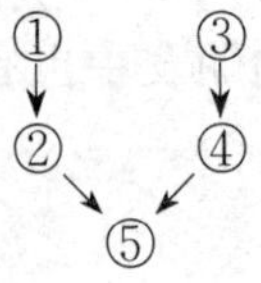

B.
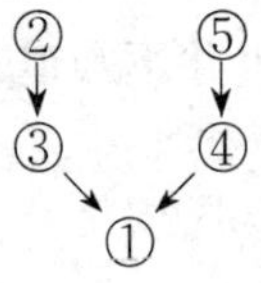

C.
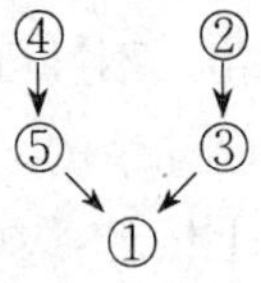

D. 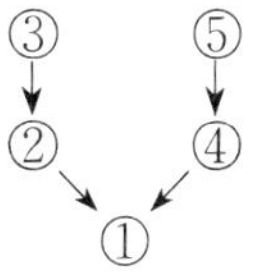

E. 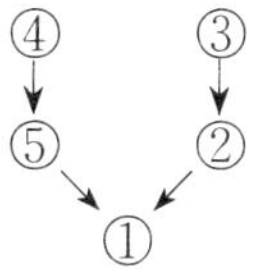

答案速查：

年份	题号及答案
2011 年	3. A 17. E
2014 年	26. D
2018 年	2. C
2019 年	8. D

第十节 分析推理题

【2010年】

23. 李赫、张岚、林宏、何柏、邱辉五位是同事，近日他们各自买了一辆不同品牌的小轿车，分别为雪铁龙、奥迪、宝马、奔驰、桑塔纳。这五辆车的颜色分别与五人名字最后一个字谐音的颜色不同。已知李赫买的是蓝色的雪铁龙。

以下哪项排列可能依次对应张岚、林宏、何柏、邱辉所买的车？

A. 灰色的奥迪、白色的宝马、黑色的奔驰、红色的桑塔纳

B. 黑色的奥迪、红色的宝马、灰色的奔驰、白色的桑塔纳

C. 红色的奥迪、灰色的宝马、白色的奔驰、黑色的桑塔纳

D. 白色的奥迪、黑色的宝马、红色的奔驰、灰色的桑塔纳

E. 黑色的奥迪、灰色的宝马、白色的奔驰、红色的桑塔纳

27. 小明、小红、小丽、小强、小梅五人去听音乐会。他们五人在同一排且座位相连，其中只有一个座位最靠近走廊。小强想坐在最靠近走廊的座位上，小丽想跟小明紧挨着，小红不想跟小丽紧挨着，小梅想跟小丽紧挨着，但不想跟小强或小明紧挨着。

以下哪项的排序符合上述五人的意愿？

A. 小明、小梅、小丽、小红、小强

B. 小强、小红、小梅、小丽、小明

C. 小明、小梅、小红、小丽、小强

D. 小明、小红、小梅、小丽、小强

E. 小强、小丽、小梅、小明、小红

28. 参加某国际学术研讨会的 60 名学者中，亚裔学者 31 人，博士 33 人，非亚裔学者中无博士学位的 4 人。

根据上述陈述，参加此次国际研讨会的亚裔博士有几人？

A. 1 人 B. 2 人 C. 4 人 D. 7 人 E. 8 人

【2011年】

18. 某次认知能力测试，刘强得了 118 分，蒋明的得分比王丽高，张华和刘强得分之和大于蒋明和王丽的得分之和，刘强的得分比周梅高；此次测试 120 分以上为优秀，五人之中有两人没有达到优秀。

根据以上信息，以下哪项是上述五人在此次测试中得分由高到低的排列？

A. 张华、王丽、周梅、蒋明、刘强

B. 张华、蒋明、王丽、刘强、周梅

C. 张华、蒋明、刘强、王丽、周梅

D. 蒋明、张华、王丽、刘强、周梅

E. 蒋明、王丽、张华、刘强、周梅

【2012年】

28～30 题基于以下共同题干：

东宇大学公开招聘3个教师职位，哲学学院、管理学院和经济学院各一个。每个职位都有分别来自南山大学、西京大学、北清大学的候选人。有位"聪明"人士李先生对招聘结果作出了如下预测：

(1) 如果哲学学院录用北清大学的候选人，那么管理学院录用西京大学的候选人；

(2) 如果管理学院录用南山大学的候选人，那么哲学学院也录用南山大学的候选人；

(3) 如果经济学院录用北清大学或者西京大学的候选人，那么管理学院录用北清大学的候选人。

28. 如果哲学学院、管理学院和经济学院最终录用的候选人的大学归属信息依次如下，则哪项符合李先生的预测？

A. 南山大学、南山大学、西京大学
B. 北清大学、南山大学、南山大学
C. 北清大学、北清大学、南山大学
D. 西京大学、北清大学、南山大学
E. 西京大学、西京大学、西京大学

29. 若哲学学院最终录用西京大学的候选人，则以下哪项表明李先生的预测错误？

A. 管理学院录用北清大学候选人。
B. 管理学院录用南山大学候选人。
C. 经济学院录用南山大学候选人。
D. 经济学院录用北清大学候选人。
E. 经济学院录用西京大学候选人。

30. 如果三个学院最终录用的候选人分别来自不同的大学，则以下哪项符合李先生的预测？

A. 哲学学院录用西京大学候选人，经济学院录用北清大学候选人。
B. 哲学学院录用南山大学候选人，管理学院录用北清大学候选人。
C. 哲学学院录用北清大学候选人，经济学院录用西京大学候选人。
D. 哲学学院录用西京大学候选人，管理学院录用南山大学候选人。
E. 哲学学院录用南山大学候选人，管理学院录用西京大学候选人。

【2013年】

3. 某省大力发展旅游产业，目前已经形成东湖、西岛、南山三处著名景点，每处景点都有二日游、三日游、四日游三种路线。李明、王刚、张波拟赴上述三地进行九日游，每个人都设计了各自的旅游计划。后来发现，每处景点他们三人都选择了不同的路线：李明赴东湖的计划天数与王刚赴西岛的计划天数相同，李明赴南山的计划是三日游，王刚赴南山的计划是四日游。

根据以上陈述，可以得出以下哪项？

A. 李明计划东湖二日游，王刚计划西岛二日游。
B. 王刚计划东湖三日游，张波计划西岛四日游。
C. 张波计划东湖四日游，王刚计划西岛三日游。

D. 张波计划东湖三日游，李明计划西岛四日游。

E. 李明计划东湖二日游，王刚计划西岛三日游。

10～11 题基于以下共同题干：

年初，为激励员工努力工作，某公司决定根据每月的工作绩效评选“月度之星”，王某在当年前 10 个月恰好只在连续的 4 个月中当选“月度之星”，他的另三位同事郑某、吴某、周某也做到了这一点。关于这四人当选“月度之星”的月份，已知：

(1) 王某和郑某仅有三个月同时当选；

(2) 郑某和吴某仅有三个月同时当选；

(3) 王某和周某不曾在同一个月当选；

(4) 仅有 2 人在 7 月同时当选；

(5) 至少有 1 人在 1 月当选。

10. 根据以上信息，有 3 人同时当选“月度之星”的月份是？

A. 1～3 月　　B. 2～4 月　　C. 3～5 月

D. 4～6 月　　E. 5～7 月

11. 根据以上信息，王某当选“月度之星”的月份是？

A. 1～4 月　　B. 3～6 月　　C. 4～7 月

D. 5～8 月　　E. 7～10 月

13. 张霞、李丽、陈露、邓强和王硕一起坐火车去旅游，他们正好在同一车厢相对两排的五个座位上，每人各坐一个位置。第一排的座位按顺序分别记作 1 号和 2 号。第 2 排的座位按序号记为 3、4、5 号。座位 1 和座位 3 直接相对，座位 2 和座位 4 直接相对，座位 5 不和上述任何座位直接相对。李丽坐在 4 号位置；陈露所坐的位置不与李丽相邻，也不与邓强相邻（相邻是指同一排上紧挨着）；张霞不坐在与陈露直接相对的位置上。

根据以上信息，张霞所坐位置有多少种可能的选择？

A. 1 种　　B. 2 种　　C. 3 种　　D. 4 种　　E. 5 种

21. 在东海大学研究生会举办的一次中国象棋比赛中，来自经济学院，管理学院，哲学学院，数学学院和化学学院的 5 名研究生（每个学院 1 名）相遇在一起。有关甲、乙、丙、丁、戊 5 名研究生之间的比赛信息满足以下条件：

(1) 甲仅与 2 名选手比赛过；

(2) 化学学院的选手和 3 名选手比赛过；

(3) 乙不是管理学院的，也没有和管理学院的选手对阵过；

(4) 哲学学院的选手和丙比赛过；

(5) 管理学院、哲学学院、数学学院的选手相互都交过手；

(6) 丁仅与 1 名选手比赛过。

根据以上条件，请问丙来自哪个学院？

A. 经济学院　　B. 管理学院　　C. 哲学学院

D. 化学学院　　E. 数学学院

22. 据统计，去年在某校参加高考的 385 名文、理科考生中、女生 189 人，文科男生 41 人，非应届男生 28 人，应届理科考生 256 人。

由此可见，去年在该校参加高考的考生中：

A. 非应届文科男生多于 20 人。　　B. 应届理科女生少于 130 人。

C. 应届理科男生多于 129 人。　　D. 应届理科女生多于 130 人。

E. 非应届文科男生少于 20 人。

29～30 题基于以下共同题干：

晨曦公园拟在园内东、南、西、北四个区域种植四种不同的特色树木，每个区域只种植一种。选定的特色树种为：水杉、银杏、乌桕和龙柏。布局和基本要求是：

（1）如果在东区或者南区种植银杏，那么在北区不能种植龙柏或乌桕。

（2）北区或东区要种植水杉或者银杏。

29. 根据上述种植要求，如果北区种植龙柏，以下哪项一定为真？

A. 西区种植水杉。　　B. 南区种植乌桕。　　C. 南区种植水杉。

D. 西区种植乌桕。　　E. 东区种植乌桕。

30. 根据上述种植要求，如果水杉必须种植于西区或南区，以下哪项一定为真？

A. 南区种植水杉。　　B. 西区种植水杉。　　C. 东区种植银杏。

D. 北区种植银杏。　　E. 南区种植乌桕。

【2014 年】

4. 在某次考试中，有 3 个关于北京旅游景点的问题，要求考生每题选择某个景点的名称作为唯一答案。其中 6 位考生关于上述 3 个问题的答案依次如下：

第一位考生：天坛、天坛、天安门；

第二位考生：天安门、天安门、天坛；

第三位考生：故宫、故宫、天坛；

第四位考生：天坛、天安门、故宫；

第五位考生：天安门、故宫、天安门；

第六位考生：故宫、天安门、故宫。

考试结果表明，每位考生都至少答对其中 1 道题。

根据以上陈述，可知这 3 个问题的正确答案依次是：

A. 天安门、故宫、天坛　　B. 故宫、天安门、天安门

C. 天坛、故宫、天坛　　D. 天坛、天坛、故宫

E. 故宫、故宫、天坛

8. 近 10 年来，某电脑公司的个人笔记本电脑的销量持续增长，但其增长率低于该公司所有产品总销量的增长率。

以下哪项关于该公司的陈述与上述信息相冲突？

A. 近 10 年来，该公司个人笔记本电脑的销量每年略有增长。

B. 个人笔记本电脑的销量占该公司产品总销量的比例近 10 年来由 68%上升到 72%。

C. 近 10 年来，该公司产品总销量增长率与个人笔记本电脑的销量增长率每年同时增长。

D. 近 10 年来，该公司个人笔记本电脑的销量占该公司产品总销量的比例逐年下降。

E. 个人笔记本电脑的销量占该公司产品总销量的比例近10年来由64%下降到49%。

12～13题基于以下共同题干：

某公司年度审计期间，审计人员发现一张发票，上面有赵义、钱仁礼、孙智、李信4个签名，签名者身份各不相同，是经办人、复核人、出纳或审批领导之中的一个，且每个签名都是本人所签。询问4位相关人员，得出如下回答：

赵义："审批领导的签名不是钱仁礼。"

钱仁礼："复核的签名不是李信。"

孙智："出纳的签名不是赵义。"

李信："复核的签名不是钱仁礼。"

已知上述每个回答中，如果提到的人是经办人，则该回答为假；如果提到的人不是经办人，则为真。

12. 根据以上信息，可以得出经办人是？

A. 赵义　　B. 李信　　C. 孙智

D. 钱仁礼　　E. 无法确定

13. 根据以上信息，则公司复核与出纳分别是？

A. 钱仁礼、李信　　B. 赵义、钱仁礼　　C. 李信、赵义

D. 孙智、赵义　　E. 孙智、李信

15. 为了加强学习型机关建设，某机关党委开展了菜单式学习活动，拟开设课程有"行政学""管理学""科学前沿""逻辑"和"国际政治"等5门课程，要求其下属的4个支部各选择其中两门课程进行学习。已知：第一支部没有选择"管理学""逻辑"，第二支部没有选择"行政学""国际政治"，只有第三支部选择了"科学前沿"。任意两个支部所选课程均不完全相同。

根据上述信息，关于第四支部的选课情况可以得出以下哪项？

A. 如果没有选择"行政学"，那么选择了"逻辑"。

B. 如果没有选择"管理学"，那么选择了"逻辑"。

C. 如果没有选择"国际政治"，那么选择了"逻辑"。

D. 如果没有选择"管理学"，那么选择了"国际政治"。

E. 如果没有选择"行政学"，那么选择了"管理学"。

21. 某单位负责网络、文秘以及后勤的三名办公人员：文珊、孔瑞和姚薇。为了培养年轻干部，领导决定她们三人在这三个岗位之间实行轮岗，并将她们原来的工作间110室、111室和112室也进行了轮换。结果，原来负责后勤的文珊接替了孔瑞的文秘工作，由110室调到了111室。

根据以上信息，可以得出以下哪项？

A. 姚薇被调到了112室。　　B. 姚薇接替孔瑞的工作。　　C. 孔瑞接替文珊的工作。

D. 孔瑞被调到了112室。　　E. 孔瑞被调到了110室。

22. 某小区业主委员会的4名成员晨桦、建国、向明和嘉媛围坐在一张方桌前（每边各坐一人）讨论小区大门旁的绿化方案。4人的职业各不相同，每个人的职业是高校教师、软件工程师、园艺师或邮递员之中的一种。已知：晨桦是软件工程师，他坐在建国的左手

边；向明坐在高校教师的右手边；坐在建国对面的嘉媛不是邮递员。

根据以上信息，可以得出以下哪项？

A. 嘉媛是高校教师，向明是园艺师。 B. 建国是邮递员，嘉媛是园艺师。

C. 建国是高校教师，向明是园艺师。 D. 嘉媛是园艺师，向明是高校教师。

E. 向明是邮递员，嘉媛是园艺师。

27. 现有甲、乙两所学校，根据上年度的教育经费实际投入统计，若仅仅比较在校本科生的学生人均投入经费，甲校等于乙校的 86%；但若比较所有学生（本科生加上研究生）的人均经费投入，甲校是乙校的 118%。各校研究生的人均经费投入均高于本科生。

根据以上信息，最可能得出以下哪项？

A. 上年度，甲校学生总数多于乙校。

B. 上年度，甲校研究生人数少于乙校。

C. 上年度，甲校研究生占该校学生的比例高于乙校。

D. 上年度，甲校研究生人均经费投入高于乙校。

E. 上年度，甲校研究生占该校学生的比例高于乙校，或者甲校研究生人均经费投入高于乙校。

28～30 题基于以下共同题干：

孔智、孟睿、荀慧、庄聪、墨灵、韩敏等 6 人组成一个代表队参加某次棋类大赛，其中两人参加围棋比赛，两人参加中国象棋比赛，还有两人参加国际象棋比赛。有关他们具体参加比赛项目的情况还需满足以下条件：

(1) 每位选手只能参加一个比赛项目；

(2) 孔智参加围棋比赛，当且仅当，庄聪和孟睿都参加中国象棋比赛；

(3) 如果韩敏不参加国际象棋比赛，那么墨灵参加中国象棋比赛；

(4) 如果荀慧参加中国象棋比赛，那么庄聪不参加中国象棋比赛；

(5) 荀慧和墨灵至少有一人不参加中国象棋比赛。

28. 如果荀慧参加中国象棋比赛，那么可以得出以下哪项？

A. 庄聪和墨灵都参加围棋比赛。 B. 孟睿参加围棋比赛。

C. 孟睿参加国际象棋比赛。 D. 墨灵参加国际象棋比赛。

E. 韩敏参加国际象棋比赛。

29. 如果庄聪和孔智参加相同的比赛项目，且孟睿参加了中国象棋比赛，那么可以得出以下哪项？

A. 墨灵参加国际象棋比赛。 B. 庄聪参加中国象棋比赛。

C. 孔智参加围棋比赛。 D. 荀慧参加围棋比赛。

E. 韩敏参加中国象棋比赛。

30. 根据题干信息，以下哪项可能为真？

A. 庄聪和韩敏参加中国象棋比赛。 B. 韩敏和荀慧参加中国象棋比赛。

C. 孔智和孟睿参加围棋比赛。 D. 墨灵和孟睿参加围棋比赛。

E. 韩敏和孔智参加围棋比赛。

【2015年】

3. 甲、乙、丙、丁、戊和己等6人围坐在一张正六边形的小桌前，每边各坐一人。已知：

(1) 甲与乙正面相对；

(2) 丙与丁不相邻，也不正面相对。

如果乙与己不相邻，则以下哪项一定为真？

A. 戊与乙相邻。

B. 甲与丁相邻。

C. 己与乙正面相对。

D. 如果甲与戊相邻，则丁与己正面相对。

E. 如果丙与戊不相邻，则丙与己相邻。

13～14题基于以下共同题干：

天南大学准备派两名研究生、三名本科生到山村小学支教。经过个人报名和民主决议，最终人选将在研究生赵婷、唐玲和殷倩等3人和本科生周艳、李环、文琴、徐昂、朱敏等5人中产生。按规定同一学院或者同一社团至多选派一人。已知：

(1) 唐玲和朱敏均来自数学学院；

(2) 周艳和徐昂均来自文学院；

(3) 李环和朱敏均来自辩论协会。

13. 根据上述条件，以下必定入选的是？

A. 文琴　B. 唐玲　C. 殷倩　D. 周艳　E. 赵婷

14. 如果唐玲入选，下面必定入选的是？

A. 赵婷　B. 殷倩　C. 周艳　D. 李环　E. 徐昂

16. 某大学运动会即将召开，经管学院拟组建一支12人的代表队参赛，参赛队员将从该院4个年级学生中选拔。学校规定：每个年级须在长跑、短跑、跳高、跳远、铅球等5个项目中选1～2项比赛，其余项目可任意选择；一个年级如果选择长跑，就不能选短跑或跳高；一个年级如果选跳远，就不能选长跑或铅球；每名队员只参加一项比赛。已知该院：

(1) 每个年级均有队员被选拔进入代表队；

(2) 每个年级被选拔进入代表队的人数各不相同；

(3) 有两个年级的队员人数相乘等于另一个年级的队员人数。

根据以上信息，一个年级最多可选拔？

A. 8人　B. 7人　C. 6人　D. 5人　E. 4人

29～30题基于以下共同题干：

某高校数学、物理、化学、管理、文秘、法学等6个专业毕业生需要就业，现有风云、怡和、宏宇三家公司前来学校招聘。已知，每家公司只招聘该校2至3个专业若干毕业生，且需要满足以下条件：

(1) 招聘化学专业的公司也招聘数学专业；

(2) 怡和公司招聘的专业，风云公司也招聘；

(3) 只有一家公司招聘文秘专业，且该公司没有招聘物理专业；

(4) 如果怡和公司招聘管理专业，那么也招聘文秘专业；

(5) 如果宏宇公司没有招聘文秘专业，那么怡和公司招聘文秘专业。

29. 如果只有一家公司招聘物理专业，那么可以得出以下哪项？

A. 风云公司招聘化学专业。 B. 怡和公司招聘管理专业。

C. 宏宇公司招聘数学专业。 D. 风云公司招聘物理专业。

E. 怡和公司招聘物理专业。

30. 如果三家公司都招聘了 3 个专业若干毕业生，那么可以得出以下哪项？

A. 风云公司招聘化学专业。 B. 怡和公司招聘法学专业。

C. 宏宇公司招聘化学专业。 D. 风云公司招聘数学专业。

E. 怡和公司招聘物理专业。

【2016 年】

4. 古人以干支纪年：甲乙丙丁戊己庚辛壬癸为十干，也称天干。子丑寅卯辰巳午未申酉戌亥为十二支，也称地支。顺次以天干配地支，如甲子、乙丑、丙寅……癸酉、甲戌、丙子等，六十年重复一次，俗称六十花甲子。根据干支纪年，公元 2014 年为甲午年，公元 2015 年为乙未年。

根据上述所述，可以得出以下哪项？

A. 现代人已不用干支纪年。 B. 21 世纪会有甲丑年。

C. 干支纪年有利于农事。 D. 根据干支纪年，公元 2024 年为甲寅年。

E. 根据干支纪年，公元 2087 年为丁未年。

18～19 题基于以下共同题干：

某皇家园林依中轴线布局，从前到后依次排列着七个庭院。这七个庭院分别以汉字“日”“月”“金”“木”“水”“火”“土”来命名。已知：

(1)“日”字庭院不是最前面的那个庭院；

(2)“火”字庭院和“土”字庭院相邻；

(3)“金”“月”两庭院间隔的庭院数与“木”“水”两庭院间隔的庭院数相同。

18. 根据上述信息，下列哪个庭院可能是“日”字庭院？

A. 第一个庭院。 B. 第二个庭院。 C. 第四个庭院。

D. 第五个庭院。 E. 第六个庭院。

19. 如果第二个庭院是“土”字庭院，可以得出以下哪项？

A. 第七个庭院是“水”字庭院。 B. 第五个庭院是“木”字庭院。

C. 第四个庭院是“金”字庭院。 D. 第三个庭院是“月”字庭院。

E. 第一个庭院是“火”字庭院。

23. 在编号 1、2、3、4 的 4 个盒子中装有绿茶、红茶、花茶和白茶四种茶；每只盒子只装一种茶，每种茶只装一个盒子，已知：

(1) 装绿茶和红茶的盒子在 1、2、3 号范围之内；

(2) 装红茶和花茶的盒子在 2、3、4 号范围之内；

(3) 装白茶的盒子在 1、2、3 号范围之内。

根据上述已知条件，可以得出以下哪项？

A. 绿茶在3号。　B. 花茶在4号。　C. 白茶在3号。
D. 红茶在2号。　E. 绿茶在1号。

29～30题基于以下共同题干：

江海大学的校园美食节开幕了，某女生宿舍有5人积极报名参加此次活动，她们的姓名分别为金粲、木心、水仙、火珊、土润。举办方要求，每位报名者只做一道菜品参加评比，但需自备食材。限于条件，该宿舍所备食材仅有5种：金针菇、木耳、水蜜桃、火腿和土豆，要求每种食材只能有2人选用，每人只能选用2种食材，并且每人所选食材名称的第一个字与自己的姓氏均不相同。已知：

(1) 如果金粲选水蜜桃，则水仙不选金针菇；

(2) 如果木心选金针菇或土豆，则她也必须选木耳；

(3) 如果火珊选水蜜桃，则她也必须选木耳和土豆；

(4) 如果木心选火腿，则火珊不选金针菇。

29. 根据上述信息，可以得出以下哪项？

A. 木心选用水蜜桃、土豆。　B. 水仙选用金针菇、火腿。
C. 土润选用金针菇、水蜜桃。　D. 火珊选用木耳、水蜜桃。
E. 金粲选用木耳、土豆。

30. 如果水仙选用土豆，则可以得出以下哪项？

A. 木心选用金针菇、水蜜桃。　B. 金粲选用木耳、火腿。
C. 火珊选用金针菇、土豆。　D. 水仙选用木耳、土豆。
E. 土润选用水蜜桃、火腿。

【2017年】

4. 某剧组招募群众演员为了配合剧情，招4类角色：外国游客1～2名，购物者2～3名，商贩2名，路人若干。现有甲、乙、丙、丁、戊、己6人，且每人在同一个场景中只能出演一个角色。已知：

(1) 只有甲、乙才能出演外国游客；

(2) 上述4类角色在每个场景中至少有3类同时出现；

(3) 每个场景中，若乙或丁出演商贩，则甲和丙出演购物者；

(4) 购物者、路人数量之和在每个场景中不超过2。

根据以上信息，可以得出以下哪项？

A. 在同一场景中，若戊和己出演路人，则甲只可能出演外国游客。

B. 在同一场景中，若乙出演外国游客，则甲只可能出演商贩。

C. 至少有2人需要在不同场景出演不同角色。

D. 甲、乙、丙、丁不会在同一场景中同时出现。

E. 在同一场景中，若丁和戊出演购物者，则乙只可能出演外国游客。

8～9题基于以下共同题干：

丰收公司邢经理需要在下个月赴湖北、湖南、安徽、江西、江苏、浙江、福建7省进行市场需求调研，各省均调研一次，他的行程需满足如下条件：

（1）第一个或最后一个调研江西省；

（2）调研安徽省的时间早于浙江省，在这两省的调研之间，调研除了福建省的另外两省；

（3）调研福建省的时间安排在调研浙江省之前或刚好调研完浙江省之后；

（4）第三个调研江苏省。

8. 如果邢经理首先赴安徽省调研，则关于他的行程，可以确定以下哪项？

A. 第二个调研湖北省。　　B. 第二个调研湖南省。

C. 第五个调研福建省。　　D. 第五个调研湖北省。

E. 第五个调研浙江省。

9. 如果安徽省是邢经理第二个调研的省份，则关于他的行程，可以确定以下哪项？

A. 第一个调研江西省。　　B. 第四个调研湖北省。

C. 第五个调研浙江省。　　D. 第五个调研湖南省。

E. 第六个调研福建省。

12. 很多成年人对于儿时熟悉的《唐诗三百首》中的许多名诗，常常仅记得几句名句，而不知诗作者或诗名。甲校中文系硕士生只有三个年级，每个年级人数相等。统计发现，一年级学生都能把该书中的名句与诗名及其作者对应起来；二年级 2/3 的学生能把该书中的名句和作者对应起来；三年级 1/3 的学生不能把该书中的名句与诗名对应起来。

根据上述信息，关于该校中文系硕士生，可以得出以下哪项？

A. 1/3 以上的一、二年级学生不能把该书中的名句和作者对应起来。

B. 1/3 以上的硕士生不能将该书中的名句与诗名或作者对应起来。

C. 大部分硕士生能将该书中的名句与诗名及其作者对应起来。

D. 2/3 以上的一、三年级学生能把该书中的名句与诗名对应起来。

E. 2/3 以上的一、二年级学生不能把该书中的名句与诗名对应起来。

16. 颜子、曾寅、孟申、荀辰申请一个中国传统文化建设项目。根据规定，该项目的主持人只能有一位，且在上述 4 位申请者中产生；包括主持人在内，项目组成员不能超过两位。另外，各位申请者在申请答辩时作出如下陈述：

（1）颜子：如果我成为主持人，将邀请曾寅或荀辰作为项目组成员；

（2）曾寅：如果我成为主持人，将邀请颜子或孟申作为项目组成员；

（3）荀辰：只有颜子成为项目组成员，我才能成为主持人；

（4）孟申：只有荀辰或颜子成为项目组成员，我才能成为主持人。

假定四人陈述都为真，关于项目组成员的组合，以下哪项是不可能的？

A. 孟申、曾寅　　B. 荀辰、孟申　　C. 曾寅、荀辰

D. 颜子、孟申　　E. 颜子、荀辰

22. 某著名风景区有“妙笔生花”“猴子观海”“仙人晒靴”“美人梳妆”“阳关三叠”“禅心向天”等 6 个景点。为方便游人，景区提示如下：

（1）只有先游“猴子观海”，才能游“妙笔生花”；

（2）只有先游“阳关三叠”，才能游“仙人晒靴”；

(3) 如果游"美人梳妆",就要先游"妙笔生花";

(4) "禅心向天"应第4个游览,之后才可游览"仙人晒靴"。

张先生按照上述提示,顺利游览了上述6个景点。

根据上述信息,关于张先生的游览顺序,以下哪项不可能为真?

A. 第一个游览"猴子观海"。
B. 第二个游览"阳关三叠"。
C. 第三个游览"美人梳妆"。
D. 第五个游览"妙笔生花"。
E. 第六个游览"仙人晒靴"。

26～27题基于以下共同题干:

六一节快到了,幼儿园老师为班上的小明、小雷、小刚、小芳、小花等5位小朋友准备了红、橙、黄、绿、青、蓝、紫7份礼物。已知所有礼物都送了出去,每份礼物只能由一人获得,每人获最多获得两份礼物。另外,礼物派送还需要满足如下要求:

(1) 如果小明收到橙色礼物,则小芳会收到蓝色礼物;

(2) 如果小雷没有收到红色礼物,则小芳不会收到蓝色礼物;

(3) 如果小刚没有收到黄色礼物,则小花不会收到紫色礼物;

(4) 没有人既能收到黄色礼物,又能收到绿色礼物;

(5) 小明只收到橙色礼物,而小花只收到紫色礼物。

26. 根据上述信息,以下哪项可能为真?

A. 小明和小芳都收到两份礼物。
B. 小雷和小刚都收到两份礼物。
C. 小刚和小花都收到两份礼物。
D. 小芳和小花都收到两份礼物。
E. 小明和小雷都收到两份礼物。

27. 根据上述信息,如果小刚收到两份礼物,则可以得出以下哪项?

A. 小雷收到红色和绿色两份礼物。
B. 小刚收到黄色和蓝色两份礼物。
C. 小芳收到绿色和蓝色两份礼物。
D. 小刚收到黄色和青色两份礼物。
E. 小芳收到青色和蓝色两份礼物。

29～30题基于以下共同题干:

某影城将在"十一"黄金周7天(周一至周日)放映14部电影,其中有5部科幻片、3部警匪片、3部武侠片、2部战争片、1部爱情片。限于条件,影城每天放映两部电影,已知:

(1) 除两部科幻片安排在周四外,其余6天每天放映的两部电影都属于不同的类型;

(2) 爱情片安排在周日;

(3) 科幻片和武侠片没有安排在同一天;

(4) 警匪片和战争片没有安排在同一天。

29. 根据以上信息,以下哪项中的两部电影不可能安排在同一天放映?

A. 警匪片和爱情片
B. 科幻片和警匪片
C. 武侠片和战争片
D. 武侠片和警匪片
E. 科幻片和战争片

30. 根据以上信息,如果同类影片放映日期连续,则周六可以放映的电影是哪两部?

A. 科幻片和警匪片
B. 武侠片和警匪片
C. 科幻片和战争片
D. 科幻片和武侠片
E. 警匪片和战争片

【2018年】

13. 某学期学校新开设4门课程："《诗经》鉴赏""老子研究""唐诗鉴赏""宋词选读"。李晓明、陈文静、赵珊珊和庄志达4人各选修了其中一门课程。已知：

(1) 他们4人选修的课程各不相同；

(2) 喜爱诗词的赵珊珊选修的是诗词类课程；

(3) 李晓明选修的不是"《诗经》鉴赏"就是"唐诗鉴赏"。

以下哪项如果为真，就能确定赵珊珊选修的是"宋词选读"？

A. 庄志达选修的不是"宋词选读"。　B. 庄志达选修的是"老子研究"。

C. 庄志达选修的不是"老子研究"。　D. 庄志达选修的是"《诗经》鉴赏"。

E. 庄志达选修的不是"《诗经》鉴赏"。

15～16题基于以下共同题干：

某海军部队有甲、乙、丙、丁、戊、己、庚7艘舰艇，拟组成两个编队出航，第一编队编列3艘舰艇，第二编队编列4艘舰艇，编列需满足以下条件：

(1) 航母己必须编列在第二编队；

(2) 戊和丙至多有一艘编列在第一编队；

(3) 甲和丙不在同一编队；

(4) 如果乙编列在第一编队，则丁也必须编列在第一编队。

15. 如果甲在第二编队，则下列哪项中的舰艇一定也在第二编队？

A. 乙　B. 丙　C. 丁　D. 戊　E. 庚

16. 如果丁和庚在同一编队，则可以得出以下哪项？

A. 甲在第一编队。　B. 乙在第一编队。　C. 丙在第一编队。

D. 戊在第二编队。　E. 庚在第二编队。

19. 中国是全球最大的卷烟生产国和消费国，但近年来政府通过出台禁烟令、提高卷烟消费税等一系列公共政策努力改变这一形象。一项权威调查数据显示，在2014年同比上升了2.4%之后，中国卷烟消费量在2015年同比下降了2.4%，这是1995年来首次下降。尽管如此，2015年中国卷烟消费量仍占全球的45%，但这一下降对全球卷烟点消费量产生巨大影响，使其同比下降了2.1%。

根据以上信息，可以得出以下哪项？

A. 2015年中国卷烟消费量恰好等于2013年。

B. 2015年中国卷烟消费量大于2013年。

C. 2015年世界其他国家卷烟消费量同比下降比率高于中国。

D. 2015年世界其他国家卷烟消费量同比下降比率低于中国。

E. 2015年发达国家卷烟消费量同比下降比率高于发展中国家。

22～23题基于以下共同题干：

一江南园林拟建松、竹、梅、兰、菊5个园子。该园林拟设东、南、北3个门，分别位于其中的3个园子。这5个园子的布局满足如下条件：

(1) 如果东门位于松园或菊园，那么南门不位于竹园；

(2) 如果南门不位于竹园,那么北门不位于兰园;

(3) 如果菊园在园林的中心,那么它与兰园不相邻;

(4) 兰园与菊园相邻,中间连着一座美好美丽的廊桥。

22. 根据以上信息,可以得出以下哪项?

A. 兰园不在园林的中心。　　B. 菊园不在园林的中心。

C. 兰园在园林的中心。　　D. 菊园在园林的中心。

E. 梅园不在园林的中心。

23. 如果北门位于兰园,则可以得出以下哪项?

A. 南门位于菊园。　　B. 东门位于竹园。　　C. 东门位于梅园。

D. 东门位于松园。　　E. 南门位于梅园。

29~30 题基于以下共同题干:

某校四位女生施琳、张芳、王玉、杨虹与四位男生范勇、吕伟、赵虎、李龙进行中国象棋比赛。他们被安排在四张桌上,每桌一男一女对弈,四张桌从左到右分别记为 1、2、3、4 号,每对选手需要进行四局比赛。比赛规定:选手每胜一局得 2 分,和一局得 1 分,负一局得 0 分。前三局结束时,按分差大小排列,四对选手的总积分分别是 6∶0、5∶1、4∶2、3∶3。已知:

(1) 张芳跟吕伟对弈,杨虹在 4 号桌比赛,王玉的比赛桌在李龙比赛桌的右边;

(2) 1 号桌的比赛至少有一局是和局,4 号桌双方的总积分不是 4∶2;

(3) 赵虎前三局总积分并不领先他的对手,他们也没有下成过和局;

(4) 李龙已连输三局,范勇在前三局总积分上领先他的对手。

29. 根据上述信息,前三局比赛结束时谁的总积分最高?

A. 杨虹　　B. 施琳　　C. 范勇　　D. 王玉　　E. 张芳

30. 如果下列有位选手前三局均与对手下成和局,那么他(她)是谁?

A. 施琳　　B. 杨虹　　C. 张芳　　D. 范勇　　E. 王玉

【2019 年】

11. 有一 6×6 的方阵,它所含的每个小方格中可填入一个汉字,已有部分汉字填入。现要求该方阵中的每行每列均含有礼、乐、射、御、书、数 6 个汉字,不能重复也不能遗漏。根据上述要求,以下哪项是方阵底行 5 个空格中从左至右依次应填入的汉字?

	乐		御	书	
			乐		
射	御	书		礼	
	射			数	礼
御		数			射
					书

A. 数、礼、乐、射、御
B. 乐、数、御、射、礼
C. 数、礼、乐、御、射
D. 乐、礼、射、数、御
E. 数、御、乐、射、礼

21. 我国天山是垂直地带性的典范。已知天山的植被形态分布具有如下特点：

(1) 从低到高有荒漠、森林带、冰雪带等；

(2) 只有经过山地草原，荒漠才能演变成森林带；

(3) 如果不经过森林带，山地草原就不会过渡到山地草甸；

(4) 山地草甸的海拔不比山地草甸草原的低，也不比高寒草甸高。

根据以上信息，关于天山植被形态，按照由低到高排列，以下哪项是不可能的？

A. 荒漠、山地草原、山地草甸草原、森林带、山地草甸、高寒草甸、冰雪带
B. 荒漠、山地草原、山地草甸草原、高寒草甸、森林带、山地草甸、冰雪带
C. 荒漠、山地草甸草原、山地草原、森林带、山地草甸、高寒草甸、冰雪带
D. 荒漠、山地草原、山地草甸草原、森林带、山地草甸、冰雪带、高寒草甸
E. 荒漠、山地草原、森林带、山地草甸草原、山地草甸、高寒草甸、冰雪带

22. 某大学读书会开展"一月一书"活动。读书会成员甲、乙、丙、丁、戊 5 人在《论语》《史记》《唐诗三百首》《奥德赛》《资本论》中各选一种阅读，互不重复。已知：

(1) 甲爱读历史，会在《史记》和《奥德赛》中选一本；

(2) 乙和丁只爱中国古代经典，但现在都没有读诗的心情；

(3) 如果乙选《论语》，则戊选《史记》。

事实上，每个人都选了自己喜爱的书目。根据以上信息，可以得出哪项？

A. 甲选《史记》。
B. 乙选《奥德赛》。
C. 丙选《唐诗三百首》。
D. 丁选《论语》。
E. 戊选《资本论》。

24～25 题基于以下共同题干：

某食堂采购 4 类(各种蔬菜名称的后一个字相同，即为一类)共 12 种蔬菜：芹菜、菠菜、韭菜、青椒、红椒、黄椒、黄瓜、冬瓜、丝瓜、扁豆、毛豆、豇豆，并根据若干条件将其又分成 3 组，准备在早、中、晚三餐中分别使用。已知条件如下：

(1) 同一类别的蔬菜不在一组；

(2) 芹菜不能在黄椒那一组，冬瓜不能在扁豆那一组；

(3) 毛豆必须与红椒或者韭菜同一组；

(4) 黄椒必须与豇豆同一组。

24. 根据以上信息，可以得出以下哪项？

A. 芹菜与豇豆不在同一组。
B. 芹菜与毛豆不在同一组。
C. 菠菜与扁豆不在同一组。
D. 冬瓜与青椒不在同一组。
E. 丝瓜与韭菜不在同一组。

25. 如果韭菜、青椒与黄瓜在同一组，则可以得出以下哪项？

A. 芹菜、红椒与扁豆在同一组。
B. 菠菜、黄椒与豇豆在同一组。
C. 韭菜、黄瓜与毛豆在同一组。
D. 菠菜、冬瓜与豇豆在同一组。
E. 芹菜、红椒与丝瓜在同一组。

29～30 基于以下共同题干：

某园艺公司打算在如下形状的花圃中栽种玫瑰、兰花、菊花三个品种的花卉。该花圃的形状如下图所示：

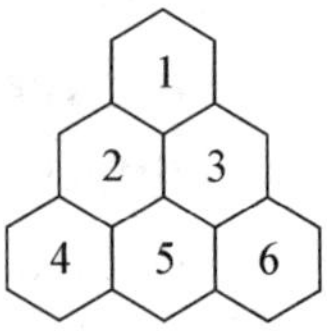

拟栽种的玫瑰有紫、红、白 3 种颜色，兰花有红、白、黄 3 种颜色，菊花有白、黄、蓝 3 种颜色。栽种需满足如下要求：

(1) 每个六边形格子中仅栽种一个品种、一种颜色的花；

(2) 每个品种只栽种两种颜色的花；

(3) 相邻格子中的花，其品种与颜色均不相同。

29. 若格子 5 中是红色的花，则以下哪项是不可能的？

A. 格子 1 中是白色的兰花。
B. 格子 4 中是白色的兰花。
C. 格子 6 中是蓝色的菊花。
D. 格子 2 中是紫色的玫瑰。
E. 格子 1 中是白色的菊花。

30. 若格子 5 中是红色的玫瑰，且格子 3 中是黄色的花，则可以得出以下哪项？

A. 格子 4 中是白色的菊花。
B. 格子 2 中是白色的菊花。
C. 格子 6 中是蓝色的菊花。
D. 格子 4 中是白色的兰花。
E. 格子 1 中是紫色的玫瑰。

【2020 年】

4. 某公司为员工免费提供菊花、绿茶、红茶、咖啡和大麦茶 5 种饮品。现有甲、乙、丙、丁、戊 5 位员工，他们每人都只喜欢其中 2 种饮品，且每种饮品都只有 2 人喜欢。已知：

(1) 甲和乙喜欢菊花，且分别喜欢绿茶和红茶中的一种；

(2) 丙和戊分别喜欢咖啡和大麦茶中的一种。

根据上述信息，可以得出以下哪项？

A. 甲喜欢菊花和绿茶。
B. 乙喜欢菊花和红茶。
C. 丙喜欢红茶和咖啡。
D. 丁喜欢咖啡和大麦茶。
E. 戊喜欢绿茶和大麦茶。

6～7 题基于以下共同题干：

"立春""春分""立夏""夏至""立秋""秋分""立冬""冬至"是我国二十四节气中的八个节气，"凉风""广莫风""明庶风""条风""清明风""景风""阊阖风""不周风"是八种节风。上述八个节气与八种节风之间一一对应。已知：

(1) "立秋"对应"凉风"；

(2) "冬至"对应"不周风""广莫风"之一；

(3) 若"立夏"对应"清明风"，则"夏至"对应"条风"或者"立冬"对应"不周风"；

(4) 若"立夏"不对应"清明风"或者"立春"不对应"条风"，则"冬至"对应"明庶风"。

6. 根据上述信息，可以得出以下哪项？

A. "秋分"不对应"明庶风"。
B. "立冬"不对应"广莫风"。
C. "夏至"不对应"景风"。
D. "立夏"不对应"清明风"。

E. “春分”不对应“阊阖风”。

7. 若“春分”和“秋分”两节气对应的节风在“明庶风”和“阊阖风”之中，则可以得出以下哪项？

A. “春分”对应“阊阖风”。　　B. “秋分”对应“明庶风”。

C. “立春”对应“清明风”。　　D. “冬至”对应“不周风”。

E. “夏至”对应“景风”。

9. 某市2018年的人口发展报告显示，该市常住人口1 170万，其中常住外来人口440万，户籍人口730万。从区级人口分布情况来看，该市G区常住人口240万，居各区之首；H区常住人口200万，位居第二；同时，这两个区也是吸纳外来人口较多的区域，两个区常住外来人口200万，占全市常住外来人口的45%以上。

根据以上陈述，可以得出以下哪项？

A. 该市G区的户籍人口比H区的常住外来人口多。

B. 该市H区的户籍人口比G区的常住外来人口多。

C. 该市H区的户籍人口比H区的常住外来人口多。

D. 该市G区的户籍人口比G区的常住外来人口多。

E. 该市其他各区的常住外来人口都没有G区或H区的多。

12～13题基于以下共同题干：

放假3天，小李夫妇除安排一天休息之外，其他两天准备做6件事：①购物（这件事编号为①其他依次类推）；②看望双方父母；③郊游；④带孩子去游乐场；⑤去市内公园；⑥去影院看电影。他们商定：

(1) 每件事均做一次，且在1天内做完，每天至少做两件事；

(2) ④和⑤安排在同一天完成；

(3) ②在③之前的1天完成。

12. 如果③和④安排在假期的第2天，则以下哪项是可能的？

A. ①安排在第2天。　　B. ②安排在第2天。

C. 休息安排在第1天。　　D. ⑥安排在最后1天。

E. ⑤安排在第1天。

13. 如果假期第2天只做⑥等3件事，则可以得出以下哪项？

A. ②安排在①的前1天。　　B. ①安排在休息一天之后。

C. ①和⑥安排在同一天。　　D. ②和④安排在同一天。

E. ③和④安排在同一天。

21～22基于以下共同题干：

某公司甲、乙、丙、丁、戊5人爱好出国旅游。去年，在日本、韩国、英国和法国4国中，他们每人都去了其中的两个国家旅游，且每个国家总有他们中的2～3人去旅游。已知：

(1) 如果甲去韩国，则丁不去英国；

(2) 丙与戊去年总是结伴出国旅游；

(3) 丁和乙只去欧洲国家旅游。

21. 根据以上信息，可以得出以下哪项？

A. 甲去了韩国和日本。
B. 乙去了英国和日本。
C. 丙去了韩国和英国。
D. 丁去了日本和法国。
E. 戊去了韩国和日本。

22. 如果5人去欧洲国家旅游的总人次与去亚洲国家的一样多,则可以得出以下哪项?
A. 甲去了日本。
B. 甲去了英国。
C. 甲去了法国。
D. 戊去了英国。
E. 戊去了法国。

29～30题基于以下共同题干:

某测试题共有4道题,每道题给出A、B、C、D四个选项,其中只有一项是正确答案。现有张、王、赵、李4人参加了测试,他们的答题情况和测试结果如下:

答题者	第一题	第二题	第三题	第四题	测试结果
张	A	B	A	B	均不正确
王	B	D	B	C	只答对1题
赵	D	A	A	B	均不正确
李	C	C	B	D	只答对1题

29. 根据以上信息,可以得出以下哪项?
A. 第二题的正确答案是C。
B. 第二题的正确答案是D。
C. 第三题的正确答案是D。
D. 第四题的正确答案是A。
E. 第四题的正确答案是D。

30. 如果每道题的答案各不相同,则可以得出以下哪项?
A. 第一题的正确答案是B。
B. 第一题的正确答案是C。
C. 第二题的正确答案是D。
D. 第二题的正确答案是A。
E. 第三题的正确答案是C。

【2021年】

6. 某俱乐部共有甲、乙、丙、丁、戊、己、庚、辛、壬、癸10名职业运动员,来自5个不同的国家(不存在双重国籍的情况)。已知:
(1) 该俱乐部的外援刚好占一半,他们是乙、戊、丁、庚、辛;
(2) 乙、丁、辛3人来自两个国家。
根据以上信息,可以得出以下哪项?
A. 甲、丙来自不同国家。
B. 乙、辛来自不同国家。
C. 乙、庚来自不同国家。
D. 丁、辛来自相同国家。
E. 戊、庚来自相同国家。

10. 王、陆、田3人拟到甲、乙、丙、丁、戊、己6个景点结伴游览。关于游览的顺序,3人意见如下:

(1) 王：1 甲、2 丁、3 己、4 乙、5 戊、6 丙；

(2) 陆：1 丁、2 己、3 戊、4 甲、5 乙、6 丙；

(3) 田：1 己、2 乙、3 丙、4 甲、5 戊、6 丁。

实际游览时，各人意见中都恰有一半的景点序号是正确的。

根据以上信息，他们实际游览的前 3 个景点分别是？

A. 己、丁、丙　　B. 丁、乙、己

C. 甲、乙、己　　D. 乙、己、丙

E. 丙、丁、己

12. 甲、乙、丙、丁、戊 5 人是某校美学专业 2019 级研究生。第一学期结束后，他们在张、陆、陈 3 位教授中选择导师，每人只选择 1 人作为导师，每位导师都有 1 至 2 人选择，并且得知：

(1) 选择陆老师的研究生比选择张老师的多；

(2) 若丙、丁中至少有 1 人选择张老师，则乙选择陈老师；

(3) 若甲、丙、丁中至少有 1 人选择陆老师，则只有戊选择陈老师。

根据以上信息，可以得出以下哪项？

A. 甲选择陆老师　　B. 乙选择张老师

C. 丁、戊选择陆老师　　D. 乙、丙选择陈老师

E. 丙、丁选择陈老师

20. 下面有一 5×5 的方阵，它所含的每个小方格中可填入一词(已有部分词填入)。现要求该方阵中的每行、每列及每个粗线条围住的五个小方格组成的区域中均含有“道路”“制度”“理论”“文化”“自信”5 个词，不能重复也不能遗漏。

根据上述要求，以下哪项是方阵顶行①②③④空格中从左至右依次应填入的词？

①	②	③	④	
	自信	道路		制度
理论				道路
制度		自信		
				文化

A. 道路、理论、制度、文化　　B. 道路、文化、制度、理论

C. 文化、理论、制度、自信　　D. 理论、自信、文化、道路

E. 制度、理论、道路、文化

22～23 题基于以下共同题干：

某剧团拟将历史故事“鸿门宴”搬上舞台，该剧有项王、沛公、项伯、张良、项庄、樊哙、范增 7 个主要角色，甲、乙、丙、戊、己、庚 7 名演员每人只能扮演其中一个，且每个角色只能由其中一人扮演。根据各演员的特点，角色安排如下：

(1) 如果甲不扮演沛公，则乙扮演项王；

(2) 如果丙或已扮演张良,则丁扮演范增;

(3) 如果乙不扮演项王,则丙扮演张良;

(4) 如果丁不扮演樊哙,则庚或戊扮演沛公。

22. 根据上述信息,可以得出以下哪项?

A. 甲扮演沛公。 B. 乙扮演项王。

C. 丙扮演张良。 D. 丁扮演范增。

E. 戊扮演樊哙。

23. 若甲扮演沛公而庚扮演项庄,则可以得出以下哪项?

A. 丙扮演项伯。 B. 丙扮演范增。

C. 丁扮演项伯。 D. 戊扮演张良。

E. 戊扮演樊哙。

29～30 题基于以下共同题干:

某高铁线路设有"东沟""西山""南镇""北阳""中丘"5 座高铁站。该线路现有甲、乙、丙、丁、戊 5 趟车运行。这 5 座高铁站中,每站均恰好有 3 趟车停靠,且甲车和乙车停靠的站均不相同。已知:

(1) 若乙车或丙车至少有一车在"北阳"停靠,则它们均在"东沟"停靠;

(2) 若丁车在"北阳"停靠,则丙、丁和戊车均在"中丘"停靠;

(3) 若甲、乙和丙车中至少有 2 趟车在"东沟"停靠,则这 3 趟车均在"西山"停靠。

29. 根据以上信息,可以得出以下哪项?

A. 甲车不在"中丘"停靠。 B. 乙车不在"西山"停靠。

C. 丙车不在"东沟"停靠。 D. 丁车不在"北阳"停靠。

E. 戊车不在"南镇"停靠。

30. 若没有车在每个站都停靠,则可以得出以下哪项?

A. 甲车在"南镇"停靠。 B. 乙车在"东沟"停靠。

C. 丙车在"西山"停靠。 D. 丁车在"南镇"停靠。

E. 戊车在"西山"停靠。

答案速查:

年份	题号及答案
2010 年	23. A 27. B 28. E
2011 年	18. B
2012 年	28. D 29. B 30. B
2013 年	3. A 10. D 11. D 13. D 21. E 22. B 29. B 30. D
2014 年	4. B 8. B 12. C 13. B 15. B 21. D 22. E 27. E 28. E 29. D 30. D
2015 年	3. E 13. A 14. D 16. C 29. D 30. D

（续表）

年份	题号及答案
2016 年	4. E　18. D　19. E　23. B　29. C　30. B
2017 年	4. E　8. C　9. C　12. D　16. C　22. D　26. B　27. D　29. A　30. C
2018 年	13. D　15. D　16. D　19. D　22. B　23. C　29. B　30. C
2019 年	11. A　21. B　22. D　24. A　25. B　29. E　30. D
2020 年	4. D　6. B　7. E　9. A　12. A　13. C　21. E　22. A　29. D　30. A
2021 年	6. C　10. B　12. E　20. A　22. B　23. D　29. A　30. C

附录一
历年真题题型分布汇总

考试形式		年份											
		2010	2011	2012	2013	2014	2015	2016	2017	2018	2019	2020	2021
形式逻辑	纯形式	9	4	17	12	8	13	4	6	13	10	7	10
	真假话	1	2	1	1	0	1	2	0	0	1	0	0
论证逻辑	加强	3	5	1	1	3	3	3	5	3	5	7	9
	削弱	6	6	2	3	3	1	7	2	1	3	2	1
	假设	1	3	0	1	1	3	2	1	0	2	2	1
	相似	4	2	4	2	1	1	1	3	3	1	2	0
	解释	2	4	2	2	2	2	3	1	1	0	0	1
	评价	1	1	0	0	0	0	2	2	0	0	0	0
	概括	0	2	0	0	1	0	0	0	1	1	0	0
分析推理	计算 排序 分组 对应	3	1	3	8	11	6	6	10	8	7	10	8

附录二
历年真题高频考点汇总

考试形式	高频考点	真题题号
形式逻辑	复合命题推理（61次）	2010年（1、3、8、14、25、30）；2011年（22）；2012年（4、8、9、13、19、20、26）；2013年（4、28）；2014年（17、18）；2015年（5、9、12、17、18、20、22、25、26）；2016年（1、2、10）；2017年（1、6、28）；2018年（1、5、6、8、10、12、18、21）；2019年（1、3、5、6、12、15、16、23）；2020年（1、14、17、26、27）；2021年（8、9、11、15、16、18、26）
	矛盾命题（15次）	2011年（25）；2012年（2、7、12、14）；2013年（15）；2014年（3、7、9）；2015年（8、21）；2016年（6）；2018年（20）；2020年（11）；2021年（27）
论证逻辑	肯定论点（11次）	2010年（4、16）；2011年（14）；2013年（16）；2017年（3、5、14）；2018年（3、4）；2019年（20）；2020年（25）
	否定论点（12次）	2010年（7）；2011年（7、20）；2013年（19）；2014年（1）；2016年（9、11、13、26）；2017年（25）；2019年（17）；2020年（10）
	因果相关（15次）	2010年（5、9、15、18）；2011年（4、15、30）；2013年（1、9、27）；2014年（31）；2015年（19、23）；2017年（17）；2020年（2）
	措施方法（11次）	2011年（28）；2012年（1）；2015年（2、11、24、27）；2016年（14、21）；2019年（28）；2021（14、24）
	搭桥（26次）	2010年（20）；2011年（11、26）；2014年（5、10、14）；2015年（4、28）；2016年（7）；2017年（7、13）；2018年（24）；2019年（5、9、19、26）；2020年（3、8、18、19、23、24）；2021年（1、13、19、21）
分析推理	对应（52次）	2010年（23）；2012年（28、29、30）；2013年（3、10、11、13、21、29、30）；2014年（4、12、13、21、22、28、29、30）；2015年（29、30）；2016年（23、29、30）；2017年（4、26、27、29、30）；2018年（13、22、23、29、30）；2019年（11、22、29、30）；2020年（4、6、7、21、22、29、30）；2021年（6、12、20、22、23、29、30）

导　学

亲爱的读者朋友：

或许您刚刚下定决心加入考研大军，需要借助专业的资料进行深入学习；或许您已经在考研的路程中奔赴已久，需要用标准化的试题进行自我检测。工欲善其事，必先利其器，此书将是您考研征程上的一大利器。

研究生入学考试要得高分，必须做到“又好又快”。好，代表准确率；快，代表解题速度。要达成此目标，合理、高效地使用历年逻辑真题是关键环节。很多学生拿到真题就埋头苦做，结果不尽如人意，这是因为陷入了学习的误区。所以，使用此书前，大家需要思考并解决两个问题：其一，真题的使用过程中应避免哪些误区，如题海战术可行吗？越早做题越好吗？等等。其二，真题的练习如何进行阶段规划，如何时开始做真题？真题需要做几遍？如何进行真题总结？等等。

为了帮助大家更好地利用此书，我们在专业的学习备考 APP——“研秘”中对您的诸多问题提供了微视频解说。同时，为了帮助您解决研究生备考过程中可能面临的其他问题，针对备考的不同阶段，“研秘”还匹配了全方位的学习资源，如全面的专业院校分析和解读、高质量的课程视频、海量的题库、及时的答疑互动、实时的考研资讯、专业的报名与复试指导，等等。无论是从初试到复试的纵向规划，还是从课程学习到备考注意事项的横向把握，“研秘”都能以便捷的方式为您提供全面可靠的信息与资源。

扫描下方二维码下载“研秘”APP，即可获取相关学习资源：